野生生物保全技術
第二版

野生生物保全技術

第二版

新里達也・佐藤正孝 共編

海游舎

第二版の発刊にあたって

　野生生物保全の実態と先端技術を紹介した本書が刊行されてから3年あまりが過ぎた．これといった類書がないことが幸いしてか，本書は環境分野の関係筋から注目を受け，若手技術者の参考書として，また大学や専門学校などの教科書に利用されるなど，思いがけずよい評価をいただいてきた．多数の著者を抱える本書の構成上から，おそらく内容的に詰め切れない部分が出ることも覚悟のなかでの出版であったが，しかしいずれにしても，野生生物保全の実態と先端技術を紹介するという，当初の出版目的は果たしえたものではないかと少しは自負している．

　さて，本書の旧版が刊行されて以降，この比較的短い歳月のなかで，野生生物をめぐるわが国の環境行政と保全事業は変革と大きな進展を遂げたが，これは十分に予想されたことであった．

　旧版の発行を前後して，2003年には自然再生推進法，2005年には外来生物法が施行され，野生生物保全にかかわる重要な二つの法律が誕生した．前者は，過去に損なわれた自然を再生することを目的にした法律で，現在，全国各地で事業が進行中である．後者は，生態系や産業などに悪影響を及ぼす外来生物の対策法であり，この外来生物に関しては，その取り扱いをめぐって，学会や産業界で多くの議論が今も展開されている．一方，野生生物に及ぶ環境影響評価や保全などに関しては，従来は定性的な手法に終始してきたというきらいがあった．確かに，自然界における生物個体と集団は，生物間相互作用という複雑系のなかにあるために，その定量的で客観的な評価は難しい．しかし，開発行為などに対する影響予測に際しては，十分に検証可能な評価手法が望ましいという考えが最近では支配的になりつつある．この新しい評価の試みに対しても，多くの研究者や技術者が，その手法を模索し始めたの

が，この3年間でもあった．

　折よくも初刷がほぼ完売する見通しが立ち，本書の再版の話がもちあがった．初めは，統計データなどの見直し程度による補訂版という考えもあったが，今述べたように野生生物保全をめぐる情勢は，この期間に大きく様変わりしている．数字や表現などの追加修正だけでは時代の変化に対応できないであろうし，新しい動向も加えていかなければならない．そこで全面的な見直しと改稿を行ったのが本書である．

　この第二版では，法律や制度，統計資料などをすべて最新の情報に改訂するとともに，外来生物にかかわる問題，環境アセスメントの生態系評価，HEPによるハビタット評価，地理情報システム（GIS）の活用などをテーマに，新たに五つの章を加え，各章ではそれぞれの第一人者が執筆を担当した．そのような改訂のなかで，旧版で掲載した数章を改訂あるいは削除したが，これは野生生物保全の実態に重きをおいた本書の性格上やむをえない取捨選択である．新旧対比の詳細を知りたい方は，両版あわせてご参照いただければ幸いである．

　第二版の企画がもちあがった2006年夏のことである．本書の共編者で私の恩師でもある佐藤正孝氏が末期癌のために他界した．享年69歳，公職を退いてわずか3年，研究者余生を歩み出したばかりの惜しまれる死であった．悲しみのなか，ひとり残された編者は当惑するばかりであったが，20名を超す著者陣は，速やかに新原稿を届けてくださり，無事，本書は日の目を見ることができたのである．この力強い支援を得られたことは，ひとえに佐藤氏のお人柄の賜物なのであろう．せめて，この第二版の編者に故人の名前を残すことで，本書をご霊前に捧げることにしたい．

2007年6月20日

新里達也

はじめに

　日本は，きわめて豊かな自然環境を有し，さまざまな野生動植物が生息している．その背景として，東西には千島列島南部から北海道，本州，四国および九州，そして琉球列島，南は小笠原諸島から火山列島に至る地域に，亜寒帯から亜熱帯に及ぶ気候帯が存在しており，さらに高山帯から海浜に至る標高差の大きい地形を有することから，ヒマラヤ系やシベリア系，中国東北系，東洋熱帯系など幾つもの分布系統に由来する生物の生存を可能にしている．たとえば，その多様性のよい例として，地上で最も繁栄している昆虫類では，既知種の現状だけでも約35,000種が日本に分布し，これはほとんど知り尽くされたとするイギリスの4.7倍に匹敵する数字である．しかも，このような多様な生物相をもつ国土は，熱帯地域を除けば世界的に見て希有な存在であり，それゆえ私たちはこの豊かな自然と生きものたちを，後世にも伝えるべく，守り育んでいく責務がある．

　しかしながら，わが国において，人間の社会経済活動によるこれらの野生動植物の生存に及ぶ影響は，とりわけ高度成長下の戦後50年あまりの間に著しく拡大しており，彼らが生活する場所は分断・消失し，多くの種において絶滅の危機が顕在化してきている．このような野生動植物の保護・保全の必要性は，研究者や各種保護団体から30年以上前から警鐘され続けているが，それが実効力をもって，開発などの経済活動に外圧を与えることができたケースは，むしろきわめて稀なことであった．少なくともごく最近までは，経済優先主義のもとで，野生生物の保全に関する問題はすっかり片隅に追いやられるか，たとえ取り上げる場合でも，保全行為を開発許認可の免罪符に利用するような姑息な手法に取り込まれることが，普通に行われてきた．したがって，状況は悪いほうに向かうばかりであったことは，誰もが認めると

ころである．

　政府は，環境基本法を受けて，1995年に生物多様性国家戦略を策定し，国としては実質的に初めての，野生生物保全のガイドラインを公表した．実のところ，現在あたりまえのように使われている生物多様性という語句も，このころから急速に普及し始めたのであるが，それも今からわずか10年あまり前のことである．その後，建設省（現・国土交通省）や農林水産省などの事業官庁，地方自治体では，少しずつではあるが，それでも年度を経るごとに着実に拡大傾向を示しつつ，野生生物保全事業に真摯に取り組み始めている．法整備という点では，1994年に「絶滅のおそれのある野生動植物の種の保存に関する法律」が施行され，最近の過去2年間には，新・生物多様性国家戦略の公表と自然再生推進法の施行という大きな進展があった．特に後者は，過去に失われた日本の自然の再生を図るという，斬新的な新法である．このような動向は，野生生物保全にかかわる者にとっては，まさに時代の追い風となるであろう．

　一方，このような社会動向と合わせるように，わが国においても，野生生物の種の生態や個体群の変化などを保全の視点から研究する科学である保全生物学あるいは保全生態学という応用科学が急速に浸透しつつある．これは，すでに1980年代半ばころから欧米を中心に発達してきた学域で，かつては生物学の一分野にすぎなかったものが，社会情勢の発展的変化とともに台頭してきたのである．さらにまた最近では，応用生態工学という土木に踏み込んだ領域も現れつつある．こちらは，生物学と工学の橋渡しを行う学域であり，まさに野生生物保全のための実践的な応用科学である．

　大学のような教育の現場では，「環境」を冠とした新設学部や学科が増加しつつある．これにつれて，保全生物学分野の研究の進展が見込まれ，研究者や技術者の育成が図られつつあり，すでに多くの人材が実社会で活躍するようになってきた．このように10年あまりの歳月とはいえ，野生生物保全に関する社会情勢は急速に進展しつつある．

　本書は，上記のような今般の情勢を踏まえて，わが国で現在実施されてい

る，あるいは近い将来に実施が予定されている，野生動植物保全活動について，その政策と施策および技術の領域にわたり取りまとめたものである．執筆陣は，行政，研究機関そして民間企業などの横断的かつ幅広い分野において，今現在活動されている方々である．わが国は，野生生物保全に関しては，先進の欧米諸国に比べてほぼ10年の遅れをとっているとはいえ，最近の研究ならびに技術は年々高度になってきており，実践レベルでは欧米にすでに比肩できるほどに成長してきている．生物が地域により種組成や多様性が異なるように，保全技術についてもその地域や土地にうまく適合するものでなければならない．過去の保全活動において，その初期にはとかく欧米流に終始していた技術も，現在は日本流となりつつある．本書では，こうした現在の情況ができうる限り正確に誌面に反映されるよう企画したつもりであり，その意味では野生生物保全の白書ともいうことができる．

　本書は4部から構成されている．第1部では野生生物保全の重要性と社会背景について記述した．第2部では，実際に事業としてどのような取り組みが行われているか，官・学・民からの事例紹介を行った．この2部を読まれることによって，わが国における現在の野生生物保全活動がある程度は具体的に理解できるであろう．

　そして第3，4部は技術編である．技術領域は各論的に見ればさまざまな分野が存在するが，ここでは新しい技術，これからの技術の視点から，話題性の高い話を網羅した．本書の性格上から，専門領域に深く触れることは難しいが，技術の概要が理解できるようには配慮した．野生生物の保全技術というと生態調査のみに傾倒しがちであるが，時代を反映して，情報技術の活用も積極的に取り入れた．とりわけ地理情報システムの活用は，すでに多くの現場で実践されつつある．

　本書は，野生動植物保全に取り組むさまざまな立場の読者を対象に企画した．教科書としてのねらいは当初からあったが，先にも述べたように白書として，技術現場の実勢を物語ることにも十分に配慮したつもりである．したがって，現状を正確に伝えるために，版を重ねるごとに大幅な書き換えを行

っていく予定である．本書により，野生生物保全技術が一般にも広く普及され，そのような活動に参加される方々が増えること，また社会事業としてこの国に確かに定着されることを期待したい．

2003年7月1日

著者を代表して
佐藤正孝・新里達也

目　次

第1部　野生生物保全の現在

1　野生生物保全の目ざすもの　　　　　　　　　　　　（新里達也・佐藤正孝）　2
　1-1　野生生物保全はなぜ必要なのか・・・・・・・・・・・・・・・・・・・・・・・・・・・・・・・　2
　1-2　野生生物の危機的な現状・・・・・・・・・・・・・・・・・・・・・・・・・・・・・・・・・・・・　3
　1-3　調査研究の必要性・・・　5
　1-4　野生生物を守る社会基準はない・・・・・・・・・・・・・・・・・・・・・・・・・・・・・・　6
　1-5　私たちには危機が意識できない・・・・・・・・・・・・・・・・・・・・・・・・・・・・・・　7

2　保全活動と技術者　　　　　　　　　　　　　　　　　　　　　　（新里達也）　10
　2-1　野生生物保全という事業・・・・・・・・・・・・・・・・・・・・・・・・・・・・・・・・・・・　10
　2-2　野生生物保全技術者・・・・・・・・・・・・・・・・・・・・・・・・・・・・・・・・・・・・・・・　13
　2-3　資格登録制度・・　15

3　国際自然保護連合の動き　　　　　　　　　　　　　　　　　　（佐藤正孝）　20
　3-1　IUCNとは・・　20
　3-2　種の保存にかかわる活動・・・・・・・・・・・・・・・・・・・・・・・・・・・・・・・・・・・　20
　3-3　絶滅危惧種の動向・・・　22

4　野生生物保全と倫理問題　　　　　　　　　　　　　　　　　　（新里達也）　26
　4-1　倫理問題と技術・・　26
　4-2　事例の検証・・　27
　4-3　野生生物の権利・・　36

第2部　野生生物保全事業の実態

5　国における取り組み　　　　　　　　　　　　　　　　　　　　（鳥居敏男）　42
　5-1　野生生物保全行政の概要・・・・・・・・・・・・・・・・・・・・・・・・・・・・・・・・・・・　42
　5-2　野生生物保全のための取り組み・・・・・・・・・・・・・・・・・・・・・・・・・・・・・　45

6　レッドデータブックの編纂　　　　　　　　　　　　　　　　　（植田明浩）　60
　6-1　わが国の生態系の現状について・・・・・・・・・・・・・・・・・・・・・・・・・・・・・　60

6-2 レッドデータブック編纂・改定の経緯 ... 61
6-3 レッドデータブック改訂作業の体制，情報源 ... 62
6-4 レッドデータブックの新しいカテゴリ ... 63
6-5 レッドデータブックの評価対象種，評価留意事項 ... 64
6-6 レッドデータブック改訂作業の結果 ... 70
6-7 レッドデータブック掲載種のホットスポット ... 72
6-8 今後の課題 ... 73

7 河川水辺の国勢調査　　　　　　　　　　　（金尾健司）76
7-1 河川水辺の国勢調査の目的と仕組み ... 76
7-2 調査の体系 ... 77
7-3 各調査の内容 ... 78
7-4 河川水辺の国勢調査の電子化，GIS化の取り組み ... 86
7-5 調査結果の公表 ... 87

8 森林の有する多面的機能の発揮　　　　　　（藤江達之）89
8-1 森林の有する多面的機能 ... 89
8-2 森林と林業 ... 89
8-3 森林の取扱いの基本的な枠組 ... 90
8-4 今後の森林・林業施策の方向 ... 94
8-5 国民全体で支える森林 ... 96

9 地方自治体における取り組み──愛知県の事例　（石田晴子）99
9-1 野生生物保全の取り組み ... 99
9-2 自然環境の特性 ... 100
9-3 希少な野生動植物の状況 ... 102
9-4 希少種保全の方向性の検討 ... 105
9-5 希少種保全の具体的取り組み ... 109

10 外来生物が引き起こす自然史的問題　　　　（高桑正敏）110
10-1 外来生物とは？ ... 110
10-2 外来生物の具体的な事例 ... 113
10-3 環境への取り組みと自然史的な混乱 ... 116
10-4 外来生物に対する扱い ... 120
10-5 外来生物と生物多様性 ... 122

11 小笠原における外来生物の脅威　　　　　　（苅部治紀）124
11-1 小笠原諸島と人間とのかかわり ... 124
11-2 小笠原の昆虫と外来生物の影響 ... 125
11-3 ノヤギによる植生破壊 ... 131

- 11-4 随伴種・ペットの問題（クマネズミやノネコなど）……………… 133
- 11-5 侵略的外来樹 …………………………………………………… 134
- 11-6 プラナリア ……………………………………………………… 138
- 11-7 今後の課題 ……………………………………………………… 139

12 湿地環境の保全　　　　　　　　　　　　　　　　　　（松井香里）141
- 12-1 ラムサール条約の歴史 ………………………………………… 141
- 12-2 湿地の定義 ……………………………………………………… 143
- 12-3 ラムサール条約と日本 ………………………………………… 143
- 12-4 日本の湿地保全の現状 ………………………………………… 147

13 淡水生物保全の実際　　　　　　　　　　　　　　　（佐藤正孝）150
- 13-1 戦後の治水・利水 ……………………………………………… 150
- 13-2 流水域 …………………………………………………………… 151
- 13-3 止水域 …………………………………………………………… 154
- 13-4 湿性域 …………………………………………………………… 155
- 13-5 環境保全 ………………………………………………………… 156

第3部　野生生物保全の調査技術

14 コウモリ類保護の観点　　　　　　　　　　　　　　（前田喜四雄）160
- 14-1 コウモリとはどのような動物か ……………………………… 160
- 14-2 コウモリ生息実態に関する現在の問題点 …………………… 163
- 14-3 コウモリの保護に関する具体的対処 ………………………… 165

15 鳥類保護を支える調査とネットワーク　　　　　　（川那部 真）173
- 15-1 鳥類保護を支える基礎的な調査 ……………………………… 173
- 15-2 種と生息環境保全への道を探る ……………………………… 177
- 15-3 鳥類保護活動の実際 …………………………………………… 181
- 15-4 人間と鳥類が共存できる社会をめざして …………………… 184

16 両生類の行動圏　　　　　　　　　　　　　　　　　（松井正文）185
- 16-1 両生類における行動圏とは …………………………………… 185
- 16-2 行動圏の推定手法 ……………………………………………… 186
- 16-3 サンショウウオ類の行動圏 …………………………………… 191
- 16-4 カエル類の行動圏 ……………………………………………… 193
- 16-5 今後の課題 ……………………………………………………… 198

17 地表性甲虫類による生物環境評価技術　　　　　　　　（石谷正宇）199
- 17-1 地表性甲虫類の研究と近年の動向 ･････････････････････････ 199
- 17-2 生物環境評価とは ･････････････････････････････････････ 200
- 17-3 地表性甲虫類は生物環境評価に汎用的に使えるか ･･･････････ 207
- 17-4 地域環境の生物環境評価への利用 ･･･････････････････････ 209
- 17-5 地表性甲虫類による生物環境評価の将来 ･････････････････ 211

18 野生植物の保護管理　　　　　　　　　　　　　　　（西條好廸）214
- 18-1 野生植物保護管理の前提条件 ･････････････････････････ 214
- 18-2 保護管理のための調査法概略 ･････････････････････････ 215
- 18-3 ハイマツ群落での調査事例 ･･･････････････････････････ 217
- 18-4 シバ型放牧草地での調査事例 ･････････････････････････ 221
- 18-5 シデコブシ林での調査事例 ･･･････････････････････････ 224

19 生物相調査における生物間相互作用の評価　　　　　（横山　潤）228
- 19-1 生物間相互作用に基づく指標種の選定 ･････････････････ 228
- 19-2 植物と昆虫の相互作用 ･･･････････････････････････････ 231
- 19-3 植物と菌根菌の相互作用 ･････････････････････････････ 234
- 19-4 相互作用をいかに記録するか ･････････････････････････ 237

20 指標種による環境評価　　　　　　　　　　　　　　（中村寛志）242
- 20-1 指標種 ･･･ 243
- 20-2 指標種としての生物群集 ･････････････････････････････ 244
- 20-3 群集の構造解析による環境評価 ･･･････････････････････ 246
- 20-4 指標種としてのチョウ類の妥当性 ･････････････････････ 250
- 20-5 チョウ類のモデル群集による環境評価法の解説 ･････････ 251
- 20-6 結びにかえて ･･･････････････････････････････････････ 258

21 環境アセスメントにおける生態系評価　　　　　　　（増山哲男）259
- 21-1 環境影響評価法と生態系評価 ･････････････････････････ 259
- 21-2 わが国の生態系アセスメントの現状と課題 ･････････････ 260
- 21-3 海外での生態系アセスメント状況 ･････････････････････ 262
- 21-4 望ましい生態系の定義と生態系評価指標の選定 ･････････ 267
- 21-5 今後の課題 ･･･ 272

22 HEPによるハビタット評価　　　　　　　　　　　　（田中　章）275
- 22-1 今，なぜHEPなのか？ ･････････････････････････････ 275
- 22-2 HEPの特徴と基本的メカニズム ･････････････････････ 278
- 22-3 HEPのフロー ･････････････････････････････････････ 281
- 22-4 ノーネットロス政策とHEP ･････････････････････････ 289

第4部　野生生物保全の情報技術

23　野生生物保全におけるGISの利活用　　　　　　（鈴木　透・金子正美）292
　23-1　GISとは？　　　　　　　　　　　　　　　　　　　　　　　　293
　23-2　GISデータベースの構築　　　　　　　　　　　　　　　　　　296
　23-3　GISを用いた生息環境，生態系分析　　　　　　　　　　　　　302
　23-4　意思決定におけるGISの活用　　　　　　　　　　　　　　　　308
　23-5　今後の展望　　　　　　　　　　　　　　　　　　　　　　　　312

24　環境評価に有効な新しいデータベースの構築　　　　　（横山　潤）314
　24-1　データベースの役割—（1）ナレッジマネージメント　　　　　315
　24-2　データベースの役割—（2）バイオインフォマティクス　　　　317
　24-3　生物多様性データベースの現状と問題点　　　　　　　　　　　320
　24-4　今後の展開　　　　　　　　　　　　　　　　　　　　　　　　329

25　生物標本をいかに扱うか　　　　　　　　　　　　　（新里達也）332
　25-1　標本の価値　　　　　　　　　　　　　　　　　　　　　　　　332
　25-2　種名の同定　　　　　　　　　　　　　　　　　　　　　　　　334
　25-3　標本の所有権と保管　　　　　　　　　　　　　　　　　　　　337
　25-4　標本にかかるコスト　　　　　　　　　　　　　　　　　　　　341

26　地域生物相のインベントリー　　　　　　　（佐藤正孝・新里達也）345
　26-1　生物相解明とインベントリー　　　　　　　　　　　　　　　　345
　26-2　地域インベントリー　　　　　　　　　　　　　　　　　　　　347
　26-3　不確定のタクサ情報　　　　　　　　　　　　　　　　　　　　349

参考文献　　　　　　　　　　　　　　　　　　　　　　　　　　　　　357
キーワード　　　　　　　　　　　　　　　　　　　　　　　　　　　　377
付録　野生生物保全の関連法（抄）　　　　　　　　　　　　　　　　　391
事項索引　　　　　　　　　　　　　　　　　　　　　　　　　　　　　415
生物名索引　　　　　　　　　　　　　　　　　　　　　　　　　　　　421

コラム

「持続可能な発展」の限界	（新里達也）	29
生物多様性の意義	（新里達也）	30
自然再生事業	（新里達也）	44
新・生物多様性国家戦略が提示した三つの危機	（新里達也）	59
地方版レッドデータブック	（新里達也）	74
森林資源モニタリング調査	（岡　義人）	98
島嶼における野生生物の危機—琉球列島の事例	（木村正明・佐藤正孝）	136
世界の絶滅危惧鳥類の約3分の1を占めるアジア産鳥類	（川那部 真）	179
地域生物相はどこまで解明可能か	（新里達也）	240
環境影響評価法の概要	（増山哲男）	269
野生生物種の生存必須条件データベースとしてのHSIモデル	（田中　章）	272

第1部
野生生物保全の現在

（新里達也・佐藤正孝）　1　野生生物保全の目ざすもの
　　　（新里達也）　2　保全活動と技術者
　　　（佐藤正孝）　3　国際自然保護連合の動き
　　　（新里達也）　4　野生生物保全と倫理問題

「野生生物保全技術とは何か」という問いかけに応えるのが第1部の役割である．前世紀末は，野生生物とその生息環境の衰退が加速したが，それと同時に生物多様性保全の理念の普及と具体的な行動が，大きく展開され始めた時代である．この現状報告として，まず，私たちの社会のなかで野生生物がおかれている危機とその保全の必要性を述べたうえで，具体的活動としての野生生物保全事業とそれに従事する技術者の実態を紹介する．また，保全活動を実行するうえで生じる複雑な倫理問題，自然と野生生物そのものの権利について論考する．あわせて，国際機関である国際自然保護連合の近況のうち，絶滅のおそれのある野生生物の保全に関する内容に触れる．

1 野生生物保全の目ざすもの

(新里達也・佐藤正孝)

1-1 野生生物保全はなぜ必要なのか

　野生生物，そして生物多様性の保全はなぜ必要なのか．生物多様性とは，種の多様性，種間・個体間相互作用がつくりだす生態系や景観などを包含した，遺伝子レベルから，種とその個体群，個体群の集合体である群集，さらに生態系，地域景観に至る構造的かつ機能的な階層性を備えた，きわめて広い概念である．それは単に自然現象にとどまるものではない．私たち人間側からもその社会的価値として，食料や医薬資源などの直接的利用，博物学や文化財のような間接的利用などが認められるばかりではなく，未来資産として，さらに存在自体の価値といった，さまざまな評価がなされている．

　このように生物多様性は，もはや自然科学の領域にとどまらず，社会理念として，私たちにその恩恵と責務の自覚を迫るところまできたかのようである．そして，このよい意味で通俗化している生物多様性という用語が，種多様性の基本理念を出発点としている以上，本書で論じていく，生物種とその集団，彼らの生活場を守ろうという野生生物保全活動は，地域から地球環境に発展する問題の解決手段として，私たちに将来にわたり課せられた使命であることは間違いない．

　現在求められる野生生物の保全とは，ただ古典的な自然保護活動にとどまるものではない．その活動とは，基礎研究と応用技術の結合，そして活動基盤の整備や的確な行政施策などの具体的戦略である．このことは伝統的な保護活動のスタイルを否定するものでもなく，むしろ活動機会の拡大に結び付くことになるだろう．はからずも前世紀の終わりに，生物多様性条約の多国間締結によって，私たちはこの大儀を掲げ，その根幹活動として生物保全行動をとるという社会的合意をしているのである．野生生物の保全活動が，こ

れまで以上に，わが国でも広く理解，認知され，普及されることを願うばかりである．

1-2 野生生物の危機的な現状

しかしながら，野生生物の生息・生育に及ぶ危機的状況は近年加速度的に広がりつつ，そして顕在化してきていることに変わりはない．過去には，野生生物に及ぶ影響は，医薬品や食料などの資源採取や，オオムラサキ（図1-1），カタクリ（図1-2）などのような美しい特定の種が集中的に採取・捕獲され，その影響で絶滅に瀕している事例が一般的であった．このような直接的な影響はもちろん変わらずにあるのだが，現在の危機問題のなかでは全体のごく一部にすぎない．

重要な影響はむしろ間接的にもたらされてきたものである．すなわち，私たち人間の社会経済活動がもたらす，トウキョウサンショウウオ（図1-3），ハッチョウトンボ（図1-4）などのような野生生物の生息・生育地の分断や細分化，消失というような影響は，農林業や水産業などの第一次産業による自然環境の利用に始まり，社会資本整備の進展や科学技術の発達とともに増大し，彼らをますます絶滅の危機に追いやっている．野生生物にとっての最大の脅威は，このような生息地の破壊であり，その破壊が地域に集中して起こ

図1-1 雑木林の象徴種オオムラサキの幼虫（栃木県葛生）．

図1-2 早春に開花する里山の代表的な植物，カタクリ（新潟県六日町）．

図1-3 谷津田の開発で姿を消していくトウキョウサンショウウオ（東京都八王子市）．

図1-4 農耕地の放棄により危機的な状態にあるハッチョウトンボ（富山県高岡市）．

ることによる生態系の機能不全である．

　また一方で，化学物質による環境汚染も深刻な問題である．土壌や水，大気などの汚染は，生物個体の奇形や不妊などによる衰退を招き，私たち人間にまでその影響を及ぼしている．さらに，外来生物による生態系破壊も大きな脅威として顕在化してきた．古くからは，セイタカアワダチソウやオオブタクサなどの近代の帰化植物，人為導入されたウシガエルやオオクチバス，アメリカザリガニなどの外来種が日本の野生生物に甚大な影響を及ぼし続けている．また最近では，ペットとして輸入された爬虫類やクワガタムシ，カブトムシなどが野生化して，新たな問題を投げかけている．

　ところで，日本の野生生物の固有率は非常に高いといわれている．この固有率の高さとは，日本にのみ分布し，他地域に見られない野生生物の占める割合が多いということであり，たとえば日本における絶滅はその種自体の絶滅を意味することである．したがって，絶滅の危機に瀕している野生生物を掲載するレッドデータブックなどの編纂に際しては，この固有率はきわめて重要な指標となりうる．

　過去資料のなかに生物群別に固有率を試算している例は少ないが，たとえば両生類のうちカエルは日本産42種のうち実に7割以上の30種が固有の種ないし亜種であるし，極端な例では，移動能力の低い地域分化型の昆虫類で

あるオサムシ類（亜族）は日本産35種のうち32種までが固有の種あるいは亜種である．最近の分子系統解析（DNA解析）によれば，形態差がないかほとんど認められない集団の地域固有性を支持する結果が得られており，この分野の研究が進展することで，日本の生物固有率はますます高くなることが予想されている．

わが国における野生生物の危機は，すべての都道府県においてレッドデータブックが整備されていることから，全国的な問題提起であるとみなしてもよいであろう．上記のような固有種の多くは，分布域の大小はあるにせよ地域分化した個体群であるので，このような絶滅種や絶滅危惧種になりやすい．とりわけ島嶼，河川や池沼などの閉鎖水域，湿地などに生息する野生生物については，生息面積が狭小で，さらに特異な環境に依存することから，内外からの環境圧に対する影響には耐性が低いことが多い．実際に，絶滅が加速しているのは，このような脆弱な環境に生息している野生生物である．本書の各項でもこのような環境や地域の危機が紹介されているし，またそのための問題提起も行われている．

1-3　調査研究の必要性

危機の状況が大筋で理解されているとしても，わが国の野生生物に関する基礎研究は先進国のなかでは著しく遅れている．また，それを推進するための教育および研究機関の整備は途上状態である．大学では，生態学や分類学などのような基礎科学の講座はむしろ少ないし，その研究を将来継続して行うことが可能な，自然史博物館などの研究機関の人事採用は現在のところきわめて狭き門である．また，過去20年の社会環境や初等教育の影響もあるのか，教育の現場における適正な指導が行える人材が不足しているといわれている．

自然史科学分野では，わが国とは1世紀以上の歴史格差がある欧州と比べるには無理はあるものの，経済大国あるいは科学立国と自負してきた割には，このような文化のインフラ整備は立ち遅れている．それどころか，むしろこの四半世紀の間に衰退してきたのではないかと疑いたくなるような状況も現れてきている．それは経済効率優先主義の社会がもたらした負の遺産であろ

うか.

しかし，時流であるのか，大学では「環境」の冠をかざした学部や講座が増えてきたことも事実である．そうした名前の講座に学生の人気が集まるというのも確からしい．その意味では，一般の意識は正常かつ時代を反映したものであるといえよう．そして社会全体としてこのようなよい気運に流れるのであれば，野生生物や自然環境の基礎研究の立ち遅れも，近い将来には少なからず解消されていくのではないだろうか．そして人材の育成も促進されるのではないか．

野生生物保全の技術は，環境科学という応用技術の一分野である．公共の大学や研究機関，可能であれば民間企業においてでも，この分野の基礎研究が展開されることが強く望まれるところである．ここで理解していただきたいのは，このような基礎科学やそれを利用する応用科学というのは，得てして速やかな効果が顕在化しないことである．この点では効率主義的な意見とは常に対立する運命にある．しかし，すべての科学技術にしても，過去の地道な積み重ねが実を結んだ故の成果ではないか．現在のように迅速性が前提に求められる社会における盲点とは，結局のところ蓄積された情報を使い回して満足していることである．どのような時代においても，新しい科学技術とは，客観データをもとに堅実な努力の蓄積のうえに，研究者が生み出す独創的な閃きでしかありえない．

1-4 野生生物を守る社会基準はない

自然環境やそこに生活する野生生物は，どこに，あるいは誰に帰属するものであろうか．自然は，人間生活と離れて，ありのままに存在するものであるから，いずれの所有物でもないとみなすのが正解と思われるが，実際のところはそれほど単純なことではない．

野生生物が経済や文化面で何らかの貨幣交換価値をもつ場合には，その多くは国や地方自治体が，個人レベルでは地権者などが，名乗りをあげて所有権を主張するであろう．まったくの自然ということではないが，サケの遡上する河川の漁業権などは，貨幣交換価値とその帰属をめぐる側面からは非常にわかりやすい例である．これらは一般的な市場経済から価値を認められて

いるからこそ，自然発生的に所有権が主張され，ほぼ適正な社会基準が設けられることになる．また，食料資源として重要とみなされるから，増殖活動や環境整備が実施され，継続的な生息・生育が保証されている．

それでは，貨幣交換価値がさしあたり認めにくい，その他多くの野生生物種についてはどうであろうか．こちらについては，おそらく誰もそのような権利を主張しないに違いない．したがって，個人的な研究や趣味として野生生物種を捕獲や採取したいと考えても，それを制限する社会的規制は非常に少ないのである．もっとも，法律や行政指導として個体群やその生息が保護されている場合には一定の制限を受けるが，そのような対象種や生息地は，日本に分布する野生生物全体から見ればきわめてわずかな数でしかない．わが国でも整備がほぼ終了したレッドデータブックには多くの種が掲載されていて，たとえばその数は，高等植物では国内生育種の約4分の1に及んでいる．しかし，このレッドデータブック自体には保護規制の法的根拠はまったくない．それらの保全に期待されるのは，現場における行政指導や有識者の発言くらいのものだけである．

このような市場経済と無縁にある野生生物は，誰も所有権をもたず，ことさらその主張もされないので，一般にはその存在に関心が払われることはない．自然物は自然に帰属するという理想的な状態にあるわけだが，このことがむしろ足かせになり，人間の経済活動の犠牲になっている．私たちの社会では，目に見えて利害の発生しないようなところに対する規制は，まず作られないという慣習がある．たとえば，開発行為によって野生生物の生存に危機が迫ろうとも，それを阻止することのできる社会基準がない場合が，むしろ普通なのである．

1-5 私たちには危機が意識できない

実際のところ，野生生物を，私たちはふだんの生活のなかで特別に意識することは少ないのではないか．都市近郊や地方に住んでいる方ならば，家の周りにおいてさまざまな草花や野鳥，昆虫などが観察できるし，都市においてさえ，近所の公園に出かければ，そこそこの生きものを見ることができる．このような自然が身近にあることを，私たちにはきわめて日常的な風景とし

てとらえている．

　マスコミで騒がれるところの自然破壊は，白神山地のブナ林の伐採問題や，絶滅の危機に瀕したミヤコタナゴの盗獲であり，それらが失われつつあることで私たちは心の隅で少しは嘆くかもしれないが，たとえ現実になくなってしまったところで，今の生活に何か影響があるわけではない．いずれも遠い所で起きている話であって，さしあたり自分自身の利害とは無関係である．危機が感じられる場合というのは，人間の健康や生活が危ぶまれるような状況に陥ったときである．生活環境汚染が深刻な環状線周辺の住民や海洋汚染が広がる沿岸の漁民にとって，自然環境の劣化は死活問題である．

　どのような野生生物でも，彼らや彼らの仲間の生存が脅かされる環境変化に対して，きわめて鋭敏に行動を起こす．それは，彼らが常に環境の変化に直接さらされていて，その微妙な変化を察知する能力をもち，その能力を駆使していかなければ，生存し続けることができないからである．もちろん人間も本来は野生生物の一員であるのだから，本能的にそのような適応力を備えているはずである．しかし，文明社会に守られた現代の私たちにとって，その能力を活用する機会はほとんどないに等しい．生物の本能は，自然淘汰のなかで必要に応じて培われた能力であるから，それを必要としなくなれば，衰えてくるのは当然である．

　私たちの無意識は，実はこのようなところに根ざしている．私たちは，生態系を人間社会に隷属化させてきた．自然と直接干渉しないできた長い歴史のなかで，自然に対する意識が徐々に希薄になり，その変化を事前に察知する能力を失いかけているのかもしれない．環境変化を予知する生物固有の能力は，今の私たちには，おそらくまったくといってよいほど，廃れてしまっているに違いない．

　自然を意識しないという，こうした論調に反論はあるだろう．たとえば，「漁民に殺戮されたイルカがかわいそう」であるとか「草花を愛でる心」など，自然愛護的な感情はどうであろうか．しかし，これらは人間の知能が与えてくれた付加価値であり，いわば文化の話である．前者のイルカは人間と動物を同一視した感情移入にすぎず，後者は美術や音楽などの芸術に通じる．生物種としての人間の生存に関していえば，これはどうでもよいことの一つ

にすぎない．このような枝葉の話にとらわれていて本質を見失っている，というのが現在の自然環境問題の一側面でもある．

　たとえば，ヒステリックな自然保護論に対するマスコミの受けはよいようだが，過去に見られる場あたり的な対応だけでは，問題の根本的な解決にはつながらない．自然は緩やかに悪くなっているのである．日本からトキがいなくなったといまさら騒ぎたてなくても，この結末は昔から予測されていた．過去半世紀あまりの間に，トキの生息する農耕地は分断，荒廃し，河川は改修され，人間活動のさまざまな影響が，日本のトキを絶滅に追い込んだのである．短期的に見れば軽微な変化が，長年蓄積して大きな環境変化となった．私たちは近い未来を実感する能力に欠けているか，悪い予測はしたくないせいか，このような緩やかな変化に対応することがなかなかできない．つい目先のことにとらわれがちなのである．

　なぜ自然を守らなければならないのか，生物多様性保全はどうして必要なのかについては，誰もが大筋で一定の合意を共有できているはずである．人間の生存にかかわる根本的な話としては，人間が自然環境システムを完全に管理できない限りにおいて，そのシステムを破壊することは，システムに乗って生活をしている自分自身を滅ぼす，ということになる．その破壊される速度が緩やかであり，ほぼ完全に破壊尽くされるまで，私たちは気づかないというところに落とし穴が待っている．

　自然環境を保全することによる公共的意義を，一人ひとりが自覚しなければならない最後の岐路に，今私たちはおかれているのかもしれない．

2　保全活動と技術者

（新里達也）

2-1　野生生物保全という事業

　野生生物保全事業というと公益的側面が強調されるせいなのか，このような事業を請負い，事業活動をしている民間企業などの営利組織がある，ということは意外に知られていない．確かに，保全活動の一般的なイメージは，地方自治体など行政の役割であり，行政や市民からの支援による非営利組織による活動が主流と思われがちである．しかし，公共事業として，あるいは一部の民間事業として，野生生物保全活動はさまざまな業態として市場に存在している．

　野生生物保全事業とは，野生生物の実態を調査し，現状を把握することにより，開発などに伴う環境影響を予測し，保全対策を実施する一連の活動である．また，現状の生息・生育地の復元や回復，ときには生息環境の無からの創出も行うことがある．このように関連事業はさまざまな場面において活動を行っている．

　本書を読み進んでいただくとわかるように，国や地方自治体は多種多様な環境関連事業を抱え，その多くを民間企業に委託している．たとえば，本書でも解説されているレッドデータブック編纂や河川水辺の国勢調査など，行政単独で実務を担当して事業を行うにはあまりにも複雑かつ膨大な仕事量である．このような業務は専門のコンサルタントや測定・測量業者，公益法人，NPO法人などが受託して，行政と協議を進めながら調査や計画，施工を行っているのが実情である．もちろん行政側でも専門技術者を多く抱えているが，それでもやはり民間業者の数と比べればごく一部の人材にすぎない．

　どの程度の事業規模であるのか，表2-1に平成18・19年の府省別環境保全経費，表2-2に事業別環境保全経費を示した．平成19年度について見れば，

2　保全活動と技術者

表2-1　省別環境保全経費一覧.　　（単位：百万円）

省	平成18年度予算額	平成19年度予算額	比較増減
文部科学省	54,989	62,130	7,141
厚生労働省	3,708	3,603	△105
農林水産省	328,748	381,857	53,109
経済産業省	223,196	183,924	△39,272
国土交通省	1,174,139	1,126,654	△47,485
環境省	220,734	221,509	775
その他	128,692	115,257	△13,435
合　計	2,134,207	2,094,935	△39,272

（出典：環境省総合環境政策局, 2007）

表2-2　事業別環境保全経費一覧.　　（単位：百万円）

事業項目	平成18年度予算額	平成19年度予算額	比較増減
地球環境の保全	460,130	491,158	31,028
大気環境の保全	303,577	279,711	△23,866
水環境，土壌環境，地盤環境の保全	818,302	819,504	1,202
廃棄物・リサイクル対策	144,209	132,112	△12,097
化学物質対策	12,338	9,819	△2,519
自然環境の保全と自然とのふれあいの推進	317,416	285,056	△32,360
各種施策の基盤となる施策など	78,237	77,575	△662
合　計	2,134,207	2,094,935	△39,272

（出典：環境省総合環境政策局, 2007）

　野生生物と特に関連の深い「自然環境の保全と自然のふれあい推進」事業については，全体で285,056百万円が計上されている．昨今の公共事業予算の圧縮により経費額は，過去5年間で半減しているが（たとえば平成12年度は608,742百万円），それでも環境保全事業のなかでは，依然として大きな経費ウエイトを占めていることには変わりはない．このような環境保全事業経費は，よく槍玉にあげられている道路建設などの社会資本整備経費に比べれば，わずか数％の金額である．これを多いと見るか，少ないと見るかというところで意見は分かれるかもしれない．しかし，環境や福祉のような長く広い視野で公益・国益に適う事業に，私たちの税金が使われることを否というほど，この国の民衆のモラルは廃れてはいないだろう．
　ところで，このような業態は，ある意味で日本独特のものである．野生生

物保全をはじめ環境問題に関してはるかに先進の欧米においては，野生生物のコンサルタント業者も多少はあるのだが，規模の大きな事業を請け負うことのできる組織はほとんど知られていない．もちろん事業がないということではない．欧米では，それらの事業は行政主導で，あるいは組織力のあるNGO（非政府機関）が運営しているのである．

今から遡ること四半世紀前には，わが国においてもこのような請負業者はほとんど存在しなかった．この四半世紀の間に，社会意識の高まり，施策ならびに行政指導のもとに，野生生物保全事業は拡大していったのであるが，欧米が行政内部に組織をもつに至ったのに対して，わが国では民間業者委託という形態が社会構造のなかに組み込まれてきた経緯がある．とりわけバブル崩壊以降の過剰な公共投資のなかで，環境事業も同一の業界枠組みのなかで，予算獲得と業者発注を行ってきたために，すっかり建設業界的な強固な構造ができ上がった．すなわち，日本独特というのはこのような構造のことである．

現在のような経済が低迷する時代にあっては，上に述べてきたように野生生物保全事業はほぼ公共事業一辺倒のように見受けられる．事実，おおかたはそのとおりなのであろうが，事業採算性や環境基準の規制対策から，民間の取り組みも少しずつではあるが行われ始めている．

数少ない事例として，民間企業の所有する広範な人工緑地を，利用客が野生生物と親しむことができる自然共生型のビオトープとして計画しようという構想もある．保全技術者の立場として，自然の保全と復元は究極の目標であるが，利用客が野生生物に親しみ，そこで自然の価値を体感してもらうことは，私たちの理念に反することではない．その効果で，来客数の増加が見込まれ，レストランなどの施設利用を通じて，企業側にも経済効果が期待できるのである．また，集合住宅地建設に際して，地域の潜在的な生物相復元を目標に敷地内にビオトープを創出したところ，住宅価格にその自然復元費用が付加され，周辺市場価格よりも当該住宅が高価格に設定されたにもかかわらず，購買者の申込みは順調であったという．これらは野生生物保全と市場経済が手を結んだ，現時点では少ない事例なのかもしれないが，このような事業はむしろ今後増えるものと予測される．

2-2 野生生物保全技術者

　上記のような行政や民間企業，非営利組織などで現在活躍しているのが，野生生物保全を専業とする技術者である．彼らは，フィールドにおいて野生生物の実態を調査し，その現状把握を行い，具体的な保全対策を提案するプロフェッショナルである．

　このような仕事は，古くは大学などの研究機関に所属する職員が依頼され，本業の合間に行われてきたのだが，各地で野生生物の衰退が明らかになるにつれて，保全事業の案件が著しく増加したために，半官半民や民間の組織または個人の技術者が活躍する機会が多くなり，またその活動も注目されてきた．とはいえ，このような技術者の社会認知度はまだ低いために，彼らの技術分野を一括りにした適切な名称はない．一部では，野生生物保全技術者あるいは保全技術者，生物技術者などとよんでいる．ひところは彼らの仕事の多くが環境アセスメントに伴う現地調査が主流であったこともあり，アセス屋などとよばれていたが，この呼称は現在の実情とはだいぶかけ離れている．

　技術者の多くは一般に大学学部か修士課程卒業者で，出身学部は自然科学系の農学と理学がほとんどである．ただ，生きもの好きの学生にありがちな傾向であるが，学生時代にフィールドばかり出ていて，あまり勉強をしないものだから，学校の成績があまり優秀ではない青年がときとしている．ところが会って生物の話をしてみると，大学の教官も適わぬほどの知識をもっていて，驚かされることがある．このような稀有な素質は，学部や成績などと無縁に技術者として成長することが多い．生物に対する観察力や探索力はほとんど天性の才能であることが，私の比較的長い経験からみてどうやら確からしい．これはちょうどスポーツ選手の天分と似ているところがある．ただ，ときとしてこのタイプは，フィールド以外にまったく興味を示さないこともあり，保全計画立案や利害関係者との折衝が苦手で，技術者として長続きしないことがある．反対に大学でよく勉強はしてきたのだが，実は生物があまり好きでないという学生もいる．こちらのほうはどう転んでも大成しない．この職業にはフィールド学者タイプが合っているが，最近の若い世代には適職者が不思議と少なく，業界全体としてはむしろ質の高い技術者は不足気味である（図2-1〜2-4）．

野生生物保全技術者は，代理人として事業主体の依頼のもとに業務に従事することが通例である．先に述べたように，多くは公共事業であるから，官庁や地方自治体を通じての業務が多い．彼らは通常，コンサルタントという代理人の立場で，顧客満足度の高い仕事を目ざすわけであるが，総じて野生生物保全事業は，依頼人の期待どおりに仕事が運ぶことが少ない．対象が生態や行動の予測困難な野生生物であって，当初想定していたとおりの調査結果が得られることが少ないのである．したがって，業務の過程で多くの変更を余儀なくされる．優秀な技術者の特徴の一つには，この変更点が少ないことにある．すなわち技術者の知識と経験，それらを総合監理するセンスが要求される職業といえる．

図2-1　猛禽類の定点観測．

図2-2　定置網による河川の魚類調査．

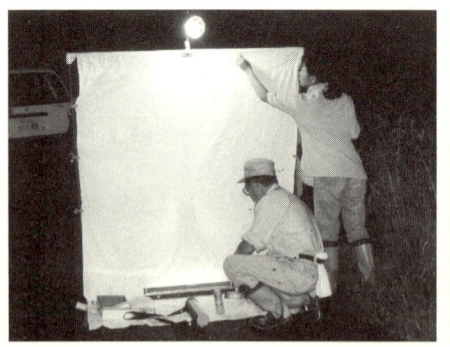

図2-3　ライトトラップによる昆虫類調査．

図2-4　早春のサンショウウオ繁殖地調査．

確かに，野生生物保全のコンサルタントは，あまり恵まれた境遇におかれていないかもしれない．好きで選んだ職業であるけれど，常に舞台裏にいて，きついフィールドと情け容赦ない依頼人の要求，好事的なマスコミ対策などに追われている．しかし本来コンサルタントは単なる便利屋ではない．欧米では環境コンサルタントは，弁護士や大学教官と比肩できる地位もプライドも高い職業である．そうでなければ，第三者として依頼者の利益を守りつつも，公益的働きを務めきれるものではない．

もっとも楽観的な性格なのか，私は現状もそれほど悪くないと思うことが多い．業務を通じて，大好きな野生生物を自らの活動で少しでも保全することができれば，それはこのうえない喜びであり，次の仕事の励みにもなる．研究室で理論を組み立てているだけではなく，ただ闇雲に保護活動を続けるのでもない．保全技術者には，常に夢を実現できる現場・フィールドが待っているからである．

2-3 資格登録制度

資格社会といわれるわが国であるが，野生生物保全に従事する技術者の技術能力適正をはかる資格や登録制度などの歴史は比較的新しい．1993年に当時の科学技術庁が，科学技術コンサルタントの国家資格である技術士制度に環境部門を追加し，そのなかに自然環境保全科目が設けられたことで，野生生物保全の技術者にようやく社会的地位が保証されることになった（厳密には野生生物に限定するわけではないが）．なお，技術士制度には，この環境部門設立に2年先駆けて，建設部門に建設環境科目が設置されており，農業部門などそのほかの部門にも，自然環境にかかわる科目が，その後設置されている．

この国家資格設立後しばらくして，当時の環境庁が環境カウンセラー登録制度を導入（1995年），民間資格であるが，ビオトープ管理士（1998年）や生物分類技能検定（1999年）などが次々に試験登録を始めていった．このような制度が官民で整備され始めたのも，時代の要請と見てよいのだろう．現在，学生や現役の技術者たちの多くが受験を試みており，技術資格による就職や転職など，今般の経済不況の背景も受けて，ややもすると小さなブームのよ

表2-3 野生生物保全技術に関する資格登録.

資格	根拠となる法令・認定機関	受験資格	資格内容	試験機関・website
技術士・技術士補 環境部門 ・自然環境保全 ・環境保全計画 建設部門 ・建設環境 農業部門 ・農村環境 その他	技術士法 (文部科学省)	技術士 技術士第一次試験に合格あるいは認定教育課程修了者で,実務を一定期間経験した者 技術士補 なし	技術士 専門的能力を必要とする事項について,調査,設計,分析などの指導業務にあたる資格 技術士補 技術士を補佐しながら業務あたる資格	(社)日本技術士会 http://www.engineer.or.jp
環境カウンセラー ・事業者部門 ・市民部門	環境カウンセラー登録制度 (環境省)	経験年数5年以上の者	事業者や市民が実施する環境保全に関する助言を行う者を登録し,環境保全を推進する資格	(財)日本環境協会 http://www.jeas.or.jp
生物分類技能検定 ・動物部門 ・植物部門 ・水圏生物部門	(財)自然環境研究センター	1級 2級合格者で,実務経験3年以上の者 2級以下 なし	正しい生物分類の技能をもった技術者の能力検定	(財)自然環境研究センター http://www.jwrc.or.jp
ビオトープ管理士 ・計画部門 ・施工部門	(財)日本生態系協会	1級 学歴により実務経験7〜14年以上の者 2級 なし	ビオトープ事業の推進に必要な知識,評価能力,技術の資格	(財)日本生態系協会 http://www.ecosys.or.jp
シビルコンサルティングマネージャ ・建設環境部門	(社)建設コンサルタンツ協会	学歴により実務経験が13〜17年以上の者	コンサルタント業務において,管理技術者,照査技術者としてあたる者	(社)建設コンサルタンツ協会 http://www.jcca.or.jp
樹木医	(社)日本緑化センター	実務経験が7年以上の者	巨樹や古木群などの樹勢の回復や保全に関する技術資格	(社)日本緑化センター http://www.jpgreen.or.jp

うになっている.

　技術の範囲をどのあたりまで設定するかによって異なるが,現在のところ野生生物保全にかかわる資格・検定・登録の制度は6制度以上を数えることができる(表2-3).以下に,このような分野の資格に興味のある方のために内容を簡単に紹介しておく.なお,受験のための要件は年とともに変わることが多いので,詳細については各機関の担当窓口で照会されたい.

2-3-1 技術士・技術士補

　技術士法に基づく国家資格であり，文部科学省が認定する科学技術コンサルタントの最高峰の資格といわれている．20部門の専門分野にわたる資格であるが，先に述べたように，このうち野生生物保全に深くかかわるのは環境部門の「自然環境保全科目」である．同環境部門の「環境保全科目・環境影響評価科目」や建設部門の「建設環境科目」，農業部門の「植物保護科目・農村環境科目」，森林部門の「森林環境科目」なども技術分野としてはその一部を包含する．技術士は，特に公共事業においては，管理技術者および照査技術者として業務にあたり，公共事業の一般競争（指名競争）の資格者として登録することができる．

　技術士になるためには，技術士第一次試験に合格した者（技術士補），あるいは認定された教育を修了した者が一定の実務経験を経た後に，技術士第二次試験に合格しなければならない．試験は筆記試験と口頭試験に分かれ，このうち筆記試験は毎年8月上旬に1回実施され，専門分野と技術部門に関わる長文の論述問題からなる6時間に及ぶかなり過酷な試験である．口頭試験は筆記試験合格者のみに行われる．合格率は，平成17年度の環境部門全体で対受験者数の10.5％であった．なお，2001年から，技術士の上位に位置する監理技術者のために総合技術監理部門が設立され，各部門（科目）が技術分野別に対応している．

　技術士補は第一次試験合格者のことで，こちらは受験資格を問われない．毎年10月中旬に筆記試験のみ実施され，基礎科目，適正科目，共通科目および専門科目からなるやはり6時間の長時間の試験であるが，自然科学系4年制大学卒業者は基礎科目1時間が免除される．すべて5肢択一問題からなる．合格率は，平成18年度の環境部門全体で対受験者数の29.7％であった．

2-3-2 環境カウンセラー

　事業や市民活動を通じて環境保全に貢献する人材を対象に，環境省が1995年から始めた登録制度である．活動場面により事業者部門と市民部門に分かれているが，登録者の経歴によっては両部門を同時に登録することもできる．2007年4月時点で4,380人が登録している．

登録は毎年9月に募集が行われ，指定の用紙に((財)日本環境協会のホームページからダウンロード可能)申請者のプロフィールならびに必要事項を記入し，課題論文とともに申し込む．この申請内容が受理されれば，年明けに面接が行われ，合格すれば登録の運びとなる．このところの新規登録者は年間300人台で推移している．なお，環境カウンセラーに登録すると，毎年の活動報告を提出することが義務づけられ，これによって登録が更新される．

2-3-3　生物分類技能検定

　生物の名称同定や周辺知識の技術適正をはかる目的で，(財)自然環境研究センターが認定機関となって試験を実施している．技能レベルの高い順に1級から4級までであり，このうち1級と2級は植物，動物および水圏生物の各部門に分かれており，3級以下は特に部門を区別していない．受験資格は2級以下ではないが，1級では2級合格者かつ3年以上の実務経験者となっている．また，この1級の試験では専門分野がさらに細分化され，動物部門では「哺乳類・爬虫類・両生類」，「鳥類」，「魚類」，「昆虫類」の4分野，水圏生物では「浮遊生物」，「遊泳生物」，「底生生物」の3分野に分かれている．なお，植物だけは1専門分野となっている．本検定の登録者は，環境省発注業務の一般競争(指名競争)の入札時の資格要件となっており，その意味では重要な資格である．

　試験内容は，2級以下では択一，論述，写真や標本の鑑定などであるが，1級では論文による一次試験と面接による二次試験となっている．試験は等級により実施時期を分け，各年1回実施されている．合格率は，平成17年度では，1級のうち哺乳類・爬虫類・両生類分野66.7%，鳥類分野81.3%，魚類分野69.2%，昆虫類分野53.3%，植物分野54.1%，浮遊生物分野50.0%，遊泳生物分野50.0%，底生生物分野66.7%，2級のうち動物18.4%，植物26.0%および水圏生物13.1%であった．特に2級の試験はかなり難関のようである．

2-3-4　ビオトープ管理士

　野生生物保全活動の一環として，生物の生息空間であるビオトープの創出や保全を通じた活動が各地で盛んに実施されるようになっている．ビオトー

プ管理士は，そのような保全技術分野において，(財)日本生態系協会が登録団体として1997年から実施している民間資格制度である．また，環境省などの発注業務の一般競争(指名競争)の資格要件となっている．

この資格は，専門技術が計画と施工分野に分かれており，それぞれに1級と2級がある．2級の受験資格は問わないが，1級では4年制大学卒業後実務経験が7年以上必要とされている．試験内容は，生態学およびビオトープ論，環境関連法，都市計画など比較的多岐にわたる．出題は，択一問題，記述問題および小論文からなるが，1級では筆記試験合格後に面接試験があり，2級では記述問題はない．合格率は，平成18年度の1級で計画部門13.9％および施工部門7.4％，2級は同様に46.4％および44.0％となっている．

2-3-5 その他

公共事業の指名入札などの重要と思われる資格を中心に紹介したが，上記以外にも野生生物保全に関連する資格制度はある．技術士に準じる管理技術者の資格として，(社)建設コンサルタント協会が認定するRCCM(シビルコンサルティングマネージャ)は，技術士の建設部門「建設環境科目」と同等の資格を与えており，技術士の項で述べたような技術分野の一部が含まれる．また，文化財として景観上重要な樹木の保存を目的とした樹木医制度も注目される．1990年から(財)日本緑化センターで認定が始まった制度であるが，合格率は8％未満の難関試験である．毎年80人弱ほどが新しく登録されている．

また，(社)日本環境アセスメント協会では，環境アセスメント業務の信頼性確保の目的から，技術者の適正をはかる環境アセスメント士の資格制度を2005年から実施している．この環境アセスメント士は自然環境部門と生活環境部門の2部門をもち，野生生物保全の技術者には前者のほうと関係が深い．そのほかには森林インストラクターやNACS-J自然観察指導員などがあり，民間の認定資格は増えつつある．

3 国際自然保護連合の動き

(佐藤正孝)

3-1 IUCNとは

国際自然保護連合 (IUCN: International Union for Conservation of Nature and Natural Resources) は，1948年に自然の保護と天然資源の保全を目的として設立され，スイスに本部が置かれ，72の国々から，107の政府機関，743の非政府機関，34の団体が会員となり，181ヵ国からの約10,000人の科学者，専門家が協力関係を築く世界最大の自然保護機関である．この機関の活動は，世界中の生態系とそこに生息する生物種の状態の監視，政府機関や民間団体による自然保護活動の推進とその活動に対する援助と助言などがある．国家や省庁，非政府組織などの団体会員で構成され，専門家グループからなる幾つかの委員会が設置されている．それらの委員会のなかでも種の保存委員会 (SSC: Species Survival Commission) の活動が著しく，絶滅のおそれのある生物に関する調査研究を行い，各種の印刷物を発行し，世界各国のレッドデータブック (RDB: Red Data Book) 作りに大きな影響を与えている (図3-1)．

3-2 種の保存にかかわる活動

SSCは，国際的に研究者が連絡を取り合って組織され，絶滅に瀕している特定の生物種または生物群の保護活動を行っている．やや古い資料であるが，1993年に発行された名簿 (Directory) からその内容を紹介してみよう．

全体では169ヵ国の約5,000人の研究者が特定生物グループ (Specialist Group) に所属しているが，

| 哺乳類…35 | 両生・爬虫類…9 | 無脊椎動物…6 | 学際群…5 |
| 鳥類……16 | 魚類…………5 | 植物………20 | 特別群…3 |

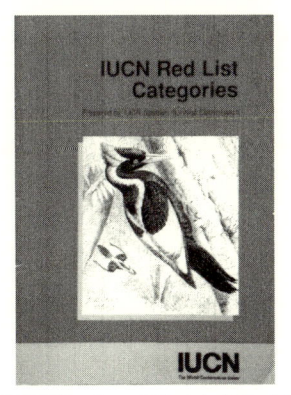

図3-1 IUCN版のレッドリストカテゴリの表紙.

の合計99グループが設置されている.

このメンバーの国別の人数は,アメリカ,イギリスおよびオーストラリアが飛びぬけて多く,インド,フランス,ドイツと続いている.アジアでは,中国が91名,日本88名,マレーシア55名,インドネシア53名,タイ37名が多いほうで,隣国の韓国は11名,台湾が9名となっている.

この活動は,個々の特定群ごとに任意に組織された後に登録されるようであるが,日本は国際的対応がどうも下手で,実際の研究者の数から考えても,もっと多くの人たちが参加していてもよいと思われるが,相対的に少ない.また組織作りそのものも消極的のようで,最近でもいろいろなグループが追加設立されているが,日本独自のものがない.登録認定された組織の研究者には,毎年ニュースレターとしての「Species」が送られてきて,生物群ごとの活動の様子がわかる仕組みとなっている.

一方,SSCの活動は,個人が生物群ごとに活動しているため,専門が違えばそれぞれの国内での交流がまったくないことになる.ヨーロッパでは地域的な集会などの連絡組織が機能しているようで,日本でも堂本暁子氏(当時参議院議員),岩槻邦男氏(東大名誉教授)が中心となって,組織作りが1996年ころから行われ始めた.「IUCN in Japan News」や「SSC in Japan News」が配布され,IUCNの動きが報告され活動の様子がわかったが,堂本氏の千葉県知事就任で,諸連絡もなくなった.今後の活動を期待したい.

3-3 絶滅危惧種の動向

　SSCの活動主体は，RDBで代表される絶滅のおそれのある生物に対して，世界的規模で対応していることである．1966年に絶滅のおそれのある野生動物をリストアップしたのを最初として，その後，1994年と1996年に「絶滅危惧動物」(Threatened Animals) に関する資料を公表してきた．それと動物群ごとのさらに詳しいRDBも発行している．

　1982年に「哺乳類」と「両生・爬虫類」が発行されたのをはじめとして，1983年「無脊椎動物」，1985年に「危機に瀕する世界のアゲハチョウ」などが発行されてきた．これらの出版物のなかで扱われている日本産種は非常に少なく，「無脊椎動物」では，北海道石狩地方におけるエゾヤマアカアリの巨大なコロニーが危険状態であるとされている．また，世界各国からの提案であり，調整はかなり困難と思われるが，どうしても有名種がリストアップされる傾向は否定できない．たとえば，危急種ランクとはいえ，ヒマラヤムカシトンボ，ヘラクレスオオカブトムシ，アポロウスバシロチョウ，また危機状態としてオオカバマダラなどよく知られている種が掲載されているきらいがある．「世界のアゲハチョウ」では，危急種のなかに唯一ギフチョウが，フトオアゲハ，ベンゲットアゲハなどとともにランクされているだけである．これらも現地での実態をあまり反映していないように思われる．

　国際自然保護連盟のレッドリスト掲載種の変遷を，分類群別に示すと(表3-1, 3-2)，2006年時点で，絶滅危惧種（Ⅰ類・Ⅱ類合計）で，植物8,393種，動物7,725種，その数は，世界中の野生動植物に迫る危機の加速とあいまって，版を重ねるごとに増加傾向にある．

　世界的に環境破壊が進んでいる現状からは，IUCNにおける絶滅危惧種への活動対応が必要不可欠な要素となっている．その大きな貢献は，いわゆるレッドリスト作成であり，1988年に基準となるカテゴリが公表されたことである．世界各国は，そのカテゴリに準拠してRDBを作成し，自然環境保全への対応が試みられ，それなりの成果を上げてきた．さらに，1994年には新しいカテゴリが公表され，その改訂があわせて行われており，日本でも1995年以降再検討が進行中である．

　レッドリスト作りの先進国であるイギリスでは，いち早く1983年に「維

管束植物」を発行し，1985年には「昆虫類」が発行された．日本では8年遅れて，1991年に当時の環境庁による最初のRDBとして「脊椎動物」が発行され，以後順次「無脊椎動物」，「植物」などと発行されてきた．また，同じように野生生物目録も1993年以降順次発行されている．これら日本の情況についての詳細は，本書の第2部第6章で触れられている．

手もとにある文献から，近隣諸国のRDBに関する実態を簡単に紹介して

表3-1 国際自然保護連盟レッドリストの掲載種数の変遷（動物）．

| 分類群 | 既知種数 | 評価種数 | 絶滅危惧種数 ||||評価種数に対する割合(2006) |
			2000年	2002年	2004年	2006年	
脊椎動物							
哺乳類	5,416	5,416	1,130	1,137	1,101	1,093	23%
鳥類	9,934	9,934	1,183	1,192	1,213	1,206	12%
爬虫類	8,240	8,240	296	293	304	341	52%
両生類	5,918	5,918	146	157	1,770	1,811	31%
魚類	29,300	29,300	752	742	800	1,173	4%
小計	58,808	58,808	3,507	3,521	5,188	5,624	1%
無脊椎動物							
昆虫類	950,000	950,000	555	557	559	623	0.07%
軟体動物	70,000	70,000	938	939	974	975	1.39%
甲殻類	40,000	40,000	408	409	429	459	1.15%
その他	130,200	130,200	27	27	30	44	0.03%
小計	1,190,200	1,190,200	1,928	1,932	1,992	2,101	0.18%
合計	1,249,008	1,249,008	5,435	5,435	7,180	7,725	0.61%

（出典：IUCN日本委員会：http://www.iucn.jp/）

表3-2 国際自然保護連盟レッドリストの掲載種数の変遷（植物など）．

| 分類群 | 既知種数 | 評価種数 | 絶滅危惧種数 ||||評価種数に対する割合(2004) |
			2000年	2002年	2004年	2006年	
コケ類	15,000	93	80	80	80	80	86%
シダ植物	13,025	210	—	—	140	139	67%
裸子植物	980	907	141	142	305	306	34%
双子葉植物	199,350	9,473	5,099	5,202	7,025	7,086	74%
単子葉植物	59,300	1,141	291	290	771	779	68%
地衣類	10,000	2	—	—	2	2	100%
菌類	16,000	1	—	—	—	1	100%
合計	313,655	11,827	5,611	5,714	8,323	8,393	71%

（出典：IUCN日本委員会：http://www.iucn.jp/）

図3-2 コノハムシ.

図3-3 東南アジアの市場で食用販売されているタイワンタガメ．本種はレッドデータブックで絶滅危惧種に指定されている．

おきたい．ベトナムのRDBは1992年に発行されたが，どうも著名な種が主体のようで，実態とはかなりかけ離れているように思われる．たとえば，スローロリス，ジュゴン，トラ，ゾウ，サイ，クジャク，マンボウ，パイプウニ，オウムガイなどの種が図説されている．また，昆虫類を例にとると，危急種としてウスバカマキリ*Mantis religiosa* Linnaeus，コノハムシ*Phyllium succiforlium* Linnaeus（図3-2），ラックカイガラムシ*Kerria lacca* (Kerr) の3種と，希少種としてのタイワンタガメ*Lethocerus indicus* (Lepetetier et Serville)（図3-3）1種だけが解説されているにすぎない．

中国の保護動物は1993年に発行されたが，これも著名な種が多く，ユキヒョウやマッコウクジラ，ナガスクジラ，シャチ，モウコウマ，センザンコウ，ウミウ，ハチクマなど陸海でよく知られた種が次々と図説されている．昆虫類では，ハサミコムシや絶翅目，ガロアムシなどのような特異な種が出てくるかと思えば，カブトムシやシナギフチョウ，アポロウスバシロチョウ，シナシボリアゲハなど有名種が多い．この著では，英文摘要がついているものの英語訳した種名のみで表記され，学名がなく，ガロアムシはNewly-discovered Chinese gryllobbattidとなっている．

最近発行された台湾の「保護昆虫」(2001) はすべて英文で書かれ，原色の生態写真を入れて詳細に示されている．この著は2部に分けてあり，一つはCITES (Convention on International Trade in Endangered Species of Wild

Fauna and Flora)で指定されたアゲハチョウ類とコロフォンクワガタが図説されている.もう一つは,これまでにも図説公表されている台湾産保護昆虫18種について幼生期を含めて図説している.さらに,「野生動物保育(護)法」が掲載されていて,学術研究と教育目的での調査申請や輸出入などの書式が示されているのも便利である.

4 野生生物保全と倫理問題

(新里達也)

4-1 倫理問題と技術

　まず誰もが考えることは，倫理問題が難しいということである．そして，私たちは往々にしてこの倫理問題を避けて通ろうとする癖がある．議論中に，倫理の話題が持ち上がると，誰となくその方向を軌道修正するのが慣習である．それならば，倫理問題は無視してよいのかと問えば，誰もが「否」と答えるであろう．そして付け加えるのは，「ちょっと後にしてくれ」という常套句である．

　倫理とは，私たちの社会性に由来する，他者理解や共感といった根本的な感情であり，だから，個人の思想・信念や民族，文化を超えて共有できるものである．道徳は，しばしば倫理と同義に扱われるが，わが国のような仏教思想が浸透した社会では，「道を説く」といわれるように，教育によってもたらされる後天的な行動規範とみなされる．この二つによって，私たちはヒトとして，他者と共存が可能となる「知性の徳」すなわち根本倫理を備えることができる．したがって結果，私たちは歳を経るごとに道徳的になっていくはずであるが，なかなかそうはいかないところが，これもまたヒトの悲しい性なのであろう．

　倫理観には当然ながら個人差があるもので，善人と悪人という相対の見方は，倫理・道徳の意識するところの高低に一致する．ここで難しいのは，高い倫理観をもった人が，情勢に的確な判断をくだし，行動をとれるかというと，必ずしもそうとは限らないことである．たとえば，徳の高い教育者が有能な為政者になることは一般には難しい．社会で正当な評価を受ける倫理的な判断や行動は，思うのみでは実現せず，逆に行動だけが先行すれば，よく失敗するものである．

科学仮説は検証可能であり，誤った理論は後の研究によって批判・修正され，日々進歩していくのであるから，これは非常に明解な手続きである．その責任は，研究者個人や関係組織に帰属し，そのような純粋な研究行為は，実利害と直結することも少ない．この点において，科学の実践現場はまったく異なる．そこには，しばしば対立する利害関係者が存在するからである．倫理問題が発生するのは，何をさしおいても，その行為が公共や他人の命，権利および資産を侵害するか否かという点に始まる．たとえば，事業活動においては，事業の受益者の利益を保証するとともに，環境や公共財に及ぶ影響を回避しなければならない．ここでは当然のことながら，当事者たちに社会的責任が問われることになり，倫理と利害の狭間のなかで，しばしば難しい選択が要求される．だから，社会的に正しい判断をくだすためには，倫理問題は決して避けて通ることはできないのである．

　科学技術にまつわる倫理問題は，医療や遺伝子工学，建設・土木などのさまざまな分野でいつも話題をふりまいている．そのほとんどは組織や技術者の責任倫理を問うものである．野生生物の生存危機についても，その問題が私たちヒトの手にゆだねられる以上は，さまざまな倫理問題が顕在化する．本節では，まず保全技術の現場から三つの仮想事例を示し，それらを検証しながら，倫理問題が発生する原因，状況および解決について，考えてみたい．そして，環境倫理の視点から「野生生物の権利」について，論考したい．

4-2　事例の検証

4-2-1　当事者の秘密

　地方都市郊外の丘陵地の一画に民間業者による総合運動場の建設が予定され，地域の野生生物に及ぶ環境が憂慮されたために，自治体条例に従って環境アセスメント調査が実施された．計画対象地域は，当地域では希少種とされるモリアオガエル（図4-1）の既知分布域に近く，生息の可能性も示唆された．予想にたがわず，専門技術者が初夏に湧水周辺の水域を調査したところ，計画予定地周辺から複数の繁殖地が発見され，さらに予定地内でも中規模の繁殖地が1箇所確認された．

　周辺地域の繁殖地については，事業計画上特に影響はないと判断されたが，

図4-1　モリアオガエル．

　計画予定地の繁殖地については，造成改変地域に含まれるために，事業がこのまま実施された場合には，現状の維持はまず期待できない．しかしながら，保全のための事業計画の変更は，土地利用計画のうえから困難であるばかりではなく，大幅な事業費の負担増を余儀なくされ，ひいては，事業の実現性も危ぶまれるという．

　現地調査のデータを公表すれば，行政指導で何らかの保全措置を求められる可能性は高い．また，保護団体や一般の世論も，そのような生息地保全に動くことも予想される．もっとも，周辺地域の状況から明らかなように，当地域一帯は，モリアオガエルの生息密度は低くないようである．開発による影響がゼロということはないものの，この計画地にある1箇所の繁殖地の消失が，直ちに地域個体群の存亡に影響を与えることはないと思われる．ただ，技術者の立場からは，保全の何らかの代償措置を取りたいところではある．

　現地調査がひと段落したある日の会議でのことである．担当技術者は事業者から「計画予定地内の繁殖地の存在を報告書から削除してほしい」旨の相談を受けた．それは先の「事業の実現性」が大前提ではあるが，「計画地の繁殖地が消失してもモリアオガエル個体群に及ぶ影響は少なく」，それよりも「行政や市民の外圧による計画中断を憂慮」してのことである．現地調査の一次資料の改ざんは，最もしてはならない行為であり，また技術者としての倫理観から堪えがたいことはいうまでもない．しかしながら，周辺状況から予想されることは，事業中断まではいかないまでも，計画に大きな修正が求

められ，事業者の経済的・時間的負担が増すことは必至である．まして，現地の調査結果を客観的に見れば，現状の計画でも影響はほとんどなさそうである．

この話はフィクションであるから，この成り行きはいかようにも進めることができる．たとえば，倫理観に乏しく，技術も未熟な当事者たちであれば，このような悪い相談はそのまま進行していくかもしれない．谷奥にある繁殖地など，彼ら当事者以外には誰も知らないのであるから，口をつぐんでしまえば，それは簡単なことである．しかし，賢明で良識ある者ならば，勇気を

コラム　「持続可能な発展」の限界

1992年リオデジャネイロの環境と開発に関する国連会議において提唱された，Sustainable Development（持続可能な発展）は，人類活動を未来に約束する行動規範として，当時，深刻な環境問題を抱え閉塞気味だった先進国経済界に広く受け入れられた．環境の循環・自浄能力を越える負荷を与えない限り，地球環境は保全され，社会経済の発展も可能であるという．理屈ではわかる気もするが，自己の利益を犠牲にしてまで，誰がこの教義に従うのであろうか．はたしてアメリカは，二酸化炭素排出規制の2002年議定書発行を直前にして，「批准できない」と早々に退場してしまった．

成熟と安定を迎えた先進国は，いまだに発展という幻想に取りつかれている．経済成長率が国力をはかる基準である限り，私たちは拡大のための数字を追い続けることを止めようとしない．しかし，目前の利益を欲するままに享受する社会の蹉跌（さてつ）は，前世紀の教訓ではなかったのか．

環境倫理学は，私たち一人ひとりが，地球環境レベルで責任倫理を発揮し，世代を越えて未来の利益を保障しなければならないと訴える．そもそも自然は権利を内在し，それを私的侵害することは，自然および全人類の利益を損なうものとみなす．この文脈に従えば，持続可能な発展を標榜する現代社会は，相対的な延命装置でしかありえない．確かに，あれから10年余がすぎ，持続不可能で実行性の低いあの言葉は，もはや死語になりつつあるようだ．

いつのまにか，私たちの発展は歯止めが利かなくなり，目隠しをされたまま急坂を駆けおり始めている．今の世界が向かう先は，地球環境の崩壊という結末に起こる土地と資源の争奪であろう．それでもなお少数の人類は生き延びるかもしれない．そのような未来世代の疲弊がすでに確信されているというのに，私たちは発展というエゴイズムを，なぜ封じ込めることができないのだろうか．

（新里達也）

もって事実を受け入れ，実効性が高く，経済的にも優れた保全対策の代替可能な複数案をすぐにでも検討し始めるに違いない．そのために，ある程度の費用と時間を覚悟しなければならないとしても，いずれにしても，最低限守らなければならないことは，希少生物の地域個体群の保全と事業者利益の保護の，双方の両立である．

当事者の秘密は，意識のあるなしにかかわらず，さまざまなレベルに存在する．だから，情報公開の適切な機会については，事業活動が始まった時点から，利害関係者のなかでは議論がたえないものである．もっとも，上記の

コラム　生物多様性の意義

私たちが今日共有している概念としての「生物多様性」の歴史は比較的新しい。生物多様性 (biodiversity) は，種多様性 (species diversity) の類義語として，生物学的多様性 (biological diversity) を経て提唱された．語源となった種多様性は，生物種や生物相の多様さを表す歴史の古い言葉で，出生は自然史科学である．しかしなぜそこから，あえて生物多様性を創り出さなければならなかったのか．たぶんそこに政治的意図があったと見るのが自然であろう．

マクニーリーほか (1990) によれば，生物多様性の価値は，直接的価値（消費的使用価値・生産的使用価値）と間接的価値（非消費的使用価値・予備的使用価値・存在価値）に分類される．直接価値と間接価値の非消費的使用価値は，私たちの生活や文化にとって必要な生物資源である．予備的使用価値は，未来世代に継承する資源としての価値である．一方，存在価値はこれらとは一線を画し，自然の生存権のことであり，それは種多様性の意義に等しいのである．環境倫理学は，地球全体主義，世代間倫理および自然の生存権を主張する．前二つは私たち人間にとっての資源利用の問題であるが，三つ目は人為の影響を本来は及ぼしてはならない聖域のことである．このように見ると，この主張と生物多様性の価値はほとんど一致している．

用語としての生物多様性は誰もが知っているが，その意義を明確に答えることができる人はほとんどいないであろう．私も口滑らかに説明することができない一人である．それは現在広く認められる意義のなかに，生物の利用権と生存権という相反する思想が同居するからである．先に政治的と述べたのはそのような理由からである．

もっとも，私は生物多様性という用語を否定しているわけではないし，実際に多用している．ただし本書では，生物多様性の意義を，原則として野生生物の生存権としてとらえていることだけは主張しておきたい．　　　　（新里達也）

図4-2 両生類移動のための通路(アンダーパス).

ような事例のなかで，倫理的に高い対応が進行するという場合でさえも，不用意な情報公開は無用な誤解を生じる可能性もあるので，慎重な行動をとる必要がある．当然のことながら，希少生物の生息地情報の公開は，十分な保全対策，ときには盗掘や乱獲も配慮したものでなければならない．情報を受信する側が，保全を心底願う善意の人たちだけとは限らないからである．一方で，不用意に流出した情報がもとで，マスメディアの恣意的な報道に翻弄されるケースも非常に多いものである．

4-2-2 技術の限界

総合運動場建設予定地で確認されたモリアオガエルの繁殖地は，繁殖地の湧水だまりと周辺の樹林を広く残留させるという保全対策を実施するという方針になった．この残留緑地には，東西2方向に走る谷地形の樹林を緑の回廊として連結させることや，道路などの人工構造物にはアンダーパス(図4-2)を配置することで，繁殖個体の移動にも配慮した．もっともこの過程で，事業計画はやや大きな変更を余儀なくされ，谷地形の橋梁による横断という構造物設置や周辺用地の追加取得など，事業者の経済的負担が生じたことも

確かである．しかし，モリアオガエル生息地が保全されるうえ，さらにその繁殖地を利用者が直接観察できる施設を計画することで，総合運動場の自然の付加価値を高め，また企業が環境保全を事業に内部化することが可能となった．この計画は，関係行政機関との調整を重ね，保護団体や周辺住民に公開され，一定の評価のもとに，官民含めた合意形成にひとまず成功した．

この一方で，保全計画がはたして成功裡に進むかどうかという，技術者のジレンマが存在していた．モリアオガエル成体はどれほどの規模の森林面積を必要とするのか，その行動圏はどのようであるのか，また繁殖地の環境条件についてさえ，現状では十分なデータをもちえていない．現地調査時に収集した資料はきわめて断片的であって，そこから具体的な保全計画を導き出すには無理がある．結局のところ，他地域で実施された保全計画事例を参照しながら作りあげたのが，本計画であった．はたして，移動のための回廊を利用してくれるのか，繁殖が再開されるのかといった保障はないのである．いずれも次の繁殖期を待って，実際に確認するまでわからない．

野生生物の保全技術は，常に最先端の難題を突きつけられる．わが国の保全活動は歴史が浅く，また成功・失敗例がほとんど公表されていないことから，万全な手法というものが確立されていない．実際に現場で行われていることは，ほとんど確からしい最善の手法であるが，それはあくまで絶対ではないのである．

担当技術者は，保全計画に従い工事が進行していく過程を見守りながら，一抹の不安は拭いきれずにいた．自分が提案したことによって数千万円単位での事業費が追加投入され，事業者の負担を強いたこと，一方では保護団体など衆目の監視のなかで，もし保全計画に失敗したならば，技術者としての評価や所属企業の社会信用の失墜に発展するかもしれないという不安があった．

どのような技術にも限界はある．この技術者は，現状で採用できる最良の選択肢で保全対策を実践していることは，少なくとも事実ではある．一般に私たちの社会では，責任の範囲は意図のなかにあるものに限定される，といわれる．それだから，保全計画がたとえ失敗したとしても，彼個人の倫理感を責めることはできないであろう．それでも，失敗という事実は依然として

存在するのである．そして，責任倫理という観点において，この技術者には，保全計画の結末まで自己責任が迫られることは避けられない．

　実際のところ，これと類似するケースはきわめて日常的に見受けられる．よく比較される土木・建設技術とは異なり，保全技術の水準や成果は一般的に満足度が低い．しかし，それはある意味では仕方のないことである．土木・建設は地形・地質学や人間工学という歴史の長い分野に依拠しており，高い技術を築きあげているが，かたや保全技術は，一部の研究者しか見向きもしない，しかも不確定要素をはらむ生物という対象を扱う．そのような状況で，失敗を指摘して，責任を追及をしたところで，誰にも利益はないことは明らかである．重要なことは，保全の実践過程を詳細に記録し，技術を常に検証できる状態を維持していくことだ．そのために関係者は，保全計画が進行するなかで，監視を継続実施して情報を収集・共有し，そして適切な時期に公開を行い，公共の意見を常に受ける立場をもち続けることである．

4-2-3　信頼関係の罠

　野生生物の調査をどれほどの水準で実施していくか，ということは常に議論されている．調査の目的により必要とされる情報は異なるので，その手法や頻度などを適宜選択していくのが一般的である．まして，調査期間と予算の限定される環境アセスメントにおいては，その妥協点の水準を高く設定することは難しい．したがって，必要不可欠な情報の収集に重点がおかれることになり，それ以外の分野まで踏み込んで調査が行われることは少ない．とはいえ，これによって調査の目的が損なわれるようなことはない．

　一方，地域の野生生物の生息情報量は，調査精度を高めれば，それに比例して増加するものである．たとえば，昆虫類のような種多様性の高い動物群では，調査手法や分類同定の視点を変えるだけでも，記録種数に数百もの開きが現れる．しかし，その記録差の評価は，必ずしも一律である必要はない．保全上重要な種とそれらの生息情報が完璧に網羅された500種の報告リストと，保全の視点が欠落した1,000種のそれとでは，環境影響評価のうえでは，当然のことながら，調査目的に忠実である点から，前者が採択されるべきである．以下の事例は，調査方法や成果にまつわる信頼関係の話である．

1

　自治体の条例に従い，総合運動場建設の環境影響評価準備書が一般縦覧され，寄せられた意見書のなかに次のような文書が見い出された．
　「本準備書に記録されている動植物のリストには，現状で自生する多くの生物種の情報が欠落しているとみられる．準備書の資料を参考に，われわれが独自に現地調査を実施してみたところ，植物では45種，昆虫類では30種もの未掲載種が現地から確認された．このような基本的な欠落がある以上は，本報告書全体の情報の信憑性を疑わざるをえない」
　この意見書を見るや，事業者は大いに狼狽した．それまで信頼していた担当技術者の技術力やその成果を疑ったのである．だいたいにおいて，存在するものがないと報告されたことは，素人目に評価しても，落ち度は明らかといえる．事業者は，担当技術者を急遽よびつけ，状況の説明を求めたのはいうまでもない．
　冒頭で触れたように，実は，このような生息種リストの欠落はたいした問題ではない．担当技術者が調べてみると，ここで追加確認された植物や昆虫類は，特に保全上重要な種を含んでいなかった．その情報は「あるに越したことはない」という類の範疇である．しかし，このような未記載の指摘は，事実としては是認せざるをえず，現地調査不足といわれるならば，その点において否定することはできない．担当技術者は，特に憂慮すべき問題でないことを事業者に告げ，「追加種の再確認を行い，生息種リストに加えるが，それらは保全上の重要性は低い」ことを提案した．
　数週間後に，事業者のところに地域の自然研究家と称する1人の男が訪ねてきたが，その彼自身が意見書を提出した本人であった．彼は，「自分たちの団体で現地を再調査させてほしい」といい，「私たちは事業に反対しているのではなく，情報の信憑性を高めて，保全に活用してもらいたい」と続けた．そして，先の意見書には記述しなかった，準備書のデータ不備を幾つか指摘して帰っていった．
　この時点から事業者の心は微妙に揺れ始めた．担当技術者を信頼しないのではないが，この自称・研究家の話も傾聴する必要があるのではないか．もちろん，意図的な事業妨害の芽は摘んでおきたい．この自称・研究家は表立った開発反対論者ではないし，早いうちに取り込んでおくのも得策かもしれ

ないと考えた．事業者はあくまでも生物の専門家ではない．彼は情報の信憑性を自分で検証ができないのであるから，どうしても状況判断に頼らざるをえない．事業者は，担当技術者に研究家団体との共同作業を行うことを伝えた．担当技術者は嫌な予感を感じて反対したが，事業者の決心は固かった．

この判断はある意味で不幸な経過をたどることになる．後になってわかったことであるが，この自称・研究家が所属する団体というのは，とある環境コンサルタントの，いわゆる紐付きだったのである．その実態は，コンサルタントがシナリオを作成し，調査活動は団体が実施するという筋書をもって，事業現場を渡り歩く完全な営利組織であった．

共同作業の過程で，当初の担当技術者の立場は次第に難しい状況に追い込まれていった．それは単純に技術力の問題というだけではなく，巧妙に仕組まれた罠に，関係者があまりに無防備すぎたということもあった．皮肉なことに技術者の予感は的中したが，そのときすでに流れは彼にとって不都合なものとなっていた．結局のところ，その後に続く予定のモニタリング調査も含めて，この保全事業は新たに参入してきた団体にすっかりさらわれた形となってしまった．

その後の技術業務が適正に行われているかどうか，今となっては闇のなかである．聞くところによれば，調査は行われたが，見るべき成果はあがらなかったという．しかしそれは，保全上の安全性がさらに強固に保障されたといわれてしまえば，「まったくそのとおり」であり，反駁の余地もない．事業の経過を検証しようにも，担当をはずされた技術者にとってはもはや知るすべもなく，まして事業者にそれを検証できる能力はないのであるから．

情報の信憑性とはいかなるものであろうか．真実は揺るぎようもないが，それを真実として認識するには，一定の知識が必要である．技術者レベルではほぼ正確に認識できる情報も，専門知識をもちえない事業者にとっては，それは憶測以外にはない．では何をよりどころにするかといえば，それは相互の信頼関係以外にはないのである．そして，ここに倫理の問題が発生する．

野生生物に関する専門知識は，その技術の歴史が浅いゆえ，誰もが共有できるものではない．一般の人たちは，やむをえないことだが，専門分野に対

して無知であり，だから無批判にすまされ，その対極では故なく完全拒否される．そしてこうした場面には，しばしば「素人騙し」が横行する．事業者の無知をよいことに，既存の信頼関係を破壊したうえで，事業の流れを掌握する．残念なことであるが，このような不徳の輩はきわめて少数派ながら存在するらしい．

　この三つ目の事例は，野生生物保全の現場における，人対人の道徳性の問題，すなわち商道徳の話である．ビジネスの世界では何も珍しいことではないかと思われるかもしれないが，一点だけ重要な点を見落とさないでほしい．それは「何が正しいのか」という根拠を判断者がほとんどもてないということである．繰り返すが，信頼関係を除いて判断基準がほとんどないのである．そうであるから，道徳の破壊が少しでも起きるならば，現場は大きく混乱する．嘘や騙しがあっても，それを検証することが専門家以外には難しいのである．野生生物保全の現場で，関係者の倫理感の高さが強く求められるのは，すなわちこのような理由からである．

4-3　野生生物の権利

4-3-1　自然の権利裁判

　アメリカで1973年に制定された「絶滅の危機にある種の法律」の条文には，絶滅危惧種の危機について，誰もがその生存権利を代弁できると明記されている．この法律に準拠して，1978年にはキムネハワイマシコ（鳥類）を原告に立てた裁判が勝訴を言い渡されている．わが国では，「絶滅のおそれのある野生動植物の種の保存に関する法律（種の保存法）」が1993年に制定され，対象種の生存を脅かす行為に対する警告と違反者の罰則などを定めている．しかし，この法律ではアメリカ法のように，野生生物に帰属する権利は明言されておらず，法は単独では民事訴訟の根拠をもたない．

　自然の権利のとらえ方は文化圏により異なるものであるが，キリスト教に象徴される西洋思想では「あえて権利主張」を行う必要があったのである．なぜならば，彼らの人間中心主義の思想には，主張しなければ自然はまったく黙殺されてしまう．一方，万物の自然に魂を感じる東洋思想では，生存権は主張せずとも，すでにありのままに自然は存在していた．少なくともごく

4 野生生物保全と倫理問題

表4-1 野生生物を原告にした自然の権利裁判の事例.

訴訟名称	経過	内容
奄美自然の権利訴訟	1995年2月提訴 2002年3月棄却判決	奄美大島に計画予定のゴルフ場に対して,希少な固有種のアマミノクロウサギやアマミヤマシギを原告として,開発中止を求めた
オオヒシクイ 自然の権利訴訟	1995年月提訴, 　一審棄却 2000年4月控訴 2000年11月棄却判決	オオヒシクイ生息地に,道路建設認可を与えた茨城県知事に対して,オオヒシクイ,保護団体,県民が原告となり損害訴訟を行った(住民訴訟)
大雪山のナキウサギ裁判[1]	1996年8月提訴 1999年3月工事中止, 　実質勝利 1999年4月取り下げ	大雪山のナキウサギ産地や高山植物生育地に予定されていた道路計画に対して,生物多様性保全の視点から中止を求めた(住民訴訟)
諫早湾自然の権利訴訟	1996年7月提訴 2002年10月第二陣提訴 継続中	諫早湾の干潟と海,そこに生息するムツゴロウやハイガイなどの野生生物とその代弁者の周辺住民が,干拓事業の中止を求めて法務大臣に提訴
生田緑地・里山・ 自然の権利訴訟	1997年1月提訴 2001年6月棄却判決	川崎市生田緑地に建設される美術館に対して,タヌキやギンヤンマなどの野生生物と住民が原告となり,公金の違法出費を理由にした住民訴訟

1) 本裁判では,ナキウサギなどの希少野生動植物を原告ではなく保全のシンボルとして扱っている.

　最近までは,わが国の文化は自然と共存することが,ことさら意識せずに行われていたのである.

　自然の権利裁判が,わが国で初めて提訴されたのは1995年の奄美自然の権利訴訟である.このあまりにも有名な事件は,奄美大島に計画されたゴルフ場の開発中止を求めて,同島に固有のアマミノクロウサギなどの希少野生動物を原告に,開発の許認可を出した鹿児島県を訴えたものである.本訴訟は一審では勝訴したものの,開発予定地がこれらの希少種の主要な生息地であることが確認できなかったこと,野生動物が原告として不適格であるなどの理由から棄却判決が出ている.この裁判は,奄美の自然を守るという主旨からも,純粋な意味での自然の権利裁判である.これ以降10件に及ぶ訴訟が現在まで知られているが,奄美自然の権利訴訟のように自然自体の保護を訴えたものはむしろ少なく,地域住民の生活保障や公共事業批判を目的とし

て，野生生物をその象徴に掲げた住民訴訟の事例が多い（表4-1）．

　権利のとらえ方と同じく裁判の形態も，やはり文化を色濃く反映するものなのであろう．西洋流では自然が単独で権利を主張するという方式をとるのに対して，日本では自然とヒトが同一平面上で主張するように見える．わが国の自然の権利裁判は，当然ながら欧米からの文化輸入であるが，それが実際に運営・展開されるとなると，自然とヒトが一体となった，土着文化の色彩を帯びている．

　ところで，奄美自然の権利訴訟では，わが国の法では野生生物を原告適格とできないという解釈がとられたが，その判決文の末尾には，将来の権利獲得を予感させる興味深い一節があるので，以下に原文のまま引用する．

　『わが国の法制度は，権利や義務の主体を個人（自然人）と法人に限っており，原告らの主張する動植物ないし森林等の自然そのものは，それが如何に我々人類にとって希少価値を有する貴重な存在であっても，それ自体，権利の客体となることはあっても権利の主体となることはないとするのが，これまでのわが国法体系の当然の大前提であった．原告らの提起した「自然の権利」という観念は，人（自然人）及び法人の個人的利益の救済を念頭に置いた従来の現行法の枠組みのままで今後もよいのかどうかという極めて困難で，かつ，避けては通れない問題を我々に提起したということができる』

4-3-2　野生生物は権利の主体となりうるか

　倫理はヒトに固有の感情である．社会生活を営む霊長類には，他者理解や共感と推定される行動が低いレベルで認められ，昆虫類などにも利他行動が知られている．しかし，これらは私たちが備える複雑で高度の思考とは，あまりにかけ離れているものである．

　ヒトは社会のなかで権利を主張する．それは自己認識であり，他者と明瞭に区別することで独立しているからである．この権利主張の場面において，倫理を欠けば単純な衝突に発展する．倫理性をもたない動物が，他個体との接触に際して，攻撃か逃避のいずれかの行動をとるのは，そのよい例である．すなわち，ヒトがこれほど平和的な動物であるのは，社会のなかの処世術ともいうべき倫理性をもちうるからである．

4 野生生物保全と倫理問題

　私たちが，自然や生態系の恵みである資源を潤沢に搾取消費して，発展を遂げたことは間違いがない．このような人間中心主義は，キリスト教に代表される西洋思想にはごく普遍的なものであり，彼らは人間以外に魂を認めようとしない．ある論調では，動植物などを人格なみに扱うのであれば，世界の文明化，行動，生存が不可能となる，とまでいわれている．この思想は，自然物が倫理の主体であることを完全に否定する．しかし，ヒト以外に社会性に由来する倫理を期待することは難しいことから，この解釈はその意味では間違ってはいない．

　この一方で，自然はそれ自体に権利を有するという，生物中心主義の考えもある．東洋思想に顕著に認められる自然物のすべてに魂の存在を認めるアニミズムは，この生物中心主義にほぼ等しく，アーネ・ネスの提唱したディープ・エコロジーも非常に近い思想である．しかしながら，倫理性を発揮しない自然物にこのような立場をすえることは，はたして可能なのか．この議論は，先の人間中心主義の呪縛から開放されない限りは，まず納得のいく答を引き出せないだろう．自然生態系の循環自浄能力を超えた二酸化炭素の排出が地球温暖化を招くことや，廃棄物投棄による海洋生態系の崩壊などは，あくまでも人間利益の視点から論じられているにすぎない．

　私たちの思考では，自然が存在すること自体の正当といえる解釈と，それを他者に説得可能な論理を導くことは困難なのではないだろうか．生物の利他行動は，同種の他個体に利益のある行動をとりつつも，最終的には自己を含む種集団の繁栄に結び付くという目的に帰結する．私たちの倫理性にしても，共感と協調によって，平和のうちに種族の繁栄を図ろうというものである．いずれも血縁の生存を目的としたものであり，同種族の個体とその生息環境の保護が関心事なのである．したがって，逆説的にはそれ以外はまったく意識できないということになる．だから，人間中心的である限りは，いかなる文脈を駆使しても，私たちは，異種類の集団である野生生物，それを含む自然の権利に対する納得のゆく答を見つけることはできない．

　私は，野生生物をはじめ自然は権利の主体であり，その生存権を認める，という環境倫理の立場を支持している．自然環境やそこに生活する野生生物は，地球と進化の長い歴史の蓄積を経て成立している．それらを，私たちの

発展というエゴイズムですべて破壊してもよいものだろうか．自然界には，競合する他者を排除する行動はあっても，周辺環境の改変を伴いながら増殖する生物種はヒトを除いてほかにはない．そもそも人類の発展とはいかなるものか．寄生虫が寄主を食い尽くすと自ら死滅してしまうように，私たちは地球環境から搾取し尽くすまで増殖し，発展を続けたいと，本心から願っているのだろうか．すでに20年以上も前に，地球環境に占める生物種としての人口臨界点はすぎた，といわれている．

　遅すぎる嫌いもあるが，だから今自然の権利を認めるという立場は重要な意味を帯びてくる．権利はヒトが発明した道具に違いないが，物いえぬ生きものたちの一つひとつにそれを認めることが，自らそして地球の繁栄と絶滅の選択の鍵を握る，私たちの責務ではないだろうか．

第2部
野生生物保全事業の実態

(鳥居敏男)　5　国における取り組み
(植田明浩)　6　レッドデータブックの編纂
(金尾健司)　7　河川水辺の国勢調査
(藤江達之)　8　森林の有する多面的機能の発揮
(石田晴子)　9　地方自治体における取り組み
(高桑正敏)　10　外来生物が引き起こす自然史的問題
(苅部治紀)　11　小笠原における外来生物の脅威
(松井香里)　12　湿地環境の保全
(佐藤正孝)　13　淡水生物保全の実際

　野生生物保全にかかわる事業活動は，国や地方の施策として多様な内容と形態をもって取り組まれている．絶滅の危機にある個体群の保全を図るような直接的な活動をはじめ，河川における生物の分布や生態の基礎情報の収集，生息・生育地である自然環境の保全，それらの背景となる法律の整備が推進され，法に基づく基本方針が策定されてきている．その一方では，野生生物を危機に追いやる潜在的な問題は，地域レベルでいまだ数多く認められることも事実である．ここでは，施策と主要ないくつかの保全活動を紹介するが，それらも全体の一部にすぎない．また，特に危機にある島嶼や湿地，淡水域などの野生生物の現状について，警鐘を含めて報告を行う．

5 国における取り組み

(鳥居敏男)

5-1 野生生物保全行政の概要

5-1-1 国の施策の基本的な枠組み

環境基本法第14条では「生態系の多様性の確保，野生生物の種の保存その他の生物の多様性の確保が図られるとともに，森林，農地，水辺地等における多様な自然環境が地域の自然的社会的条件に応じて体系的に保全されること」を旨として，環境の保全に関する施策の策定および実施が行われなければならないとされている．

この指針にそって，野生生物保全にかかわる各種施策が策定，実施されているが，野生生物保全に特にかかわりのある法律としては「絶滅のおそれのある野生動植物の種の保存に関する法律 (種の保存法)」，「鳥獣の保護及び狩猟の適正化に関する法律 (鳥獣保護法)」，「特定外来生物による生態系等に係る被害の防止に関する法律 (外来生物法)」，「自然環境保全法」，「自然公園法」があげられる．また環境基本法に基づく「環境基本計画」や，生物多様性条約に基づく「生物多様性国家戦略」なども，野生生物保全施策のベースとなる計画となっている (図 5-1)．

このうち生物多様性国家戦略については，おおむね5年ごとに見直しが行われることとなっているが，2002年3月には，種の絶滅防止と生態系の保全，里地・里山の保全，失われた自然の再生，外来種対策など七つの提案を柱とする「新・生物多様性国家戦略」が関係閣僚会議で決定された．現在，2007年秋を目処に目途に第三次生物多様性国家戦略を策定すべく検討作業が進められている．

5-1-2 国際的な枠組み

野生生物保全に関する国際的な多国間の枠組みとしては，1971年に採択された「特に水鳥の生息地として国際的に重要な湿地に関する条約（ラムサール条約）」，1973年に採択された「絶滅のおそれのある野生動植物の種の国際取引に関する条約（ワシントン条約）」があげられる．また，1992年にリオ

<国家戦略>

新生物多様性国家戦略	[3つの方向]	[各種対策]		
平成14年3月27日 関係閣僚会議決定	①保全の強化 ②自然再生 ③持続可能な利用	①固有の生態系保全 ②絶滅防止対策 ③自然再生	④里地里山保全 ⑤外来生物対策 ⑥データ整備	⑦環境教育，学習 ⑧NPO市民の参加

<法制度>

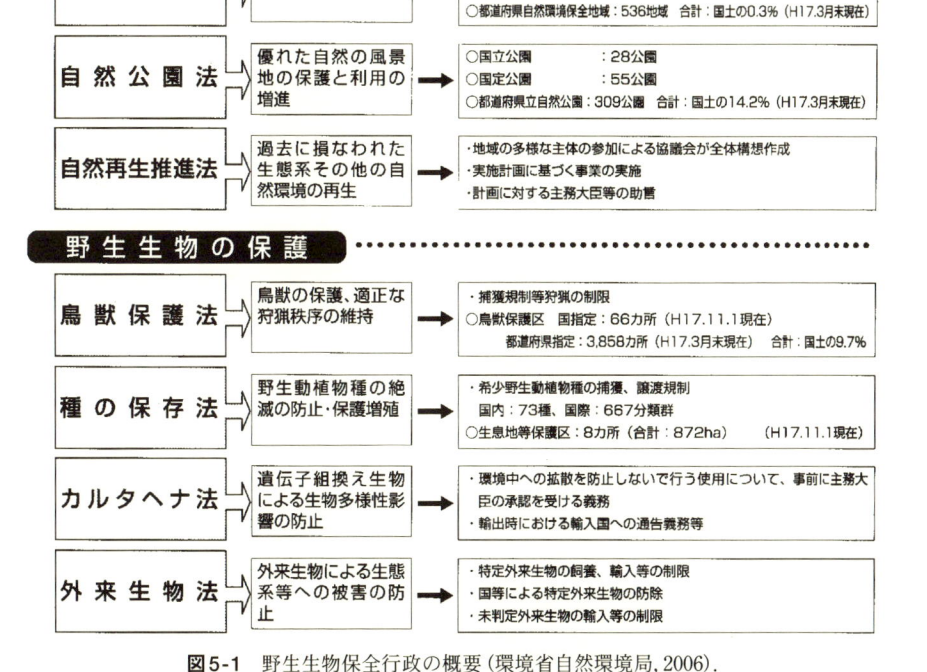

生態系の保全・再生

法律	目的	内容
自然環境保全法	優れた自然環境を有する地域の保全	○原生自然環境保全地域 ：5地域 ○自然環境保全地域 ：10地域 ○都道府県自然環境保全地域：536地域　合計：国土の0.3%（H17.3月末現在）
自然公園法	優れた自然の風景地の保護と利用の増進	○国立公園 ：28公園 ○国定公園 ：55公園 ○都道府県立自然公園：309公園　合計：国土の14.2%（H17.3月末現在）
自然再生推進法	過去に損なわれた生態系その他の自然環境の再生	・地域の多様な主体の参加による協議会が全体構想作成 ・実施計画に基づく事業の実施 ・計画に対する主務大臣等の助言

野生生物の保護

法律	目的	内容
鳥獣保護法	鳥獣の保護，適正な狩猟秩序の維持	・捕獲規制等狩猟の制限 ○鳥獣保護区　国指定：66カ所（H17.11.1現在） 　都道府県指定：3,858カ所（H17.3月末現在）　合計：国土の9.7%
種の保存法	野生動植物種の絶滅の防止・保護増殖	・希少野生動植物種の捕獲，譲渡規制 　国内：73種，国際：667分類群 ○生息地等保護区：8カ所（合計：872ha）（H17.11.1現在）
カルタヘナ法	遺伝子組換え生物による生物多様性影響の防止	・環境中への拡散を防止しないで行う使用について，事前に主務大臣の承認を受ける義務 ・輸出時における輸入国への通告義務等
外来生物法	外来生物による生態系等への被害の防止	・特定外来生物の飼養，輸入等の制限 ・国等による特定外来生物の防除 ・未判定外来生物の輸入等の制限

図5-1　野生生物保全行政の概要（環境省自然環境局，2006）．

デジャネイロで開かれた「国連環境開発会議(リオサミット)」において採択された「生物多様性条約」により，わが国においても生物多様性保全の意識が急速に進展した．さらにこの条約のもと，2000年1月には「バイオセイフティーに関するカルタヘナ議定書」が採択され，国内担保措置として2003年6月に「遺伝子組換え生物等の使用等の規制による生物の多様性の確保に関する法律（カルタヘナ法）」が制定された．

また，渡り鳥保護のための二国間の条約や協定が，わが国とアメリカ，オーストラリア，中国，ロシアとの間で締結されており，共同調査や情報交換が行われている．

コラム　自然再生事業

2002年の暮れに参議院で可決された「自然再生推進法」は，環境保全を唯一の目的とする，新しい公共事業の支援法である．社会経済活動によって改変され失われた自然を，高い生物多様性と循環能力のあるシステムによみがえらせる．二次林や農地，湖沼，河川の自然の再生をめざすのである．

ところで，公共事業のイメージするところは，道路や港湾の建設，干拓などの社会資本を整備推進する建設・土木事業であり，億単位の莫大な予算を要する．昨今の公共事業批判は，景気停滞のさなかにあっても，そこに国民の血税が投入されるところにあり，一部の業界や既得権益者の懐ばかりを潤わす，という指摘である．自然再生の過程においても，少なからず土木工事が必要とされることから，この事業は旧来の土木型公共事業の隠れ蓑である，というのが法の成立に反対する立場の意見である．確かに，そのような側面がないといえば嘘になる．

事実，今，建設・土木業界は，自然再生事業をいかにして受注して，満足のいく成果をあげるのか，研究にたいへん熱心である．専門の生態学者も，うっかりしていると，応用技術理論では建設技術者に負けてしまうかもしれない．もっとも，この気運自体は非常によいことである，と私は思う．今まで，生態学と工学は水と油の関係のように，互いに避けあい歩み寄ろうとしなかった．ところが，自然再生事業は，双方の知識と技術を要求する．手を結ばない限りは，実現が不可能なのだ．

技術は，社会必要性のなかでのみ発展する．自然再生が技術として確立し，私たちの社会に環境保全の思想が広く浸透することが，まず目ざすべき第一歩である．

（新里達也）

5-1-3 地方公共団体，住民，NGOなどとの協力

環境基本計画では，持続可能な社会の長期的目標として，循環，共生，参加および国際的取り組みの四つを掲げている．地方公共団体，住民，NGOなどの各主体は，野生生物を保全していくためになくてはならない存在であり，国においてもこのような主体と連携して施策を実施していく必要がある．特に野生生物の保全は，地域の社会的状況にも深くかかわることから，地域の実情を踏まえた取り組みが重要である．環境省では各地に，地方環境事務所を有しており，このような主体と協力して野生生物保全行政を進めている．

5-2 野生生物保全のための取り組み

5-2-1 実態把握

(1) 自然環境保全基礎調査

自然環境保全法第4条には，国はおおむね5年ごとに地形，地質，植生および野生動物などに関する基礎調査を行うことが規定されている．これに基づき，環境省では1973年に第1回自然環境保全基礎調査を実施し，以後おおむね5年を一区切りに調査を行い，現在は2005年を初年度とする第7回調査を実施している．

基礎調査の主な目的は，次のとおりである．
- 全国的な観点から自然環境の現状を的確に把握．
- 調査の積み重ねにより長期的な視点から自然の時系列的な変化を把握．
- 調査結果を記録，保存，公開し，自然環境のデータバンクを整備．
- 国土計画，環境基本計画，各種自然環境の保全計画，環境影響評価などに対する基礎的な資料の提供．

2003年度からは，日本列島の多様な生態系のそれぞれについて，基礎的な環境情報の収集を長期にわたり継続して行う事業に着手した．2007年度末までに，このようなモニタリングサイトを全国に1,000箇所程度設置していく予定である(モニタリングサイト1000事業)．

なお調査は，各分野の専門家による「自然環境保全基礎調査検討会」を設置し，調査内容，調査方法および調査結果の取りまとめなどについて検討し

表5-1 今まで実施してきた自然環境保全基礎調査(緑の国勢調査)の一覧.

調査対象		調査名
陸　域	植物	自然度調査(植生自然度), すぐれた自然調査(植物), 植生調査, 特定植物群落調査, 巨樹・巨木林調査
	動物	すぐれた自然調査(野生動物), 種の多様性調査, 環境指標種(身近な生きもの)調査, 動物分布調査
	地形・景観	すぐれた自然調査(地形地質), すぐれた自然調査(歴史的自然環境), 表土改変状況調査, 自然景観資源調査
陸水域	河川・湖沼・湿地	自然度調査(陸水域自然度), 河川調査, 湖沼調査, 湿地調査
海　域	海岸・干潟・藻場・サンゴ礁	自然度調査(海域自然度), すぐれた自然調査(海中自然環境), 海岸調査, 海域生物環境調査, 海辺調査, 浅海調査(藻場干潟調査)
	海洋生物	海の生きもの調査, 重要沿岸域生物調査, 海棲動物調査
総　合		環境寄与度調査, 生態系総合モニタリング調査, 生態系多様性地域調査
遺伝的多様性		遺伝的多様性調査

たうえで，具体的な調査は，都道府県，公益法人，民間会社などへの委託・請負事業として実施している．また，学会や専門家，鳥獣保護員などへの情報提供依頼，一般市民のボランティア参加も併用して広範な情報収集を行っている．

これまで実施した調査の概要は表5-1のとおりである．これらの成果は，インターネット(http://www.biodic.go.jp)で一般に情報提供され，行政施策や各種開発計画の検討の際に広く活用されている．

(2) その他の定期調査

自然環境保全基礎調査のほかにも，次のような野生生物に関する調査が定期的に行われている．

a) 鳥獣関係統計

毎年度，各都道府県から提出される報告をもとに，鳥類，獣類の種別捕獲件数，鳥獣保護区の指定状況などを取りまとめたもので，わが国の鳥獣全般の生息動向を推し量るための網羅的な資料として活用されている．

b) 鳥類標識調査

環境省が(財)山階鳥類研究所に委託して実施している調査で，全国60箇

所の鳥類観測ステーションでかすみ網などを使って鳥類を捕獲し，1羽ごとに足環などの標識を装着している．わが国の年間の標識放鳥数は約290種，約14万羽であり，再捕獲された鳥の標識を確認することで，渡り鳥の生態や行動の解明に役立っている．

c) ガンカモ類調査

環境省が各都道府県によびかけ，NGOの協力を得ながら，毎月1月中旬にガン・カモ・ハクチョウ類の渡来地において全国一斉に調査を行っている．2006年の調査箇所数はガン類が141箇所，カモ類が5,786箇所，ハクチョウ類が672箇所で，調査員は延べ14,381人であった．調査結果は，狩猟の適正化や鳥獣保護区の指定の基礎的なデータとして活用されている．またモニタリングサイト1000事業の一環として，ガンカモ類の渡来状況の定点モニタリングを，全国80箇所の調査サイトにおいて2004年度から継続的に実施している．

d) シギ・チドリ類調査

シギ・チドリ類は，シベリア，アラスカの繁殖地と，オーストラリアやニュージーランドの越冬地を往来する途中，わが国の主として干潟や海岸部の湖沼，河口，海浜などに渡来する．このような地域の生物多様性を計る一つの指標として，その渡来状況を把握することは重要と考えられることから，1988年以降，シギ・チドリ類の全国的な渡来地において，地元関係者の協力を得ながら春季と秋季に調査を行っている．2005年度からは，モニタリングサイト1000事業の一環である干潟生態系モニタリング調査の一部として実施している．

(3) 個別種の調査，都道府県における調査

以上のような定期的調査のほかにも，国ではイリオモテヤマネコやヤンバルクイナといった絶滅のおそれの高い種を対象として分布状況や生態に関する調査を行い，種の保存法に基づく国内希少野生動植物種の指定や保護対策の検討に活用している．また，都道府県が鳥獣保護法に基づく特定鳥獣保護管理計画を策定するため，シカやサル，クマなどの生息状況を調査し，地域個体群の管理計画を策定する際の基礎的な資料としたり，都道府県版レッドデータブックを作成するにあたり必要な調査を行っている場合がある．

表5-2 国内希少野生動植物種一覧表（2006年10月末現在）（全73種）．

科名	種名（和名）	科名	種名（和名）
鳥類 (39種)		うさぎ科	アマミノクロウサギ
あほうどり科	アホウドリ	ねこ科	ツシマヤマネコ
う科	チシマウガラス	〃	イリオモテヤマネコ
こうのとり科	コウノトリ		
とき科	トキ	**爬虫類 (1種)**	
がんかも科	シジュウカラガン	へび科	キクザトサワヘビ
わしたか科	オオタカ		
〃	イヌワシ	**両生類 (1種)**	
〃	ダイトウノスリ	さんしょううお科	アベサンショウウオ
〃	オガサワラノスリ		
〃	オジロワシ	**魚類 (4種)**	
〃	オオワシ	こい科	イタセンパラ
〃	カンムリワシ	〃	スイゲンゼニタナゴ
〃	クマタカ	〃	ミヤコタナゴ
はやぶさ科	シマハヤブサ	どじょう科	アユモドキ
〃	ハヤブサ		
きじ科	ライチョウ	**昆虫類 (5種)**	
つる科	タンチョウ	とんぼ科	ベッコウトンボ
くいな科	ヤンバルクイナ	せみ科	イシガキニイニイ
しぎ科	アマミヤマシギ	げんごろう科	ヤシャゲンゴロウ
〃	カラフトアオアシシギ	こがねむし科	ヤンバルテナガコガネ
うみすずめ科	エトピリカ	しじみちょう科	ゴイシツバメシジミ
〃	ウミガラス		
はと科	キンバト	**植物 (19種, うち特定国内希少種6種)**	
〃	アカガシラカラスバト	おしだ科	アマミデンダ
〃	ヨナクニカラスバト	つつじ科	ムニンツツジ
ふくろう科	ワシミミズク	〃	ヤドリコケモモ
〃	シマフクロウ	のぼたん科	ムニンノボタン
きつつき科	オーストンオオアカゲラ	らん科	アサヒエビネ
〃	ミユビゲラ	〃	ホシツルラン
〃	ノグチゲラ	〃	チョウセンキバナアツモリソウ
やいろちょう科	ヤイロチョウ	〃	ホテイアツモリ
ひたき科	アカヒゲ	〃	レブンアツモリソウ
〃	ホントウアカヒゲ	〃	アツモリソウ
〃	ウスアカヒゲ	〃	オキナワセッコク
〃	オオトラツグミ	〃	コゴメキノエラン
〃	オオセッカ	〃	シマホザキラン
みつすい科	ハハジマメグロ	〃	クニガミトンボソウ
あとり科	オガサワラカワラヒワ	こしょう科	タイヨウフウトウカズラ
からす科	ルリカケス	とべら科	コバトベラ
		はなしのぶ科	ハナシノブ
哺乳類 (4種)		きんぽうげ科	キタダケソウ
おおこうもり科	ダイトウオオコウモリ	くまつづら科	ウラジロコムラサキ

5-2-2 個体の保護

野生生物の個体を保護する法的な仕組みは，通常，種を指定し，その種の捕獲，採取，損傷などを規制することにより行われている．主な法令としては次のものがあげられる．

a) 絶滅のおそれのある野生動植物の種の保存に関する法律（種の保存法）

本法では，2006年10月現在，73の国内希少野生動植物種，669分類群の国際希少野生動植物種を指定している（国内種の一覧は表5-2のとおり）．国際種には，「絶滅のおそれのある野生動植物の種の国際取引に関する条約（ワシントン条約）」に基づき国際取引が厳しく制限される附属書I掲載種（科，属レベルのものを含む）や二国間渡り鳥等保護条約に基づく通報種が指定されている．

国内種，国際種とも譲渡し，譲受けが原則禁止されているほか，国内種にあっては捕獲，採取，殺傷または損傷といった行為が原則禁止されている．

b) 鳥獣の保護及び狩猟の適正化に関する法律（鳥獣保護法）

狩猟鳥獣（49種）以外の鳥獣の捕獲が規制されている．また狩猟鳥獣であっても，猟期以外の捕獲は規制されている．

c) 自然公園法

本法は，一義的には風致景観の保全を目的とするものであるが，動植物は風致景観や生態系の重要な構成要素という観点から，国立，国定公園の特別保護地区では，野生動植物の捕獲などが厳しく規制されている．また特別地域や海中公園地区においては，環境大臣が指定した動植物（主に高山植物やサンゴ）の採取が規制されている．

d) 自然環境保全法

原生自然環境保全地域では，野生動植物の捕獲などが原則禁止されている．また自然環境保全地域の特別地区では，環境大臣が指定した動植物の捕獲などが規制されている．

5-2-3 生息環境の保全

(1) 規制的措置

野生生物の生息環境を保全する法的な仕組みは，通常，地域を指定し，そ

の地域内での各種開発行為（工作物の設置，水面の埋立て，木竹の伐採など）を規制することにより行われている．関係法令は数多いが，ここでは野生生物にかかわりの深い次の法令をあげる（図5-1参照）．

a) 種の保存法
国内希少野生動植物種の生息地で保存上必要な地域に保護区を指定し，区域内での各種開発行為を厳しく制限している．

b) 鳥獣保護法
鳥獣保護区のなかでも特に鳥獣の保護繁殖上重要な地域を特別保護地区として指定し，工作物の設置，水面の埋立て，木竹の伐採を制限している．

c) 自然公園法
国立，国定公園は野生生物の生息環境としても非常に重要である．国立，国定公園の特別保護地区，海中公園地区では，各種の行為が厳しく制限され，また特別地域でも開発行為に対し規制が行われている．

d) 自然環境保全法
原生自然環境保全地域は，自然の遷移にゆだねる地域として人為的な影響を排除する観点から，いっさいの行為は原則禁止されている．また自然環境保全地域の特別地区では，各種の開発行為が規制されている．

(2) 環境アセスメント

環境アセスメントは，開発事業の内容を決めるにあたって，それが環境にどのような影響を及ぼすかについて調査，予測，評価を行い，その結果を公表して国民から意見を聞き，それらを踏まえて，よりよい事業計画を作りあげていこうとするもので，1969年にアメリカにおいて初めて制度化された．日本では，港湾計画，埋立て，発電所などについて制度が別々に設けられていたが，1984年に「環境影響評価の実施について」が閣議決定された．その後，1993年に制定された環境基本法に環境アセスメントの推進が位置づけられたことをきっかけに，1997年「環境影響評価法」が成立した．

環境影響評価法では，道路，ダム，鉄道，飛行場，発電所など13種類の事業を対象とし，規模が大きく環境に大きな影響を及ぼすおそれがある事業を「第一種事業」，これに準ずる事業を「第二種事業」として環境アセスメントの手続きを行うこととなっている（表5-3）．実際のアセスメント手続き

5 国における取り組み

は,アセスメント実施の判定(スクリーニング),アセスメント方法の決定(スコーピング),アセスメントの実施,アセスメント結果への意見聴取,事業への反映の5段階からなり,事業の許認可権者が国の機関である場合に環境大臣が意見を述べることができる仕組みとなっている.

環境アセスメントに際しては,事業の実施が野生生物に及ぼす影響につい

表5-3 環境アセスメントの対象事業一覧.

	第一種事業 (必ず環境アセスメントを行う事業)	第二種事業 (環境アセスメントが必要かどうかを個別に判断する事業)
1 道路		
高速自動車国道 　首都高速道路など 　一般国道 　大規模林道	すべて 4車線以上のもの 4車線以上・10km以上 幅員6.5m以上・20km以上	 4車線以上・7.5km〜10km 幅員6.5m以上・15km〜20km
2 河川		
ダム,堰 　放水路,湖沼開発	湛水面積100ha以上 土地改変面積100ha以上	湛水面積75ha〜100ha 土地改変面積75ha〜100ha
3 鉄道		
新幹線鉄道 　鉄道,軌道	すべて 長さ10km以上	 長さ7.5km〜10km
4 飛行場	滑走路長2,500m以上	滑走路長1,875m〜2,500m
5 発電所		
水力発電所 　火力発電所 　地熱発電所 　原子力発電所	出力3万kW以上 出力15万kW以上 出力1万kW以上 すべて	出力2.25万kW〜3万kW 出力11.25万kW〜15万kW 出力7,500kW〜1万kW
6 廃棄物最終処分場	面積30ha以上	面積25ha〜30ha
7 埋立て,干拓	面積50ha超	面積40ha〜50ha
8 土地区画整理事業	面積100ha以上	面積75ha〜100ha
9 新住宅市街地開発事業	面積100ha以上	面積75ha〜100ha
10 工業団地造成事業	面積100ha以上	面積75ha〜100ha
11 新都市基盤整備事業	面積100ha以上	面積75ha〜100ha
12 流通業務団地造成事業	面積100ha以上	面積75ha〜100ha
13 宅地の造成の事業[1]	面積100ha以上	面積75ha〜100ha
○港湾計画[2]	埋立て・掘込み面積の合計300ha以上	

1)「宅地」には,住宅地,工業用地も含まれる.
2) 港湾計画については,港湾環境アセスメントの対象となる.

ても当然評価されることとなるので，生息環境の保全という観点から効果を有しているといえる．

(3) その他

野生生物の生息環境の保全に関しては，各種の法に基づく行為規制や環境アセスメントの実施という制度的な対処に加え，国が予算を確保し，野生生物の生息環境の保全に取り組む場合がある．

たとえば環境省では，2001年度から野生動植物の生息環境の監視や維持管理を行う国立公園等民間活用特定自然環境保全活動事業（いわゆるグリーンワーカー事業）として，高山植物の監視，外来生物の除去などの取り組みが始まっている．これらの事業は，予算的にはとても十分とはいえないが，今後ともこのような取り組みが継続的に行えるよう努力していく考えである．

5-2-4 積極的な保全

(1) 保護増殖事業

野生生物の種を絶滅から守るためには，個体の捕獲規制，生息環境の保全のみならず，保護増殖といったより踏み込んだ施策が必要である．このような観点から種の保存法では，国内希少野生動植物種の保存のため，生息状況のモニタリング，生息環境の改善，人工繁殖といった，より積極的な措置が必要と認められる場合には，国や地方公共団体などが保護増殖事業計画を策定し，これに基づき保護増殖事業を実施することができる仕組みとなっている．2006年10月現在，国内希少野生動植物種のうちトキやアホウドリなど38種について保護増殖事業計画が策定されている（図5-2，表5-4）．

たとえばアホウドリの保護増殖事業を例に見ると，事業に着手した1981年の生息数は170羽であったが，ハチジョウススキの植栽や土留工を施すなどの営巣地の環境改善により安定した繁殖が進み，2006年9月には1,800羽を突破するまでに至った．このように絶滅のおそれが緩和されたアホウドリは，1998年にはレッドデータブック上も絶滅危惧I類からII類へとその位置づけが見直された．

しかし，現実には保護増殖事業の対象種はレッドデータブック掲載種のうちのごくわずかでしかないなど，今後の課題は多い．絶滅の危機に瀕してい

5　国における取り組み

る生物が多数存在する今日，少しでも多くの種について保護増殖事業を実施していく必要がある．

(2) 自然への再導入

トキは江戸時代まで日本各地に生息していたが，明治以降の乱獲や餌となる水生生物の減少などにより生息数が著しく減少した．1981年にはすべての野生個体を捕獲し，人工繁殖による個体数の増加を図ったが成功せず，2003

図5-2　国内希少野生動植物種の生息地等保護区と保護増殖事業．

表5-4　国内希少野生動植物種の保護状況 (2006年10月現在).

	国内希少種の指定数	生息地など保護区の指定	保護増殖事業計画策定
哺乳類	4種		3種
鳥類	39種		14種
爬虫類	1種	1種1地区	
両生類	1種	1種2地区	1種
魚類	4種	1種1地区	4種
昆虫類	5種	2種2地区	4種
植物	19種	2種3地区	12種
合計	73種	7種9地区	38種

年には日本産最後のトキであるキンが死亡した．しかし，1999年中国から1つがいのトキが贈られ，日本で初めて人工飼育下で孵化が成功して以降，中国の協力を得つつ次第に飼育数が増加し，2006年10月現在，98羽にまで回復した．中国には野生と飼育合わせて850羽を超えるトキが生息しており，日本と中国が協力してトキの保護増殖が進められている（図5-3）．

　環境省では，人工繁殖を進め，2008年を目途にトキを最後の生息地であった佐渡の自然に再導入させるべく，トキと人との共生ビジョンを地元関係者や専門家と協力しながら作成する作業を進めている．飼育個体が増えてもトキが自力で生きていける環境をつくる必要があるが，そのためには生息環境を昔に戻すのではなく，21世紀にふさわしい人とトキとが共生できる環境とそれを維持する仕組みを構築する必要がある．さまざまな課題を乗り越え，他の地域のモデルとなるような事業としていきたいと考えている．

　また今後は，ツシマヤマネコなど生息数が著しく減少している他の種についても，人工繁殖技術を確立し，生息環境の改善を図ったうえで，自然への再導入を目ざすなど，より積極的な保護増殖対策を進めていく考えである．

(3) 自然再生事業

　野生生物の生息地の保全は，保護増殖や再導入とあわせて重要な対策である．従来は，貴重な動植物の生息・生育地を保護地域として指定し，開発行為に一定の制限を課していく手法が一般的であったが，2002年に自然再生推進法が制定され，損なわれた自然環境を積極的に再生させる事業が始まった．

図5-3 1999年、中国から贈られたトキ．左：友友（ヨウヨウ），雄，右：洋洋（ヤンヤン），雌（佐渡トキ保護センター提供）．

現在，全国19箇所で森林，草原，湿地，干潟，サンゴの維持・回復などを目標としてさまざまな自然再生事業が進められている（表5-5）．

自然再生事業は，地域の自主性を尊重したボトムアップの仕組みを特徴とし，科学的調査による再生手法の検討，事業実施後のモニタリングとその結果のフィードバックによる順応的な管理，また各段階での情報の公開といった手法を通じ，地域の合意形成を図りながら進められている．

5-2-5　外来生物等への対応

（1）外来生物への対応

経済社会のグローバル化にともない，さまざまな野生生物が海外から日本へ輸入されるようになり，一部の外来生物では生態系や農林水産業等への影響が生じている．このような状況を背景として，被害の原因となる特定の外来生物を指定し，それらの飼養，輸入等について必要な規制を行うとともに，野外における特定外来生物の防除を進めるため，「特定外来生物による生態系等に係る被害の防止に関する法律（外来生物法）」が2003年6月に制定された．2006年10月現在，特定外来生物には83種が指定されている（表5-5）．

環境省では2005年度から，アマミノクロウサギやヤンバルクイナに被害を及ぼすマングースの防除事業を奄美大島や沖縄本島で実施しており，当該

年度には3,400頭以上のマングースを捕獲している.

(2) 遺伝子組換え生物への対応

バイオテクノロジーの進歩により，アメリカなどでは除草剤や害虫に対する抵抗力の強い遺伝子組換え農作物が栽培されるようになってきたが，このような遺伝子組換え生物が，いったん開放系に放出された場合，生態系へどのような影響を及ぼすかはまだ不明な点が多い．このような課題に対処するため，遺伝子組換え生物等の使用による生物多様性への悪影響の防止を目的

表5-5 自然再生推進法に基づく自然再生協

		協議会名	位置	事務局	設置日
河川	1	荒川太郎右衛門地区自然再生協議会	埼玉県	国交省	H15.7.5
湿原	2	釧路湿原自然再生協議会	北海道	環境省，国交省，林野庁，北海道	H15.11.15
河川	3	巴川流域麻機遊水地自然再生協議会	静岡県	静岡県，静岡市	H16.1.29
森林	4	多摩川源流自然再生協議会	山梨県	小菅村，多摩川源流研究所	H16.3.5
里山	5	神於山保全活用推進協議会	大阪府	岸和田市	H16.5.25
河川	6	やんばる河川・海岸自然再生協議会	沖縄県	沖縄開発局，沖縄県ほか	H16.6.26
湿原	7	樫原湿原地区自然再生協議会	佐賀県	佐賀県	H16.7.4
干潟	8	椹野川河口域・干潟自然再生協議会	山口県	山口県，山口市	H16.8.1
河川	9	霞ヶ浦田村・沖宿・戸崎地区自然再生協議会	茨城県	国交省	H16.10.31
里山	10	くぬぎ山地区自然再生協議会	埼玉県	埼玉県ほか	H16.11.6
湿原	11	八幡湿原自然再生協議会	広島県	広島県	H16.11.7
湿原	12	上サロベツ自然再生協議会	北海道	環境省，国交省，北海道ほか	H17.1.19
河川	13	野川第一・第二調節池地区自然再生協議会	東京都	東京都	H17.3.28
干潟	14	蒲生干潟自然再生協議会	宮城県	環境省，宮城県，仙台市ほか	H17.6.19
森林	15	森吉山麓高原自然再生協議会	秋田県	秋田県	H17.7.19
サンゴ	16	竹ヶ島海中公園自然再生協議会	徳島県	海陽町	H17.9.9
草原	17	阿蘇草原再生協議会	熊本県	環境省	H17.12.2
サンゴ	18	石西礁湖自然再生協議会	沖縄県	環境省，内閣府	H18.2.27
サンゴ	19	竜串自然再生協議会	高知県	環境省，高知県ほか	H18.9.9

5 国における取り組み

とした国際的な取り組みである「生物多様性条約のバイオセーフティーに関するカルタヘナ議定書」が2003年9月に発効した．わが国は2003年11月に議定書を締結したため，その国内担保法である「遺伝子組換え生物等の使用等の規制による生物の多様性の確保に関する法律（カルタヘナ法）」が2004年2月に施行された．法施行後2006年10月までの間に，隔離されない状態で遺伝子組換え生物等を用いる「第一種使用等」については，85件の遺伝子組換え生物が承認された．

議会の設置状況（全国）（平成18年11月現在）．

概要	構成員数	全体構想策定日	実施計画送付日（実施者）
乾燥化が進む旧流路において湿地環境の保全・再生を検討．	67名	H16.3.31 H18.5.28変更	
流域からの土砂流入等により乾燥化が進む釧路湿原の再生を検討．	118名	H17.3.31	H18.8.9 H18.8.14 （環境省，釧路開発建設部ほか）
洪水防止対策として造成された麻機遊水地において元の麻機沼における植物の回復等自然環境の保全・再生を検討．	51名	－	
山梨県小菅村全域において森林や河川景観等の再生を検討．	38名	－	
竹林の侵入が進む神於山においてクヌギ・コナラを中心とする落葉樹林帯やカシ・シイを中心とする常緑樹林帯の再生を検討．	39名	H16.10.21	H17.6.1（大阪府，神於山保全くらぶ）
リュウキュウアユを呼び戻すため沖縄本島北部地域において河川・海岸の自然再生を検討．	66名	－	
特定植物の繁茂や植物遺体の堆積といった自然遷移の進行により悪化している湿地環境を良好な状態へと再生することを検討．	42名	H17.1.26	H17.3.31 （佐賀県）
樫野川河口干潟等の自然環境を再生し維持していくことを検討．	57名	H17.3.31	
霞ヶ浦湾奥部の湖岸環境の再生を検討．	69名	H17.11.27	
川越市，所沢市，狭山市，三芳町にまたがる武蔵野の平地林「くぬぎ山地区」における歴史的・文化的・環境的価値の継承を検討．	78名	H17.3.12	
臥竜山麓八幡湿原地域において湿原環境の再生を検討．	36名	H18.3.31	
国立公園であるサロベツ湿原と農地が隣接する北海道豊富町において，農業と共存した湿原の再生を検討．	59名	H18.2.2	
土地利用の変化により自然環境が大きく損なわれたかつての多様な河川環境の再生を検討．	58名	－	
シギ・チドリ類などの渡り鳥の飛来地であり，また底生動物の宝庫である貴重な干潟環境の保全・再生を検討．	26名	－	
かつて草地として開発された森吉山麓高原を広葉樹林に再生し，周辺の自然環境とともに保全していくことを検討．	22名	H18.3.31	
サンゴを中心とした海洋生態系の回復を図ることを検討．	38名	H18.3.31	
阿蘇の草原の維持，保全および再生を図ることを検討．	121名	－	
優れたサンゴ礁を保全することに加え，赤土流出への取り組みを進めるなど陸域からの環境負荷を少なくするとともに，サンゴ群集修復事業などを通じて，サンゴ礁生態系の再生を検討．	89名	－	
竜串湾のサンゴ群集などの沿岸生態系を再生するため，海底に堆積した泥土の除去のほか，森林や河川からの土砂流出や生活排水など流域からの環境負荷への対策を検討．	68名	－	

表5-6 特定外来生物一覧表.

平成17年6月1日指定（一次指定）

分類群	種　名	種数(種類数)
哺乳類	フクロギツネ，タイワンザル，カニクイザル，アカゲザル，ヌートリア，クリハラリス，トウブハイイロリス，カニクイアライグマ，アライグマ，ジャワマングース，キョン	11種
鳥類	ガビチョウ，カオグロガビチョウ，カオジロガビチョウ，ソウシチョウ	4種
爬虫類	カミツキガメ，グリーンアノール，ブラウンアノール，ミナミオオガシラ，タイワンスジオ，タイワンハブ	6種
両生類	オオヒキガエル	1種
魚類	チャネルキャットフィッシュ，ブルーギル，コクチバス，オオクチバス	4種
昆虫類	アルゼンチンアリ，アカカミアリ，ヒアリ	3種
無脊椎動物	キョクトウサソリ科全種，ジョウゴグモ科のうち2属全種，イトグモ属のうち3種，ゴケグモ属のうち4種（セアカゴケグモ，ハイイロゴケグモ，ジュウサンボシゴケグモ，クロゴケグモ）	1科，4属 (5種類)
植物	ナガエツルノゲイトウ，ブラジルチドメグサ，ミズヒマワリ	3種
	合計	1科,4属,32種 (37種類)

平成18年2月1日指定（二次指定）

分類群	種　名	種数(種類数)
哺乳類	ハリネズミ属，アメリカミンク，シカ亜科（アキシスジカ属，シカ属，ダマシカ属，シフゾウ），キタリス，タイリクモモンガ，マスクラット	4属,5種
両生類	コキーコヤスガエル，キューバズツキガエル，ウシガエル，シロアゴガエル	4種
魚類	ノーザンパイク，マスキーパイク，カダヤシ，ケツギョ，コウライケツギョ，ストライプトバス，ホワイトバス，パイクパーチ，ヨーロピアンパーチ	9種
昆虫類	テナガコガネ属，コカミアリ	1属,1種
無脊椎動物	モクズガニ属，ザリガニ類2属と2種（アスタクス属，ウチダザリガニ，ラスティークレイフィッシュ，ケラクス属），ヤマヒタチオビ，カワヒバリガイ属，カワホトトギスガイ，クワッガガイ，ニューギニアヤリガタリクウズムシ	4属,6種
植物	アゾルラ・クリスタタ，オオフサモ，アレチウリ，オオキンケイギク，オオハンゴンソウ，ナルトサワギク，オオカワヂシャ，ボタンウキクサ（ウォーターレタス），スパルティナ・アングリカ	9種
	合計	9属,34種 (43種類)

平成18年9月1日指定

分類群	種　名	種数(種類数)
昆虫類	クモテナガコガネ属，ヒメテナガコガネ属，セイヨウオオマルハナバチ	2属,1種
	合計	(3種類)

コラム　新・生物多様性国家戦略が提示した三つの危機

　2002年3月に策定された新・生物多様性国家戦略では，現在私たちが直面する生物多様性の危機を，あえて三つ提示している．第一の危機は，人類の社会経済活動による生物種や個体群の絶滅・衰退，その生息地の破壊であり，旧国家戦略から引き継がれたもので，私たちはすでに熟知しているものである．一方第二，第三の危機は，歴史が比較的新しく，この四半世紀の間に急激に増大したものである．

　まず，人間の活動により維持されてきた雑木林や植林地，農耕地などの二次的自然の衰退である．私たちは原生的自然の保護については常に関心を払うが，そのような地域は自然公園法などの法規制により，むしろ比較的よく保全されている．それに比べると，里地・里山に見られる普通の自然は，保全のための規制がほとんどなく，有効な施策もあまりとられていない．さらに，農林業の低迷により管理が放棄されてしまったことや都市近郊の開発なども，その衰退に追い討ちをかけている．メダカがRDBの絶滅危惧種にあげられるように，日本の自然を代表する野生生物の多くが，実はこのような二次的自然に依存していることに，私たちはようやく気づき始めた．

　第三の危機は，移入種による生態系の撹乱である．上述の二つの危機と関連があることだが，日本の在来種の衰退により，自然界に空いたニッチに外来種が猛然と侵入してきた．淡水域や島嶼などの閉鎖的な生態系では，その脅威は甚大なものがある．

　新しい危機の指摘にあるように，現在の生物多様性保全は，自然をそのままに保護することではなく，その再生に私たちが積極的に関与していく必要性を強く訴える．

（新里達也）

6 レッドデータブックの編纂

(植田明浩)

6-1 わが国の生態系の現状について

6-1-1 わが国の生態系

わが国は南北に約3,000kmと長く,亜熱帯から亜寒帯までの気候にまたがること,地形の起伏に富むこと,過去の気候変動などに伴い大陸との間で連続と分断を繰り返してきたことなどから,きわめて多様な生態系を有している.

特に,動物相については,約38万km^2という狭い国土面積の割には比較的豊富であり,イギリスやニュージーランドなど面積が同等の地域と比べて種数が多く,動物種の起源を共有している近隣諸国と比べても,単位面積あたりの種数は多い.

6-1-2 生態系の喪失・衰退の現状

わが国の主要な生態系について,主として第3回自然環境保全基礎調査(昭和58～62年度)と第4回基礎調査(昭和63～平成4年度)の比較により,また,一部第5回基礎調査(平成5～10年度)の結果を含めて,植生,藻場,干潟などの変化の状況を見ると次のとおりである.

陸域では,植生の量的な改変は近年減少傾向にあるが,人間の活動域周辺での二次林の改変は続いている.沿岸域における昭和50年代から平成初頭までの変化としては,干潟の面積はマイナス7%,藻場の面積はマイナス3%,自然海岸の延長はマイナス5%となっている.また,森林の連続性について見ると,全国で森林のかたまりの平均面積が3%弱減少しており,生息地の減少や分断が進んでいることが推測できる.

6-1-3 野生生物の絶滅

このような生態系の悪化に伴い，野生生物の絶滅のスピードは確実に高まっている．野生生物の絶滅の主な要因は，生息生育地の悪化・分断，乱獲，移入種による撹乱などである．

地球規模での野生生物の絶滅速度は特に加速しており，ある学者によれば，20世紀初頭には1年に1種が絶滅する程度であったものが，20世紀終盤には1年で約4万種も絶滅していると推定している．

そんななかで，IUCN（国際自然保護連合）が，1966年に初めて，世界で絶滅のおそれのある野生生物のリストをレッドリストとして取りまとめ公表した．このような流れが，わが国のレッドデータブック編纂につながることとなる．

6-2 レッドデータブック編纂・改定の経緯

6-2-1 レッドデータブックの編纂

レッドデータブックとは，ここでは，環境省（2001年までは組織上環境庁であるが以下「環境省」で統一する）が，日本の絶滅のおそれのある野生生物の種（亜種，変種を含む．以下同じ）について，生息状況などを取りまとめ編纂したものをさす．

わが国における生態系の悪化の状況を踏まえ，野生生物をこれ以上人為的に絶滅させないためには，絶滅のおそれのある種を的確に把握し，一般への理解を広めることが最も重要である．そのため，環境省として，動物については，レッドデータブック「日本の絶滅のおそれのある野生生物―脊椎動物編，無脊椎動物編」を1991年に取りまとめた．植物については，同様の趣旨で，1989年に日本自然保護協会などによりレッドデータブックが発行された．

6-2-2 レッドデータブックの改定

レッドデータブックの第1回目の編纂から数年が経過し，生息状況や生息環境の変化に関する最新の知見・情報などを踏まえ，また，IUCNで採択された新しいカテゴリの考え方に基づき，レッドデータブックの見直しを行う

必要が生じてきた．このため，環境省では，平成7年度より，哺乳類，鳥類といった分類群ごとに専門家による検討会を設け，改訂作業に着手した．

レッドデータブックの改訂作業は，まず，レッドデータブックに掲載すべき種の名前をリスト化したもの（＝レッドリスト）を確定し，次に，レッドリストに選定された個々の種についての情報を記述したレッドデータブックを編纂するという2段階の手順で進めた．なお，レッドデータブックおよびレッドリストは，生物学的観点から個々の種の絶滅の危険度を評価し選定したものであり，規制などの法律上の効果をもつものではないが，絶滅のおそれのある野生生物の保護を進めていくための基礎的な資料として，広く活用されることを目的とするものである．

2006年現在，レッドリストの公表はすべての分類群で終了しており，改訂版レッドデータブックもほとんどの分類群について発行済みである．公表・発行年月は次のとおりである．

［動物］　　　　　　　〈レッドリスト〉〈レッドデータブック〉
　○哺乳類：　　　　　1998年6月公表：　2002年3月発行
　○鳥類：　　　　　　1998年6月公表：　2002年8月発行
　○両生類・爬虫類：　1997年8月公表：　2000年2月発行
　○汽水・淡水魚類：　1999年2月公表：　2003年5月発行
　○陸・淡水産貝類：　2000年4月公表：　2005年7月発行
　○クモ形類等：　　　2000年4月公表：　2006年2月発行
　○甲殻類等：　　　　2000年4月公表：　2006年2月発行
　○昆虫類：　　　　　2000年4月公表：　作成中

［植物］
　○植物Ⅰ（維管束植物）：1997年8月公表：　2000年7月発行
　○植物Ⅱ（維管束以外）：1997年8月公表：　2000年12月発行

6-3　レッドデータブック改訂作業の体制，情報源

レッドデータブックの改訂にあたって，環境省の委嘱により，専門家による「絶滅のおそれのある野生生物の選定・評価検討会」を設置し，その下に「レッドデータブック改訂分科会」および各分類群ごとの分科会を設置して，

検討を進めた．検討会および分科会の体制は次のとおりである．

検討会・分科会名	座長（敬称略）	委員数
○ 絶滅のおそれのある野生生物の選定・評価検討会	小野 勇一	17名
● レッドデータブック改訂分科会	上野 俊一	10名
● 哺乳類分科会	阿部 永	5名
● 鳥類分科会	藤巻 裕蔵	6名
● 両生・爬虫類分科会	上野 俊一	4名
● 汽水・淡水魚類分科会	多紀 保彦	7名
● 昆虫類分科会	森本 桂	10名
● 無脊椎動物Ⅰ分科会（陸・淡水産貝類）	奥谷 喬司	7名
● 無脊椎動物Ⅱ分科会（クモ形類等）	青木 淳一	5名
● 無脊椎動物Ⅲ分科会（甲殻類等）	大野 正男	7名
● 植物Ⅰ分科会	岩槻 邦男	9名
● 植物Ⅱ分科会	千原 光雄	13名

　絶滅のおそれのある野生生物の生息状況などに関する情報については，動物では，既存の文献・資料や専門家の知見を基本とし，それを補うために必要に応じ若干の現地調査を行った．植物では，日本植物分類学会に情報の収集などを依頼し，全国の調査協力者数百名からいただいた貴重な生育情報を活用しつつ，評価を行った．（検討会・分科会の委員各位，日本植物分類学会，全国の調査協力者など，レッドデータブックに関しご指導・ご協力をいただいた方々に，改めてお礼申し上げます．）

6-4　レッドデータブックの新しいカテゴリ

　1991年の動物版レッドデータブックにおいては，IUCNによるレッドデータブックに準じ，定性的要件に基づくカテゴリ区分で評価を行ったが，今回の改訂では，1994年にIUCNが採択した，減少率などの数値による客観的な評価基準に基づく新しいカテゴリに従うこととした．ただし，わが国では数値的に評価が可能となるようなデータが得られない種も多いことなどの理由から，上記検討会などの意見を基に，定性的要件と定量的要件を組み合わせたカテゴリを策定した．環境省版レッドデータブックの新しいカテゴリの概要は表6-1，IUCN版との比較は図6-1，カテゴリの定義・基準の詳細は表6-2のとおりである．

表6-1 環境省版レッドデータブックの新しいカテゴリ.

カテゴリとその定義	参考;旧カテゴリ
●「絶滅 (EX)」 　— わが国ではすでに絶滅したと考えられる種.	絶滅種 (Ex)
●「野生絶滅 (EW)」 　— 飼育・栽培下でのみ存続している種.	—
●「絶滅危惧」(＝絶滅のおそれのある種) 　○「絶滅危惧I類」 　　— 絶滅の危機に瀕している種. 　　○「絶滅危惧IA類 (CR)」 　　　— ごく近い将来における絶滅の危険性がきわめて高い. 　　○「絶滅危惧IB類 (EN)」 　　　— IAほどではないが,近い将来における絶滅の危険性が高い. 　○「絶滅危惧II類 (VU)」 　　— 絶滅の危険が増大している種.	絶滅危惧種 (E) 危急種 (V)
●「準絶滅危惧 (NT)」 　— 現時点では絶滅危険度は小さいが,生息条件の変化によっては「絶滅危惧」に移行する可能性のある種.	希少種 (R)
●「情報不足 (DD)」 　— 評価するだけの情報が不足している種.	—
●付属資料「地域個体群 (LP)」 　— 地域的に孤立しており,地域レベルでの絶滅のおそれが高い個体群.	地域個体群 (Lp)

　実際の評価作業では,動物および植物II (維管束植物以外) については,数値的な評価のためのデータが得られない種が多いことから,主に定性的要件に基づき評価を行い,植物I (維管束植物) については,個体数および減少率などのデータを基に定量的評価を試みた.
　なお,無脊椎動物および植物IIについては,絶滅危惧I類をIA類とIB類とに分けず,I類として評価した.

6-5　レッドデータブックの評価対象種,評価留意事項

　絶滅のおそれのある種 (絶滅危惧種) として評価・選定するにあたって,次の点を前提条件および留意事項とした.
① 種または亜種 (分類上亜種に細分される場合は原則として亜種) を評価の対象とすること.

6 レッドデータブックの編纂

```
IUCN RDB カテゴリ                                      環境省版 RDB カテゴリ

                        ┌─ Extinct ────────────────── 絶滅
                        ├─ Extinct
                        │  in the Wild ──────────────── 野生絶滅
              ┌─ Threatened ┬─ Critically
              │             │  Endangered ─── IA類 ┐
              │             ├─ Endangered ─── IB類 ├─ 絶滅危惧I類 ┐
  ┌─ Adequate │             └─ Vulnerable ────────── 絶滅危惧II類 ┴─ 絶滅危惧
  │   data    │
  │           ├─ Lower Risk ┬─ Conservation
Evaluated ─┤                │  Dependant ─── (カテゴリを設けず)
           │                ├─ Near
           │                │  Threatened ────────── 準絶滅危惧
           │                └─ Least Concern ─── (カテゴリを設けず)
           ├─ Data Deficient ───────────────── 情報不足
           └─ Not Evaluated ─────── (カテゴリを設けず)
                                           ─────────────────
                                           ●付属資料〔絶滅のおそれのある地域個体群〕
```

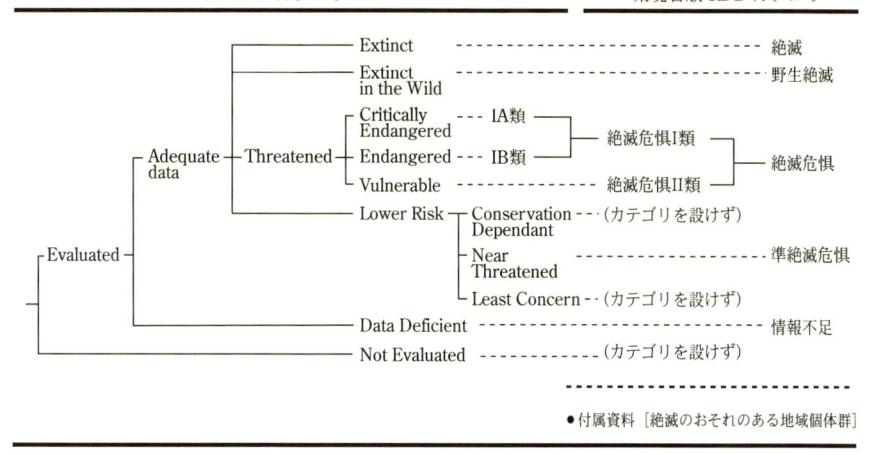

図6-1 レッドデータブックカテゴリの比較（IUCN版，環境省版）．

② 純海産生物（生涯のすべてを海域ですごす種）は対象外とすること．（例：クジラ，ウミヘビ，マグロなど海産魚）（なお，汽水産生物に関しては，魚類や甲殻類については対象とし，貝類については特例として対象外とした．）
③ 移入種（海外から移入された種および他地域から移入された種）は対象外とすること．
④ 国内のみの生息状況に基づいて評価すること．
⑤ 評価の対象は野生個体群とし，飼育下の個体などは評価対象から除くこと．
⑥ 害虫などの有害性のある種は，原則としてランク外とすること．
⑦ 地域個体群（LP）としては，種または亜種の分布において絶滅のおそれの高い地域個体群であって，以下のいずれかに該当するものを必要最小限選定すること．
　a. 他の個体群と地理的に著しく隔離されている個体群．
　b. その個体群の絶滅がその種の全国的な分布に大きな影響を与えるもの（北限，南限など）．
　c. 他の個体群とは大きな形質の差異があると認識されるもの．
　d. 研究が進めば将来的に別の種または亜種となる可能性が高いもの．

表6-2 レッドデータブックカテゴリの定義・基準

区分および基本概念	定性的要件	定量的要件
絶滅 Extinct (EX) 我が国ではすでに絶滅したと考えられる種(注1).	過去に我が国に生息したことが確認されており,飼育・栽培下を含め,我が国ではすでに絶滅したと考えられる種.	
野生絶滅 Extinct in the Wild (EW) 飼育・栽培下でのみ存続している種.	過去に我が国に生息したことが確認されており,飼育・栽培下では存続しているが,我が国において野生ではすでに絶滅したと考えられる種. [確実な情報があるもの] ①信頼できる調査や記録により,すでに野生で絶滅したことが確認されている. ②信頼できる複数の調査によっても,生息が確認できなかった. [情報量が少ないもの] ③過去50年間前後の間に,信頼できる生息の情報が得られていない.	

| 絶滅危惧 THREATENED | **絶滅危惧I類**
(CR + EN)
絶滅の危機に瀕している種.
現在の状態をもたらした圧迫要因が引き続き作用する場合,野生での存続が困難なもの. | 次のいずれかに該当する種.
[確実な情報があるもの]
①既知のすべての個体群で,危機的水準にまで減少している.
②既知のすべての生息地で,生息条件が著しく悪化している.
③既知のすべての個体群がその再生産能力を上回る捕獲・採取圧にさらされている.
④ほとんどの分布域に交雑のおそれのある別種が侵入している.
[情報量が少ないもの]
⑤それほど遠くない過去(30年~50年)の生息記録以後確認情報がなく,その後信頼すべき調査が行われていないため,絶滅したかどうかの判断が困難なもの. | **絶滅危惧IA類**
Critically Endangered (CR)
ごく近い将来における野生での絶滅の危険性がきわめて高いもの. | **絶滅危惧IA類(CR)**
A. 次のいずれかの形で個体群の減少が見られる場合.
1. 最近10年間もしくは3世代のどちらか長い期間(注2)を通じて,80%以上の減少があったと推定される.
2. 今後10年間もしくは3世代のどちらか長い期間を通じて,80%以上の減少があると予測される.
B. 出現範囲が100km²未満もしくは生息地面積が10km²未満であると推定されるほか,次のうち2つ以上の兆候が見られる場合.
1. 生息地が過度に分断されているか,ただ1箇所の地点に限定されている.
2. 出現範囲,生息地面積,成熟個体数などに継続的な減少が予測される.
3. 出現範囲,生息地面積,成熟個体数などに極度の減少が見られる.
C. 個体群の成熟個体数が250未満であると推定され,さらに次のいずれかの条件が加わる場合.
1. 3年間もしくは1世代のどちらか長い期間に25%以上の継続的な減少が推 |

(注1) 種:動物では種および亜種,植物では種,亜種および変種を示す.
(注2) 最近10年間もしくは3世代:1世代が短く3世代に要する期間が10年未満のものは年数を,1世代が長く3世代に要する期間が10年を越えるものは世代数を採用する.

表6-2 続き.

区分および基本概念	定性的要件	定量的要件
絶滅危惧 THREATENED		定される. 2. 成熟個体数の継続的な減少が観察, もしくは推定・予測され, かつ個体群が構造的に過度の分断を受けるかすべての個体が一つの亜個体群に含まれる状況にある. D. 成熟個体数が50未満であると推定される個体群である場合. E. 数量解析により, 10年間, もしくは3世代のどちらか長い期間における絶滅の可能性が50％以上と予測される場合.
	絶滅危惧IB類 Endangered (EN) IA類ほどではないが, 近い将来における野生での絶滅の危険性が高いもの.	絶滅危惧IB類 (EN) A. 次のいずれかの形で個体群の減少が見られる場合. 1. 最近10年間もしくは3世代のどちらか長い期間を通じて, 50％以上の減少があったと推定される. 2. 今後10年間もしくは3世代のどちらか長い期間を通じて, 50％以上の減少があると予測される. B. 出現範囲が$5,000 km^2$未満もしくは生息地面積が$500 km^2$未満であると推定されるほか, 次のうち二つ以上の兆候が見られる場合. 1. 生息地が過度に分断されているか, 5以下の地点に限定されている. 2. 出現範囲, 生息地面積, 成熟個体数などに継続的な減少が予測される. 3. 出現範囲, 生息地面積, 成熟個体数などに極度の減少が見られる. C. 個体群の成熟個体数が2,500未満であると推定され, さらに次のいずれかの条件が加わる場合. 1. 5年間もしくは2世代のどちらか長い期間に20％以上の継続的な減少が推定される. 2. 成熟個体数の継続的な減少が観察, もしくは推定・予測され, かつ個体群が構造的に過度の分断を受けるかすべての個体が一つの亜個体群に含まれる状況にある. D. 成熟個体数が250未満であると推定される個体群である場合. E. 数量解析により, 20年間, もしくは5世代のどちらか長い期間における絶滅の可能性が20％以上と予測される場合.

表6-2 続き.

区分および基本概念	定性的要件	定量的要件
2 絶滅危惧 THREATENED / **絶滅危惧Ⅱ類** Vulnerable (VU) 絶滅の危険が増大している種. 現在の状態をもたらした圧迫要因が引き続き作用する場合, 近い将来「絶滅危惧Ⅰ類」のランクに移行することが確実と考えられるもの.	次のいずれかに該当する種 [確実な情報があるもの] ①大部分の個体群で個体数が大幅に減少している. ②大部分の生息地で生息条件が明らかに悪化しつつある. ③大部分の個体群がその再生産能力を上回る捕獲・採取圧にさらされている. ④分布域の相当部分に交雑可能な別種が侵入している.	**A.** 次のいずれかの形で個体群の減少が見られる場合. 1. 最近10年間もしくは3世代のどちらか長い期間を通じて, 20％以上の減少があったと推定される. 2. 今後10年間もしくは3世代のどちらか長い期間を通じて, 20％以上の減少があると予測される. **B.** 出現範囲が20,000 km^{2}未満もしくは生息地面積が2,000 km^{2}未満であると推定され, また次のうち2つ以上の兆候が見られる場合. 1. 生息地が過度に分断されているか, 10以下の地点に限定されている. 2. 出現範囲, 生息地面積, 成熟個体数等について, 継続的な減少が予測される. 3. 出現範囲, 生息地面積, 成熟個体数等に極度の減少が見られる. **C.** 個体群の成熟個体数が10,000未満であると推定され, さらに次のいずれかの条件が加わる場合. 1. 10年間もしくは3世代のどちらか長い期間内に10％以上の継続的な減少が推定される. 2. 成熟個体数の継続的な減少が観察, もしくは推定・予測され, かつ個体群が構造的に過度の分断を受けるか全ての個体が1つの亜個体群に含まれる状況にある. **D.** 個体群がきわめて小さく, 成熟個体数が1,000未満と推定されるか, 生息地面積あるいは分布地点がきわめて限定されている場合. **E.** 数量解析により, 100年間における絶滅の可能性が10％以上と予測される場合.

6 レッドデータブックの編纂

表6-2 続き.

区分および基本概念	定性的要件	定量的要件
準絶滅危惧 Near Threatened (NT) 存続基盤が脆弱な種. 現時点での絶滅危険度は小さいが，生息条件の変化によっては「絶滅危惧」として上位ランクに移行する要素を有するもの.	次に該当する種 生息状況の推移から見て，種の存続への圧迫が強まっていると判断されるもの．具体的には，分布域の一部において，次のいずれかの傾向が顕著であり，今後さらに進行するおそれがあるもの． a. 個体数が減少している． b. 生息条件が悪化している． c. 過度の捕獲・採取圧による圧迫を受けている． d. 交雑可能な別種が侵入している．	
情報不足 Data Deficient (DD) 評価するだけの情報が不足している種.	環境条件の変化によって，容易に絶滅危惧のカテゴリーに移行しうる属性（具体的には，次のいずれかの要素）を有しているが，生息状況をはじめとして，ランクを判定するに足る情報が得られていない種． a) どの生息地においても生息密度が低く希少である． b) 生息地が局限されている． c) 生物地理上，孤立した分布特性を有する（分布域がごく限られた固有種など）． d) 生活史の一部または全部で特殊な環境条件を必要としている．	

● **付属資料**

区分および基本概念	定性的要件	定量的要件
絶滅のおそれのある地域個体群 Threatened Local Population (LP) 地域的に孤立している個体群で，絶滅のおそれが高いもの.	次のいずれかに該当する地域個体群 ① 生息状況,学術的価値などの観点から，レッドデータブック掲載種に準じて扱うべきと判断される種の地域個体群で，生息域が孤立しており，地域レベルで見た場合絶滅に瀕しているかその危険が増大していると判断されるもの． ② 地方型としての特徴を有し，生物地理学的観点から見て重要と判断される地域個体群で，絶滅に瀕しているか，その危険が増大していると判断されるもの．	

6-6 レッドデータブック改訂作業の結果

以上の改訂作業により,新しいレッドリストまたはレッドデータブックに掲載された,絶滅のおそれのある種(絶滅危惧種)の数は,動物で668種,植物で1,994種,計2,662種となった.分類群ごとの掲載種数を表6-3に示し

表6-3 わが国における絶滅のおそれのある野生生物の種数(2003年3月現在).

	分類群	評価対象種数	絶滅	野生絶滅	絶滅のおそれのある種				準絶滅危惧	情報不足
					絶滅危惧I類		絶滅危惧II類	計		
					IA類	IB類				
動物	哺乳類	約200	4	0	12	32 / 20	16	48	16	9
	鳥類	約700	13	1	17	42 / 25	47	89	16	15
	爬虫類	97	0	0	2	7 / 5	11	18	9	1
	両生類	64	0	0	1	5 / 4	9	14	5	0
	汽水・淡水魚類	約300	3	0	29	58 / 29	18	76	12	5
	昆虫類	約30,000	2	0		63	76	139	161	88
	陸・淡水産貝類	約1,000	25	0		86	165	251	206	69
	クモ類・甲殻類等	約4,200	0	1		10	23	33	31	36
	動物小計		47	2		303	365	668	456	223
植物など	維管束植物	約7,000	20	5	564	1,044 / 480	621	1,665	145	52
	蘚苔類	約1,800	0	0		110	70	180	4	54
	藻類	約5,500	5	1		35	6	41	24	0
	地衣類	約1,000	3	0		22	23	45	17	17
	菌類	約16,500	27	1		53	10	63	0	0
	植物小計		55	7		1,264	730	1,994	190	123
	合 計		102	9		1,567	1,095	2,662	646	346

1) 動物の評価対象種数(亜種などを含む)は『日本産野生生物目録(環境庁編,1993a,1993b,1995,1998)』などによる.
2) 維管束植物の評価対象種数(亜種などを含む)は植物分類学会の集計による.
3) 蘚苔類,藻類,地衣類,菌類の評価対象種数(亜種などを含む)は環境庁調査による.
4) 絶滅のおそれのある種(亜種などを含む)の現状は,『改訂・日本の絶滅のおそれのある野生生物—レッドデータブック』および『レッドリスト』による.

6 レッドデータブックの編纂

た．
　なかでも，脊椎動物や維管束植物については全体種数の約20％が絶滅のおそれのある種として掲載されている状況にある．汽水・淡水魚類などでは，

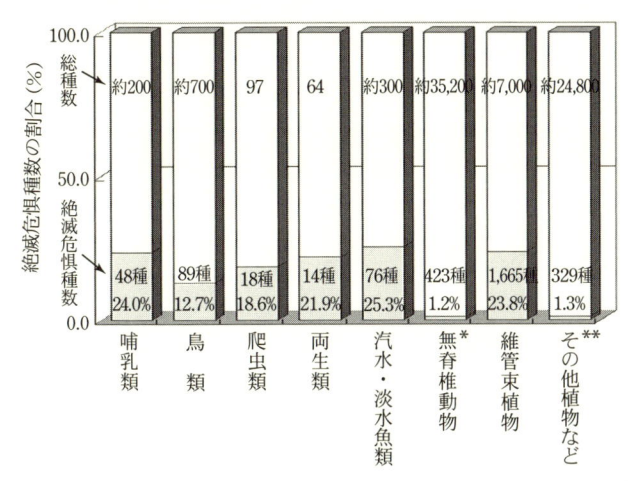

図6-2 分類群ごとの総種数に対する絶滅危惧種数の割合．＊：昆虫類，陸・淡水産貝類，クモ類・甲殻類など．＊＊：蘚苔類，藻類，地衣類，菌類．(「総種数」は環境庁編，1993a，1993b，1995などによる．「絶滅のおそれのある種数」は環境庁編，2000；環境省編，2000a，2000b，2002a，2002b，2003などによる)．

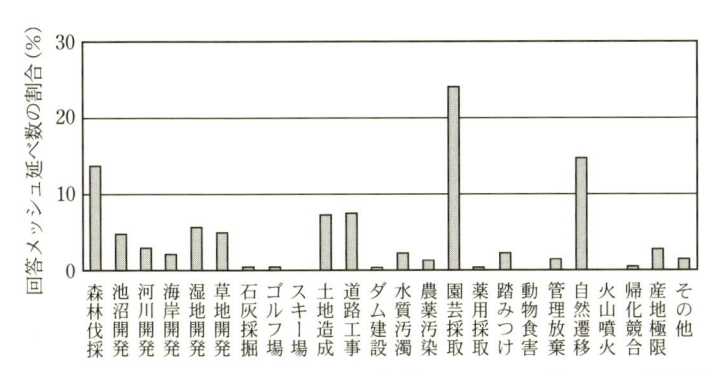

図6-3 絶滅のおそれのある植物の減少要因．「回答メッシュ延べ数」とは，植物版レッドデータブック作成調査の一環として行った専門家アンケートによって，絶滅のおそれのある種（RDB種）の分布する2次メッシュ（10km四方）ごとの減少要因について得られた回答数を積算したもの（回答はメッシュごとに減少要因を複数選択できる方式）．（環境省，2000）

絶滅のおそれのある種が全体種数の1/4以上を占め（図6-2），また，メダカやキキョウなど，身近な存在と考えられていた種にも，絶滅の危険が生じていることが明らかとなった．

　1991年版レッドデータブックからの変化を見ると，動物では224種から約3倍の668種，植物Ⅰでは824種から約2倍の1,665種となっており，絶滅のおそれが大幅に拡大している．このような変化の理由としては，開発や人間活動の拡大による生物の生息・生育環境の減少・分断・悪化，水質の悪化，移入種による在来種の駆逐など，密猟・盗掘などが考えられる．ただし，分類学上の整理が進み，知見が充実したことにより，今回初めて評価された種が多数存在することも大きな要因である．

　レッドデータブック改定作業の過程で，維管束植物を対象に，絶滅のおそれのある種の減少要因を集計したのが図6-3である．これによると，絶滅を促進している主な要因は，各種開発行為（道路工事など），園芸採取，自然遷移，森林伐採であることがわかる．

　なお，すべての分類群のレッドリストは環境省ホームページに掲載されている（http://www.env.go.jp/）．改訂版レッドデータブックは，（財）自然環境研究センターから出版されている．

6-7　レッドデータブック掲載種のホットスポット

　レッドデータブック掲載種（以下RDB種という）には，ヤンバルテナガコガネやライチョウのようにもともとの分布が島嶼や高山などに極限されていたものと，ギフチョウ，メダカ，キキョウのようにかつては広域に分布していたものが生息地の減少・分断や過剰な捕獲などによって絶滅の危機が高まったものとがある．いずれにしても，RDB種が現在生息生育している地域は，優れた生態系の地域または健全な生態系が残された地域ということができる．

　このようにRDB種が特に多種生息・生育する地域（以下ホットスポットという）は，特に生態系の保全の必要性が高い地域と考えられる．ホットスポットの分布を見ると，まず，動物，植物とも地域固有種の多い南西諸島などの島嶼や，高山，奥山の自然地域にホットスポットが分布している．また，

平地から丘陵地にかけての農地や二次林など人の生活域に近い場所に多く分布していることが注目される．水系をまとまりとした分布も多く見られる．動物・植物とも同様の分布パターンを示しているが，動物より植物のほうが標高の低い地域にかたまって分布している．

　平地から丘陵地にかけてのホットスポットの植生を見ると，水田や二次林などが分布する都市と奥山の中間に位置する里地・里山などのいわゆる中間領域である場合が多く，確認されているRDB種はメダカやギフチョウなど比較的広域に分布する種で，環境悪化により減少した種が多い傾向にある．また，水系沿いのホットスポットで確認されているRDB種は，希少な淡水魚類や氾濫原の植物などが多い．

6-8　今後の課題

　レッドデータブック（レッドリスト）については，広く国民に普及を図り，絶滅のおそれのある野生動植物への関心を深めてもらうだけではなく，各種開発事業の環境影響評価などに活用され自然環境保全の配慮が促進されることが期待される．また，RDB種のなかでも特に保護の優先度の高い種については，さらに生息状況などに関する詳細な調査を実施し，「絶滅のおそれのある野生動植物の種の保存に関する法律（種の保存法）」に基づく国内希少野生動植物種の指定などの保護措置を検討していくことが必要である．

　レッドデータブックについては，今後とも，5年ないし10年ごとに再調査と改訂を行う必要があり，次回の改訂版では，絶滅のおそれのある種数が大幅に減少するよう，絶滅のおそれのある種の保護増殖事業を拡充するとともに，生息・生育地の維持・回復などの取り組みを強化していくことが重要であろう．

コラム 地方版レッドデータブック

　環境省によるレッドデータブック（RDB）の整備が進められる時期と前後して，主に都道府県レベルの地方自治体でもRDBの編纂が行われるようになった．なかでも神奈川県と三重県は1995年と自治体としては最も早くRDBを出版し，その後10年あまりで全国すべての都道府県が独自のRDB（あるいはリスト）をもつようになった．また，数は多くはないが名古屋市や松山市などのような市町村の単位でもRDBを整備しているところもある．これらの多くの自治体では，環境省が実施している，5年ごとの情報更新に準拠し，掲載する動植物やカテゴリの見直しを行い，それぞれが改訂版を順次公表しつつある．

　野生生物の保全活動は地域単位を基本とすることから，地方自治体のこのような動向は，保全活動の推進に加え，市民の保全に対する関心を高めるうえで，きわめて効果的な施策であるといえる．また，RDB自体は野生生物の保護規制の根拠とはならないものの，RDB公表に連動して，野生生物の個体や生息地を保全するための保護条例をもつ自治体も多くなってきた．もちろん，その規制対象種の選定にあたっては，自治体が独自に作成したRDBが重要な参照資料として活用されている．

　もっとも，地方版RDB公開に際して，少なからず混乱が認められることも事実としてある．たとえば，野生生物の危機状態を示すカテゴリは，多くの自治体では環境省のそれにおおむね準拠しているものの，一部の自治体では独自の基準を設けている場合がある．このような地域色のあるカテゴリは自治体内だけで運用されるぶんには差し支えないが，近隣地域との比較や特定のRDB種を全国レベルで評価する際にはあまり便宜がよいとはいえない．また，RDB上に掲載されている生物名称の不統一も問題で，しばしば同一種に対して，自治体により異なった和名（ときには学名）が用いられていることも少なくない．特に維管束植物によく知られた例であるが，品種や変種には，特定の地域集団に対してのみ適用される名称があり，これらは一般に閲覧可能な図鑑や総説にその名称が掲載されていない場合があり，植物分類学の専門研究者でもなければ追認が困難な，きわめて地方色の強いRDB種といえよう．

　一方，都道府県レベルでは，生物の専門家の人材不足が指摘されている．首都圏や一部の人材に恵まれた自治体を除けば，RDBの対象となるすべての分類群についてそれぞれの専門家がいる状況のほうが珍しい．そのような自治体のRDBを参照すると，専門家のいる分類群は手厚く，そうでないものは軽視される傾向が明らかに読み取れる．つまり，RDB情報の分類群による偏りは自治体レベルでは普通に見られる現象である．これらの選定や評価結果の齟齬は，国と地方間だけでなく，隣接する自治体どうしでもしばしば顕著に認められるという事態を招いている．

6 レッドデータブックの編纂

日本のレッドデータ検索システム

このようななか，「日本のレッドデータ検索システム (http://jpnrdb.com/index.html)」という便利なサイトが無料公開されているので，ここで紹介しておきたい．本サイトは，野生生物調査協会とEnVision環境保全事務所という2つのNPO法人が共同で開発・運営しているもので，国と地方自治体から公表されている最新のRDB情報が，統一カテゴリと統一生物名称により検索することができる．すなわち，統一カテゴリとは，先に書いた自治体固有のカテゴリを環境省カテゴリに読み替えたものであり，統一名称とは，日本産生物名称の標準的な目録に準拠したものである．このような情報の統一化をはかることで，全国各地のRDB情報を横並びで比較することが可能となっている．また，RDB情報が日本地図上に表示されるため，地方自治体ごとで，当該RDB種の選定の有無やカテゴリの相違が一目で確認することもできる．閲覧してみることを勧めたい．（新里達也）

7 河川水辺の国勢調査

(金尾健司)

7-1 河川水辺の国勢調査の目的と仕組み

　河川水辺の国勢調査は，国土交通省河川局が実施している生物および河川環境に関する調査で，調査の対象は，国土交通大臣が管理する一級河川の管理区間と，一級河川の都道府県知事管理区間，および二級河川である．調査の対象河川は，国土交通大臣管理の一級水系109水系のすべてであるが，都道府県知事管理の一級河川区間および二級河川では，都道府県個別の事情によって調査が行われているので一様ではない．しかし連続性に関係が深い一級水系における調査は，国の調査方法に準じて，ほとんどの河川で行われているといってよい．

　この調査は平成2年度から開始されたが，河川内の生物相がどのようであるかについては，それまでほとんど調査がなされておらず，一部の研究者が調べているにすぎなかった．国土交通省（当時は建設省）では，河川の管理に，生物環境を重視する観点から，平成2年度より，河川の自然環境に関する基礎的情報を把握し，河川の生物の生息・生育状況を定期的・継続的に調査を行う「河川水辺の国勢調査」を実施することとしたものである．

　この調査の効果としては，河川環境に関する基礎的情報が初めて全国的に収集され，全国的傾向や地域特性が把握されることになることを期待している．

　この調査には，次の特徴がある．
- 全国の河川を対象とした定期的，継続的かつ統一的に行う調査である．
- 河川を管理する各河川事務所が，生物調査会社に業務委託して成果を得る調査である．その品質管理のためには，各河川単位に研究者などによるアドバイザーの支援を受ける仕組みにしている．

- 調査マニュアル，河川水辺の国勢調査のための生物種目録などを整備し，調査水準を一定レベルに保つこと．また，全国的な品質管理のために，研究者によるデータのスクリーニング委員会を組織している．
- 調査の内容は，何がいたかを知る「生物相」と，それがどこに生息していたかを記録する「生息場」をあわせたデータである．
- 調査の精度に一定の限界があることを考慮し，調査成果は「定性」調査を基本とし，「定量」調査は必ずしも目標としない．

7-2 調査の体系

5年で調査が一巡する河川水辺の国勢調査は，平成17年度で3巡目の調査が終了し，平成18年度より4巡目の調査となる．この機会に図7-1に示すように調査の体系が大幅に見直された．

従来の生物調査は，基本調査としての生物調査として位置づけられた．また，従来の植物調査のうち，植生図作成調査，群落組成調査，植生断面調査については，河川調査と統合して基本調査の河川環境基図作成調査として位置

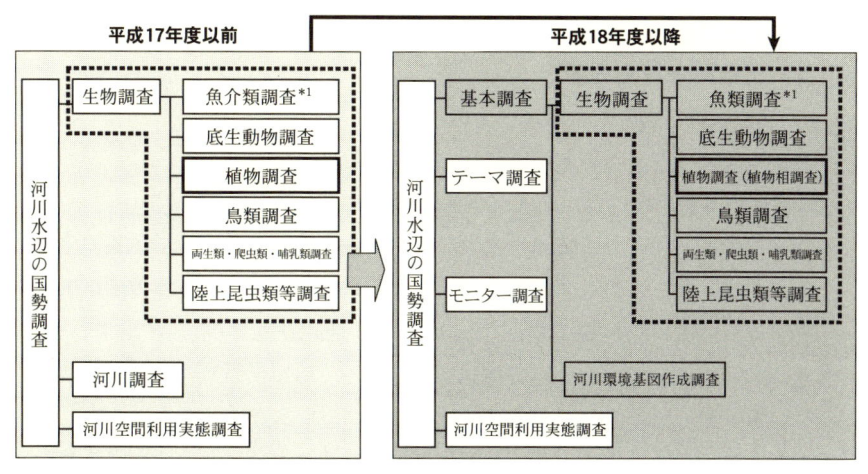

*1 「魚介類調査」は魚類のみを対象とし「魚類調査」とする．なお，エビ・カニ・貝類については底生動物調査の対象とする．

図7-1 河川水辺の国勢調査の体系．

づけられた.さらに調査頻度については,魚類調査,底生動物調査,河川環境基図作成調査は5年に1回であるが,植物調査(植物相調査),鳥類調査,両生類・爬虫類・哺乳類調査,陸上昆虫類等調査は10年に1回に変更された.

また,従来は各河川事務所が独自のローテーションで調査を実施していたため,同一水系に複数の河川事務所がある場合には,同一年度の調査項目が不揃いとなるケースがあったが,変更後の調査体系では,水系一環で全体調査計画を策定し,調査地区,調査項目,調査時期の整合を図って調査を実施することとなった.

なお,基本調査では把握しきれない課題などに対する調査として,テーマ調査およびモニター調査が位置づけられた.

7-3 各調査の内容

7-3-1 魚類調査

本調査は,河川における魚類の生息状況を把握することを目的とする.

(1) 事前調査

当該水系の魚類相や特定種の分布状況,回遊魚の遡上・降河時期,魚類の繁殖状況,禁漁区間と期間,産卵地点,放流地点,漁業実態,へい死事例の状況などを取りまとめる.

(2) 現地調査計画の策定

a) 調査地区・調査対象環境区分の設定

調査地区は,下記の事項に留意して設定する.

- 汽水域がある場合には,必ず汽水域に調査地区を設定する.
- 支川が流入しており,流量・水質などにより合流点の上下流で魚類の生息状況が異なることが考えられる場合,支川の合流点の下流に1地区以上設定するものとし,必要に応じて上流部にも1地区設定する.
- 河川の連続性を考慮し,調査地区を設定する.河川横断工作物の設置状況などを勘案し,主要な堰の下流には必要に応じて調査地区を設定する.
- 干潟,ワンド・たまり,湧水箇所などが存在する場合は,なるべくこれらを含む区間を調査地区として設定する.
- 水質汚濁の影響を考慮し,局所的に汚濁が著しく魚類の生息が見込めない

場所は避ける．
- 放水が行われる堰やダムの下流など，調査実施中に危険が及ぶ可能性がある場合には調査時の安全性に留意して調査地区を設定する．

　各調査地区のさまざまな環境に生息する魚類を偏りなく把握するために，調査地区ごとに調査対象環境区分を設定する．調査対象環境区分は，「早瀬」，「淵」，「ワンド・たまり」，「湛水域」，「湧水」，「その他」の6区分を基本として区分する．

b）調査時期の設定
　現地調査は，春から秋にかけて2回以上実施する．

（3）現地調査
　できるだけ多くの種類の魚類を捕獲することを目的として，なるべく多くの漁具を用いて調査を行う．投網，タモ網による調査を基本とするが，地域特性に応じて随時ほかの調査方法（定置網や刺網，サデ網，はえなわ・どう，地引網，潜水による捕獲など）を併用する．投網は原則として2種類の目合いを用い，川岸や流れのなかを歩きながら網を打つ「徒打ち」を基本とする．タモ網は河岸植物帯，沈水植物帯，河床の石の下，砂・泥に潜っている比較的小さな魚類の捕獲に有効である．

7-3-2　底生動物調査
　本調査は，河川における底生動物の生息状況を把握することを目的とする．調査の対象は，水生昆虫類を主体とし，貝類，甲殻類，ゴカイ類，ヒル類，ミミズ類などを含む底生動物とする．

（1）事前調査
　当該水系の底生動物相や各生物の出現時期，分布状況，特定種の分布状況などを取りまとめる．

（2）現地調査計画の策定
a）調査地区・調査対象環境区分の設定
　調査地区は，下記の事項に留意して設定する．
- 水質汚濁の影響を考慮し，局所的に汚濁が著しい場所は避けるが，水質の良好な区間に偏らないように設定する．

- 汽水域がある場合には，必ず汽水域に調査地区を設定する．
- 支川が流入しており，流量・水質などにより合流点の上下流で底生動物の生息状況が異なることが考えられる場合，支川の合流点の下流に1地区以上設定するものとし，必要に応じて上流部にも1地区設定する．
- 河川の連続性を考慮し，調査地区を設定する．河川横断工作物の設置状況などを勘案し，主要な堰の下流には必要に応じて調査地区を設定する．
- 干潟，ワンド・たまり，湧水箇所などが存在する場合は，なるべくこれらを含む区間を調査地区として設定する．
- 放水が行われる堰やダムの下流など調査実施中に危険が及ぶ可能性がある場合には調査時の安全性に留意して調査地区を設定する．

各調査地区のさまざまな環境に生息する底生動物を偏りなく把握するために，調査地区ごとに調査対象環境区分を設定する．調査対象環境区分は，淡水域においては，「1.早瀬」，「2.淵」，「3.湧水」，「4.ワンド・たまり」，「5.湛水域」，「6.その他（沈水植物）」，「7.その他（水際の植物）」，「8.その他（植物のない河岸部）」，「9.その他」の9区分を基本とし，汽水域においては，「10.干潟」，「11.その他」の2区分を基本として区分する．

b) 調査時期の設定

現地調査は，初夏から夏と冬から早春の2回以上実施する．

(3) 現地調査

底生動物調査は，河川の淡水域，汽水域において，さまざまな場所で採集を行う定性採集と，規定された方法により採集を行う定量採集により行う．

淡水域の定性調査では，Dフレームネット（目合い0.5 mm程度）やサデ網，熊手などを用いて，さまざまな調査箇所を設定して採集を行う．定量調査はサーバーネット（25 cm×25 cm，目合い0.5 mm程度）を用いて，膝程度までの水深で流速の速い場所において実施する．

汽水域の定性調査では，Dフレームネット（目合い0.5 mm程度），熊手，スコップなどを用いて採集を行う．定量調査は干潮時に水深が浅くなる地区では，スコップなどを用いて30 cm×30 cmの範囲の砂泥をすくい取り，0.5 mm目の篩で濾して生物を採集する．干潮時でも水深が深い地区では，エクマンバージ型採泥器（15 cm×15 cm）を用いる．

7-3-3 植物調査

本調査は，河川における植物の生育状況を把握することを目的とする．調査の対象は，維管束植物（シダ植物および種子植物）とする．

(1) 事前調査

当該水系の植物相，植物の生態的特徴，特定種などを取りまとめる．

(2) 現地調査計画の策定

a) 調査地区の設定

調査地区は，下記の事項に留意して設定する．

- 河口部に砂丘植物群落，塩沼植物群落がある場合には必ず調査地区を設定する．
- 干潟，ワンド・たまり，湧水箇所などが存在する場合は，なるべくこれらを含む区間を調査地区として設定する．
- 植生の状況，地形の状況，土地利用状況など，調査区域内の河川環境を特徴づける要因を勘案し，各河川環境縦断区分を特徴づける代表的な場所が複数ある場合，必要に応じて調査地区を複数設定する．

b) 調査時期の設定

現地調査は，春から初夏と秋を含む2回以上実施する．

(3) 現地調査

調査地区内を歩きながら，出現種を目視により確認し，種名を記録する．河川では水分条件，冠水頻度などに応じて出現種が横断方向に変化することから，いくつかの群落を横断するように踏査ルートをとり，水際から堤防表法肩まで確認できるようにする．水際部についても十分確認する．

7-3-4 鳥類調査

本調査は，河川における鳥類の生息状況とともに，集団分布地の状況を把握することを目的とする．

(1) 事前調査

当該水系の鳥類相，渡りの区分および繁殖などの時期と場所，特定種の生息の有無，集団分布地の位置と状況，鳥獣保護区などを取りまとめる．

(2) 現地調査計画の策定
a) 調査地区の設定
　鳥類調査は，距離標を目安に1kmごとにほぼ両岸に調査地区を設定するスポットセンサス法により実施する．
b) 調査時期の設定
　現地調査は，繁殖期と越冬期の年2回以上実施する．ただし，既知の調査などで干潟にシギ・チドリ類が多数渡来する可能性がある調査箇所においては，春渡り期と秋渡り期も調査する．

(3) 現地調査
a) スポットセンサス調査
　スポットセンサス法とは，決められた移動ルート（道路など）にて，一定間隔ごとの定点において短時間の個体数記録（センサス）を繰り返す手法である．すなわち定点での短時間の個体数記録の後，再び一定間隔だけ移動し，次の調査定点で同様の個体数記録を行い，これを連続して行う方法である．
b) 集団分布地調査
　集団分布地調査は，鳥類の集団分布地の分布位置と生息状況を把握する調査である．調査対象河川区間全域について鳥類の集団分布地の位置と状況（種名，個体数，年齢，巣の数，利用樹種）などを記録する．

7-3-5　両生類・爬虫類・哺乳類調査

　本調査は，河川における両生類・爬虫類・哺乳類の生息状況を把握することを目的とする．

(1) 事前調査
　当該水系の両生類・爬虫類・哺乳類の生息状況，特定種の生息の有無などを取りまとめる．

(2) 現地調査計画の策定
a) 調査地区の設定
調査地区は，下記の事項に留意して設定する．
- 干潟，ワンド・たまり，湧水箇所などが存在する場合は，なるべくこれらを含む区間を調査地区として設定する．

- 植生の状況，地形の状況，土地利用状況など，調査区域内の河川環境を特徴づける要因を勘案し，各河川環境縦断区分を特徴づける代表的な場所が複数ある場合，必要に応じて調査地区を複数設定する．

b) 調査時期の設定

現地調査は，早春から初夏に2回，秋に1回を含む計3回以上実施する．哺乳類のトラップ法による調査は，春から初夏に1回，秋に1回の計2回以上実施する．

(3) 現地調査

両生類・爬虫類の現地調査は，調査地区を踏査しながら目撃により確認する目撃法 (鳴き声による確認を含む)，捕獲により確認する捕獲法を基本とする．また，カメ類を対象とし，カメトラップなどを設置するトラップ法などを併用する．

哺乳類の現地調査は，目撃法に加え，足跡，糞，食痕などの痕跡により確認するフィールドサイン法，無人撮影装置を使用する無人撮影法，ネズミ類を対象としたシャーマントラップなどや，トガリネズミ類を対象とした墜落缶などを設置するトラップ法を基本とする．また，必要に応じ，モグラ類を対象としたモールトラップなどを設置するトラップ法などを併用する．

7-3-6 陸上昆虫類等調査

本調査は，河川における陸上昆虫類などの生息状況を把握することを目的とする．調査の対象は，陸上昆虫類と真正クモ類とする．

(1) 事前調査

当該水系における昆虫相，各種の成虫の出現時期や分布状況，特定種の生息の有無などを取りまとめる．

(2) 現地調査計画の策定

a) 調査地区の設定

調査地区は，下記の事項に留意して設定する．
- 水辺の植生の分布や河岸の整備など人為的改変の状況などに考慮し，異なった環境をより多く含むように調査地区を設定する．
- 草地，林地，砂礫地など多様な環境を可能な限り多く含む場所に設定する．

- 河口部に砂丘植物群落などがあるときは，なるべく調査地区に設定する．
- 海浜草地，河口干潟などの潮間帯，抽水植物群落，ヤナギ林，牧草地，耕作地などの植生や土地利用から，各河川環境縦断区分を特徴づける代表的な場所が複数ある場合，必要に応じて調査地区を複数設定する．

b) 調査時期の設定

現地調査は，春，夏，秋の3回以上実施する．

(3) 現地調査

陸上昆虫類等調査は，基本的に任意採集法，ライトトラップ法およびピットフォールトラップ法などにより行うが，地域の特性，調査地区および調査対象環境区分の特性，陸上昆虫類などの特性に応じて，適切な調査方法を選定する．

7-3-7 河川環境基図作成調査

本調査では，河川環境基図を作成することを主な目的とする．河川環境基図とは陸域調査のうちの植生図作成調査により作成された植生図をもとに，水域調査で得られた早瀬，淵，止水域，干潟，流入支川などの情報および構造物調査で得られた護岸，河川横断工作物などの情報を加えた図で，河川環境情報図の基図となるものである．

(1) 事前調査

当該水系における植生の状況，瀬・淵の分布など水域の状況などを取りまとめる．

(2) 現地調査計画の策定

a) 調査地区の設定

陸域調査のうちの植生図作成調査，水域調査および構造物調査は，原則として，調査区域の全域を調査地区とする．

b) 調査時期の設定

陸域調査の現地調査は，基本的に植物の色調に変化の出やすい秋に1回以上実施する．水域調査および構造物調査についても，陸域調査と同時期で水位の安定した時期に実施することが望ましい．

(3) 現地調査
a) 陸域調査

　植生図の作成は，航空写真に基づき判読素図を作成し，現地調査を行ったうえで判読素図を修正・細分化して植生図をまとめる．

　判読素図とは判読者が航空写真上の植生を色やきめ，高さ，密度などの実体視により区分，判読して作成した図のことである．判読素図の作成は次のように実施する．判読素図の境界は，判読した航空写真上にオーバーレイした透明フィルムなどに記入し，平面図に移写して判読素図とする．河川など植生・地形が細かく複雑であり，手作業による移写が困難な場合には，オーバーレイの境界線を電子化し，航空写真と地形図の対比から写真上に座標の特定できる地物を見い出し，これを基準として判読したオーバーレイの境界線の縮尺や歪みを補正して，これを基盤面に重ね合わせることにより，正確に移写が可能である．

　現地調査では，作成した判読素図と航空写真を携帯し，判読素図の区分と現地の植物群落の対応を確認，整理していく．現地調査結果をもとに，判読キーを再整理し，航空写真の再判読を行い，植生図を完成させる．

b) 水域調査

　水域調査は，早瀬・淵，止水域，干潟などの分布状況，主な流入支川の状況を調査する．調査はまず過去の河川水辺の国勢調査（河川調査編）における河川調査総括図などの既存資料を参考としながら，航空写真より早瀬・淵などの状況を判読し，水域の判読素図を作成する．次に現地調査を行った上でこれを修正，細分化し，航空写真に整理する．

　判読素図とは，航空写真上の色，きめなどの実体視により区分，判読して作成した図のことである．判読素図の作成は次のように実施する．

　〇**早瀬・淵の分布**　　早瀬は水面が乱れる箇所や白波が立つ箇所などを航空写真から読み取る．淵は水の色が濃いなど，周囲よりも相対的に深くなっていると思われる箇所を読み取る．

　〇**止水域の分布**　　湛水域は，河川横断工作物などにより流れがせき止められ，湛水しているものを航空写真から読み取る．ワンド・たまりは，平常時も本川と連続している止水域や閉鎖水域を読み取る．

○**干潟の分布**　干潟は，干潮時の潮間帯に見られる砂泥質の場所を読み取る．

c) 構造物調査

構造物調査は，護岸，水制，堰などの河川工作物の位置・諸元を既存資料により整理し，現地調査において現況を確認する．以上の情報を航空写真上に重ね合わせて図化・整理する．

7-3-8　河川空間利用実態調査

河川空間利用実態調査は，河川空間の利用者数，利用状況，利用者の意向などを調査するものである．現地調査は，季節別に休日と平日の一定日を定めて，利用実態を把握することにしている．

雨天のような天候の悪い場合は，休日にかかわるものは直近の休日，平日にかかわるものは直近の平日に日延べして実施する．

7-4　河川水辺の国勢調査の電子化，GIS化の取り組み

河川事業において，治水・利水・環境を含む総合的な観点に立った施策の立案や，事業効果の分析，事業推進に際しての合意形成システムの改善，および情報の開示，効率的な事業実施などの社会的ニーズに的確に対応するためには，河川管理に関する基本的な情報の電子化およびGIS化と，データ管理システムの構築が緊急かつ重要な課題となっている．これらを背景に，国土交通省河川局では，平成8年度より河川基盤地図データ，水文，水質データ，河川構造物などの河川基幹データの電子化を進めている．

河川水辺の国勢調査データも，データの取得段階から電子化，データベース化し，インターネットをなどを通じて，広く社会に提供するため，平成11年度より河川水辺の国勢調査の電子化およびGIS化を軸にした河川環境情報の電子化に取り組み，図7-2に示すように，データの入力から，照査，データベース格納，検索，分析など一連の「河川環境情報システム」を平成13年度で完成させた．河川環境情報システムの完成に伴い，平成12年度調査データからは，この新システムによる調査に移行しているが，これ以前の調査データについてもデータベース化を行っている．

7 河川水辺の国勢調査

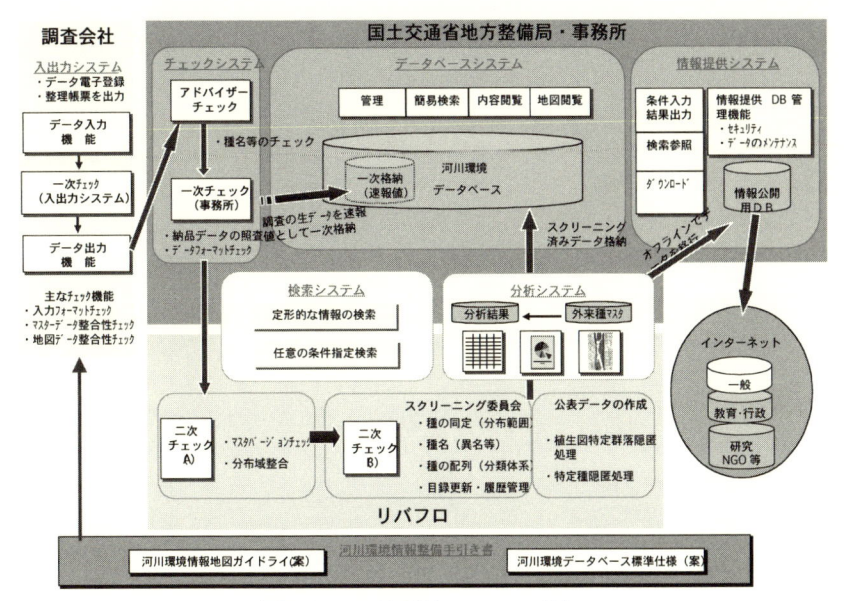

図7-2 河川環境情報システムの構成.

　河川環境情報の電子化，GIS化にあたっては，「河川基幹データ整備標準仕様（案），1999年11月，建設省河川局河川計画課」，「河川基盤地図データ作成のガイドライン（案），1998年12月，建設省河川局河川計画課」との整合を図るとともに，「河川環境情報地図ガイドライン（案），2000年1月，建設省河川局河川環境課」，「河川環境データベース標準仕様(案)，2000年1月，建設省河川局河川環境課」を制定した．なお，これらの基準類は，国土交通省河川局のホームページ (http://www.mlit.go.jp/river/gis/) でも公開している．

7-5 調査結果の公表

　河川水辺の国勢調査の調査データは，その一部を平成5年度までは河川水辺の国勢調査年鑑として出版し，平成5年度以降はCD-ROMでデータ公開しているが，この方法による公表は平成11年度調査結果を最後としている．これまでのデータは，データが電子化されていないことから，生物相のデー

タに限って公開しており，その公表率は全データの4割程度にとどまっていた．

　国土交通省では，平成11年度から河川水辺の国勢調査全体の電子化，GIS化を推進してきたが，電子化されたデータは水情報国土データ管理センターのホームページ (http://www3.river.go.jp/IDC/index.html) で公開している．また，調査データを取りまとめるための「河川水辺の国勢調査のための生物種リスト」についても，毎年更新して水情報国土データ管理センターのホームページで公開している．

8 森林の有する多面的機能の発揮

(藤江達之)

8-1 森林の有する多面的機能

　森林は，わが国の国土面積の3分の2を占め，野生動植物の生息・生育の場として重要であるほか，樹木の根系の力により土砂の流出などを防止し（国土の保全），土壌に水を蓄え（水源の涵養），森林浴などの保健休養の場を提供するとともに（公衆の保健），光合成により二酸化炭素を吸収・貯蔵し（地球温暖化の防止），再生産可能な資源である木材を生産する（林産物の供給）といった多面的機能を有している．しかも，個々の森林に高度に発揮すべき機能が並存する場合が多い．
　ここでは特に生物多様性の保全に重点をおきつつ，森林の有する多面的機能の発揮と，そのために重要な役割を果たす林業に関する施策を概説する．

8-2 森林と林業

　わが国の森林面積の4割は植栽などにより造成された人工林である．このような人工林は，一般に，放置しておくと，隣接する植栽木の枝葉が重なり合い，個々の木の成長が阻害され台風などの被害を受けやすくなる．また，林内が暗くなるため，草本や低木が生育できなくなり，その結果，土壌が降水によって流れやすくなるなど，森林の機能発揮に支障が生じるおそれがある．このため，森林の成長に応じて植栽木を間引く，「間伐」を行うなどの手入れを適切に行うことが必要となる．古くから人が手を加え，利用されてきた里山林でも，その環境にあった生物や景観の保全のためには，タケの侵入による樹木への被害を防いだり，特定の草本や樹木の育成を目的とした伐採を行ってきた歴史がある．また，豪雨で森林の土地の崩壊が生じた場合は，その後の降雨で崩壊や土砂の流出が進行するほか，松くい虫などによる被害

が拡大していく場合も多い．このような人工林の荒廃の場合では，人の手を加えることによって，期待される機能を維持し，増進させることが可能であるが，逆に放置すれば機能を低下させるおそれが生じる．

　一方，林業は，森林生態系の生産力に基礎をおき，森林の持続的な利用を経営の前提に，木材を生産し，その利益を森林に再投資するという経済活動の過程で森林の造成・育成を行う営みであり，林産物の供給のみならず，森林の公益的機能の発揮に重要な役割を果たしている．ただし，森林の生産力を超えた伐採を行い，伐採後に必要な再造林を行わないなど，一時的な収入を得ることのみを目的とした行為は，森林の機能の発揮に寄与せず，むしろ妨げとなる．このため，森林の多面的機能が将来にわたって享受できる持続性と，産業としての健全性が確保されるよう，林業の発展が図られなければならない．

　なお，森林の機能の重層性，財産権行使の制限の抑制，民間活力の活用などの観点から，森林の整備はできる限り林業生産活動を通じて行われることが望ましいが，立地条件などによっては，森林所有者らによる自助努力だけでは国土保全などのために必要な森林の整備・保全が期待できない場合には，公的機関の関与が求められる．

　また，林業を通じた森林整備のためには，生産された林産物が市場経済のもとで販売され，適切に利用されることが必要である．なお，木材は，再生産が可能な資源であり，製造に要するエネルギーが少ないなど環境負荷が小さく，その利用を進めることは持続可能な社会の実現にも貢献するものである．

8-3　森林の取扱いの基本的な枠組

8-3-1　森林・林業基本法

　上記のような森林および林業の特質を踏まえ，関連施策の基本理念や，その実現を図るための基本となる事項などを明らかにするものとして，森林・林業基本法が制定されている．同法においては，森林の有する多面的機能の発揮と林業の持続的かつ健全な発展を基本理念としたうえで，関連施策の基本的な考え方を示すとともに，情勢の変化などに応じた計画的な施策展開を図るため，概ね5年ごとに，政府が森林・林業基本計画を策定することとさ

8 森林の有する多面的機能の発揮

れている.

　森林・林業基本計画においては，① 森林および林業に関する施策の基本的な方針，② 森林の有する多面的機能の発揮ならびに林産物の供給および利用に関する目標，③ 森林および林業に関し，政府が総合的かつ計画的に講ずべき施策，④ その他必要な事項が定められる.

　森林・林業基本法は，政策の基本を定めたものであり，具体的な施策は，同法のもとで森林法，森林組合法そのほかの法律が適切に運用されるとともに，森林・林業基本計画に沿って毎年度の予算などの措置が講じられることとなる.

8-3-2 森林計画制度

　森林の造成にはきわめて長期を要し，かつ自然力に大きく依存しているため，一度荒廃すれば復旧は容易なことではなく，国民生活に大きな影響を及ぼすこととなる．したがって，多面的機能の維持増進のためには，森林の状態や森林施業について，総合的な長期の計画性が求められる．また，一般に，森林の機能の受益範囲は広域に及ぶ一方，森林の整備は，森林の内容，地域の森林に対するニーズに応じて方向づける必要があり，さらに，個別の森林施業は，個々の森林の現況に応じ，森林所有者などの合意形成を図りつつ，

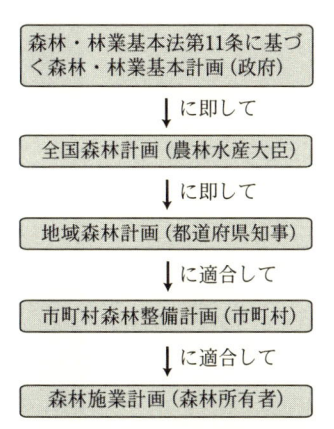

```
森林・林業基本法第11条に基づ
く森林・林業基本計画（政府）
        ↓ に即して
全国森林計画（農林水産大臣）
        ↓ に即して
地域森林計画（都道府県知事）
        ↓ に適合して
市町村森林整備計画（市町村）
        ↓ に適合して
森林施業計画（森林所有者）
```

図 8-1 森林・林業基本計画と全国森林計画などの体系（概要）.

きめ細かく実施することが重要である．

このため，森林法に基づき，国，都道府県，市町村の各レベルにおいて，相互に整合を図りつつ，森林に関する長期的・総合的な政策の方向や，森林施業の指針を明らかにする森林計画を立てることとされている（図8-1）．

森林計画では，重視すべき機能に応じて，森林を「水土保全林」，「人と森林との共生林」，「資源の循環利用林」のいずれかに区分し，区分ごとの森林

表8-1　3区分ごとの望ましい森林の姿．

水土保全林

下層植生が生育するための空間が確保され，適度な光が射し込み，落葉などの有機物が土壌に豊富に供給され，下層植生とともに樹木の根が深く広く発達することにより，土壌を保持する能力に優れ，水を浸透させる土壌中の隙間が十分に形成された保水能力に優れた森林であり，必要に応じて土砂の流出および崩壊を防止する治山施設が整備されている森林．

河畔林

森林と人との共生林

原生的な自然環境を構成し，学術的に貴重な動植物の生息・生育に適している森林．街並み，史跡，名勝などと一体となって潤いのある自然景観や歴史的風致を構成している森林．騒音や風などを防ぎ，生活に潤いと安心を与える森林．身近な自然や自然とのふれあいの場として適切に管理され，住民などに憩いと学びの場を提供し，必要に応じて保健・文化・教育的活動に適した施設が整備されている森林．

ブナ林

資源の循環利用林

林木の生育に適した土壌を有し，木材として利用するうえで良好な樹木により構成され，二酸化炭素の固定能力が高い成長量を有し，一定規模のまとまりがあり，林道などの基盤施設が適切に整備されている森林．

スギ林

施業のあり方などを定めることとされている(表8-1).これは,多くの森林で高度に発揮すべき機能が併存することから,自然条件や地域のニーズなどに応じ,重視すべき機能を考慮して,より適切な森林の整備を進める趣旨である.なお,すべての森林は,生物多様性の保全に寄与し,また,二酸化炭素の吸収源・貯蔵庫として重要な役割を果たしていることなどを踏まえ,重視すべき機能以外の機能の発揮に対して十分配慮する必要がある.

民有林における具体的な造林,伐採などの森林施業の指針は,市町村森林整備計画に定められ,森林所有者などは,これに従って施業しなければならないとされている.市町村の長は,森林所有者などが市町村森林整備計画を遵守していないと認める場合,必要に応じて,適切な施業の実施につき勧告などを行うことができる.

8-3-3 国有林野の管理経営

わが国の森林面積の約3割を占める国有林野は,その多くが国土保全上重要な奥地脊梁山脈や水源地域に広がるとともに,貴重な野生動植物が生息・生育する森林や原生的な天然生林が多く所在している.その管理経営については,森林計画のほか,国有林野の管理経営に関する法律に基づく管理経営基本計画などにより方向づけられ,公益的機能の維持増進を旨とした管理経営を推進している.

優れた自然環境を有する森林の維持・保存を図るための枠組としては,大正4年に「保護林」制度を発足させ,それぞれの設定の目的に沿った保全・管理が行われており,平成17年度末現在,その面積は68万3千ヘクタールに達している(表8-2).また,野生動植物の生息・生育地を結ぶ移動経路を広範囲に確保することにより個体群の交流を促進し,種や遺伝的な多様性を保全するため,保護林相互を連結してネットワークとする「緑の回廊」の設定を進めている.

「緑の回廊」以外でも,国有林野内に生息・生育する貴重な動植物の状況の把握,生息・生育環境の維持・整備などを進めているほか,地域住民やNPOなどとの連携による,高山植物の盗採掘防止のための巡視など,野生動植物の保護・管理の取り組みを進めている.

表8-2 保護林の設定状況.

保護林の種類	目　的	箇所数 (単位：箇所)	面積 (単位：千ha)
森林生態系保護地域	森林生態系の保存，野生動植物の保護，生物遺伝資源の保存	27	400
森林生物遺伝資源保存林	森林生態系を構成する生物全般の遺伝資源の保存	2	36
林木遺伝資源保存	林業樹種と希少樹種の遺伝資源の保存	326	9
植物群落保護林	希少な高山植物，学術上価値の高い樹木群などの保存	380	183
特定動物生息地保護林	希少化している野生動物とその生息地・繁殖地の保護	36	21
特定地理等保護林	岩石の浸食や節理，温泉噴出物，氷河跡地の特殊な地形・地質の保護	35	30
郷土の森	地域の自然・文化のシンボルとしての森林の保存	34	3
合　計		850	683

注： 1. 平成18年4月1日現在の数値である.
　　 2. 計の不一致は四捨五入による.

8-4　今後の森林・林業施策の方向

　森林に対する国民のニーズは，地球温暖化の防止，局地的豪雨の頻発などの状況に対応した山地災害の防止，生物多様性や景観の保全，環境教育や健康づくりの場としての利用など多様化しており，こうしたニーズに応える森林づくりが求められている.

　一方，森林の現況を概観すると，高齢級の人工林が急増しつつあるが，資源として本格的に利用されるにはいたっておらず，また，間伐などの施業が不十分で，森林の荒廃が懸念されている．これらの森林については，資源としての利用を考慮しつつ，森林の健全性の確保を目的に，広葉樹林化，長伐期化などの将来の目ざすべき姿に応じて，多様な森林整備を進めていく段階（分岐点）を迎えている(図8-2).

　また，木材価格の下落や森林所有者の不在村化などにより林業生産活動は停滞するとともに，国産材の生産・加工および流通は総じて小規模，分散的で非効率な構造が多くを占めており，大量かつ安定的な木材の供給を求める

需要者のニーズに対応しきれていない状況にあるが，近年，加工技術の向上などにより国産材の利用の拡大の兆しが見られる．

平成18年9月に策定された新たな森林・林業基本計画においては，こういった近年の情勢変化を踏まえ，次のような事項を重点として施策を講じていくこととしている．

(1) 国民のニーズに応えた多様で健全な森林への誘導

重視すべき機能に応じた森林の整備を進めるため，森林に対する国民のニーズ，立地条件や社会的条件などを踏まえ，長期的な見通しのもと，急増する高齢級の人工林について，間伐の実施はもとより，広葉樹林，針広混交林，大径木からなる森林などへと誘導する多様な施業が適切に実施されるよう条件整備を図る．この場合，群状・帯状の伐採や天然力の活用，効率的な作業システムの整備・普及による低コスト化を推進する．

(2) 国民の安全・安心のための治山対策

山地災害の防止や水源の涵養を目的に森林の維持・造成を図る治山対策に

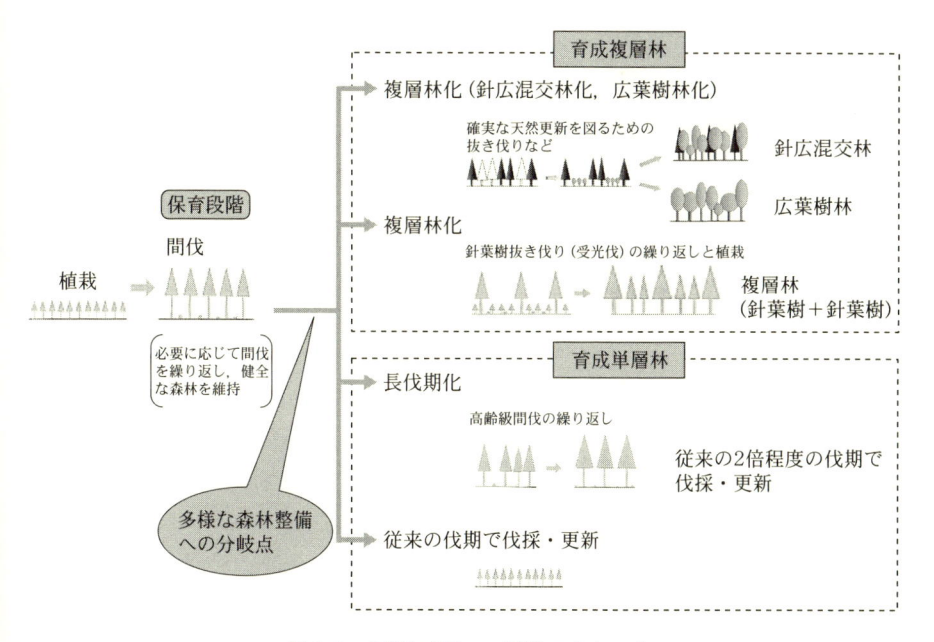

図8-2 多様な森林への誘導のイメージ．

ついて，流域全体の保全のための関係者の連携や，被害の軽減（減災）に向けた事業の実施を進めるとともに，豊かな環境づくりに努める．

(3) 優れた自然環境を有する森林の整備・保全

貴重な野生動植物の生息・生育地などの貴重な森林を維持し保存していくための対策を講ずる．具体的には，保護林の設定を進めるとともに，保護林の状況を的確に把握し，必要に応じて植生の回復や保護柵の設置などの適切な保全・管理を進めるほか，「緑の回廊」の設定を推進する．

(4) 森林病害虫と野生鳥獣による森林被害対策

松くい虫などの森林病害虫による被害地域は拡大傾向が続いており，シカなどの野生鳥獣による森林被害も深刻化していることから，関係者による情報の共有化や自主的な活動の促進により，効果的な被害対策を推進する．特に，野生鳥獣による森林被害については，鳥獣保護管理施策との連携を図りつつ，被害や生息の動向に応じた対策を講じる．

(5) 国民参加の森林づくり

企業やNPOなどによる森林づくり活動や，山村地域の住民と都市住民との連携による里山林の再生活動の促進，森林におけるさまざま体験を行う森林環境教育の充実を進める．

(6) 国産材の利用拡大を軸とした林業・木材産業の再生

需要者ニーズの変化に対応して国産材を安定的に供給していくため，森林組合などの林業事業体への施業の集約化，製材・加工の大規模化，消費者ニーズに対応した製品開発，企業や消費者などへの木材利用のPR，木材輸出の拡大を推進する．

8-5　国民全体で支える森林

森林は，各種機能の発揮を通じて国民全体に恩恵をもたらし，経済社会のあり方と結びついた「緑の社会資本」であり，その恩恵を将来にわたって享受していくためには，森林所有者を含めた林業・木材産業関係者の努力，国や地方公共団体の取り組みとともに，企業，NPO，国民の役割が重要である．

特に，近年では，木材価格の下落などに伴い林業生産活動が停滞しており，森林に人為が加わらないことで，人工林の過密化の進行や竹林化が起こり，

生物多様性の保全への影響も懸念されており，原生的な天然生林の保全・管理に加えて，積極的な森林の整備・保全に向けた支援の必要性が高まっている．

このため，健康な森林づくりに向け，広く国民や企業が，間伐材を含む木材を利用することのほか，森林づくり活動への直接参加や募金などによる森林づくり活動への支援を行うことが期待され，これらを含め，社会全体で森林を支えていくことが必要である．

コラム　森林資源モニタリング調査

　林野庁は，持続可能な森林経営の推進を目標に，平成11年度から「森林資源モニタリング調査」を実施している．この調査は，森林の状態とその変化の動向について，全国で統一した手法を用いて把握・評価することにより，地域森林計画および国有林の地域別森林計画について，整備の基本事項を設定するために必要な客観的資料を得ることを目的としており，その結果を全国計画に反映させるものである．

　具体的には，全国土の森林に4km間隔の格子線を想定し，その交点のうち森林に該当するものを調査区域とする．そして，生物多様性，森林生態系の生産力および炭素循環への寄与などの変化を把握するために，現地において，地況，法的規制などの概況，立木・伐根・倒木の賦存状況および下層植生の生育状況を調査する．現地調査は，最小3人組体制で，1日に1プロットの調査を行う設計となっており，5年周期で一巡する．一方，森林の重要な構成要素である動物の調査については，森林被害を受けたものや目撃，痕跡で補完的に記録するが，なかでも最大の種数を構成する昆虫類では，2～3年の調査が最低必要であることから，他調査データを参考としながらも，その把握については適切な手法の確立が望まれている．

　この調査は平成15年度末に森林の状態を，さらに5年後の平成20年度末にその変化を把握することとしている．また，調査を同一な手法と水準で継続運営していくために，都道府県職員を対象にして，「森林資源モニタリング調査技術研修」の開催や必要に応じた現地指導により，きめ細かなフォローも毎年実施している．さらに，集計や分析，評価については，モントリオールプロセス[1]に対応させるとともに，森林総合研究所と調整を行いながら，将来的にはデジタル情報としてインターネット上で公開したいと考えている．　　　　（岡　義人）

---

1) アメリカ，カナダ，ロシア，中国などとともに欧州以外の温帯林などを対象とした国際的作業グループで，持続可能な森林経営の達成状況を評価するため，国際的なフォローアップ作業を進めている．

9 地方自治体における取り組み—愛知県の事例

(石田晴子)

9-1 野生生物保全の取り組み

　愛知県は，愛知県環境基本条例の基本的な理念のもとに，恵み豊かな愛知の環境を保全し，これを未来に引き継いでいくことができる社会を構築するため，1997年8月に愛知県環境基本計画を策定し，2002年9月には全面的に見直しを行ったところである．このなかで掲げられている「生物多様性の確保」を達成するためには，県内に生息・生育する野生動植物の絶滅あるいは絶滅のおそれを回避し，多様な生物の種や生態系を保全する観点から，本県に分布する自然の素材を生かし，物質循環に大きな役割を果たしているさまざまな生物の生息・生育空間(以下「生物生息空間」という)を確保する必要がある．また，生物生息空間の拡大を図り，これをいっそう多様で豊かなものとするため，個々の生物生息空間をつなげて一体のものとして形成すること，すなわち生物軸の形成もあわせて重要な課題である．さらに，自然の保全と回復および創出を事業目的の一つとした社会基盤の整備や，持続的発展が可能な環境保全型農林漁業を推進していくことも必要である．

　このような背景のなかで，本県では，絶滅のおそれのある野生動植物種の適正な保全を図り，生物多様性の確保を図るための基礎資料である「愛知県版レッドデータブック」を発刊した．このレッドデータブックに掲載された絶滅のおそれのある野生動植物種(希少種)を，適正かつ効果的に保全していくためには，特定地域の個別種の保全策のみでは不十分であり，希少種の生息・生育環境としての生態系を単位として，保全策を講じていく必要がある．

　一方，本県には，二次的な自然環境である森林・農地などの里山(里地)や，世界有数の渡り鳥の飛来地となっている干潟をはじめ，ため池や湿地など多様な生態系が存在する．このため，これら生態系を適切に保全する中期

的な方向性と，生態系を単位とした生息・生育環境保全のあり方について検討を行い，県内希少種の適正な保全と生物多様性の確保を図ることとした．

なお，本県における野生生物をはじめとした自然環境の保全については，従来から「自然環境保全法」，「絶滅のおそれのある野生動植物の種の保存に関する法律」，「鳥獣の保護及び狩猟の適正化に関する法律」および「自然公園法」をはじめ，「自然環境の保全及び緑化の推進に関する条例」や「愛知県立自然公園条例」などの法令に基づき各種施策を実施しているが，ここでは野生生物の保全について述べることとする．

9-2 自然環境の特性

9-2-1 気　候

本県は，太平洋沿岸地域の特徴である穏和な気候であり，地域による年変化に明らかな違いは認められないが，山間と平地では高低差により，平均3〜4℃の差がある．冬は典型的な太平洋型で，北西の季節風は強いが，快晴の日が多く降水量は少ない．梅雨は6月中旬ころから始まる．太平洋高気圧におおわれる夏は暑く，年により9月半ばまで続く．秋は季節風によって天気が周期的に変わり，9月半ばになると太平洋高気圧の衰えにより，付近を通過する台風が増す．

9-2-2 地形・地質

本県の基盤をなす地形・地質は，おおまかに見て，濃尾平野に代表される沖積平野，西三河山間地に広がる花崗岩・領家変成岩地帯，および中央構造線の通る東三河地域に区分できる．

9-2-3 植物相

貴重な植物相として，県内のほぼ全域，三重県四日市周辺，岐阜県岐阜市から東濃地方，静岡県浜松市周辺にかけての丘陵地帯に点在する湿地およびその周辺の痩せ地に特有に分布する東海丘陵要素植物群が存在する．地理的には大部分が暖帯に含まれるため，植物層もシイやタブノキ，アラカシ，ヤブツバキなど南方暖地系の種類が圧倒的に多い．

県内各地に点在する湿地には，現在より気候的に寒かった時代の植物（ヤ

チヤナギやイワショウブ，ミカワバイケイソウなど）が遺存的に生育している．一方，奥三河の標高1,000 mを越える山間地には，わずかに北方寒地系の植物も残っている．

9-2-4 動物相

動物相は，全国的に見てそれほど豊かではないが，本県の地形・地質や植物との関連から希少な動物も少なくない．哺乳類では，大型哺乳類は種数が少なく，また近年の開発などによりニホンザルやニホンカモシカ，ニホンジカなどの一部の種を除き減少しつつあり，生息区域も次第に三河山間部へ狭められるなどの退行現象が見られる．

鳥類については，本県が日本のほぼ中央に位置するため，南方系・北方系両方の鳥の分布が見られること，海岸，平地および山地まで多岐にわたる環境が存在すること，国内有数の干潟があることなどから，鳥相は豊かである．

両生類ではトウキョウサンショウウオやオオサンショウウオ，ダルマガエルなどの希少種が生息している．また，沿岸域の砂浜には，爬虫類のアカウミガメが産卵のため上陸する．

魚類では，国指定の天然記念物であるイタセンパラとネコギギが生息する．

昆虫類の，タガメやヒヌマイトトンボ，ヒメヒカゲなどは，近年，産地および出現個体数とも急激に減少してきたとされており，これらの種の生息環境である水辺や湿地の減少が推察される．

9-2-5 自然環境の保全状況

本県は，名古屋大都市圏を構成する都市地域，スギ・ヒノキの人工林を主体とした山間地域，多くは二次林で構成される丘陵・台地地域，耕地化が進んだ田園地域により形成されている．この丘陵・台地地域や田園地域には，二次林や田畑，用水路，ため池を軸とした身近な自然があり，これに隣接する都市地域では，都市の気象緩和や大気浄化の機能をもつ緑地空間が点在しており，市民の憩いとやすらぎの場となっている．また，木曽川，庄内川，矢作川および豊川などの河川を擁し，それぞれ上・中・下流ごとに特性をもった動物や植物の生物生息空間を形成している．

一方，知多・渥美両半島の海岸域，三河湾周辺や北東部の奥三河山間地帯，

豊川・矢作川上流の河川沿いおよび愛岐丘陵地帯などには，優れた自然の風景地が広がっており，県土面積の約17.5％が国定公園や県立自然公園などの自然公園として位置づけられている．

9-3 希少な野生動植物の状況

9-3-1 現　況

平成13年度に，植物編（維管束植物，コケ植物）および動物編（哺乳類，鳥類，爬虫類，両生類，淡水魚類，昆虫類，クモ類，陸・淡水域・内湾域貝類）のレッドデータブックを発刊した．

これによれば，絶滅のおそれのある植物種（絶滅危惧Ⅰ類およびⅡ類）の数は445種であり，その内訳は，維管束植物（種子植物・シダ植物）がハナノキをはじめ406種，コケ植物（蘚類・苔類）がヒカリゴケをはじめ39種となっている．また，現時点での絶滅危険度は小さいものの，生育条件の変化によっては絶滅危惧種に移行する要素を有する種（準絶滅危惧）は，維管束植物ではモンゴリナラをはじめ119種，コケ植物ではオオミズゴケをはじめ21種，さらに，県内ではすでに絶滅した種が，維管束植物のハマオモトをはじめ39種ある（表9-1）．

また，動物については，絶滅危惧Ⅰ類およびⅡ類の数は234種であり，そ

表9-1　愛知県版レッドデータブック（植物編）掲載種数．

評価区分 対象	絶滅・野生絶滅 (EX + EW)	絶滅のおそれのある種			準絶滅危惧 (NT)	計
		絶滅危惧 IA類 (CR)	絶滅危惧 IB類 (EN)	絶滅危惧 Ⅱ類 (VU)		
維管束植物	36	55	150	201	119	561
		406				
コケ植物 　蘚類 　苔類	0 3	11 1	11 8	6 2	21 0	49 14
		39				
計	39	67	169	209	140	624
		445				

注：評価区分の定義は環境省に準拠．

の内訳は，哺乳類がツキノワグマをはじめ10種，鳥類がコノハズクをはじめ42種などとなっている．また，準絶滅危惧種にはヤマネやオオタカ，モリアオガエルなど186種，県内ではすでに絶滅した種がアシカやコガタノゲンゴロウなど16種ある（表9-2）．

9-3-2 絶滅のおそれを引き起こした要因

野生動植物が消失する要因は，環境省編の『維管束植物レッドデータブック』によると，人間活動や各種開発行為による生息地の破壊や，無秩序な捕

表9-2 愛知県版レッドデータブック（動物編）掲載種数．

評価区分 対象	絶滅・野生絶滅 (EX + EW)	絶滅のおそれのある種			準絶滅危惧 (NT)	情報不足 (DD)	計	地域個体群
		絶滅危惧IA類 (CR)	絶滅危惧IB類 (EN)	絶滅危惧II類 (VU)				
哺乳類	3	5	1	4	8	1	22	1
			10					
鳥類	0	6	11	25	30	7	79	3
			42					
爬虫類	0	0	1	0	0	3	4	0
			1					
両生類	0	1	2	0	5	1	9	0
			3					
淡水魚類	0	2	1	2	9	4	18	0
			5					
昆虫類	4	12	20	38	81	31	186	0
			70					
クモ類	0	2	14	12	4	1	33	0
			28					
貝類 　陸・淡水域 　内湾域	(5) (4)	(6) (49)	(2) (5)	(1) (12)	(18) (31)	(3) (8)	(35) (109)	0 0
計	9	55	7	13	49	11	144	0
			75					
計	16	83	57	94	186	59	495	4
			234					

注：評価区分の定義は環境省に準拠．

獲・採取などによるといわれている．本県の，1974年からの植生自然度の変化を見ると，水田・畑などの農耕地と二次林の減少が認められる（図9-1）．1965年から10年間隔で土地利用の変遷を見ると，田畑および天然林面積の減少と宅地面積の増加が顕著であり，特に1965～1975年にかけての10年間の変化が大きく（図9-2），人間活動と開発行為の影響により，農山村や都市近郊の丘陵地を中心に維持されてきた身近な森林，緑地，水田などの水辺環境などが改変されている．

また，伊勢湾・三河湾の沿岸域には長い延長をもつ海岸（平成5年度自然環境保全基礎調査では県内延長579.74 km）があるが，全海岸線における自然

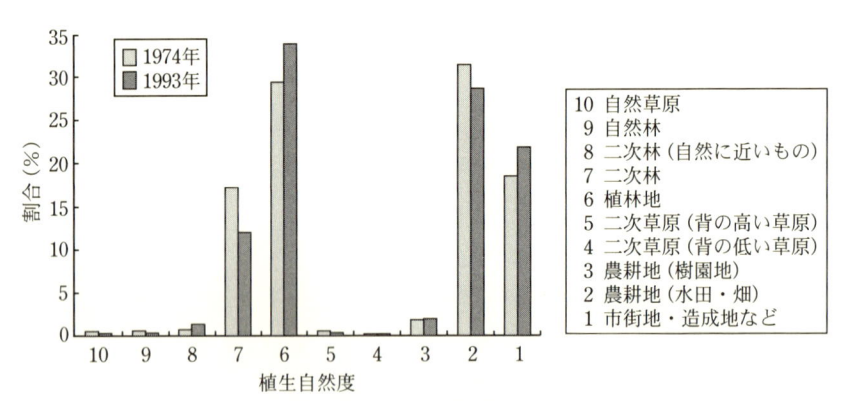

図9-1　植生自然度の変遷（環境庁, 1976, 1994）．

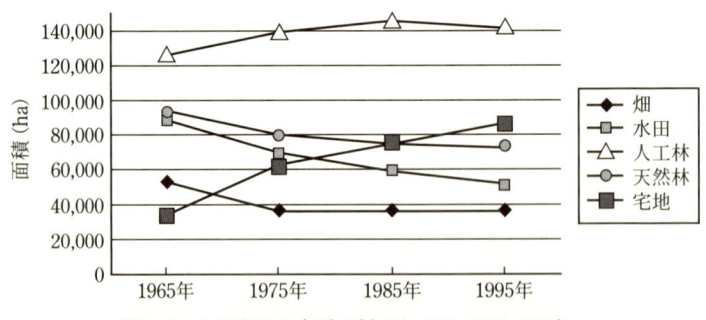

図9-2　土地利用の変遷（愛知県, 1975, 1985, 1995）．

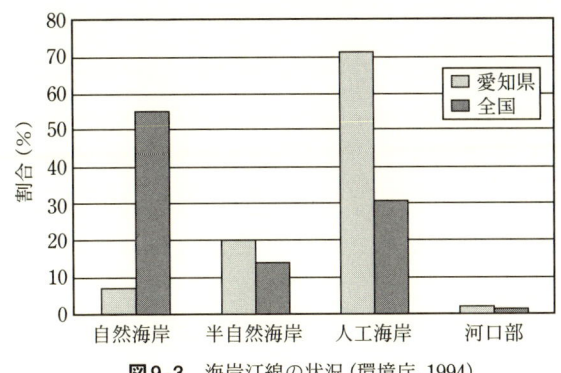

図 9-3 海岸汀線の状況 (環境庁, 1994).

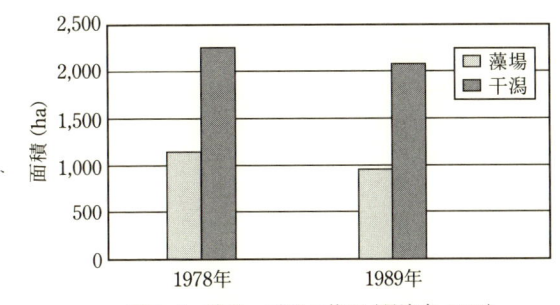

図 9-4 藻場, 干潟の状況 (環境庁, 1994).

海岸の割合は約7.2％であり，全国平均（約55.2％）の1/8程度となっている（図9-3）．この海岸には，一部に良好な干潟や藻場が形成されているが，伊勢湾台風の経験をふまえた防災対策事業や産業用地などの確保のための埋立てにより減少している（図9-4）．

9-4 希少種保全の方向性の検討

9-4-1 希少野生動植物種保全の考え方

　希少野生動植物種を適切に保全していくためには，個々の種の保全策のみでは不十分であり，その生息・生育環境全体を見据えた保全のあり方を検討していくことが重要である．このような観点から，希少種保全の方向性につ

いて検討を行っている．

　本県の自然環境特性を形成する多様な生態系は，希少種をはじめとした多くの生物により構成されている．これらの生態系保全は，われわれ人間をはじめとした，すべての生物生息空間の保全と生物多様性確保という観点から，重要な課題である．

　一方，本県では国際博覧会の会場整備や第2東名高速道路建設などによる「里山」，中部国際空港建設や新たな企業立地に伴う埋立て計画による「沿岸域」，設楽ダムなどの建設計画に伴う「奥山」の改変・開発計画が進行している．こうした状況から，本県の自然環境保全を総合的に推進するためには，里山，奥山，湿地・湿原，沿岸域など固有の生態系に区分してとらえ，個別に特性を明らかにしておく必要がある．

　このため，本県の自然環境を，里山をはじめとする代表的な生態系に区分し，それらを構成する主な景観と，そこに生息・生育する希少種をはじめとした多くの生物種を分類・整理して，今後の保全施策策定のための中期的な方向づけを行った．

9-4-2　検討内容

(1) 保全対象生態系の区分

　本県の自然環境の特徴を整理するため，土地利用形態として「自然林」，「二次林・植林」，「草地」，「湿地・湿原」，「止水域」，「流水域」を，地形区分として「山地」，「丘陵地」，「平野」，「沿岸域」を選定した．次に縦軸を土地利用形態，横軸を地形区分としたマトリックス表を作成して，それぞれの保有する景観をあてはめた．このマトリックス表から，今後の保全のあり方を検討すべき代表的な生態系として「奥山」，「里山」，「湿地・湿原」，「沿岸域」という4区分を抽出した（表9-3）．

(2) 保全指標種の選定

　生態系の保全について具体的に検討するにあたっては，その生態系の健全性や脆弱性の指標となる代表的な生物種を選定して，その種の生息・生育環境保全を考えていくことが現実的である．また，各生態系のイメージを一般県民にわかりやすく示すことも必要である．

表9-3 代表的生態系の抽出.

土地利用区分		地形区分			
		山　地	丘陵地	平　野	沿岸域
	自然林	山地林, 渓畔林	山地林, 社寺林	社寺林	海岸林
	二次林・植林	雑木林, 造林地	雑木林, 造林地	雑木林, 造林地, 公園・学校緑地など	海岸林
	草地	ガレ場, 岩崖地, 伐採跡地など	畑, やせ山, 里草地 (ボタ) など	畑, 堤防, 礫の河原, 公園緑地など	砂浜, 岩崖地, 海岸草地など
	湿地・湿原	湧水地, 水田, 中間湿原など	谷戸田, 休耕田, 湧水湿地など	ヨシ原, 水田, 休耕田, 河川敷など	干潟, 塩沢, 塩湿地など
	止水域	ダム湖	ため池	湖沼, 公園緑地	潮だまり, 藻場 (アマモ)
	流水域	河川 (渓流)	用水路, 小河川	用水路, 大河川	河口, 砂浜, 岩礁, 干潟, 藻場

奥山 ▨　　里山 ☐　　湿地・湿原 ⌐ ┘　　沿岸域 ▮

　このような観点から, その生態系を生息・生育基盤としている「希少種」と, 個々の生態系の主たる生物であり, その生態系を特徴づけている「象徴種」をそれぞれの生態系ごとに選定し, 具体的な生息・生育環境の保全にあたり指標とすべき種とした (表9-4).

(3) 生態系保全の進め方

　本県では, 1997年に里山自然地域保全事業の一環として里山全県調査を実施した. この調査結果によれば, 本県内の里山地域 (標高300m以下のおおむね100ha以上のまとまりのある森林区域と定義) は50,789ha, 70地区とされている.

　「里山」の定義は必ずしも統一されてはいないが, 雑木林・造林地, 湿地・ため池, 水田・畑など多様な景観から構成される人里環境としてとらえると, この里山生態系保全を検討することにより多面的な自然環境保全の効果が期待される.

　また, 近年の土地利用状況や植生自然度の変遷および社会的要件による開発圧の観点から, 本県として早急に保全に取り組むべき生態系を「里山生態系」とし, その保全の考え方を検討した. 今後は, 奥山, 湿地・湿原, 沿岸域の各生態系について, 保全のあり方を順次検討していくこととしている.

表9-4 生態系区分ごとの主な景観と希少種および象徴種の一例.

主な景観	分類群	希少種	象徴種
奥山 山地林, 渓畔林, 社寺林, 雑木林, 造林地, ガレ場, 岩崖地, 伐採跡地, 採草 地, 湧水地, 水田, 中間 湿原, ダム湖, 渓流	植物	コウヤマキ, ホソバシャクナゲ	ブナ, ミズナラ, コジイ, タブノキ
	哺乳類	ヤマネ	イノシシ, ニホンカモシカ
	鳥類	クマタカ, ヤマセミ, コマドリ	オオルリ, ヤマドリ
	両生・爬虫類	ナガレタゴガエル, モリアオガエル, ヒダサンショウウオ	タゴガエル, タカチホヘビ
	魚類	ネコギギ	ヤマトイワナ, アブラハヤ
	昆虫類	オオムラサキ, クチキコオロギ	エゾハルゼミ, ムカシトンボ
	その他		サワガニ
里山 社寺林, 雑木林, 造林地, 公園緑地, ガレ場, 岩崖 地, 伐採跡地, 畑, やせ 山, 里草地 (ボタ), 河 川敷, 市街地, 湧水地, 水田, 中間湿原, 谷戸田, 湧水湿地, ため池, 小川	植物	ウンヌケ, シデコブシ, モンゴリナラ	コナラ, アベマキ, アカマツ
	哺乳類	カヤネズミ	ムササビ, タヌキ
	鳥類	オオタカ, サシバ, フクロウ	フクロウ, カケス, ミソサザイ
	両生・爬虫類	オオサンショウウオ, ダルマガエル, トウキョウサンショウウオ	トノサマガエル, ジムグリ
	魚類	ネコギギ, メダカ, イタセンパラ	カワムツ, メダカ
	昆虫類	グンバイトンボ, ゲンゴロウ	ハグロトンボ, ハッチョウトンボ
湿地・湿原 湧水地, 水田, 中間湿原, 谷戸田, 休耕田, 湧水湿 地, ヨシ原, ダム湖, 湖 沼, ため池, 公園緑地, 河川, 用水路	植物	フジバカマ, エキサイゼリ, タコノアシ	ヨシ, オギ, マコモ, ジュンサイ
	哺乳類	カヤネズミ, カワネズミ	イタチ, アカネズミ
	鳥類	チュウヒ, ヒクイナ, タマシギ	オオヨシキリ, ケリ, カワセミ
	両生・爬虫類	トウキョウサンショウウオ, ダルマガエル, カジカガエル	シマヘビ, ヒバカリ, トノサマガエル, ヤマカガシ
	魚類	カワバタモロコ, ホトケドジョウ	メダカ, ドジョウ, カマツカ
	昆虫類	ベニイトトンボ, タガメ, ヒメタイコウチ	ハッチョウトンボ, キイトトンボ
沿岸域 海岸林, 砂浜, 藻場, 岩 崖地, 海岸草地, 干潟, 塩沢, 塩湿地, 潮だまり, 河口, 岩礁, 内湾・沿岸 域, 外海沿岸域, 大陸棚	植物	ハギクソウ, スナビキソウ	コウボウムギ, ウラギク
	鳥類	ミサゴ, コアジサシ, ハヤブサ	ハマシギ, ダイゼン, イソヒヨドリ
	両生・爬虫類	アカウミガメ	アカウミガメ
	魚類	アベハゼ	マハゼ, ボラ, スズキ
	昆虫類	ヒヌマイトトンボ, シロヘリハンミョウ	ヒゲコガネ, シロスジコガネ
	その他	ハマグリ, ナメクジウオ	イソガニ, アシハラガニ

9-5　希少種保全の具体的取り組み

　希少種保全の方向性に基づき，里山生態系を構成する希少種の保全を計画的に進めるためには，県としての基本的な考え方を明らかにしておく必要があることから，希少野生動植物・生態系保全対策調査を実施している．平成13～14年度には，里山猛禽類営巣環境調査として，里山地域に生息し，この生態系で食物連鎖の頂点に位置するオオタカなど猛禽類の県内の分布状況・営巣環境の実態を把握することにより，これら猛禽類から見た里山生態系の自然的，社会的特徴を整理・抽出した．

　これと並行して，学識者，生物専門家，NGOから構成する里山生態系保全検討委員会を設置し，里山猛禽類営巣環境調査結果と営巣地を中心とした土地利用状況や植生などの分布などから，里山生態系の保全の考え方を取りまとめた．また，具体的な保全にあたっては，行政，NGO，事業者，住民，地権者，専門家，学識者などが，それぞれの役割を認識して自ら主体となるとともに，各主体の保有する情報を共有して連携・協同を進める場を設け，里山生態系保全の推進に努めるものとした．

　さらに，野生動植物の生息・生育環境やその持続的な保全手法などは，未解明な部分が多いことから，今後も新たな知見の収集に努めるとともに，社会情勢などの変化に応じた，適切かつ柔軟な対応を図っていくこととしている．

10 外来生物が引き起こす自然史的問題

(高桑正敏)

10-1 外来生物とは？

10-1-1 定義と範囲

　外来生物（外来種）は在来生物（在来種）に対応するカテゴリで，ひとことで定義すれば，人為的に自然分布域外へと運ばれた生物のことである．つまり，自然史に基づいた分布地（自然分布）ではなく，人為がかかわって獲得した分布地（人為分布）における生物のことである．ただし，植物園や動物園で飼養されている動植物，あるいは作物やペットなど，人間が管理している個体は対象としていない．

　もちろん，ある地域における生物が外来生物か，それとも在来種かどうか判断の難しいケースも多い[1]．特に，幕末・明治よりも前の時代に物資に随伴し日本へ渡ったと考えられるものは，文献資料がほとんどないこともあって断定しづらいため，特に植物の場合は，史前帰化種というカテゴリに入れられる．たとえば，コナギなど水田雑草の多くは史前帰化種とされるが，稲に伴い日本に運ばれたと考えられている一方，湿地環境にまれに生育する在来種であった可能性も否定できないからである．

　外来生物という用語からは，外国からやってきたものというイメージがつきまとうが，国内間における人為的な移動の結果も外来生物（国内外来種）である．八丈島におけるサツマゴキブリやキボシカミキリなど，南西諸島から園芸樹の移動に伴って運ばれたと考えられる昆虫などがその例である．た

---

[1] 外来種か在来種か区別できないような事象を，その二つに分けて考えようとすること自体がナンセンス，という考え方もあるかもしれない．しかし，それは枝葉末節かつ言いがかり的な論である．どちらか決められないケースがあるのは現実なのだから，その現実に即して対処すればよいことである．

だ，南西諸島から八丈島へのように広い海を隔てた移動例なら国内外来種だと理解しやすいが，本州西南部から関東地方へのように陸続きの場合や狭い海峡を挟んでの移動例の場合は，それが本当に外来生物なのかどうか決め手のないケースが多く，しばしば人為分布か自然分布かをめぐって議論をかもしだす．

10-1-2　外来生物を生じる原因

　外来生物の事例は最近ますます増えている感がある．この理由は，意図的な導入によるケースと，非意図的な持ち込み（随伴）によるケースとで異なるが，双方の場合とも近年の交通・輸送手段の飛躍的な発達が背景にある．

　意図的なケースは，基本的には海外あるいは国内各地から生物を持ち込む行為に端を発する．目的はさまざまであるにしても，持ち込んだ個体あるいはその子孫（飼育・養殖個体）を管理外へと移植・放逐・放流・放虫することは，すべて外来生物を生み出し，外来生物問題に直結する行為となる．また，飼育・養殖個体の管理が不十分なために逃げられ，野生化し，あるいは定着へと至った例は数限りない．これらは当事者あるいは関係者が外来生物問題に無知・無関心であるか，管理義務を怠ったか，そうでなければ確信犯的な場合である．管理体制の不備やモラル低下が改善されないかぎり，今後特に懸念されるのは，野生動物のペット飼育志向の多様化と需要拡大，それに応える供給側の姿勢であろう．

　非意図的なケースは，植物の種子や昆虫（幼生期を含む）のように個体サイズの小さい状態においてがほとんどである．そこには多種類・大量かつ迅速な物流が根本的背景にある．すなわち，多様な物資は，各地からさまざまな種類の随伴者を招き入れてしまう．物資が大量であるほど水際でのチェックも十分とはいかなくなるうえ，紛れ込む生物個体数は多くなるため，到達地での繁殖の機会を増大させる．物流が迅速であるほど，物資に紛れた生物は生きた状態で到達するチャンスが増大する．国内間の場合は物資のチェックもほとんど行われないうえ，物流はより多種類・大量かつ迅速ゆえに外来生物事例ははるかに多く生じていると考えられる．

10-1-3 放逐行為の何が問題なのか？

　これら外来生物の存在は，実は地域の生物多様性を多少とも損なう．地球サミットにおける生物多様性条例を見るまでもなく，私たちは自然史によって創り上げられてきた地域それぞれに固有の生態系を，できるだけ人間の営為によって変革することなく未来に継承する責任を負っている．一方で，人間が管理することによって在来の多様な生物を育んできた里地・里山のような環境では，その種多様性を減じることのないような取り組みが求められている．

　意図的な移植・放逐・放流・放虫などの行為によって生じた問題が，どのように生物多様性を損なうようになるのか，二，三の例をあげておこう．

　飼育していたアライグマを山野に放つことは，飼い主のマナー違反であると同時にいわゆる動物愛護法違反であるのだが，自然界にとっては強力な捕食者が出現してしまうことになり，そこでの生態系に大きな影響を及ぼすことになる（堀・的場, 2001）．新潟県で採集してきたメダカを狭い水槽内で飼育してきたが，それでは哀れだと感じて神奈川県の在来メダカの棲む水域に放流したら，地域遺伝子の撹乱という問題を引き起こす．日本のメダカは種としてはすべて同じであっても，地史的な長い時間の隔離によって日本海側集団と関東地方集団とは遺伝的に異なっているからである（酒泉, 1990）．国外から生きたチョウ類を持ち込むのはもともと違法行為であるが，それを野外に放ってしまえば在来種との競合関係が生じる（たとえば桜谷・菅野, 2003）．たとえ競争が起きなくとも，捕食・被食の関係に，新たな関係を取り入れてしまうことで，在来の食物連鎖系に影響を与えてしまう．

　外来生物の存在は，このように在来生態系になんらかの撹乱を生じてしまう．地域の生物多様性保全とは，単に構成種数が多ければよいのではなく，地域ごとに異なる構成種によって成立してきた生態系が人間の営為によって変革しないようにする取り組みなのであるから，人為的な種（すなわち外来生物）の混入は好ましくないのである．いずれにしろ，栽培・飼育していた生物を勝手に放す行為は，法律違反でないケースでもマナー違反であることに変わりない．

10-1-4 外来生物への法的な取り組み

　これら外来生物の存在は，地域の生物多様性を多少とも損なうばかりでなく，農林業や私たちの健康に被害を与える場合もある．そのなかでも，特に深刻な影響を及ぼしているものを侵略的外来種とよび，その防除に向けての対策が緊急の課題となっているものもある．この課題解決の第一歩として制定されたのが，いわゆる外来生物法である（第5章を参照）．自治体によっては外来生物に関わる条例も作られており，この動向は今後ほかの自治体へも波及していくことだろう．

　外来生物法には問題点がないわけではない．いわゆるブラックリスト方式にとどまっていること，国内外来種が対象とされていないことなどである．防除を行うべき特定外来生物をはじめ，どこまで効果的な対策を講じることができるのか不明な部分もある．しかし，防除のための糸口ができたことを評価し，将来に期待するべきであろう．

10-2　外来生物の具体的な事例

　これまで『外来種ハンドブック』（日本生態学会編，2002）や『外来生物』（中井ほか編，2003），『侵略と撹乱のはてに』（高桑ほか編，2003）をはじめとして数多くの事例が報告されてきているので，関心のある方はぜひそれらを参照していただきたい．ここでは，代表的なもののごく一部を簡単に紹介するにとどめる．

10-2-1　シナダレスズメガヤ

　南アフリカ原産のイネ科植物であるシナダレスズメガヤ（図10-1）は，関東地方はじめ各地の川原環境を一変しつつある．道路の法面緑化や砂防工事における緑化に用いられてきたが，洪水時などの水によって下流へと運ばれたと考えられている．その旺盛な生育・繁殖力は川原を席巻し，他の植物の生育する余地を与えないほどで，カワラノギクやカワラナデシコなど不安定な立地環境にしか生育できない植物の脅威となっている．在来の川原植物の衰退は，それに依存する昆虫の衰退も招くなど，生態系に大きな影響を与えている．

図10-1 鬼怒川の川原を覆いつくしたシナダレスズメガヤ（冬；須田真一撮影）.

10-2-2　ブラックバス

　アメリカ原産のブラックバス（オオクチバスとコクチバスなどオオクチバス属の総称）は，第一次の特定外来生物に指定され，いろいろな意味で国民的関心が高い．すでに全都道府県に生息が確認・記録されている状況にあるが，それはルアーフィッシングの拡大に伴う釣りブームによって，釣り人らにより全国の河川や池沼に意図的に放流されてきた結果と考えるしかない．ブラックバスの強い魚食性と旺盛な繁殖力は，琵琶湖や宮城県伊豆沼，長野県諏訪湖などで漁業に深刻な被害を与えているばかりでなく，タナゴ類やシナイモツゴ，メダカなどの在来魚のほか，甲殻類や昆虫類までも危機的な状況に陥らせている水域が多い．

10-2-3　アメリカザリガニ

　特定外来生物にはまだ指定されていないが，アメリカザリガニはきわめて侵略的な外来種である．すでに種多様性が多く失われてしまった場所では問題視されないどころか，子供の恰好の遊び相手と見なされているかもしれない．しかし，在来生態系が多少とも健全な水域に侵入した場合には，時に壊滅的なダメージを与える．たとえば，トンボ類の宝庫として知られる静岡県

桶ヶ谷沼では，アメリカザリガニが1998年以降大発生した結果，水草が食害され，水環境が悪化するなど甚大なダメージを受けた(福井, 2002). この結果，いわゆる種の保存法で希少野生動植物種に指定されているベッコウトンボをはじめとするトンボ類やゲンゴロウ類などは激減し，コバンムシなどは絶滅したと考えられている．

本種の難しい点としては，すでに広い範囲の地域に定着してしまっていることのほか，幼少のときから慣れ親しんできた人が多いために侵略的な外来種というイメージが薄いこと，そのためか学校では生活科や総合的な学習の生きた教材として使用されることがあるなど，国民的には駆除への理解が得にくいことにある．

10-2-4　島嶼における外来生物問題

南西諸島と小笠原群島における外来生物問題はきわめて深刻な事態に陥っている．また，伊豆諸島など他島嶼にあっても大きな問題を抱えている．

沖縄島では，ハブ撲滅目的で導入したマングースが大増殖し，ヤンバルクイナや固有ネズミ類をはじめとした希少小動物の大きな脅威となっている．固有種が多く生息し，世界自然遺産の候補となっている北部「やんばる」でさえ，無計画としか思えない林道開発などによる環境破壊とあいまって，固有種たちは多かれ少なかれ絶滅の危機に瀕している．特にヤンバルクイナはマングースの分布拡大にあわせて分布域を狭めつつあることが明らかにされた(尾崎, 2005)．マングースによる脅威は奄美大島でも同様で，アマミノクロウサギやアマミヤマシギなどが危機的状況に陥っているという．

小笠原では，アカギやモクマオウ，ギンネム，シュロガヤツリなどの繁茂による本来の植生環境への圧迫，野ヤギによる植生破壊，クマネズミによる植生遷移阻害など，外来生物の在来植生への脅威が大きな問題となっている．さらに，グリーンアノールとオオヒキガエルによる昆虫への絶えざる捕食圧，イエシロアリの森林への進出，ニューギニアヤリガタリクウズムシによる陸生貝類への捕食圧などなど，多方面にわたる，止むことのない生物的破壊を生じている結果，在来の生態系が著しく損なわれている．現在，各方面から自然再生・保護の方策が検討され，講じられつつあるが，その道のりははる

図10-2 八丈島で見かけたイタチ幼獣.

かに遠いと思わざるをえない（小笠原の現状については第11章を参照）.

　伊豆諸島では南西諸島や小笠原と異なり，固有種はそれほど多くない．そのためかあまり注目されていないようだが，特に八丈島では多数の国内外来種が侵入し，生態系への影響が懸念される．たとえば，ネズミ駆除用に導入されたイタチ（図10-2）によってマムシやオカダトカゲは激減し，ハチジョウノコギリクワガタなど地表を徘徊する昆虫類に対してもその捕食圧が著しい．また，南西諸島や東京方面からの園芸樹移植に随伴して入り込んだ昆虫も数多く知られる．特にリュウキュウツヤハナムグリは島内のあらゆる環境に多数が生息するに至っており，土壌生態系などに大きな影響を与えてしまっていると考えられるほか，伊豆諸島のほかの島や小笠原への分布拡大の恐れもある．

10-3　環境への取り組みと自然史的な混乱

　特に国内外来種においては，地域自然史への撹乱という側面も見過ごせない．たとえば，公園や工場，学校などの緑化に用いられるポット苗や移植樹に際しても，その方法いかんによっては外来生物問題に直結するので注意が必要である．また，大量であればあるほど，それだけ多くの問題と危険性をはらんでいる．緑化に携わる方々には，ぜひ以下をお読みいただくとともに，小林・倉本編（2006）を参照願いたい．

10-3-1 「ふるさとの森づくり」における問題点

　最近は緑化に郷土の樹種を用いることが多くなった．これは自然再生を目ざそうとする立場から好ましい取り組みとされている．しかし，たとえばシラカシが関東平野の郷土種であるからといって，その苗や植栽木を西日本から大量にもってきたらどうなるだろうか．

　第1には，そのシラカシ自体が成長して花をつけるようになったとき，花粉が在来のシラカシに運ばれて遺伝的撹乱を生じる可能性が出てくる．同じ種類ではあっても，西日本産と東日本産とでは遺伝子組成も異なると考えられるので，もし遺伝子浸透が生じてしまえば，シラカシがもっている遺伝子多様性が損なわれてしまうのである．第2には，シラカシの移動に随伴する生物の存在である．苗あるいは植木として持ち込む以上は，必ず土壌を伴う．土壌は菌類から始まり，埋蔵種子やトビムシ類，ササラダニ類，ミミズ類などの土壌動物を密度濃く養っている．これらが持ち込まれれば，そこで定着するものも多いと考えられるので，さまざまな自然史的混乱をもたらすのは自明である．

　したがって「ふるさとの森づくり」を目ざすのであれば，ふるさとに生育する木から育てられた苗を用いるべきである．従来は，経済的な観点から遠くても安価な種苗地から調達してきたが，生物多様性をこれ以上損なわないためにも，今後は自然史的な観点から地元の種苗を活用すべきである．

10-3-2　トンボ池創造における外来生物事例

　トンボ池に象徴されるビオトープ創造もまったく同じで，やり方をよく考えないと外来生物問題に直結するばかりか，自然史的な混乱を引き起こしてしまう．

　たとえばごく最近，横浜市の埋立地におけるトンボ池でリュウキュウベニイトトンボの発生が確認された（苅部, 2007；図10-3 ⓑ）が，本種は九州南部以南に分布し移動力も大きくないので，何らかの人為に基づいて到達したと考える以外にない．すでに横浜市では，絶滅したはずのベニイトトンボ図（図10-3 ⓐ）やコバネアオイトトンボが発生した事例があり，いずれもトンボ池用に他地域から持ち込まれた水草に随伴した結果であることが確かめら

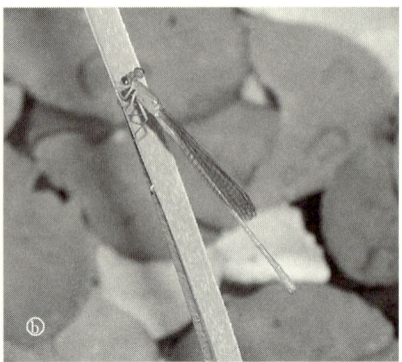

図10-3 横浜市のビオトープで発生した外来起源のトンボ2種。ⓐ ベニイトトンボ，ⓑ リュウキュウベニイトトンボ（苅部治紀撮影）．

れている（苅部，1998；ほか）．このことから，リュウキュウベニイトトンボもその可能性が強い．しかし，発生地に植栽された水草は南九州以南ではなく，静岡県由来であるとのことなので，話は前2種ほど単純ではない．いくつかのストーリーが想定されるのだが，リュウキュウベニイトトンボがベニイトトンボによく似ていて同定が困難であり，専門家でもなければ発生していても気づかない点も問題である．トンボ池の創造は市民や教育関係者によってなされるのが通常であるが，専門家と協力してのモニタリング体制も必要だろう．

いずれにしても，水草を離れた地域から移植する行為自体が問題（＝外来生物問題を引き起こす可能性が強いので）である．しかも，それが種子でもないかぎりは他の生物も必ず持ち込んでしまう．たとえば，トンボ類ばかりでなく水生のガムシ類やゲンゴロウ類にも水草に産卵するものがあるばかりか，大量に移植される場合には成虫も幼虫もまぎれて連れてきてしまう可能性さえある．付着性の生物の排除はほとんど不可能と考えるべきである．

10-3-3　植物の流通に関する外来生物の拡散事例

関東地方に分布するトウキョウヒメハンミョウは，明治初期に台湾あるいは中国から渡来したと考えられている（大野，2000；ほか）．近年になって，神奈川県はじめ関東地方各地に広がり，また福井県や岐阜県，岡山県，山口

県など本州各地で発見されるようになった．本種の幼虫はやや硬い表土の地面に生活することから，土の移動によることは確実である．おそらく，ポット苗や植栽樹の移動によって運ばれるのであろう．

　トウキョウヒメハンミョウのように，いったん国内に定着してから，樹木の移動によって分布域を拡大したと考えられる外来生物はいくつか知られている．この場合，樹木そのものとともに運ばれるラミーカミキリやアメリカシロヒトリ，アオマツムシなどと，土壌とともに運ばれるオカダンゴムシなど土壌動物とがある．後者のケースはよくわかっていないが，おそらくすでに相当の分布撹乱を生じてきてしまっていることだろう．今後は，こうしたことが起きないような取り組みが望まれる．

10-3-4　ドングリ散布と外来生物問題

　最近はツキノワグマやヒグマが住宅地など人間の居住空間に出没する機会が増え，その多くが捕獲あるいは射殺されるという事態に陥っている．こうなった主原因は里地・里山という緩衝地帯がなくなり，クマたちの棲む奥山と人間の生活ゾーンとがいきなり接してしまう環境になってしまったからといわれている．奥山における秋の実りが乏しいときには，餌を探して人間の居住空間にまでやってくるのも事実であろう．

　そのクマたちが捕獲・射殺されるのは，確かに哀れなことである．そのため，奥山に餌となる大量のドングリを運び入れようという運動が展開され，マスコミにも美談として紹介されたことがある．しかし，全国からドングリを集め，自然のなかにばらまくことは，野生の生き物たちに対してどんな影響をもたらすのだろうか．少なくとも，自然史の観点からは問題だらけである．

　最も理解しやすいのが外来生物問題だろう．他地域からの導入自体が外来生物問題を引き起こすからである．まず，ドングリがすべて食べられてしまうことはないので，翌春に萌芽し，成長にこぎつけた個体があったとすれば，将来に遺伝的撹乱を生じてしまう可能性がある．次には，ドングリのなかに入っていたシギゾウムシ類はじめ各種昆虫の持ち込みである．もちろん，熱湯などでドングリも昆虫も殺してしまうという方法があるが，集められたす

べてを完全に殺すことは難しいだろう．さらには，大量ゆえにどうしても起こりがちなこと，つまり随伴がつきまとう．山となったドングリのなかにはクモ類をはじめ多くの生物が紛れ込んでしまうが，よほど注意し徹底しない限り，それらを一緒に運んでしまうことは避けられない．

「クマとドングリ」問題は，外来生物問題ひいては自然史に目を向けない人たちが引き起こそうとしている．かわいそうと感じる心も，少しでも助けようとする行為も，人間として敬うべきことであるが，科学的な知識から目を背けてしまっては，逆に生物多様性を損なうことになってしまうのである．問題の解決はきわめて難しいが，クマの個体群管理とともに，人間の居住空間との緩衝地帯である里地・里山の再生など，科学的・長期的な視野に立って検討するしかないだろう．

10-4 外来生物に対する扱い

自然史にかかわる研究や業務に携わる人たちにとって，在来種と外来生物の区別は不可欠であろう．特に地域の生物相の特性を追及しようとすれば，外来生物はかなり厄介な存在であり，その扱い方を慎重にする必要がある．

10-4-1 インベントリーでの表記

環境アセスメントや河川水辺の調査をはじめとしたさまざまな生物多様性調査を行うと，最近は多数の外来生物，あるいは国内外来種である可能性を疑いたくなるような種類がリストにあがってくるのが常である．こうした種類のうち，国外原産の外来生物については，ごく最近になって在来種とは区別してリストアップされるようになってきた．これは『外来種ハンドブック』に外来種のリスト（ただし，外来種とは思えない種も含まれているので注意が必要）が掲載されたこともあるが，それだけ生物調査に従事する人たちの意識が高まってきた現れでもあろう．

今後はまた一歩進んで，次は国内外来種あるいはその疑いの強い種についても，在来種とはなんらかの区別がなされることを期待したい．たとえば，「国内外来種」（国内外来種であることが明らかな場合）と「国内外来種の可能性が考えられる種」（国内外来種であることが疑われる場合）の項目を立て

（もちろん一つだけでもよい），在来種リストから外して末尾に一括して掲載する．ただし，どちらの場合でも可能な範囲で種ごとにその根拠を述べるべきである．もし在来種か国内外来種か，どちらのリストに入れるべきか判断に迷うのであれば在来種リストに含めてよいが，その種にはアスタリスクを付け，解説中に国内外来種の可能性があることを述べるなどの配慮が望ましい．

10-4-2　地域生物相を検討するうえでの混乱

　なぜ，外来生物を目録で別扱いしなければならないのか？　それは，外来生物を地域ファウナに含めて在来種と同列に扱ってしまうと，さまざまな混乱を生じてしまうからである．

　たとえば，神奈川県には中国大陸原産の外来生物アカボシゴマダラ（図10-4）が生息しているが，だからといってアカボシゴマダラの分布東限が関東地方にあると考えるのは生物地理学的に明らかな誤りであるし，外来生物であることを明記せずに，神奈川県周辺の分布特性として本州では唯一の分布地であると記載するのも論外である．同様に，関東地方南部には西南日本由来と考えられる外来生物マテバシイが純林を形成するほど旺盛に自生しているが，だからといって生物地理的にマテバシイの分布域を関東地方まで含めて

図10-4　神奈川県に定着したアカボシゴマダラ（春型メス）．

しまうのは混乱を招くだけであるし，関東地方南部の分布特性としてマテバシイの存在を対象にすることは正しくない．つまり，自然史に基づかない分布（人為分布）を自然史に基づく分布（自然分布）と同じ扱い（データ操作）をしてしまっては，生物地理学は成り立たない．

　もちろん，外来生物と在来種を厳格に区別することは，しばしばほとんど困難といわざるをえない．意図的な導入が想定されるケースであっても，それが記録として残っておらず，かつ導入先に自然分布できる可能性があれば，外来生物かどうかの判断は人によって分かれるかもしれない．非意図的な持ち込みだと想定されるケースはなおさら困難で，生物地理学的な観点から在来種個体群の存在の可能性を考察する必要があるし，意見が分かれることも多いことだろう．しかし，「だから区別する必要はない」ということにはならない．より正確なデータに基づいて地域ファウナを評価・検討するべきであり，そのためにわかる範囲で外来生物をデータから取り除き，あるいは別扱いにするとか，脚注・備考で外来生物の疑いの有無を指摘するとか，できるだけ本来の姿を追及する努力を行うべきである．

10-5　外来生物と生物多様性

　外来生物が定着すれば，それだけ生物多様性が増すから喜ばしいことだと主張する意見もないではない．しかし，この主張は明らかに誤認に基づいている（高桑，2006）．

　まず第1に，本章の「外来生物の具体的な事例」で紹介したように，外来生物のために在来種で構成する種多様性が減少するケースが多いことは明白な事実であり，その主張自体がまったく正しくない．第2に，本来の意味での生物多様性（の一つ）とは，ただ単にその地域での種多様性が高いかどうかではなく，地球の歴史のなかでそれぞれの地域に形成された生態系の多様さなのである．したがって，外来生物が定着して生態系のなかに入ってしまうと，逆にそこでの生態系を損なうことに通ずる．そもそも，外来生物を定着させることによって種多様性が増加し，ひいてはそれが生物多様性保全にとって好ましいとすれば，人間が勝手に好きな生物を持ち込み，定着させる行為を善として助長しかねない．ここには選別主義（鈴木，1990；ほか）の過

ちも加わる．

　選別主義というタームは聞きなれないものかもしれない．要は，自然界のなかで特定の生物だけを注目し，それを保護・増殖しようとするあまり，ほかの生物あるいは生態系に配慮しない考え方である．たとえば，ある流れに生息するゲンジボタルを想定しよう．個体数を増加させようとその流れをゲンジボタル向きに改変すれば，その流れにおけるほかの種を衰亡させるかもしれない．ヤゴなど捕食者となりうる生きものを排除する行為も選別行為そのものである．さらに，幼虫の餌として大量のカワニナを放てば，その流れの生態系に何らかの人為的影響を与える．カワニナが増加するようにと大量のキャベツをまけば，やはり影響がないわけがない．まして，ほかの地域からゲンジボタルを移植し定着させようとすれば，外来生物問題を引き起こす可能性がある．このような選別主義が生物多様性保全の理念から外れた考え方であることは説明を要しないであろう．

　最後として，野生生物にかかわる方々には，生物多様性のもつ意味を正しく理解していただき，その保全について貢献していただきたくお願いするものである．

11　小笠原における外来生物の脅威

(苅部治紀)

　小笠原諸島は，東京から約1,000 km南に位置し，主なものだけでも16ほどの島々からなっている．最大の父島でもその面積は24 km²程度であり，現在は父島と母島にしか人は住んでいない．日本には数少ない海洋島の一つであり，海洋島特有の外部からの侵入生物に対して非常に脆弱な生態系ゆえに，さまざまな固有生物が絶滅の危機にある．特に侵略的外来種による在来生物への影響は，本土では内水面以外の環境ではなかなか見られないほどの非常に深刻なもので，いまや小笠原は「外来生物問題の見本市」の観を呈している．ここでは，特に顕著な被害を受けている固有昆虫への影響を中心に，小笠原における外来種問題を紹介していきたい．なお，本書の初版（2003年）以降，小笠原の外来種問題は解決に向けて大きな進展を見せているので，新たに明らかになった事実や根絶に向けた取り組みも紹介する．

11-1　小笠原諸島と人間とのかかわり

　小笠原諸島は，海外の海洋島に比べると人間との接触は遅く，1600年代の半ばころに初めて発見されたとされる．固有鳥類は，おそらく食物としての捕獲・利用もあったものと思われるが，オガサワラマシコやオガサワラガビチョウなどは，人間の定着が本格化した1800年代初期に絶滅し，現在は母島にメグロ1種を残すのみである．捕鯨船の補給基地としての役割を担っていた小笠原では，島にヤギやブタ，ウシなどの家畜を放逐し，次回の寄港時に狩猟するという，現在では想像もできない食料補給手法もとられた．そのため多くの無人島にもこうした哺乳動物が移入され，自然を破壊した．

　日本人による開拓が本格化し，サトウキビなどの畑が山肌を埋め尽くした1800年代後半以降は，さまざまな目的で外来植物が導入された．特に在来植生を脅かし，現在非常に大きな問題になっているアカギやモクマオウ，ギン

ネムなどは，この時期に供給が急務であった薪炭材に利用するために導入されたものである．第二次世界大戦後の米軍統治下の状況は明らかではないが，この時期に在来昆虫にとって現在最も大きな脅威になっているグリーンアノールとオオヒキガエルが導入され，あるいは侵入している．

　こうした侵略的外来種による在来生態系の破壊は，現在でも人工的な改変のほとんどない，環境良好な立地にある生息地まで巻き込んでいく点，いったん定着に成功すると，大きな繁殖力で急激に個体数を増加し，分布を自力でも拡大する点など，在来生物にとっては生物兵器ともいえる特徴をもっている．また，これらの問題とされる外来種は，海洋島のような単純な生態系の島では，天敵不在の状態になることが多く，これも在来生態系に非常に大きな影響を与える要因の一つである．

　上記のように，小笠原の自然環境は，開拓初期の原生林を破壊した時期から，近代化が行われた近年まで，米軍統治時代を含めて，さまざまな改変を加えられてきた．残念ながら小さな海洋島である小笠原には，まったくの手つかずの自然はもはや保存されておらず，いずれの島も何らかの人為的改変の影響を受けている．

11-2　小笠原の昆虫と外来生物の影響

11-2-1　グリーンアノール

　最初に，在来昆虫と外来生物について触れる．小笠原からはこれまでに約1,300種の昆虫が記録されている（大林ほか, 2003）．しかし，人間が島を発見した当初は，昆虫相の調査も十分に行われてきたわけではないので，私たちがその存在を知ることもなく絶滅した昆虫も存在するものと思われる．さらに，天然記念物に指定された種も含めて，戦後の日本返還後もきちんとしたモニタリング体制があったわけでもないので，昆虫相の変遷の実情を知るのは困難である．しかし，返還後の断片的な記録を見る限りでは，多くの在来昆虫はそれほど個体数を減らすこともなく，1970年代までは生息していたと考えられる．

　島の昆虫に異変が生じたのは，1980年代である．このころから，市街地近くでも多く見られたという固有昆虫は急速に分布を縮小した．1980年代半ば

ころ，それまで普通に見られたオガサワラシジミやシマアカネなどといった顕著な固有種が父島の北部からいっせいに姿を消し始めた．この現象はその後も拡大し，個体群が残存していた島南部からも1990年代にはほぼ絶滅してしまった．また，後を追いかけるように，1990年代には母島で同様の昆虫の消滅が始まった．こうした昆虫類の地域絶滅や分布縮小は，チョウやトンボなどだけではなく，多くの固有種を抱えるカミキリムシやタマムシ，ハナノミ，ハナバチなど，多岐の分類群に及んでいる．昆虫の激減は，島を訪れた研究者の注目するところとなったが，当初は大型台風や松枯れ防止の薬剤散布（実際には行われていなかった），各種開発などに原因を求めたが，これほどの広範囲の生物群にわたる絶滅を説明できるだけの説得力をもったものはなく，解明には時間がかかった．

　結論としては，この主犯人は，筆者らにより外来種のグリーンアノール（以下アノールと略記）であることが提示され（苅部, 2001; 苅部・須田, 2004など），現在ではこの説が受け入れられている．アノールは北米中南部原産のイグアナ科のトカゲで，主に樹上で小型の昆虫を好んで捕食する．小笠原では，父島と母島に侵入し爆発的に増殖しているが，今のところ属島には侵入していない．花上などでの粘り強い待ち伏せ型の捕食を行うこと，カミキリムシなどの食材性昆虫に対する産卵木での巡回捕食などの生態をもっていたこと，産卵期間が長く，大きな増殖能力をもち，そして小笠原には天敵となる動物食の鳥が少なかったことも，在来昆虫相への被害を大きくした要因である．注目すべきは，アノールはハワイやグアムなどに広く移入されているものの，顕著な侵略性を発揮したのは，世界的に見て小笠原が初めてであることで，何か小笠原特有の環境要因があるのかもしれない．

　このような大規模な生態系破壊の原因である外来生物は，一刻も早く根絶すべきであるが，近年の推定値によれば父島・母島でそれぞれ数100万頭と推定されるほどに激増しており，なおかつ敏捷な生物であるアノールを，すぐに小笠原から根絶することは非常に困難だと思われる．現在，自然環境研究センターの戸田氏をはじめとする爬虫類専門家により調査研究が進んでおり，有効なトラップ手法の開発など，個体数制御に向けた取り組みが始まっている．とはいえ，今のところアノールの根絶はもちろん，個体数を減らす

11 小笠原における外来生物の脅威　　　　　　　　　　　　　　　　127

見通しも立っていない．現在のところ，あるエリアを区切ってそのへの侵入を防ぎつつ，個体数をコントロールする手法が研究されており，2007年からは属島への拡散を防止するために港湾周辺のアノール密度を減らすなど，実践的な取り組みも始まりつつある．また，野外での希少昆虫の生息するエリアでのアノール排除柵設置による生態系回復試験もまもなく開始され，こうした手法の試行により捕食圧を低下させ，在来昆虫の個体群の回復を待つことが，有効な対策として期待される（日本林業技術協会, 2006）．

アノールの捕食圧によって絶滅・激減したと考えられる陸上昆虫として代

図11-1　オガサワラゼミを捕食するグリーンアノール．

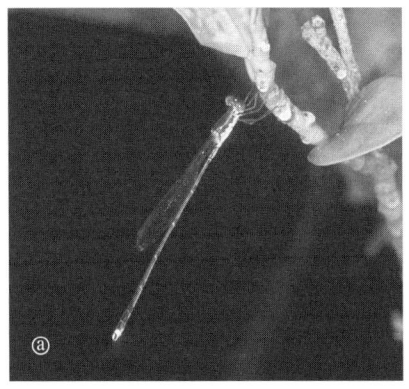

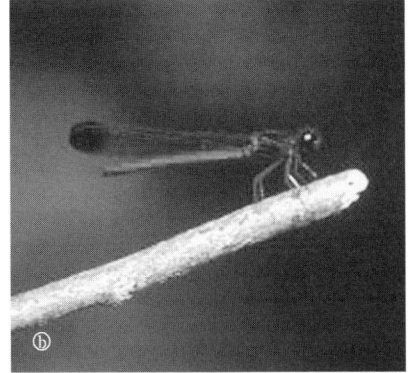

図11-2　絶滅が危惧されるトンボ類．ⓐオガサワラアオイトトンボ，ⓑハナダカトンボ．

表的なものは，大型ハナノミ類（オガサワラオビハナノミやクスイキボシハナノミなど）やオガサワラシジミ，オガサワラアオイトトンボ，シマアカネ，ハナダカトンボ，在来ハナバチ類などなど多数があげられる．特にハナノミ類で湿性林を好むものは，20年以上記録がなくなっており，種としての絶滅が心配されるものが多い．あまり影響を受けなかったと考えられる，朽木のなかを主な生息域とする種や夜行性の種を除き，ほとんどすべての昆虫で激減や地域絶滅が生じている．またアノールには，それまでの捕食対象を食い尽くすと，捕食対象をシフトさせる柔軟性があるようで，捕食実験の結果からは忌避され，野外でも食べないだろうと思われたセイヨウミツバチなども胃内容物から出てくるありさまで（近年，巣箱にきてセイヨウミツバチを狙うアノールがいるという地元の方からの情報がある），筆者らの胃内容物の調査でも，地表性のアシブトメミズムシなどを含め，さまざまなものを捕食していた．

　ただ，ここまで数を激増させて，ほとんどの食べやすい昆虫を食い尽くした結果，アノールがいつまでもこの高い個体数密度を保てるとは考えにくい．事実，最近では，自分の子供を食べる共食いが頻繁に観察されるようになっており，おそらく今後，餌不足は深刻さを増すものと思われる．ただし，アノールが減っていったとしても，一定の密度は保たれ，在来昆虫にとって厳しい状況は依然続くものと考えられる．当面は，アノールを父・母両島に封じ込めることに主眼をおき，あわせて希少種の残るエリアについては，上記のようなアノールの被害軽減策を講じていくのが現実的だろう．

　アノールによって地域絶滅が生じた固有昆虫については，筆者を中心に，すでにいくつかの種について保全の取り組みが始められている．特に父島列島の父島と弟島からしか記録がなく，アノールにより父島から絶滅し，残る産地が面積わずか5 km^{2}の弟島のみになっているオガサワラアオイトトンボは最も絶滅が危惧される種の一つである．干ばつ時などにもどこかに良好な水環境が保たれる父島と違い，標高も低く，環境の安定性・多様性の低い属島では，現在生き残っている本種も長期的に見ると絶滅の危険が高い．弟島では，小規模な生息水域がかなりの頻度で消滅することを見てきたので，2003年から地下水位低下の影響を受けないように，人工的な水域を造成し，

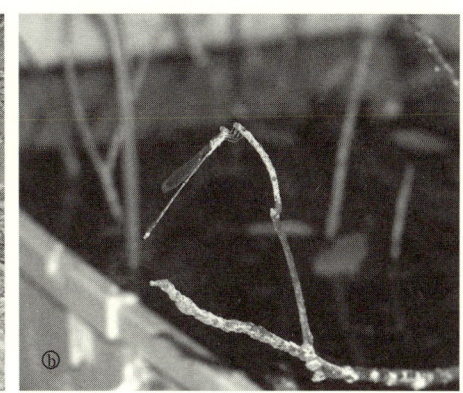

図11-3 弟島におけるトンボ類の保全.ⓐトンボ池,ⓑトンボ池に飛来したオガサワラアオイトトンボ.

個体群の安定化を試みている．これは衣装ケースなどを土中に埋める形で小規模な池を作るものだが，オガサワライトトンボ，オガサワラアオイトトンボおよびオガサワラトンボの3種の飛来発生を確認することができた．たまたま2004年には近年最悪の干ばつが小笠原を襲い，このときには人工トンボ池以外の自然水域ではオガサワラアオイトトンボを確認できない時期もあった．このような安定水域の創出も，父島・母島というコア産地を失った現状では，個体群保全の重要な手法となろう．

このほか，オガサワラシジミについても，本格的な保全活動に着手している．本種は植物の蕾しか食べないこと，アノールのいない属島に生息しないこと，餌植物も外来樹の影響を受け衰退していることなど，より課題解決は困難であるが，保護エリアの内外における保全に取り組んでいる．なお，緊急性のきわめて高いものはともかく，個々の絶滅危惧種すべてにこうした個別対応を実施するのは現実的でなく，やはり在来生態系の回復への取り組みを急ぐのが本筋であろう．

11-2-2 外来カエル類

海洋島である小笠原にはもともと両生類は分布していなかった．オオヒキガエルは中南米原産の大型のヒキガエルで，害虫駆除の名目で，太平洋周辺の多くの国に導入され，各地で在来種に深刻な影響を与えている．小笠原に

は，米軍統治下の1949年にサイパンから導入されたと考えられているが，現在の父・母両島には膨大な数が生息している．本種は地表を徘徊しながら捕食を行うので，当然地表性の昆虫は大きな影響を受けたものと考えられる．残念ながら，オオヒキガエル導入前の小笠原の地表性昆虫の調査がほとんどなされておらず，その詳細な影響も明らかではないが，土壌生物である父島のワラジムシ相は，現在，非常に単調になっているという情報があることから，大きな影響を受けたことが推測される．

また，小笠原から知られる固有ゴミムシ類では，オガサワラアオゴミムシやハハジマモリヒラタゴミムシなどが，オオヒキガエルによってかなり強い影響を受けたのではないかと考えられる．この2種は，父島での記録を欠く．母島においても影響は顕著である．前者は2例の記録しか残されておらず，近年の探索でも追加できず，絶滅が心配されている．また，父島が原産地で，兄島が現在のところ唯一の産地になっているオガサワラハンミョウの絶滅も，オオヒキガエルの捕食圧による影響の可能性がある．近年記載されたマボロシオオバッタについても，1984年の母島の記録が最後になっており，本種の捕食圧による根絶が生じた可能性は高い．以上の事例からも，オオヒキガエルを未侵入の属島に絶対に拡散させないことが肝要である．なお，本種は地表性の昆虫以外にも夜間に街灯の下で飛来するさまざまな昆虫を待ち伏せしている多数の個体が見られるので，こうした捕食の影響もあるものと考えられる．

具体的対策として，すぐに小笠原諸島から根絶するのは困難であるが，本種は流水ではほとんど繁殖できず，繁殖に適した水域は小笠原ではそれほど多くないため，産卵を防止する侵入防止柵の設置などで繁殖を阻害し，徐々に個体数を減らすのは，今後の対策として現実的な一つの方法であろう（戸田，私信）．

ほかのカエル類としては，戦前導入されたと思われるウシガエルが，弟島に生存していることが筆者により1990年代後半に確認された．この種も水中の生物を含め，さまざまな生物に食害をもたらす．弟島の生息地には固有種の水生昆虫も生息していたので，対策に取り組み，その後の自然環境研究センターの戸田氏らとのトラップを利用した捕獲作戦で，現在諸島からの根

絶にほぼ成功したものと思われる．根絶の確認にはなお時間を要するが，分布域が限定されていた幸運はあったものの，世界的にも数少ない根絶例となり，日々外来生物に悩まされる小笠原では明るいニュースとなった．

11-2-3 セイヨウミツバチ

小笠原は，セイヨウミツバチが日本で最初に持ち込まれた地域の一つである．本種の在来生態系への影響は郷原 (2002) などで指摘されているが，当時考えられていた父島や母島での在来ハナバチ類の激減要因は，本種との競合よりは，アノールの捕食圧を考えたほうが釈然とする．というのも，もし本種の導入がその原因であれば，100年近く共存していた在来ハナバチ類との関係が，1980年代になり急激に崩壊したことの説明は困難である．しかも，現在でもセイヨウミツバチが，多数生息する南島などで，父島では絶滅したと考えられる固有ハナバチ類が種は限定されるものの多数生息していることからも，在来ハナバチは，本種との競合によるのではなく，花に飛来する昆虫を待ち伏せて捕食するアノールにより滅ぼされたと考えるのが自然であろう．これは，アノールは通常セイヨウミツバチを捕食しないが，在来ハナバチについては，与えたすべての種を捕食したこと (苅部・須田, 2004) でも示されたように，在来ハナバチが滅んだ時期が，ほかの昆虫が滅んだ時期と一致することでも補強されよう．

なお，植物との関係を見ると，本種はモンテンボクなどの盗蜜を行うことも確認されているが (加藤, 私信)，在来ハナバチが滅んだ父島と母島の多くの植物にとっては，重要なポリネータになっている．本来「小笠原には分布してはいけない種」ではあるが，現状の小笠原の生態系のなかでは根絶を行うことで植物の結実阻害を生じるリスクも大きく，駆除を実施するにしても，在来ハナバチ相の回復と同時に進めないと，かえって被害を生じる可能性があるなど，その取り扱いは難しい問題を含んでいる．

11-3 ノヤギによる植生破壊

ノヤギは，冒頭に触れたように小笠原導入の歴史は古く，食料としての放逐が起源であるが，こうした時代の名残で戦前になっても各地の島に残って

図 11-4 ノヤギの食害を受けた聟島. ⓐ 全島がほぼ草地化した聟島, ⓑ ノヤギの駆除後に稚樹が育ちつつある同島.

いたようである．生態系被害の状況が悪化したのは，住民が全島から退去させられた終戦前から戦後の米軍統治時代のことで，管理されなくなったヤギは利用もされず，もともと捕食者がいない小笠原の環境下で急激に個体数を増やしていったと考えられる．ノヤギは，その旺盛な繁殖力により，個体数を爆発的に増やしながら植生を加害し，諸島北端の聟島列島では，土壌崩壊を生じるまでに影響を与えた．被害が著しかった当時の聟島を訪れた際には，一面の草原とわずかに沢沿いに残る樹林にショックを受けた．

この問題に対して，1997年から主に漁場破壊の観点から駆除が開始され，嫁島（根絶2001年度：77頭），媒島（根絶1999年度：417頭），聟島（根絶2003年度：938頭）と聟島列島におけるノヤギ根絶を完了している（日本林業技術協会，2004）．根絶から3年を経過した聟島では，2006年夏現在，ヒメフトモモやシャリンバイなどの稚樹が順調に育ちつつあり，わずかに残る在来植生の回復が期待される．しかし，これまでの食害により，ノヤシやシマムロなど島内に残り1本となった樹種（しかもシマムロは，雌雄異株であるために繁殖は不可能）もあるなど被害は深刻である．今後少しずつ植生は回復していくにしても，本来の島の自然史は大きく変化してしまっている．

なお，現在もヤギが残るのは，父島列島の弟・兄・父の3島で，このうち兄島では東京都による本格的駆除事業が開始され，見かける数はかなり減り

つつあり，ウラジロコムラサキなどの希少植物も回復しつつある．現在，島を区分する形でのヤギ柵の設置が進行中で，今後の成果が期待される．逆に父島では，この数年は個体数および分布域とも拡大中であり，対策が急がれる．なお，景勝地として著名な南島も，返還後に増殖したノヤギを根絶した結果，現在のような植生が回復している．しかし，いったん完全に破壊された植生の回復に要する時間の長さを考えると，被害が深刻化する前の早い時期の対策の重要さを教えてくれる．

11-4　随伴種・ペットの問題（クマネズミやノネコなど）

　身近な外来生物であるクマネズミも，海洋島では時に非常に大きな影響を与える．小笠原では，固有植物の果実への被害（結実した果実の8～9割がしばしば加害される），海鳥の卵を襲うなどの被害実例があったが，近年アナドリの成鳥を襲いコロニーを全滅させた事例が報告されるなど（堀越・鈴木，私信），内地のクマネズミとはまったく違った習性を見せ，その影響は多大である．こうしたことは海外でも顕著で，ニュージーランドなどでは，海鳥や飛べない昆虫などがネズミの被害によって絶滅した例もある．海外では各地で毒餌を使った大規模な根絶作戦が実施されており，小笠原程度の大きさの島では技術的にはそれほど難しくないらしい．今後の生態系回復を考えると，クマネズミの根絶は必須であり，住民のコンセンサスを得ながら，早期に着手する必要があろう．

　ペットとして人間と行動をともにするネコも，大きな問題になっている．イエネコとしてきちんと管理されているうちはよいが，こうした動物は，必ず野外に放逐されるものが現れる．そして，ノネコは当然のことながら鳥を襲い始める．小笠原においても，近年の調査で，メグロをはじめ多くの鳥がその犠牲になっていることが明らかになり，特に母島南部では海鳥のコロニーが捕食により壊滅した例があり，被害は深刻である．なお，ノネコは属島でも生息が確認されているので，わざわざ船に乗せて無人島に捨てる人がいるのだろう，このようなペット飼育のモラルの問題は今後さまざまな場面で改善の必要がある．

　小笠原の陸水域では，さすがにブラックバスなどは持ち込まれていないが，

各所にグッピー，カワスズメおよびコイが定着しているほか（庄司・渡辺，2004），各地のダムにマツモが繁茂し，ウオーターレタスも一部で繁殖するなど，熱帯魚の飼育に伴った遺棄水草に起源すると考えられる人為的移入は顕著である．また，近年報告されたヌノメカワニナなどの新たな外来生物も知られており，現在の状況が続けば，より多くの新たな外来生物が侵入してしまう危険性はきわめて高い．

小笠原の陸水域のように脆弱な生態系では，アノールで見られる「世界で最初の侵略的外来種への変化」が今後も起こるかもしれず，海洋島という特殊な環境下でのペット飼育については，島民の方の理解を得ながら相応のルール作りが必要になろう．ペット飼育の基本は，内地でも同様だが，「一度飼ったら最後まで責任をもって飼育し，絶対に野外に捨てない，逃がさない」であるが，これを徹底する必要がある．また，ヌノメカワニナや近年話題のカエルツボカビ病など，ペット飼育に伴い，非意図的にもさまざまな形での外来種や病原菌の侵入が考えられるなかでは，飼育水の廃棄のあり方（一度煮沸するなど），クワガタムシ飼育に使う朽木などの処理方法（庭に捨てたりせず必ず焼却ゴミとする），など新たな知見に対応して，取り返しのつかないことが生じないように，島独自でのマニュアル作りなどの対応が急務である．

11-5 侵略的外来樹

外来樹が在来生態系に与える影響については，内地では事例は少ないが，海洋島である小笠原では，いくつもの被害事例を見ることができる．アカギは，沖縄から東南アジアに広く分布する種で，沖縄で目にした方も多いだろう．特に湿度の高い環境である母島では，現在各所で純林を形成している．アカギは，ほかの植物の成長を阻害するアレロパシー物質を分泌することも知られており，これが純林を形成する大きな要因である．すでに母島の在来植生の約2割はアカギに覆われたと考えられており，このまま進行すると島の7割がアカギ林になると予測されている（日本林業技術協会，2004）．

アカギは，直接には湿性林の在来植生を侵食することで，在来樹林の減少を招き，間接的には在来樹種に依存する多くの固有昆虫の生息環境を破壊す

る．アカギ自体を食害する昆虫は少ないので，アカギの純林に生息する昆虫は限定される．また，アカギは非常に密に生え樹冠部を鬱閉するために，渓流沿いのスポット状に日が差す環境を好む固有トンボ類では，その繁殖環境が奪われるという影響も予測される．

　トクサバモクマオウはオーストラリア原産の植物で，沖縄諸島でも普通に植栽されているので，馴染みのある植物だろう．主に乾燥林で近年急速に分布を拡大しており，弟島や兄島などでは，本種の純林になっているエリアが拡大している．現状では，アカギに次いで注意が必要な植物である．乾燥林版アカギといえる存在だが，本種の場合は，分解が遅く厚く堆積する落葉が重要な阻害要因である．堆積した落葉は，在来樹の芽生えを阻害するようで，

図11-5　オガサワラハンミョウの生息地の改変．ⓐオガサワラハンミョウの巣穴，ⓑ乾燥地に侵入するトクサバモクマオウ，ⓒその落葉の堆積．

いったん侵入すると周囲の在来樹を枯らしながら分布を拡大していく．本種の拡大により，昆虫ではオガサワラハンミョウが最も影響を受けている．トクサバモクマオウは，ハンミョウが巣穴を作るような裸地に好んで侵入すること，そうした裸地環境を落葉で破壊することなどで直接影響を与える（苅部ほか，未発表）．かつてのオガサワラハンミョウ分布地のいくつかは，現在は本種の純林になっており，ハンミョウは絶滅している．なお，アカギと同様に，本種も切り倒しただけでは枯死することはなく，すぐに萌芽する．こ

コラム 島嶼における野生生物の危機―琉球列島の事例

　島嶼における生物相は，孤立した狭小な面積のなかで成立しており，島の長い隔離の歴史のなかで固有種を育んできた一方で，わずかな環境に対する変化でも，それらの固有生物には大きな圧力となり，ときに絶滅に結びつくこともある．MacArther & Wilson (1967) が提案した種数平衡説の理論モデルが示すように，島の生物相は一定時間における島外から移入される生物の種数と絶滅して島から消失する種数の平衡によって決定される．またこの現象は，島の面積と生息種数に反映されることが木元(1972)によっても示され，面積が大きいほど多様で多量の資源を有しており，生物種の集団規模も大きいことから，絶滅率が相対的に低くなると考えられている．

　日本列島にしても大陸起源の島であるが，その周辺の主要な島嶼群である，大陸島の琉球列島や海洋島の小笠原諸島の生物相は，固有種の占める比率が高く，それらの多くが，観光開発などの過度の土地利用や移入された外来生物などによって，絶滅の危機に追いやられているのが現状である．本書では外来生物による被害を小笠原の事例で詳しく紹介しているが，ここで琉球の事情についても簡単に触れておきたい．

　琉球列島における，マングースやイタチ，ノネコは在来の小動物を補食する強力な侵略的外来種であることは，マスコミにも取り上げられる機会が多いことから，一般にも広く知られるようにった．しかし，その駆除対策は局所的な活動にとどまり，ほとんど実質的な効果をあげていない．マングースによる補食被害は奄美大島のアマミノクロウサギや固有種のネズミ類において深刻で，さらに沖縄島ではノネコの糞からヤンバルクイナやオキナワトゲネズミなどが検出されているという．また同様の外来の捕食者として，オオヒキガエルが石垣島や南大東島などの定着し，西表島や与那国島からの目撃記録がある．本種は地表性の小動物にとって脅威的な捕食者であり，小笠原の実態から推測しても，琉球列島でもこれから被害が拡大することは間違いない．

　2000年から外国産のカブトムシやクワガタムシの生体の輸入が解禁されたのを

11　小笠原における外来生物の脅威　　　　　　　　　　　　　　　　　　　　137

れら外来樹種の駆除は非常に困難である．アカギでは，除草剤を利用した枯殺手法が確立されており，本種でも同様な手法が有効であろうと考えられる．また，リュウキュウマツは沖縄から導入された種であるが，トクサバモクマオウと同様に乾燥林への侵入が著しい．本種も乾燥低木林に侵入し，在来植生を侵食する．ハンミョウについての影響も同様である．ただし，本種は伐採により容易に駆除することができ，前2種と比べれば大きな違いである．

　ギンネムは，主に人間が開拓した土地など，人為的な撹乱を受けた場所に

大保ダム周辺の道路．

契機に，沖縄県のペットショップでもこれらの外国産甲虫類が販売されているのを見かけることが多くなった．沖縄島にはヤンバルテナガコガネや固有亜種のオキナワカブトムシ，固有のクワガタムシなどの希少な甲虫類が分布している．ペットで持ち込まれた外来の甲虫類が野外放逐された場合は，これらの在来種との交雑が起きることが非常に危惧されている．なお，外来生物法の第二次指定では，テナガコガネ類が特定外来生物に指定され，厳しくその管理が規制されるようになったことは幸いである．

　地方産業の活性化や観光産業支援のために，島嶼の自然は急激に開発にされてきた．狭小な島に整備された驚くほど立派な縦貫道路や周回道路，流程の短い水系にそびえたつ巨大ダムがこれらの島々には建設されている．どのような過疎地でも土建業だけは成り立つ日本は，社会資本整備にかけては奇妙な公平性を地方の隅々まで浸透させている．その過程で，脆弱な島嶼の野生生物は，人知れず絶滅の危機に追いやられているのである．　　　　　　　　　（木村正明・佐藤正孝）

よく見られるが，在来樹林にはほとんど侵入しないことから，上記の種に比較するとその影響はあまり深刻には考えられていない．しかし，撹乱地を好むような植物（たとえばオガサワラシジミの食樹であるオオバシマムラサキ）の本来の生育地を奪うこともあるので，固有の昆虫類への間接的な影響も少なくない．なお，本種は在来植生への侵略性は大きくないものの，他種へのアレロパシー作用は非常に強いため，いったん成立した林は30年近くの年月が経過しても，在来の植生に戻ることがない．これらの侵略的外来種は，いずれもサトウキビ作りを目的に，枯渇した現地の林に薪炭林を再生するために持ち込まれた樹種であり，その萌芽力の高さ，環境への適応を見ていると，当時の人々による樹種選択の正しさがはからずも証明されている．同時に「伐採に強い植物」であるだけに，今後の防除はかなり困難であると予測される．

外来の植物については，すでにこうした害樹といえる認識が普及しているもののほかに，キバンジロウやアオノリュウゼツラン，シマサルスベリ，ソウシジュなど，多くの「侵略的外来樹予備軍」といえる種が控えており，すでに一部の属島では純林を形成している場所もある．街路樹として持ち込まれて，危うくこうした樹種の二の舞になりかけたタイワンモクゲンジの例（加藤，2004）もあり，早急にすでに定着している外来樹のモニタリングと駆除，新たに導入する樹種についても事前審査を行うなどの慎重な対応が求められる．

11-6 プラナリア

小笠原からは，約90種の固有陸上貝類が知られるが，これらも1990年代に入ってから父島で急速な減少が確認された．当初は原因が不明であったが，プラナリアの一種であるニューギニアヤリガタリクウズムシがその原因であることが判明した（Okochi *et al.*, 2004; Ohbayashi *et al.*, 2005）．残念ながら，今のところ本種の拡散を防ぐ方法はなく，現在，父島ではごくわずかな面積を残し，固有貝類はほぼ絶滅してしまった．プラナリア類は理科の実験生物として知られるように，再生能力も強く，また，悪条件下でも生き延びる力が強いため，その防除は非常に困難である．本種に関しては，研究者や調査

者が運搬を担う危険性も大きい．というのも粘着力の強い小笠原の土壌は靴底に容易に付着するので，たとえば父島で調査した後に属島に同じ靴で入島してしまうと，本種は土壌にまぎれて島間を移動する可能性がある．本種の危険性が知られてからは，小笠原をフィールドとする研究者は，父島で調査した後は必ず海水で泥をきれいに洗い流すか(本種は海水で死滅するという)，人によっては父島専用の靴を用意しているほどである．プラナリアに関する危険性は，数年前までまったく知られていなかったことであるが，野外調査にかかわる人間は，常に最新の情報にアクセスし，自身が外来生物の拡散役を果たすことがないように配慮するのは当然必要であろう．

11-7　今後の課題

　小笠原における影響の大きな外来生物のなかから代表的なものをいくつか紹介した．このように見ると，外来生物は，陸域から水域，乾燥林から湿性林まで，また地表から樹冠部まで，ほぼすべてのニッチをカバーするように侵入しており，脆弱な海洋島の生態系には，想像を絶する影響を与えてしまったことがわかる．海洋島の生物は，一般にその生息地における過酷な環境(たとえば，乾燥や台風，塩害など)にはよく適応しているが，よそから持ち込まれた種との競合には非常に弱いことが知られている．小笠原でもその典型のようなケースが見られるわけだが，いまだにこうした特性を踏まえた，小笠原への生物の持ち込みなどを制限する特別な法律や規制などが定められていないのが実情である．

　「東洋のガラパゴス」とよばれながら，このようにあまりに無策のままに外来生物に蹂躙されてきた小笠原だが，この10年ほどで，その状況も大きく変わりつつある．ノヤギとアノールの項でふれたように，外来生物への対策は本格化しつつあり，成果もあがってきている．しかし，一方で固有種を主とした在来種の保全の取り組みは遅れており，このままでは「外来生物の影響は緩和されたが，守るべき固有種は滅んでしまった」という笑えない事態も想定される．筆者らも絶滅の心配される固有種については，順次保全のための基礎研究から実践的な保全活動まで進行中であるが，とても人手が足りない状況である．ぜひ多くの分類群の研究者に保全活動に参加していただき

たいと思う．

　一方で，外来生物問題がこれだけクローズアップされるようになった最近でも，残念ながら小笠原からは毎年新たな外来種が報告されるような状況である．人のモラルだけに頼っていては，今後も新たな外来生物問題は防止できない．小笠原は，世界自然遺産の登録を目ざすほどの貴重な地域であり，世界的に見ても貴重な固有種の宝庫である．これを守るためには，問題の抜本的解決に向けてガラパゴス諸島やニュージーランド，オーストラリアなどで実践されているような強力な検疫体制の確立が必須となろう．すでに抱えている大きな外来生物問題の解決すらおぼつかないなかで，これ以上新たな宿題を抱える愚は絶対に避けなければならない．そのためには，島民の意識のさらなる向上，訪問する観光客への知識の普及など，これまでとはまた発想を変えて取り組むべき課題が多いが，そうした多方面からの保全への試みがなされない限り，「東洋のガラパゴス」を後世に伝えることは非常に厳しいのが現実である．

　末筆となったが，本稿を執筆するにあたり，多くの小笠原研究者のご教示をいただいた．特に，（独）森林総合研究所の大河内勇，首都大学東京牧野標本館の加藤英寿，NPO法人小笠原自然文化研究所の鈴木　創，自然環境研究センターの戸田光彦の各氏には，最新の情報を含めてご助言いただいた．お名前を記して感謝したい．

12 湿地環境の保全

(松井香里)

12-1 ラムサール条約の歴史

　国際的に重要な湿地の保全を目ざすラムサール条約は，1971年，イランのラムサールにて成立した条約で，国境を越えて渡る水鳥を守るために，その生息地を保全していこうという目的で結ばれた．1960年代当時，同条約成立を提唱したヨーロッパ各国においても，何世紀にもわたって，特に農業をはじめとする明確な利用目的のために改修される土地として扱われてきた湿地を保全しようという考え方はほとんどない．その結果，先進国では湿地の開発が，海岸の浸食，地下水の喪失，動植物の消失などをもたらすことが徐々に認識され始めていた．その危機感が世界初の自然環境保全に関する国際条約成立の原動力となったものである．

　実際に同条約が認識され活性化されるようになったのは，1990年6月にスイスのモントルーにて開催された第4回締約国会議以来，湿地の「賢明な利用」を推奨し，湿地が単に水鳥の生息地としてでなく，生態系全体の維持のために重要な役割を果たし，気候の調整，大気，水系の浄化，生活に必要な自然資源の提供，環境変容を把握する指標として不可欠であることが強調されるようになってからである．このため，水鳥個体数のみを基準とした同条約登録湿地選定基準は，その後締約国会議ごとに見直され，新基準が加えられ，同条約でいう湿地の範疇，分類についても，より広いものとなってきている（表12-1）．

　2007年1月時点で，ラムサール条約締結国は154ヶ国，全登録湿地数は1,636箇所，その総面積は約145.7百万haとなっている．

表12-1 ラムサール条約湿地選定基準.

			定義	長期的ねらい
グループA 代表的, 希少または固有な湿地タイプを含む地域.	基準1 代表的, 希少または固有な湿地タイプ.	基準1	適当な生物地理区分において代表的, 希少または固有な自然または半自然の湿地タイプを含む場合, その湿地は国際的に重要とみなされるべきである.	各生物地理区分に見られるラムサールの分類体系に沿った各湿地タイプを代表するにふさわしいものを少なくとも1箇所ずつ, ラムサールリストに登録すること.
グループB 地球規模の生物多様性保全のために必要な地域.	基準2, 3, 4 種および生態学的集合に基づく基準.	基準2	希少な, または絶滅のおそれのある種, もしくは危機的状況にある生態学的集合を支える湿地は, 国際的に重要な湿地とみなされるべきである.	希少な, または絶滅のおそれのある種, もしくは危機的状況にある生態学的集合の存続のために重要と思われる湿地を, ラムサールリストに登録すること.
		基準3	特定の生物地理区分の生物多様性の維持のために重要な動植物の個体群を支えている湿地は, 国際的に重要な湿地とみなされるべきである.	各生物地理区における生物多様性の維持のために重要であると思われる湿地を, ラムサールリストに登録すること.
		基準4	動植物のライフサイクル上肝要な段階を支える, または逆境からの逃げ場となっている湿地は, 国際的に重要な湿地とみなされるべきである.	ライフサイクル上肝要な段階, および/あるいは逆境にある動植物にとって生息地として最も重要な湿地を, ラムサールリストに含めること.
	基準5, 6 水鳥に基づく特別な基準.	基準5	200,000羽以上の水鳥を定期的に支える場合, 国際的に重要な湿地とみなされるべきである.	200,000以上の水鳥を定期的に支えるすべての湿地を, ラムサールリストに含めること.
		基準6	水鳥の1種, または亜種の個体数の1%を定期的に支える場合, 国際的に重要な湿地とみなされるべきである.	1%以上の水鳥の生物地理学的個体数を定期的に支えるすべての湿地を, ラムサールリストに含めること.
	基準7, 8 魚に基づく特別な基準.	基準7	固有な魚類の亜種, 種または科, 生活史の一段階, 種の相互作用, また湿地の利益および価値を代表する個体群を維持しており, それにより, 世界の生物多様性に貢献している場合, 国際的に重要な湿地とみなされるべきである.	固有な魚類の亜種, 種または科および個体数の大きな割合を支える湿地を, ラムサールリストに含めること.
		基準8	魚類の採食場および産卵場として重要で, 湿地および他の場所の魚類資源が回遊する経路となっている場合, 国際的に重要な湿地とみなされるべきである.	魚類の採食場および産卵場として重要で, 湿地および他の場所の魚類資源が回遊する経路となっている場合, 国際的に重要な湿地をラムサールリストに含めること.

12-2 湿地の定義

湿地とは，水深の浅い水辺環境を広く意味する言葉であり，ラムサール条約では，自然のもの以外にも水田や遊水地など人工的なものも含めた分類となっている（表12-2）．湿地は陸地と水域という，異なった環境の両方の特徴をあわせもち，淡水から汽水，浅海域まで，浅い水深で動植物の繁殖，幼生の成長を支えるために不可欠な場であるため，生物多様性の保全に欠かせない役割を果たすと同時に，湿地の消失は生態系にクリティカルなダメージをもたらすことになる．

12-3 ラムサール条約と日本

ラムサール条約の締約国になるには，国内の湿地を少なくとも1箇所を指定し，登録しなければならない．日本は1980年，釧路湿原の一部を登録して，締約国となった（図12-1）．2007年現在では33箇所の湿地が登録されている．各締約国のなかで，特にヨーロッパ諸国との比較では登録湿地数が多いほうとはいえないが，特に劣るというものでもない（表12-3）．しいていえば，1993年に北海道釧路市において，同条約第5回締約国会議を開催した経緯で，現在の2桁代を確保した次第である．

釧路市で開催された第5回締約国会議は，開催地釧路市の市民による暖か

図12-1 釧路湿原．

表12-2 ラムサール条約の湿地分類.

海岸・沿岸
A. 低潮時に6mより浅い永久的な浅海域. 湾や海峡を含む.
B. 海洋の潮下帯域. 海藻や海草の藻場, 熱帯性海洋草原 (tropical marine meadow) を含む.
C. サンゴ礁.
D. 海域の岩礁. 沖合の岩礁性島, 海崖を含む.
E. 砂, 礫, 中礫海岸. 砂洲, 砂嘴, 砂礫性島, 砂丘系を含む.
F. 河口域. 河口の永久的な水域とデルタの河口域.
G. 潮間帯泥, 砂質, 塩性干潟.
H. 潮間帯湿地. 塩性湿地, 塩性草原, Salltings, 塩性高層湿原, 潮汐汽水沼沢地, 干潮淡水沼沢地を含む.
I. 潮間帯森林性湿地. マングローブ林, Nipah湿林, 潮汐淡水湿地林を含む.
J. 沿岸汽水／塩水礁湖. 淡水デルタ礁を含む.

内陸湿地
L. 永久的内陸デルタ.
M. 永久的河川, 渓流, 小河川. 滝を含む.
N. 季節的, 断続的, 不定期な河川, 渓流小河川.
O. 永久的淡水湖沼 (8haより大きい. 大きな三日月湖を含む).
P. 季節的, 断続的淡水湖沼 (8haより大きい). 氾濫原の湖沼を含む.
Q. 永久的塩水, 汽水, アルカリ性湖沼.
R. 季節的, 断続的, 塩性, 汽水, アルカリ性湖沼と平底.
Sp. 永久的塩性, 汽水, アルカリ性沼沢地, 水たまり.
Ss. 季節的, 断続的塩性, 汽水, アルカリ性沼沢地, 水たまり.
Tp. 永久的淡水沼沢地・水たまり. 沼 (8ha未満), 少なくとも成長期のほとんどの間水に浸かった抽水植生のある無機質土壌上の沼沢地や湿地林.
Ts. 季節的, 断続的塩性, 汽水, アルカリ性湿原, 水たまり.
U. 樹木のない泥炭地. 潅木や開けた高層湿原, 湿地林, 低層湿原.
Va. 高山湿地. 高山草原, 雪解け水による一時的な水域を含む.
Vt. ツンドラ湿地. ツンドラ水たまり, 雪解け水による一時的な水域を含む.
W. 潅木の優先する湿原. 低木湿地林, 淡水沼沢地林, 低木の優先する淡水沼沢地, 低木carr, ハンノキ群落, 無機質土壌.
Xf. 淡水樹木優先湿原. 淡水沼沢地, 季節的に冠水する森林, 淡水森林性沼沢地, 無機質土壌上を含む.
Xp. 森林性泥炭地. 泥炭沼沢地林.
Y. 淡水泉, オアシス.
Zg. 地熱性湿地.
Zk. 地下カルストと洞窟性水系.

人工湿地
1. 水産養殖池 (例：魚類, エビ).
2. 湖沼. 一般に8ha以下の農業用ため池, 放畜用ため池, 小規模な貯水池.
3. 灌漑地. 灌漑用水路と水田を含む.
4. 季節的に冠水する農地.
5. 塩採取地. 塩田, 塩水池など.
6. 貯水域. 一般に8ha以上の貯水湖, 堰, ダム, 貯水池.
7. 採掘地. 砂利, レンガ, 粘土採掘鉱, borrow pits, 鉱山の水たまり.
8. 汚水処理域. 下水処理場, 沈砂池, 酸化池.
9. 水路と排水路, 溝.

表12-3 各国の登録湿地とその対国土面積比.

国名	国土面積 (千km^2)	登録湿地数	登録湿地総面積 (ha)	国土面積比 (%)
イギリス	244	165	893,486	3.66
ドイツ	357	32	839,327	2.35
フランス	552	23	828,585	1.50
スペイン	505	49	173,126	0.34
イタリア	301	46	57,137	0.19
オランダ	41	49	818,908	19.97
デンマーク	43	38	2,078,823	48.34
スウェーデン	450	51	514,500	1.14
ノルウェー	324	37	116,369	0.36
フィンランド	338	49	799,518	2.37
アメリカ	9,809	22	1,306,265	0.13
カナダ	9,976	37	13,066,571	1.31
ニュージーランド	271	6	39,068	0.14
オーストラリア	7,713	64	7,371,873	0.96
中国	9,597	30	2,937,481	0.31
韓国	99	5	4,550	0.05
日本	378	33	130,293	0.34

(http://www.wetlands.org/rsdb/default.htm)

い歓迎が話題となり，議論では湿地の「賢明な利用」の促進，生態学的な湿地の特徴に注目した管理保全，途上国への湿地保全支援などが主要な話題となり注目された．5回目の締約国会議にして初めて，採択された決議のうち，水鳥に関するものがなかったのも特徴である．

　現在では，ラムサール条約事務局自らもが，条約名に「水鳥の生息地として」という言葉を付記せず，「国際的に重要な湿地に関する条約」とよぶことを推奨している．しかし，日本においては，ひたすらに湿地といえば渡り鳥の渡来地という理解が優先するのが現状である．

　同条約第4条では締約国が，登録の有無にかかわらず，湿地に自然保護区を設けて保全管理することとしているが，同条約には具体的な履行義務を課する法的拘束力がなく，各締約国にその実行が任されているために，各締約国がこれを十分に実施しているとはいえない状況である．登録湿地の管理に関しても無配慮な締約国も少なくない．法的拘束力のなさはラムサール条約の限界でもあり，一方では政治的に曲げられることの少ない，科学的に純粋

な同条約の特徴ともなっている.

　日本では，すでに国立公園，国設鳥獣保護区など，国が関与する保護地域で保全の担保のある区域のうち，地元自治体などの合意を得られるところを登録湿地としてきた（図12-2）．地元の合意を得る際には，ラムサール条約の基準のうち唯一具体的にデータを根拠とできるのが，毎年カウント調査も行われている水鳥個体数の基準であることが，日本の登録地を限定してきた要因ともいえ，20年間こつこつと水鳥の数を数えては，湿地保全に努めてきた日本の環境行政の特徴でもある．

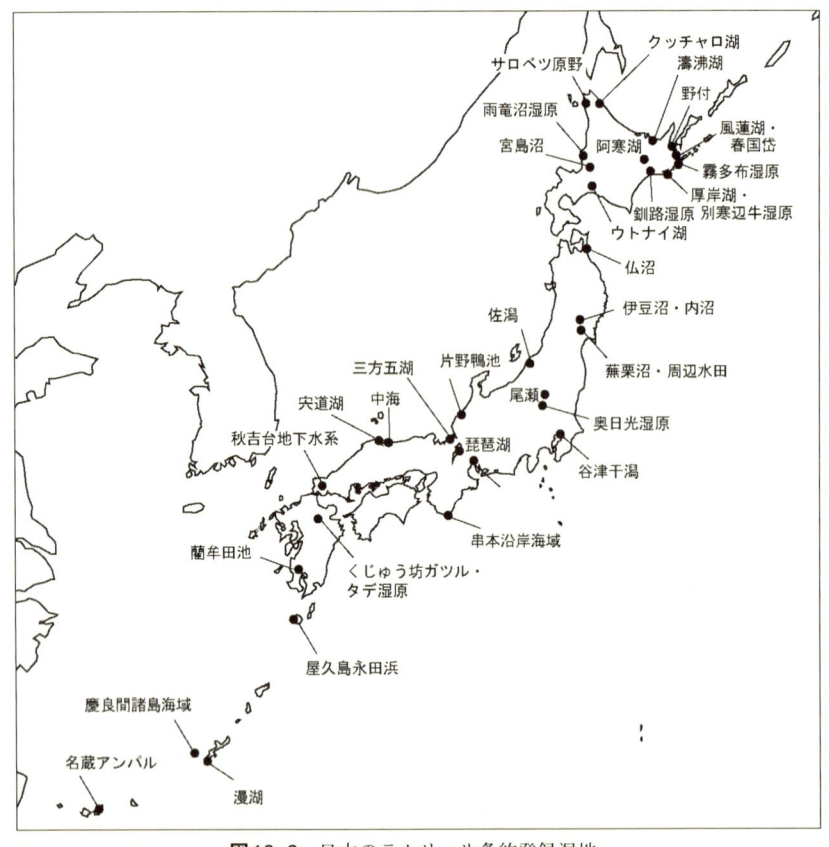

図12-2 日本のラムサール条約登録湿地.

12-4　日本の湿地保全の現状

　国内では1997年に建設省が河川法を改正し，治水，利水と並んで環境保全を河川管理の目的に位置づけるようになり，同年に有明海，諫早湾の干拓事業は自然破壊として世論の集中砲火をあびるなど，湿地を巡る国内の状況も変化してきたところである．1999年1月には，愛知県藤前干潟の埋立て計画が渡り鳥の中継地として重要な湿地の消失を避けるべきとして断念された（図12-3）．

　環境省では1999年より，水鳥だけでなく，水草や淡水魚類，昆虫など湿地に生育・生息する動植物分類群ごとの専門家により構成される検討委員会を設置して，2001年に「日本の重要湿地500」を発表した．この結果はURLにて公開されている (http://www.sizenken.biodic.go.jp/wetland/)．同省では初めて，湿地を広く定義して扱った事業である．

　科学的な観点から選定した重要湿地を，保全に関する法的拘束力を有する

図12-3　藤前干潟．

ものではないが，同省における湿地保全施策の基礎資料とするとともに開発計画などにおける配慮を促すものとしている．

こうして，考え方としての「湿地保全」は浸透してきても，湿地の消失の主な原因は開発であることに変わりはなく，むしろそれ以外の理由は少ない．湿地が集水域，沿岸域の総称であるとすると，そこは開発されるべき，利用されるべき土地であり，ここを保全するという地域合意の形成はこれからの課題である．

前述の「日本の重要湿地500」では，人手の入った二次的な自然（ため池や用水など）が重要な湿地として位置づけられているのがわかる．周囲の開発で残された小さな水域が動植物の最後の砦となっているのである．そういった水域は，多くの種類の生物群に利用されていることが伺える．

開発の盛んな沿岸域では，残された干潟が生態系を支えきれるかどうかが危ぶまれるところであり，淡水魚類にあっては，在来タナゴ類がブラックバスなどの外来生物に駆逐され，すでにかなりの危機的状況にある．特にこの数年の悪化は著しい．水中の変化はわかり難く，気づいたときには間に合うかどうか定かではない．繁殖して生活する環境がなくなれば生物は姿を消すのが現実である．

2001年には国土交通省，農林水産省，環境省などがそれぞれ自然再生事業

図12-4 釧路湿原内を蛇行する川．

を提唱し，湿地の回復に乗りだすことを決めている．先駆けて釧路湿原では，河川の再蛇行，湿原の再生の計画が動き出している (図 12-4)．残された湿地を保全する努力と，失った湿地を回復する努力が間に合うことを，祈りたい．

13　淡水生物保全の実際

(佐藤正孝)

　近年，各県ごとに絶滅危惧種に関してのレッドデータブックが次々と刊行されている．その内容を見ると，どこでも淡水域に生息する魚類や両生類，昆虫類などが大きな割合を占めていることに気づいて，これほど水域環境が悪化しているのかと，驚きを禁じえない．

　一方，自然環境保全が叫ばれるようになってから，かなりな時間が経過しているにもかかわらず，一向に環境は改善されることなく，絶滅危惧種だけが増加している現状をどう理解したらよいか．これには，開発はもちろんのこと，政策とのかかわりも多分に存在していると考えられる．本章では，これらの事情を追いつつ，自然環境保全のなかにおける淡水生物の位置づけと問題点を紹介する．

13-1　戦後の治水・利水

　第二次世界大戦とその後の復興にいたる貧しい生活のなかで，無計画な森林伐採が行われ，河川が氾濫した事実の記憶が段々と薄れている現在である．その対応として治水優先の政策が取られた．一方，われわれ人間がより便利な生活を求め，その結果として多くの水が必要とされ，今度は利水優先の政策となった．

　この治水や利水の目的のため，河川改修が行われ，ダムが造られることとなり，水域環境に大きな変化をもたらしたことは否定できない．しかし，治水によって安全な生活が保障され，利水によって便利な生活が確保されることになったことは評価すべき事実である．その結果としての経済発展によって，次なる開発による水域環境としての湖沼，湿地が縮小，汚濁することになって，生物の生息環境が大きく失われ，今日ある環境問題とその保全が提起されるようになった．それは，1960〜1980年代初期にかけて，農薬など

の多用による水質汚濁，経済成長に伴う都市周辺の開発整備，さらなる治水や利水の構築など，自然環境に対する負荷要素が一段と加えられた結果といえる．

　水域環境といっても，いろいろな要素から成り立ち，それぞれにより破壊や汚濁，改修，開発など対応する要素で，環境に対応しての生物の存在から考えると同一的に論じられない側面がある．そこで，流水域，止水域，湿性域とに分けて，自然環境に影響を及ぼした要因とそこに存在する問題点について考えてみたい．

13-2　流水域

　日本の河川は，流程が短く，勾配が急であるなどの特徴がある．そのために，安全性を考え，低水路の直線化，護岸などの改修工事が行われ，工事の影響による濁水など，環境に与える影響は大きいといわざるをえない．

　自然河川では，瀬や淵があり，川床は主として上流から下流へと石，礫，砂，泥などのような変化に富んでいる．それが，低水路を直線にし，護岸をコンクリートで固める式の工法で河川は単純化され，生物にとっては生息の場が失われてきた．瀬は，曝気することによる浄化と酸素供給の面から，それを多く要求するドロムシ類やカワゲラ類，トビケラ類などに絶好の生息場所を提供してきた（図13-1）．また魚類にとっては採餌場ともなっていた．

図13-1　森林に囲まれ，河床に大小の石が転がる源流域．このような水域は生物多様性が高い．

図13-2 都市近郊河川．このような河川にも水生生物は多い．

　淵は，遊泳性のアメンボ類や魚類などにとって安定した生息場所として，また夜間の休息の場としても利用され，瀬とあわせての変化，さらには蛇行を伴うことによる河川生態の多様性が生物生産を高めていることは，可児（1944）などにより指摘されてきた．また，改修工事に伴う川床の変化も著しく，沈水植物が失われ，浮石が減少し，水生昆虫類が生活の場を失っていった（図13-2）．

　護岸の改修による生物への影響はさらに大きく，水際の変化は，緩傾斜から急傾斜へ，抽水植物の生育場所や土壌との接点の喪失などによって生活場所を失った生物は多い．植物が生育する水際は，自浄作用が大きく，魚類や水生昆虫類の産卵の場と稚魚や幼生の隠れ場所，特に水陸を利用することによって生活史を完了させるホタルをはじめとする水生昆虫類などにとって，必要不可欠な条件であることを知るべきである（図13-3）．これらのことについては，佐藤（1986）が昆虫類の生息にとって水辺環境の保全が重要であることを述べたが，調査法についてはダム水源地環境整備センター（1994）による解説がある．河川流路の単純化は，生物多様性を支えていたワンドを失うこととともなったが，近年その重要性が再認識され，復元が図られつつある．

　河川流域での生物疎外要因を簡単に述べたが，周辺環境からの影響も大きくなっていることの認識も必要である．かつては，湖沼水田などと河川本流

13　淡水生物保全の実際

図13-3　ナベブタムシ．

が連なることによって，その連続性のなかで生活を維持していた生物が多くいた．さらに，ダムをはじめとする河川を横断する構築物による生物疎外要因も多々考えられ，主として回遊性魚類の生息に与える影響には大きいものがある．もちろん，それらの構築物に対しては，各種の対策が施されてはいるが，予測計画と実際とでは，しばしば異なる場合が生じて問題となっている．また，改修など河川整備と周辺環境整備，森林伐採などによる濁水の影響は，水生生物の生息生育に大きな脅威となることも，周辺事情として述べておく必要がある．

　河川とその整備に伴う生物への影響がどのように存在しているであろうか．もちろん，これらの生物への疎外要因に対しては，それぞれに対策が施されていることは，それが十分かそうでないかは別として，行われてきた事実だけは認識しておきたい．

　生物の生息環境保全のための対策はいろいろとあるが，近年では各種実験の後に考案された魚道の設置 (ダム水源地環境整備センター，1998)，多自然型川づくり (リバーフロント整備センター，1990)，ワンドの造成など多くの対応がなされている (図13-4, 13-5)．それぞれに特性ある施策で，自然環境回復への努力は認めたい．また，それらの効果に対するモニタリング調査も考慮されるようになってきた．1990年以降は，国土交通省が河川水辺の国勢調査として，毎年一級河川などの生物と環境の把握に努めており，その資料が河川環境への反映として用いられている現状である．

図13-4　木曽川に新しく造成されたワンド.

図13-5　木曽川起地区ワンドの全景.

13-3　止水域

　止水域は，自然の湖沼から，人工的なダムやため池，さらには水田などと大小さまざまな形態からなっている．この止水域での自然環境とのかかわりは，周辺環境からの流入水で，特に水田は日本人の主食生産の場として重要な位置を占めることから，農薬の使用による汚濁，肥料による水質の富栄養化は避けて通れない問題である．治水の問題としては，護岸の形成による沿岸の改変によって生物の生息場所が失われることで，よく知られているのは

琵琶湖周辺の発展によるヨシ帯の衰退がある．

　生物に関していえば，湖沼のように古くから存在する自然環境は，地理的な要素なども加わって，そこに固有な種の生息が見られる．その意味では学術的にも貴重であることは当然であるが，いかにして保護するかが今問題となっている．

　湖沼に関しては，かつて水域生態系としての生物生産にかかわる研究は国際的な立場で国際生物学計画 (IBP) として行われ，Mori & Yamamoto (1975) に示されたように多くの成果が得られ，基礎的な資料が蓄積された．しかし，直接自然環境の保全につながる研究までには進展しなかった．その後の汚濁などの環境悪化による生物生産の低下現象から，現在行われている環境調査資料との対比による，自然環境の移行などを量る貴重な資料となっている．

　ダム湖のように人工的に造られた湖では，完成後に生息している生物そのものを考えるよりも，計画から造成にかかわる期間での本来そこにあった生物相に対する配慮が必要である．多く存在する止水域ではあるが，そこでの生物を基本とした自然環境判定に関する研究はほとんどないといってよい．

　ダム湖に関しては，湛水によって従来あった自然環境が改変されることもあって，膨大な事前調査報告書が作成されている．従来はこれらの環境調査資料もアセスメントのためだけに用いられていたきらいがあったが，近年は，その地域の基礎的自然資料としても公表されている（徳山ダム建設事務所, 1999）．ダム構築に関しては，生態系とのかかわりが重視され，沖縄総合事務所 (1997) やダム水源地環境整備センター (1994b) などに見られるように，影響はあるが，対応を考えた自然環境復元への配慮が行われていると考えてもよい．

　現在では，完成後のモニタリング調査も行われているが，古く造られたダム湖に対しても，1993年以降，水辺の国勢調査の一環として毎年多くの自然環境資料が得られ，その結果を参考として，陸域をも含めての環境復元への対策が行われているのが現状である．

13-4　湿性域

　湿性域とすると，河川や湖沼，干潟などを含めた広義な意味となるが，こ

こでは湿地ないし湿原という狭義な意味での展開としたい．湿地は，周辺環境の種々な要素によって形成されるが，河川・湖沼などの岸辺に発達することが多い．あるいは丘陵地の低い場所や不透水層が高いために形成されるなど形態，性質なども多様である．しかし，常に水が供給される場所として，植物は草本が主体となって独特の種が生育している．

　その形成条件はさておいて，生物にとっては，プランクトンの発生，魚類や昆虫類の産卵・成育の場などと好適な生息・生育の環境となっている．また，形成過程のあり方を背景として，独特の種の生息環境として，いわゆる貴重と称される生物が生息していることでもよく知られた環境である．また，リンや窒素などの栄養塩類を吸収・分解する機能が高く，自然のなかで環境保全に大きく寄与していることもわかってきた．最近でこそ湿地が重要な，生物の生育・生息場所であるとの認識が高まり，それらの生物の生活を通して環境要素が保持されていることが理解されるようになってきたが，かつては経済的に不用なものとの考えから，干拓や埋立てによって多くが失われてしまった．

　しかし，重要であるということに対する，それを説明するための基礎的な資料がほとんどない．ただ感覚的に貴重な生物の生息地だとか，野鳥の宝庫だとかいって騒ぎたてるだけで，湿地そのもののあり方も考えない主張が多いといわざるをえない．現在の湿地の存在が遷移の過程のなかにあり，現状を囲って守るだけでは，いずれ自然に消失していくことに対する理解もない保護運動が多い．やはり遷移を考慮に入れた対策でない限り，貴重な湿原を失うことにもなりかねないことを特に銘記しておきたい．

　河川・湖沼での自然環境の評価などについて先に紹介したが，湿地に関しては保全を自然度で評価しようとする資料が見当たらない．最近になって，環境省が，全国的に失われようとしている湿地のなかから主要な500地点を選定して，注意を喚起していることには注目したい．

13-5　環境保全

　淡水域における現状を水域別に述べてきたが，環境保全に対する施策は総体的に貧弱であるといわざるをえないのが現状である．その要因の一つに，

「環境保全論」だけが先行して，実際の資料調査なり研究が進展していないことがあげられよう．

これまでの淡水生物保護の実態は，基礎的な調査資料もないままに，慣習的に行われてきた．たとえば，1991年に公表されたレッドデータブック(RDB)で，サツキマスは絶滅危惧種に選定されながら，一方では漁獲対象として珍重され食卓にのぼるといった実情であった．サツキマスがアマゴの降海型であり，アマゴとの交雑が容認されながら，自然個体群の希少性に言及しないままに指定された，資料不足の結果であったと考えられる．しかし，ブラックバスやブルーギルに至っては，不法な放流といわれるものの，経済優先の商業主義に扇動され，遊びとしてのルアーフィッシングがその生態系への圧迫を問題にされているなかでさえ，益々隆盛をきわめているのは，不思議な現象である．このあたりに，日本人の遊びと自然環境保護とに対する考え方の矛盾を見る思いがしてならない（日本魚類学会, 2001）．

淡水生物を取り巻く環境問題は，結局は人間の生活活動における影響であることは明白な事実である．それらの負荷要因を除去すればよいとは誰もが考えることではあるが，この国では現在の利便性の高い生活をどうしたらよいかとなると，これは単に行政施策だけで片づく問題ではない．淡水に生息する生物の保全を考えるには，基礎的研究・調査を通じてその実態を確かに把握したうえでの対応が必要であり，このこと自体，今からでも決して遅くはない．単にRDBで指定された種，あるいは水鳥だけが重要で保護対象としたりするような，片手落ちな報告書が一人歩きすることだけはやめてほしい．このことに関しては，特定・有名種だけを報道するマスコミの責任も大きいといわざるをえない．

河川環境に関する調査・研究の資料は多くあること，湖沼に関しては生態学的な資料が整備されていることを述べたが，湿地に関する資料は十分ではない．たとえば，日本の代表的な湿原としての「尾瀬ヶ原」(Hara *et al.*, 1982)の基礎資料は整っているが，「釧路湿原」（釧路昆虫同好会, 1995）に関しては昆虫類以外の資料が少ないといったような現状である．湿原の乾性化に多くの問題を抱えている現在，尾瀬ヶ原は基礎資料に基づいての保全策が検討できる状況にある．しかし，釧路湿原は，タンチョウがあまりにも有名で，湿

原全体の生物保全が十分検討されないきらいがある．今すぐに釧路湿原が消失するわけではないが，乾性化による遷移がこれ以上に進めば，その自然環境は著しく衰退することは明らかである．また，湧水と表流水に支えられている，この低層湿原の水源確保は，周辺地域の開発とあわせて今後十分な保全対策を必要としている．

　淡水生物の保全を考えるとき，その生息・生育水域の特性は，閉鎖環境であるという点にある．このことは，外部からの流入などの影響を大きく受けることとなり，独自では環境保全が検討できない．一方では閉鎖された内的な条件に関しては，外在を除くことで，影響を排除できる場合もある．そこで，淡水生物の立場では，後者の閉鎖環境に対する要因解析と対策が，現在特に必要とされている．しかし実際のところでは，環境改変の速度に対して，基礎資料不足と調査・研究が追いついていない状況である．

　これまでにも述べたように，水域環境の変化は，人為の影響を大きく受けた結果である．淡水生物，それを貴重な地球遺産と考えるなら，将来の環境改変を極力阻止することはいうまでもなく，過去の改変に対する復元対策を慎重に検討し，自然保護と生物多様性機能を高める対策を，実行に移さなければならない．

　閉鎖的環境としての水域という立場では，環境改変の必要が生じた場合，計画段階から生物学研究者の参加を求め，設計に対して生物への影響に関する意見を尊重することである．さらに，生きものである以上，予測と実際とが異なる場合も考えられる．その対応も十分できる体勢も必要である．そればかりでなく，周辺との調和のなかで閉鎖的水域の存在を考えるからには，周辺環境の復元も視野に入れた計画立案が必要である．

第3部

野生生物保全の調査技術

（前田喜四雄）	14	コウモリ類保護の観点
（川那部 真）	15	鳥類保護を支える調査とネットワーク
（松井正文）	16	両生類の行動圏
（石谷正宇）	17	地表性甲虫類による生物環境評価技術
（西條好廸）	18	野生植物の保護管理
（横山 潤）	19	生物相調査における生物間相互作用の評価
（中村寛志）	20	指標種による環境評価
（増山哲男）	21	環境アセスメントにおける生態系評価
（田中 章）	22	HEPによるハビタット評価

　先端の研究と技術を紹介するのが第3部の目的である．保全生態学的なさまざまなアプローチは，フィールドをもつ生物学者のなかでは，日常的な研究課題となっている．その研究・技術内容も現在は多岐に及んでいるが，ここでは内容の偏重も覚悟のうえで，周知しておきたい情報や最新の話題を提供することに努めることとした．たとえば，野生生物のなかには保全対象として重要であるものの生態が未解明である種や，技術的に保全の実施が困難なものがある．また，保全技術として一般に知られる手法のなかにも，新しい評価の視点が提案され始めている．このような調査技術および環境評価の二面から専門分野ごとに話題を提示していく．

14 コウモリ類保護の観点

(前田喜四雄)

14-1 コウモリとはどのような動物か

14-1-1 種多様性と広い分布

　現生の哺乳類4,300種のうち，コウモリ類は約1,000種と1/4近くを占める，哺乳類のなかでは大きなグループである．ちなみに日本では，陸上哺乳類約100種のうちコウモリは35種で，1/3くらいと最も種数が多い．しかし，身近にいない，夜行性で小型である，ヒトと関連をあまりもたないと思われていることなどで，一般にその存在が知られることは少ない．

　このコウモリ類は分類学的には翼手目に属し，大きく二つの仲間に分けられる．一つは大翼手亜目(オオコウモリ亜目，オオコウモリ類ともいう)，他方は小翼手亜目(コガタコウモリ亜目，コガタコウモリ類)である．前者は一般的に大型で，翼を広げると1mを超えるような種もあるが，30cm程度の小型の種もいる．すべて果実や花粉，花蜜食であり，分布はアメリカ大陸を除く熱帯や亜熱帯域に限られ，主に視覚で周囲を見て，すなわち通常の哺乳類と同じように目で外界を見ながら飛翔し，自分や障害物の位置を知り，さらに餌を探す．この仲間は162種が知られている．一方，後者は一般に小型で，ほとんどが昆虫食であり，全世界に分布している．この仲間は口や鼻を通して超音波を発し，その反響で物の位置を知るエコロケーション(反響定位)を利用し，自分の位置や餌である昆虫類の飛翔を探り，これらを捕って餌にする．こちらは約800種が知られている．

　これらの現世コウモリ類は18の科(17科という意見もある)に分けられるが，本章で扱うのはこのうち後者の小型コウモリ類である．

14-1-2 コウモリの習性

　現生のコウモリ類の8割は夜間活動し，飛翔する昆虫類を捕食する．コウモリは多量の昆虫を餌とするが，たとえば小型コウモリの標準的な大きさである5～6gの種では，1個体が1日あたり約500匹の小昆虫類を捕食する．このように，コウモリ類は昆虫類の個体数に重要な影響を及ぼすことから，コウモリが昆虫を餌にする，あるいは昆虫は餌になって多量に捕食されても個体数が極度に減らないようにと，互いに関連をもちながら進化してきたらしい．

　昆虫類も天敵のコウモリにただ食べられるばかりではない．超音波を探知する感覚器官が多くの昆虫類で発達していることが知られ，その器官のある部位は，頭や胸，肢，腹など，種やグループによりさまざまである．このような昆虫類では，コウモリの発する超音波を感じると，飛ぶのを止めて茂みのなかに墜落して姿をくらます．極端な例では，妨害超音波を発して目くらましをするガ類さえ知られている．すなわち，コウモリと昆虫は密接な関係にあり，昆虫がいるところにはコウモリが必ずいるともいえる．地球上で昆虫が生息しない地域はほとんどないが，コウモリの分布もそれに近く，極地とか極度の高山，ツンドラを除いて広範囲に生息している．

　コウモリは夜には採餌に出かけるが，昼間は隠れ家に潜んでいる．その隠れ家の条件としては，湿度が高いことがまずあげられる．これは，表面積が異常に増えた飛膜からの水分の蒸散による乾燥の影響を防ぐことや，温度変化による無駄なエネルギーの浪費を低減するためといわれている．あわせて，温度が安定している，天敵に襲われにくいことも，生息の条件であろう．

　このような昼間の隠れ家として洞窟が一般にはよく知られているが，日本ではむしろ樹洞を利用する種が過半数を占める（図14-1）．コウモリは樹上で生活するトガリネズミのような祖先から進化したと想像されているので，起源初期のころのコウモリはすべて樹洞を昼間の隠れ家にしていたと考えられる．当時の温暖湿潤の気候では，樹洞のある大木はどこにでも存在していたであろう．それが気候の変動や，ヒトによる農耕が始まるなど，大木が次第に消えていった．また，彼らの習性の進化方向として，大集団を作ることが（100万を超える集団もさほど珍しくない）知られているが，これには大き

図14-1 このような樹洞をコウモリは利用する.

な空間を必要とするので,洞窟が利用されるようになったのであろう.また,この洞窟もかつては鍾乳洞や海蝕洞などの自然洞だけであったが,現在では廃鉱や水路の隧道,廃棄トンネル,家屋などと変化してきている.

14-1-3 人間生活とのかかわり

　ヒトが地球上に出現した当初は,その活動がコウモリの生息に与える影響は少なかったと思われる.ときには,洞窟性のコウモリは人間によって捕食されたかもしれないが,それもごく一部であったに違いない.しかしやがて農耕が始まると,コウモリの生息も強く影響を受けることとなった.農耕とは,多様性に富んだ林を切り開き,単純な植生を作り出すことである.このような人間活動は,昼間の隠れ家と餌の減少という二つの側面から,コウモリに影響を及ぼした.

　コウモリの昼間の隠れ家は樹洞と洞窟であるが,伐採により,樹洞をもつ大木が急速に消失していったので,樹洞性のコウモリは大打撃を受けた.彼らのうち,環境変化に対する適応性(具体的には湿度・温度変化)が強い種は,人工建築物を昼間の隠れ家とし,適応性の弱い種は衰退し,分布域を狭めていったと想像される.一方,農地の単純な植生構造は,昆虫類の生息種

数を減少させることから，その発生量が季節的に偏り，コウモリの餌を恒常的に供給できなくなる．当然のことながら，コウモリ類は餌となる昆虫類が恒常的かつ一定量が必要である．ある時期に大発生しても，そのほかの時期にはその一帯から昆虫類がほとんどいなくなるようでは，コウモリはその生息地を放棄するか，死滅せざるをえないのである．種によっては，一晩に巡回する活動範囲をある程度は拡大することも可能であるが，そのような習性が備わったものばかりではない．このように，ヒトの活動とともに，隠れ家が奪われ，餌条件が悪化していったものと推測される．

ところで現在，里山はたいせつなもので保存すべきであると注目されている．しかし，コウモリ側から見ると，里山は必ずしも快適な生息環境とはいえない．里山のような二次的自然環境では，たとえば餌が比較的豊富にあったとしても，石灰岩地帯や鉱山跡地以外では，まず昼間の隠れ家となる樹洞や洞窟が存在しないのである．その証拠に，ヒトの家屋を利用するイエコウモリ（アブラコウモリ）は，都市や市街地に多数生息しているにもかかわらず，家屋がむしろ点在する里山周辺では，生息するところはほとんど知られていない．

14-2 コウモリ生息実態に関する現在の問題点

14-2-1 分類学的研究の遅れ

日本にどのようなコウモリが生息しているのか，その実態が不明確である．研究者によって，分類に関する意見が大幅に異なる．たとえば，1994年の例では33種（2種の絶滅種を含む）となっており，環境庁（環境省）編纂の刊行物もこれに従っている．一方，39種という研究者もいる．これは種か亜種かという分類学的扱いの問題にほぼ由来している．

また，日本産の種が日本周辺地域のものと別種か同種かという課題が残っている．すなわち，これらの個体群間の形態的差異が，種レベル以下の地理的変異であるのか，種の違いによるものかという研究にいたっては，ほとんど行われていない状況である．これまでに大陸産と同種と思われていたコウモリが，実はそれとは異なる種であることが判明すれば，それは日本固有種ということになるのである．

その後，1998年に日本からまったく知られていなかったコウモリが，沖縄本島で2種も発見され，新種として記載された．また，これまで1個体しか発見されておらず，既知種の単なる変異とみなされていたものが，最近になって2個体目，3個体目が見つかり，国内の近縁種とは異なる種であることが明らかになった．さらに2002年にこれまで大陸でしか生息が知られていなかった種が礼文島で見つかった．

　このような例からもわかるように，今後も新しいコウモリが何種も日本から発見される可能性は十分あるし，それが未知の新種ということもありうるのである．特に調査が遅れている樹洞性のコウモリでは，その期待は大きいものといえよう．

14-2-2　コウモリ相や分布域の研究に関する遅れ

　分類学的な研究が上述のような状況であるので，日本のどこにどのような種のコウモリが生息するかについては，押して知るべしであろう．コウモリ相（ファウナ）が最小必要限度判明している都道府県は非常に少なく，市町村となると，さらに悲惨な状況である．したがって，ある種がどのような分布域をもっているかについては，現状ではまったく不明といってよい．

14-2-3　コウモリの分布域と個体数の著しい減少

　このように，コウモリ相や分布域に関する研究の遅れにかかわらず，分布域の大幅な減少や，個体数の激減が考えられる．「コウモリがいれば虫がいる，虫がいればコウモリがいる」という既往の観点が，すでにあてはまらなくなりつつある．多くの里山では，虫はいるがコウモリはいない状況が認められ，それらの地域ではすでに絶滅した可能性が高い．当然ながら，樹洞を昼間の隠れ家にするコウモリは，樹洞が消失すれば，そこでは生息ができない．実際，樹洞が多数存在する原始林には，コウモリが必ず生息している．

　以前に，多数のコウモリが生息していたという昔の情報をたよりに調査に出かけたが，コウモリが数個体かまったく生息していなかった洞窟が各地にあった．また，かつては多数のコウモリが群れ飛んでいた場所でも，今ではまったく観察できない状況も経験している．

14-2-4　コウモリに対する嫌悪感

おそらく明治の終わりころまでの日本では，コウモリはおめでたいもの，福をよぶものとして，各種の生活用品や屏風などに，そのデザインが喜んで使用されていた．しかし，その後のヨーロッパ文化の影響を受けたのであろう，コウモリは怖いもの，気味悪いもの，卑怯者などと思われだした．さらに悪い印象が浸透し，情緒的に不快に感じられるようになったせいか，彼らの生息はむしろ積極的に妨害を受けるようになった．

14-3　コウモリの保護に関する具体的対処

14-3-1　分類学的研究

コウモリの分類学を専攻する研究者を増やさなければならない．しかし，哺乳類どころか，生物学全体で分類学が敬遠される傾向にあり，簡単に改善される見通しは低い．せめて，分類学はかく興味深いという研究を発表し，生物学を志向する若者に訴えていくしかないであろう．

また，後述するような研究を追求するにしても，コウモリの種名同定が困難という事実もある．もっとも，古典の分類学書にあるような「やや大きい」といった抽象的表現ではなく，測定可能な具体的な実数値で同定が可能な検索表も，近年作られてはいる．しかし，大幅に改良されたとはいえ，これとてもまだ完全なものではなく，専門の研究者が実際に同定にあたらなければ，種が確定できない場合も多い．今後は，研究者が多数の標本の形態を比較検討することによって，より完全な同定手引を作成していく必要があるだろう．しかし，現在ではそれを行うための比較標本が各地の博物館などにわずかしか蓄積されてなく，研究者自身が困難を克服しながら比較標本を蓄積しつつある状況である．

14-3-2　コウモリ相調査

日本各地におけるコウモリ相の調査が必要である．しかしながら，現状ではその調査方法が十分に確立されておらず，研究者は独自の方法で調査を行っている．さらに，それらの方法が適切かどうかも明らかではなく，調査方法の長・短所についての比較検討も行われていない．

現在実施されているコウモリ相の調査研究は，昼間の隠れ家調査と夜間の採餌行動中の調査についての，二通りのアプローチがある．隠れ家が洞窟の場合は，しばしば洞内が狭くあるいはきわめて複雑で人が立ち入れないこともあるが，それでも通常は比較的容易にコウモリの生息を知ることができる．たとえば，コウモリが調査時にいなくても，糞などの痕跡から生息を確認することが可能である．

　もっとも，糞のような痕跡だけでは種を確定できないので，コウモリを実際に観察しなければならない．コウモリは，人が入り込めないような狭い隙間に潜んでいる場合でも，夜間にはそこから出てくるので，その際に捕獲や観察が可能となる．ただし，コウモリ類はあくまでも捕獲して，直接観察しないと，通常は種が同定できないことが多く，確認は捕獲が基本となる．コウモリの捕獲には環境省の許可を必要とするが，レッドリスト未掲載種を，かすみ網以外で捕獲する場合に限っては，都道府県から捕獲許可が出る．また一部ではあるが，頭骨を観察しないと種の同定ができないものがあり，その際には捕獲に加えて標本作製の許可も必要となる．

　樹洞性コウモリの隠れ家調査は特に困難を伴う．そもそも樹洞は大木にしか空いていない．現在，平野から低い山地にかけて，大木が残留しているのは鎮守の森や神社だけであり，ほとんどは原生林に生育している．したがっ

図14-2　湖畔を飛翔するコウモリをねらってかすみ網を設置．

図14-3 森林の高層と中層に仕掛けられた北大式ハープトラップ.

図14-4 河合式ハンディハープトラップ.

て，これら樹洞性コウモリ類を調査するときには，山奥の原生林に出かけていかなければならない．さらに，コウモリが利用する樹洞を探すのもきわめて難しい．そしてたとえコウモリの隠れ家である樹洞が運よく発見できたとしても，それが地上から高い位置にあるときには，その入口に到達することはほとんど不可能である．このように樹洞性コウモリの隠れ家調査は，偶然に左右される面が多く，実際にはほとんど成果があがらない手法である．そこで，現実的な調査方法として，飛翔コウモリの捕獲を行う場合が多い．

　コウモリ類は鳥類と異なり，飛翔個体を目視することや鳴き声（超音波）を聞くだけでは，種名が判別できない．現地調査では，超音波を人の耳に聞こえる周波数帯に下げるバットディテクターという機器を介して，その飛翔中の発声音を確認する手法がよく行われているが，この機器ではただコウモリが飛んでいることがわかるだけである．したがって，コウモリ相調査には必ず捕獲が伴う．

　飛翔コウモリ類の捕獲に際してはかすみ網を用いる（図14-2）．現地では，コウモリ類が飛翔しそうな場所を，調査者が経験的な「感」に頼って特定し，そこにかすみ網を設置する．設置後は，その場所でコウモリの飛翔を待ちな

がら待機する．もし，運よくコウモリが網にかかった場合も，コウモリはわずか数分ほどでかすみ網を食い破って逃げるので，調査者はかすみ網の設置場所近くでひたすら監視し続けなければならない．しかし実際には，コウモリが近くに飛翔してきても，かなり高い頻度で，自身が発する超音波によって網の存在を察知してしまう．網を認知したコウモリは，反転するか迂回して逃走してしまう．なお最近では，縦糸ばかりを使用した「ハープトラップ」なる道具（図14-3, 14-4）が試みられるようになったが，まだコウモリ相調査ではあまり実用的でない．このように捕獲調査は非常に効率が悪いが，コウモリ相調査は現状ではこのように実施するしかないのである．

14-3-3　コウモリ個体数に関する調査

　コウモリの1年を通じた集団（群れ）の実態はほとんどわかっていない．洞窟にいくと，単独でいるコウモリをしばしば見かける．これは単なる例外，あるいは群れから迷子になったコウモリなのだろうか．あるいはサルの野生集団で見られる離れザルと同様に，何か特別な意味をもつものであろうか．単独ならまだしも数個体単位の小集団で見つかることもある．

　コウモリは多くの場合，出産と子育てを雌だけの集団で行うことが知られている．そのときに，雄は別の群れを作るか，あるいは単独になることが知られている．冬には雄と雌がいっしょにいる場合も観察されているし，日本では繁殖期にしか発見されていない種もいる．子育てが終わり，子が巣立ちをした直後は子だけの群れを作るという観察例もある．また，季節によって長距離を移動すると推測されるコウモリもいる．

　野外でコウモリが見つかった場合に，群れが生活環のどの段階にあたるかにより評価は異なってくる．発見された個体数をカウントし，その多少をただ単純に評価すればよいというわけではない．なお一般的には，繁殖集団の保全が重視されるべきで，その集団の維持に必要な最低個体数が重要になってくる．

14-3-4　生態学的研究

　野外で観察されたコウモリの観察事例に関しての生態学的評価は必要であり，そのための各種コウモリの基礎的な生態学的研究が強く求められている．

特に隠れ家に関しては，重要な研究テーマの一つである．各種コウモリが求める昼間の隠れ家の環境条件については，前記したように，湿度が高い，温度変化が少ない，天敵に襲われにくいことなどしか，現状では明らかになっていない．また，コウモリが必要とする餌の質と量についても，1日や月，年単位で解明される必要がある．この餌の要求については，特に繁殖期や冬眠期には何か特別な条件がある可能性も示唆される．さらに，個体群動態についても，個体間関係や個体群関係，種間関係とはどのようになっているのか，このように解明しなければならない課題は非常に多い．

　環境省の発表したレッドリストのなかでも，コウモリ類は絶滅の危機に瀕している種が非常に多い．したがって，生態学的研究によって得られた研究成果を，野生個体群や生息環境の保全とともに，人工繁殖に関する研究も視野に入れて，今から研究を進めるべきであろう．

14-3-5　人工隠れ家に関する研究

　コウモリの保全対策として，人工隠れ家の設置が求められることもあるが，実際にはこの分野も研究が不十分である．まず，人工洞窟であるが，日本で

図14-5　木をくりぬいて作ったコウモリ用巣箱．

図14-6 乗鞍バットハウス.

は研究事例がなく，最近ようやく試行された所があるが，人工洞窟の設置環境や設置場所に関する成果はまだ公表されていない．

東ヨーロッパでは林にコウモリ用の巣箱を掛けて，コウモリを林および戻そうという運動が活発になり，その成果も徐々に発表されつつあり，それについてのマニュアルも作成されている．しかし，日本ではこのような研究例はまだ発表されてなく，個人的にコウモリ巣箱を設置している程度にすぎない（図14-5）．もっとも，このようなコウモリ巣箱について問題がないわけではない．これまでに紹介されている巣箱は箱内の温度変化が大きいために，温暖な繁殖期を中心に利用されるのみで，冬眠期の利用はない．特に冬期に温度が零下に下がる地域では，このような巣箱では耐寒に多くの無駄なエネルギーを必要とするために，利用されることはまずないと考えられる．

巣箱よりもやや大きな，コウモリ代理隠れ家の設置を熱心に試みている研究者がいて，ある種のコウモリはこれをよく利用することが知られている．ただし，この利用時期も繁殖期のみであり，冬期には利用されていない．また，コウモリハウスなりコウモリ小舎という，大きな建造物を作ってコウモリに供している例があり，繁殖時期のみの利用という点では成功している（図14-6）．ただし，この建造物の環境条件の適正な設定については，まだ手探りの状況であり，マニュアル化はされていない．したがって，人工の代理

隠れ家についての研究はまだこれからであるといえる．

14-3-6　コウモリに対する生息妨害

　コウモリが昼間の隠れ家として利用している洞窟でも，「危険だから」，「必要ない」という理由だけで壊されるケースが幾つもある．危険なのはヒトが洞窟内に入るからであり，立ち入りができないように柵を入口に設置すれば十分であるのだが，コウモリの保全についての理解が低く，そのような対処をした例は非常に少ない．

　観光に供する鍾乳洞などの場合，洞内の通路を広げ，入口を拡張することもある．また，火を炊くなど，洞内の環境を変えてしまう行為が見られることもある．これらの行為で洞内の温度や湿度の条件などが変わり，コウモリの生息に適さない環境になることも多い．

　樹洞（図14-7）については，大木が消滅することがコウモリの生息を脅かす最も大きな原因となる．原生林以外では，社寺の境内などで大木が保存されていることも多く，このような環境の樹洞を好むコウモリがいる．しかし，人里周辺の老朽化した大木は，風が吹き倒れると危険という理由で伐採され

図14-7　このような大木がたくさんあるとコウモリもいる．

ることがあるが，その保存が強く望まれるところである．

　家屋を利用するイエコウモリとヒトとのもめごとは数多くある．コウモリが私の家に棲みついており，追い出したいのでどうすればよいのか教えてほしいという連絡を多く受ける．このような家は，コウモリがその環境を気に入っているから棲みつくのであり，むしろ嫌いな環境を作り出せば棲みつかない．風通しをよくして乾燥させ，それができない場合にはコウモリの出入口をふさぐことである．夕方にコウモリの出巣を観察し，その出入口を調べ，出巣後にそこを布きれなどでふさぐ．なお，多くの場合，出入口は複数あるいはたくさんある．したがって，観察を繰り返して，穴をふさぐ努力が必要である．しかし，イエコウモリが棲みついてくれて，毎晩多数の小昆虫類を捕食し，その周辺の昆虫類の個体数を調節してくれているのであるから，コウモリが棲みついてくれるのを，本当は喜ぶべきではないだろうか．

　そうはいっても，コウモリを嫌いなヒトを説得するのは困難である．近くの公園とか学校とかに，コウモリの安心して棲めるコウモリアパートを積極的に作り出す努力をするのも一つのアイデアである．コウモリが活動しなくなる冬期に糞の掃除をする，そしてその糞は何から構成されているかなどを調べる．また，それを花や野菜の肥料にするなど，環境教育の一環にするには格好の材料であると思われる．ただし，どのような環境のコウモリアパートを作ればコウモリが一般の民家よりもこちらのアパートを好いて引っ越してきてくれるかというデータは今のところないのであるが．

15 鳥類保護を支える調査とネットワーク

(川那部 真)

 アリストテレスの時代から,姿や声が美しく,ときとして長距離の渡りを行う鳥類に対して,研究者は強い関心を抱いてきた.その一方で,大部分の人々にとって鳥類は,貴重なタンパク源であり,暖かい羽毛の供給源であり,美しい姿や声を愛でるための愛玩動物であった.ところが19世紀の半ばになると,欧米では鳥類保護団体が相次いで設立され,それまでとは異なった流れが生まれた.市民による鳥類保護運動の始まりである.
 日本では,1932年に山階鳥類標本館(後に(財)山階鳥類研究所),1934年に中西悟堂によって日本野鳥の会(1970年に財団法人化)が設立されると,わが国にも市民の間で鳥類保護思想が芽生え始めた.中西悟堂は文人や鳥類学者とともに,鳥は籠の中ではなく野山で親しむ,つまり「野の鳥は野に」の思想のもと普及啓蒙活動を行った.その後,1946年に鳥類保護連絡会議(後に(財)日本鳥類保護連盟),1971年に政府機関として環境庁が設置され,わが国における本格的な鳥類保護活動が始まった.
 本章では,日本の鳥類保護運動の一翼を担ってきたNGOの活動を交えながら,現在行われている鳥類保護活動の流れを紹介する.

15-1 鳥類保護を支える基礎的な調査

 鳥類の保護活動を進めるうえで,鳥を科学的な視点でとらえ,その基礎的な情報を収集することは欠かせない.最近では,環境問題に対する社会的関心の高まりとともに,鳥類の生息状況を科学的に調査し,その結果を保護に役立てようという気運がかつてないほどに盛り上がっている.質の高い情報が全国で急速に蓄積されつつあり,実際の保護活動に活用される事例も増えた.以下に,鳥類保護を支える基礎的な調査について,代表的なものを取り上げる.

15-1-1　鳥類の生息状況モニタリング調査

　この20～30年間で，さまざまな野生鳥類が全国各地で減り始めたことを，長年にわたり鳥類の観察や保護活動に携わってきた人の多くが実感している．それは，経験に基づく生息状況の変化であるが，具体的な資料となると実は驚くほど少ない．鳥類とその生息環境を保護するためには，鳥類の生息状況と環境の変化を客観的に調査し，その成果を蓄積する必要がある．なかでも，生息種と生息個体数，生息環境の情報は，鳥類の保護を進めるうえで最も基本となるものである．したがって鳥類調査法では，これらの把握に適したラインセンサス法や定点観察法，メッシュ法などが頻繁に用いられる（由井, 1977; 岡本・市田, 1990; 山岸, 1997）．

　環境省では，1973年より自然環境保全基礎調査の一環として，市民参加型の鳥類生息分布調査を行ってきた．これは，全国一律で実施される鳥類のモニタリング調査であり，繁殖分布調査や冬鳥分布調査，鳥類生息分布調査などの名目でこれまでに6回行われている．その結果からは，夏鳥として渡来するチゴモズ，アカモズ，サンショウクイをはじめとして，身近な鳥であるカイツブリやヒバリなどがこの20年間で激減したことが明らかになった（成末ほか, 2000）．

　(財)日本野鳥の会でも，1993年から，鳥類の生息状況を全国レベルで把握することを目的として，日本の代表的な鳥類の生息環境である「森林と草原」，「干潟と河原」，「湖沼と河川」について定期的な調査を実施している．これは，鳥類生息環境モニタリング調査とよばれ，「鳥類の生息状況と生息環境の変化を明らかにすること」，「環境の変化が鳥に及ぼす影響を明らかにすること」，「開発規制の指針をつくること」をねらいとしている．調査では，鳥類の生息種と生息個体数のほか，植生や水質，土地利用状況などの環境の把握に重点がおかれ，統一マニュアルに基づいて全国規模で実施される．

　このほかにも，全国一律で実施される鳥類のモニタリング調査として，国土交通省の河川水辺の国勢調査などがある．

15-1-2　渡り鳥の渡り経路を追う

　渡りとは，「遠く離れた夏の繁殖地と冬の生息場所との間を定期的に移動

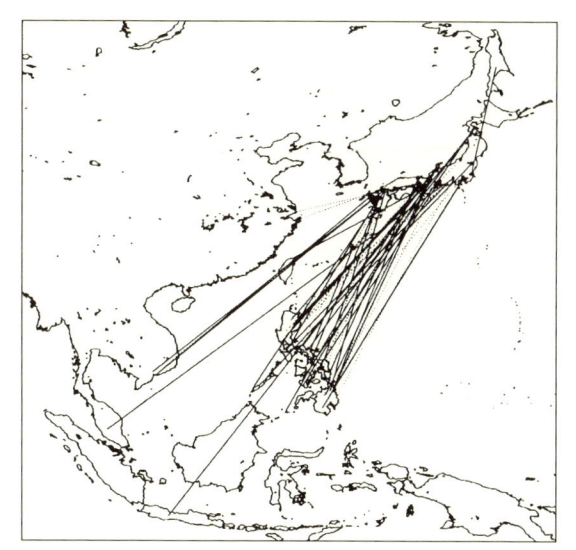

図15-1 標識調査により明らかとなったツバメの渡りルート((財)山階鳥類研究所, 1996).

すること」((財)山階鳥類研究所, 1990)と定義される．日本で記録される鳥類のうち，約80％の種は何らかの渡りを行うことが知られている．渡り鳥にとって生存に必要な場所は，繁殖地，中継地，越冬地のすべてであり，そのどれが欠けても重大な影響を受けてしまう．つまり，日本に生息する渡り鳥の保護を考える場合，日本国内はもちろんのこと，国内外の生息に必要なすべての地域の保全を検討しなければならない．

　渡りが科学的に解明され始めたのは，19世紀になってからである．渡りの時期に，鳥類が集まる場所で標本を集めることから始まり，各地での組織的な観測や標識調査，また最近では人工衛星やレーダーを利用した追跡まで行われている．日本では，以下に紹介する標識調査と衛星追跡が，渡り経路の解明に大きな役割を果たしてきた．

(1) 鳥類標識調査 (バンディング)

　捕獲した鳥類に足環などの標識を装着後，放鳥し再び捕獲することで，渡りや移動状況を明らかにする調査である（図15-1）．また，放鳥時と再捕獲時の記録を比較することで，寿命や年齢による形態の変化などを知ることがで

きる．日本では，農商務省が1924年に実施して以来，管轄や財源は変わってきたものの，第二次世界大戦による中断を除き一貫して鳥類の移動実態把握のために行われてきた．最近の国内年間放鳥数は，15～20万羽の間を推移している．

調査では，主にかすみ網を使用して鳥類を捕獲し，足環標識を装着後，必要なデータを収集・記録して放鳥する．環境省の委託を受けた(財)山階鳥類研究所が，鳥類標識調査者（バンダー）の認定試験を実施しており，これに合格した者が標識調査に従事する．現在では，試験を経た約400名が，全国60箇所に設けられた鳥類観測ステーションを中心に活動している．

(2) 人工衛星による追跡

最近では，鳥類の体に電波送信機を装着し，人工衛星で渡りの経路を追跡する調査が実施されるようになった．これは，1978年にアメリカとフランスが共同開発した位置測定システム「アルゴス・システム」を利用したものである．1982年には，このシステムを用いた生物の行動生態調査が可能となっ

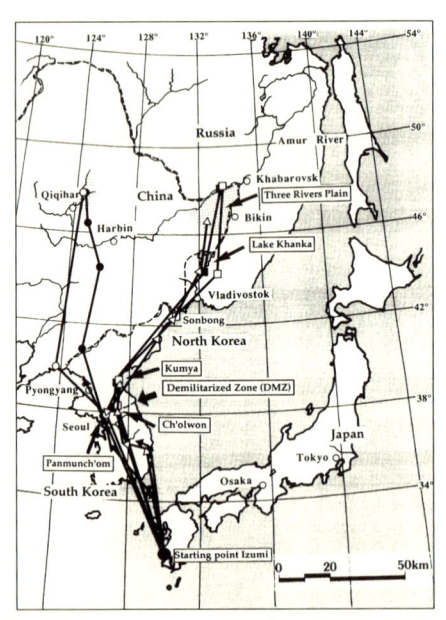

図15-2　衛星追跡により明らかとなったマナヅルの渡りルート（Higuchi *et al.*, 1996）．

たが，初期の送信機は1kgもありイルカやウミガメにしか応用できなかった．(財)日本野鳥の会は1988年以降，鳥類への応用を模索し，NTTおよび東洋通信機(株)との共同研究により，現在では8gの超小型送信機が完成している．これまでにマナヅルやナベヅルなどのツル類，ハクチョウ類，クロツラヘラサギ，オオワシなどで調査が行われ，標識調査ではわからなかった中継地を含む渡りの概要が解明された．

マナヅルとナベヅルでは，鹿児島県出水市で越冬した個体が中国の三江平原やチチハル近郊，ロシアのアムール川流域などで繁殖することが明らかとなった(図15-2)．特に三江平原では，食糧増産のための日本政府開発援助事業が計画されていたため，日本政府および中国政府が協力して，農業開発による影響の緩和と自然保護区設立のための調査・提言が行われた．中国政府は，この提言にそって，ツル類をはじめとする野生生物保護のための国家級自然保護区を当該地に設立予定である．この事例は，衛星追跡の結果を具体的な保護に結び付けた好例といえる．

15-2 種と生息環境保全への道を探る

科学的調査に基づいて得られた結果は，絶滅危惧種や鳥類重要生息地の情報として整理され，保護活動のためのツールとして利用される．種の保全と生息環境の保全は，鳥類を保護し生物多様性を維持するうえでの二本柱といえる．

15-2-1 鳥類レッドデータブック―種の保全への指針―

レッドデータブックとは，どの種がどのくらい危機的な状況にあるのか，なぜそうなってしまったのかを分析したものであり，保護活動の優先順位や対処法を具体的に検討するための基礎資料である．レッドデータブックの名称は，危機をイメージした赤い表紙に由来する．また，その思想的ルーツは，国際的な鳥類保護組織バードライフ・インターナショナルの前身である国際鳥類保護会議(ICBP)が，絶滅に瀕する鳥類を国際保護鳥に指定して，保護への取り組みをよびかけたことに始まる．国際自然保護連合(IUCN)が，1963年に世界で初めて鳥類を含む動植物のレッドデータブックを出版して以

図15-3 アジア版鳥類レッドデータブック．書籍版は2巻3,038ページ，CD-ROM版は全1枚からなり，全文がインターネットで公開中 (http://www.rdb.or.id/)．

来，世界各地でさまざまな分類群を対象に編纂されるようになった．

　鳥類では，ICBPにより1980年に全世界版，1985年にアフリカ版，1992年にアメリカ版，バードライフ・インターナショナルにより2001年にアジア版が刊行された．また日本国内では，環境庁により1991年に脊椎動物版，1998年にIUCNの基準に基づく鳥類レッドリストが公表されており，地方自治体からも独自のレッドデータブックが出版されている．

　日本を含むアジアの鳥類レッドデータブックは，環境省をはじめとするさまざまな組織からの支援を受け，アジアのバードライフ・インターナショナル加盟団体によって制作された（図15-3）．その結果，アジアに生息する鳥類約2,700種のうち，約12％に相当する323種が絶滅危惧種に選定された．本書には，アジアの絶滅危惧種323種について，年代別の位置情報，現存個体数，生態，危機の要因，これまでの保全策，今後さらに必要な対策などが種別に詳細に記載されている．また国際的な基準に基づき，アジア全体の視点で編纂されているため，保全策を検討する際にも地域ごとにきめ細かな対応が可能である．

15-2-2　鳥類重要生息地（IBA）―生息環境保全への指針―

　鳥類は，相対的に生態的ピラミッドの高位に位置し，アンブレラ種となっているものも多い．また，種数がそれほど多くない，昼行性の種が多い，ほとんどの種は捕獲しなくても識別可能などの理由で調査がしやすい．このた

コラム　世界の絶滅危惧鳥類の約3分の1を占めるアジア産鳥類

　現在，世界には9,797種の鳥類が生息している．2001年にバードライフ・インターナショナルは，世界の絶滅危惧鳥類をまとめた "Threatened birds of the world" を刊行したが，その内容は驚くべきものであった．これに掲載された絶滅危惧種は1,186種（野生絶滅3種，絶滅危惧IA類182種，絶滅危惧IB類321種，絶滅危惧II類680種）であり，実に世界の鳥類の12％が絶滅に瀕するとされたのだ．さらに準絶滅危惧種727種を含めると，約20％が絶滅のおそれがある種ということになる．

　そのなかでも，アジアの鳥類の現状はより深刻だ．同じく2001年に刊行されたバードライフ・インターナショナルの "Threatened birds of Asia" によると，世界の絶滅危惧種1,186種のうちアジア産鳥類は323種（準絶滅危惧種を除く）であり，世界の絶滅危惧種の約3分の1に相当する27％がアジアに分布していることになる．国別ではインドネシアが約120種で最も多く，続いて中国本土の約80種，インドの約70種と続く．このなかで日本の種は45種であり，アジアの絶滅危惧種の約14％が日本に生息している．

　では，いったい何がアジアの鳥類を絶滅に追いやっているのだろうか．絶滅危惧種を生息地別に見ると約80％が森林性種であり，森林の喪失による生息地破壊が最大の原因とされている．また絶滅に追いやる要因では，約60％が生息地破壊であり，さらに狩猟や人間活動による撹乱がこれに続く．これらは，アジアの森林破壊がいかに激しいものであるかを物語っており，それにより多数の鳥類が絶滅の危機に追いやられていることを如実に示している．

　日本でも，『改訂・日本の絶滅のおそれのある野生生物―レッドデータブック―2鳥類』（環境省編，2002）が刊行され，計137種・亜種（絶滅13種・亜種，野生絶滅1種，絶滅危惧IA類17種・亜種，絶滅危惧IB類25種・亜種，絶滅危惧II類47種・亜種など）の絶滅に瀕する鳥類がリストアップされた．これらは，必ずしもバードライフ・インターナショナルとそれに準拠したIUCNの公表する絶滅危惧種とは一致しないが，日本の種がおかれている深刻な状況をよく示している．

　日本産鳥類の多くは，季節によってアジアの国々の間を行き来していることが知られている．鳥類は強力な飛翔力をもち，その保護には国際的な協力が不可欠である．鳥類を保護するためには，その活動は決して自国だけでは完結しえない点が，ほかの生物とは大きく異なる．そして今後の日本にとっては，国内で培われた保全技術をアジア諸国へ移転し，途上国の保全技術者を育成するなど，鳥類をはじめとする生物保全の分野における国際協力がよりいっそう重要になるであろう．

（川那部　真）

め，バードライフ・インターナショナルでは，鳥類重要生息地 (Important Bird Area: IBA) の調査を1981年から実施している．この調査は，世界的な絶滅危惧種の有無，生息地域が限定される種の有無，特殊な生息環境 (biome バイオーム) に生息する種の有無，一定個体数以上が集合する環境の有無といった基準に照らして，鳥類の生息状況から見た重要地域を抽出するものである．

アジアでは，2002年に約2,500箇所のIBAが抽出され，そのうち日本国内のIBAは約200箇所にのぼる．これらは，各サイトごとに名称，地名，位置情報，面積，生息種，保全状況，選定基準などが記載され，印刷物およびインターネット上で公開されている．また，ヨーロッパ，アフリカおよび中東でもすでにIBAの抽出は終了しており，ヨーロッパでは欧州連合 (EU) がさまざまな開発案件を検討する際の重要な参考資料となっている．今後IBAは，日本国内でも各種保護区の設置や保全計画策定などの政策立案に役立てられるとともに，開発計画策定時の計画アセスメントにも活用されるであろう．

15-2-3　生物多様性保全支援システム (BCSS) ―データベースの構築―

アジア地域では，科学技術振興事業団，北海道環境科学研究センター，バードライフ・インターナショナル加盟団体によって運営される，生物多様性保全支援システム (Biodiversity Conservation Supporting System: BCSS) とよばれる生物調査データ共有のための枠組みがある．これは，さまざまな機関に分散する生物調査データのカタログ化をめざすものであり，これにより各機関どうしでデータの相互利用が促進され，それぞれが有益な情報を入手しやすくなるとともに，重複した調査への投資を避けることができる．アジアで調査研究活動を行っている行政や研究機関，NGOなどの機関に幅広く参加がよびかけられている．同様の試みに，経済協力開発機構 (OECD) のイニシアチブによるGBIF (Global Biodiversity Information Facility)，生物多様性条約下のCHM (Clearinghouse Mechanizm) などがある．

今後，BCSSを通して公開されるアジアの鳥類情報には，バードライフ・インターナショナルによる，日本を含むアジアの絶滅危惧種の位置情報，(財) 日本野鳥の会による日本国内の各種鳥類調査結果，環境省の自然環境保全基礎調査結果，北海道環境科学研究センターによる北海道内の鳥類を含む

動植物の位置情報などがある．これらアジアの生物位置情報と重要生息地情報は，インターネットで公開されるため，各主体が自然保護区の設置や政策立案，開発計画策定に際して活用可能である．

15-3 鳥類保護活動の実際

15-3-1 保護区設置のための活動

鳥類の保護活動は，以上に述べた科学的調査とそれに基づくさまざまなツールによって実施される．これまでは，ともすれば感情論に陥りがちであった自然保護運動やその一翼を担う鳥類保護活動も，科学的根拠のもとに行われることが普通になりつつある（図15-4）．

レッドデータブックの項で述べたように，日本を含むアジアに生息する鳥類約2,700種のうち，約12％が絶滅の危機に瀕している．しかし，それらすべてを一度に保護することは困難であるので，特に危険な状況にある種やアンブレラ種，象徴種とその生息地の保全が当面の目標となる．そのための情報ツールが，絶滅危惧種情報や鳥類重要生息地情報であり，それらに基づいて早急に保全すべき重要自然環境が抽出される．

日本の重要自然環境の多くでは，これまでにも行政による法的規制や保護

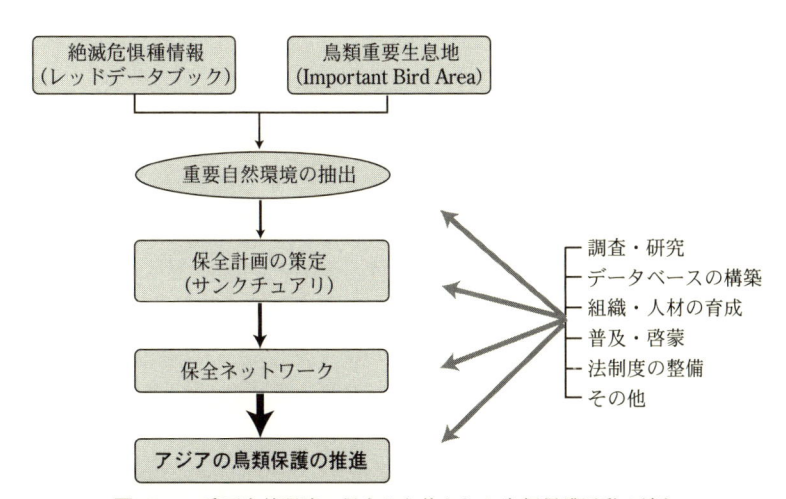

図15-4　重要自然環境の保全を主体とした鳥類保護活動の流れ．

区化が行われてきた．しかし，法的指定のみで十分な管理がなされないことも多く，NGOでは(財)日本野鳥の会がこの問題の解決をめざして「サンクチュアリ(野鳥をはじめとする生物の聖域)」の設立を模索していた．レンジャーが常駐して，生物とその生息地を守り，同時に自然保護のための普及・啓蒙活動を行う自然保護区である．1981年に北海道勇払原野に設立されたウトナイ湖サンクチュアリは，このような趣旨に基づく初めてのサンクチュアリである．その後，サンクチュアリは各地で行政や民間などさまざまな主体により設立され，現在では(財)日本野鳥の会が直接ないし委託管理するものだけで全国に11箇所ある(図15-5)．サンクチュアリでは，レンジャーが常駐し，環境の管理や調査研究，来訪者への案内，自然観察会，環境教育などが行われている．さらに今後も，鳥類の有効な保全手段として，重要自然環境の抽出と保護区化，それらの保全計画を含めたマネジメントは不可欠である．

なおアジアでは，重要自然環境の抽出，保全計画の策定，保護区化がこれから本格的に始まる国も多い．今後は日本国内に加えて，繁殖地，中継地，

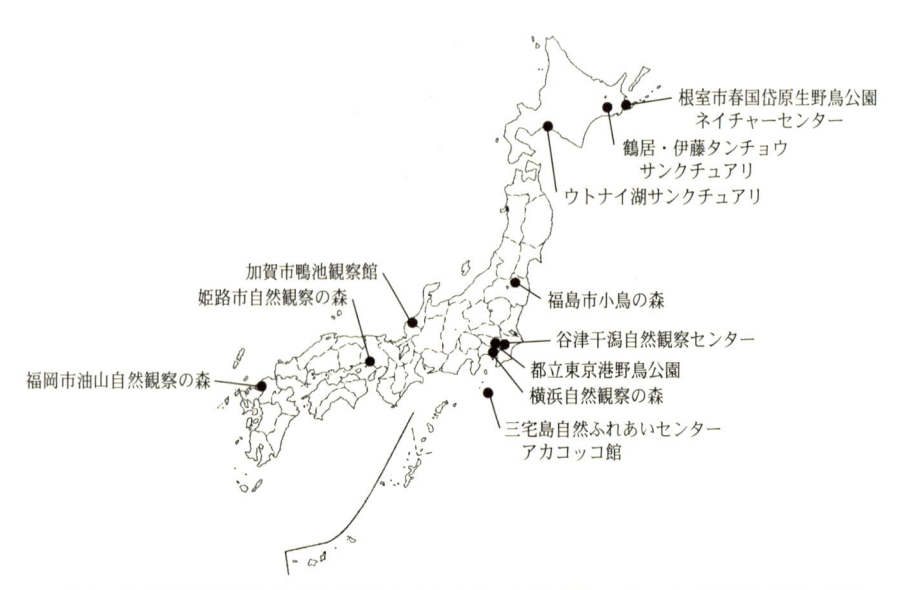

図15-5 (財)日本野鳥の会が管理するサンクチュアリ(パンフレット「財団法人日本野鳥の会〜会のご案内2001年版〜」より一部改変).

越冬地などの異なった役割をもつ地域間のネットワーク（保全ネットワーク）の構築も，渡り鳥を保護するうえでは重要となるであろう．また，二国間渡り鳥等保護条約・協定，アジアにおける渡り鳥保護の多国間条約，鳥類保護に関する各種国内法などの法律の整備は，これらの活動を法的に裏づけるうえで不可欠である．

15-3-2 保護を進める世界的ネットワーク

鳥類の多くは長距離の渡りを行い，国境をいともたやすく越えてしまう．つまり鳥類の保護を考えると，一国内だけでは不十分な場合が多く，国際的な協力が不可欠である．バードライフ・インターナショナルは，100を超える国と地域の団体が加盟する連合組織であり，世界の鳥類保護ネットワークを担っている．世界に200万人を超える会員を擁し，地域別のレッドデータブックや鳥類重要生息地リストの作成，鳥類保護のための各種政策提言，情報交換などを行う．各国を代表する鳥類保護団体や環境保護団体は，バードライフ・インターナショナルのネットワークのもとで協力しながら，国境を越える鳥類の保護活動を行っている．

15-3-3 市民・企業・行政とのパートナーシップ

鳥類の保護には，国内外のさまざまな主体との協力が不可欠である．NGOや市民，企業，行政などとの協力のもとで，実際に多くの取り組みが行われている．NGOにとって，行政に対する政策提案やロビー活動は，鳥類を保護するうえで最も重要な活動の一つである．また，行政はこれらの提案を政策に取り入れることで，有効な鳥類保護行政が図れる．これまでにも両者の協力により，日本政府のラムサール条約やワシントン条約への加盟，かすみ網の販売・使用の禁止を含む鳥獣保護法の改正などが実現された．鳥類保護団体や行政，市民，研究者などの各主体が参加する，保護のためのワークショップも頻繁に開催されるようになった．市民や企業の寄付によって，（財）日本野鳥の会が取得したトラスト地は全国に10箇所，613.4 haに及ぶ．

将来を見据えた保護活動拡大のために，一般への普及啓蒙や人材育成などの環境教育は欠かせない．これまでにも，多数の自然観察会や講演会，市民や企業内の環境ボランティア育成のためのリーダー養成研修，鳥類学の基礎

知識を学ぶための鳥学講座，教職員向けの環境教育研修などが行われている．各主体とのパートナーシップに基づく活動は，今後も鳥類保護活動の基本となるであろう．

15-4　人間と鳥類が共存できる社会をめざして

　高度経済成長期以降，激甚な自然破壊の歴史をくぐり抜けてきた日本の鳥類保護運動には，保護団体が自然を破壊する行政や企業と対峙するという構図が見られた．しかし，社会の環境に対する急速な意識変化に伴い，これまでの図式は様変わりし，鳥類保護団体からも積極的な政策提案がなされるようになりつつある．最近，社会問題化しているカワウによる森林および漁業被害には，NGO，政府機関である水産庁・環境省・国土交通省，地方公共団体，内水面漁業協同組合などのさまざまな立場の関係者が協力して，人間とカワウとの共存の道を模索し始めた．鳥類保護活動の今後を考えるうえで，この例は一つの方向性を示すものといえる．これからは各主体が，相互に知恵を出し合って，人間と鳥類が共存できる社会をつくっていくことが望まれている．

16 両生類の行動圏

(松井正文)

16-1 両生類における行動圏とは

　行動圏 (home range) の定義は一般に「動物が普通に行動する範囲」であり，移動・分散中の空間は含めない．また，他の個体との関係や他個体に対して，それを防衛するかどうかを問わないものとされる．つまり，なわばりも行動圏に含まれることになる．

　両生類はその名のとおり，幼生 (オタマジャクシ) 生活期を一般に水中ですごし，変態して陸上生活に移行する動物であるから，生涯を通じて行動圏には二つの大きな違いが見られる．さらに，変態した後でも，性成熟前の亜成体と成体の間で行動圏は同じでないことがあり，また成体でも繁殖期と非繁殖期で行動圏に大きな違いが見られることが多い．日本産の両生類で知られる限り，なわばりを形成するのは繁殖期で，しかもたぶん雄だけである．このように，厳密にいえば種内の個体間でも行動圏に差があるのだが，一般に両生類は定住性が強い動物だといわれ，また繁殖に関しても帰巣本能 (実際は巣をつくるわけではないから適切ではないが，かわりのよい表現がない) が強いといわれている．

　こうした両生類のもつ生態的特性から明らかなように，上述の行動圏の一般的定義を厳密に適用し，行動圏に移動・分散中の空間を含めないことは，意味のないことである．それは両生類にとって重要な繁殖や変態に伴う行動を除外することである．また，現実的に行動圏に関する研究は世界的に見ても多くはない (Duellman & Trueb, 1986) のに，行動圏に限らず日本における両生類の生態研究自体がきわめて貧弱である．したがって，日本産両生類の厳密な行動圏の研究はきわめてわずかしかない．さらに，両生類の保護・保全を考える立場からは，移動・分散に要する空間は無視できない．この考え

に立ち，以下の小文ではあえて，行動圏に加え，移動・分散中の空間についても解説を行いたい．

16-2　行動圏の推定手法

　両生類に限らず，ある動物種の行動圏というのは，問題とする種個体の活動する範囲であるから，各個体を識別することが重要である．個体を識別するにはいろいろな方法があるが，問題は標識づけをした後，再捕獲して個体確認を行うか，そのまま個体に触れることなく動きを追跡するかで，目的によって採用すべき方法は変わってくる．前者はかなりの時間間隔をおいて機会的に再度遭遇するのを待って断続的に追跡する場合であり，後者は期間を限ってその個体の移動を継続的に追跡する場合である．

　長期的な個体識別の方法には，斑紋の記録，指切り法，半導体チップの埋め込みなどがある．一方，短期的な標識の方法には，個体に腰バンドやタグを装着する方法，ビーズ玉を縫いつける方法，アクリル系色素を注入する方法などが用いられる．また，テレメトリー法も時間的にはこの範疇に入れることができよう．

16-2-1　長期にわたる個体識別法

　そもそも両生類は特別のトラップなどを適用することができないため，再捕獲されることが少ないから，標識再捕法には限界があるのだが，長期追跡のための個体識別の方法として古くから用いられているのは，指切り法である．たとえば，前肢の右側を1番台，左側を10番台，後肢の右側を100番台，左側を1,000番台とし，標識番号は内側の指から1, 2, 4, 7と決めて，95番であれば右前肢の第1, 3指と左前肢の第2, 4指を切除するのである（図16-1）．この方法にははさみがあればよく，念のために消毒用のヨードチンキがあれば，さらによい．最近は，動物愛護上問題があるということで代替手法を用いることが望ましいとされるが，除去された指は年齢査定に用いることができる．しかし，サンショウウオ類（有尾類）はカエル類（無尾類）に比べ，指切り法による個体識別は難しい．ことにイモリは再生能力が高く，指を切除されてもすぐに再生して，個体識別が困難となってしまう．

また，個体ごとに異なる斑紋の記録（イモリなど），皮膚移植による識別（アマガエルなど）も，正式な報告はないが試みられている．オオサンショウウオのように大型の動物では，焼きごてによる標識づけも行われたが，すぐに皮膚が再生し，長期追跡にはほとんど役に立たない．

最近よく用いられるのはトランスポンダー（いわゆる半導体チップ）である．電磁コイル，同調コンデンサー，マイクロチップが，わずか10×2.1 mm

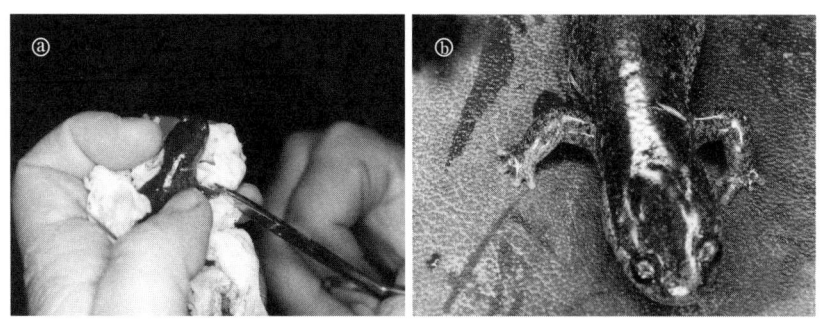

図16-1 ⓐ 個体識別のための指切り．ⓑ 個体標識されたアベサンショウウオ（個体番号46）．

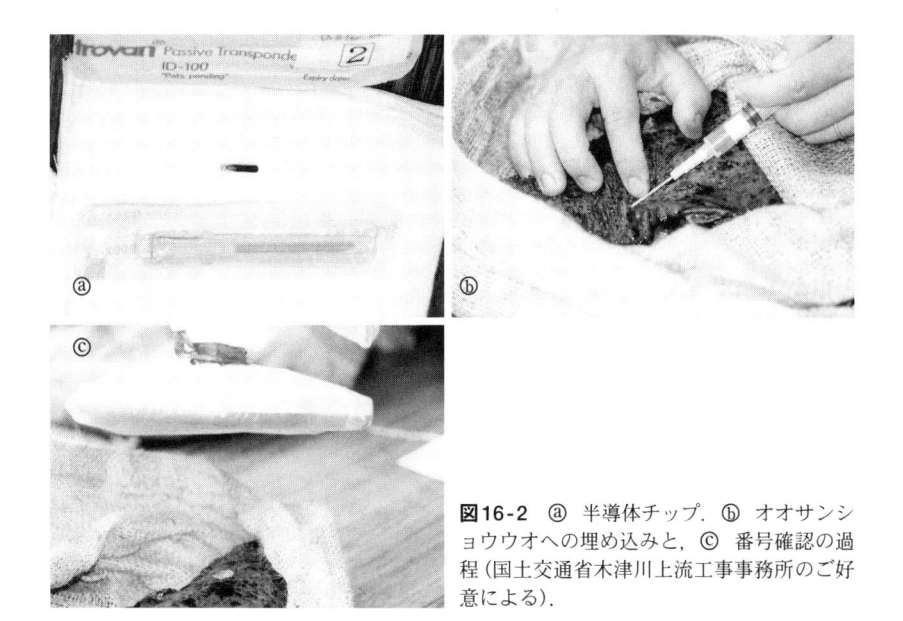

図16-2 ⓐ 半導体チップ．ⓑ オオサンショウウオへの埋め込みと，ⓒ 番号確認の過程（国土交通省木津川上流工事事務所のご好意による）．

のガラス容器に組み込まれており，重量は0.05gである．これを注射器を用いて個体の体内に埋め込み，携帯読み取り機で固有の番号を読み取る（図16-2）．番号は8桁の数字とアルファベットの組み合わせであるから，膨大な数の個体の識別が可能である．筆者らは，カスミサンショウウオの亜成体および成体の生態調査に半導体チップを用いて好成績を収めている．抱卵した雌に半導体チップを埋め込んでも支障なく産卵が行われ，翌年にも繁殖に参加することが確認されている．また，最近はオオサンショウウオの調査にも各地で利用されている．問題は，小型種では埋め込みに技術を要することと，まだチップの単価が高いことである．

16-2-2　短期間追跡の手法

タグを用いる例として，Kusano *et al.* (1995) は15×15mmの薄いゴム板に個体識別番号を記し，アズマヒキガエル成体の頭部に瞬間接着剤で接着している．しかし，タグが脱落する場合があるので，標識の有無を確認できるようにみずかきの一部を切っている．また，Tanaka (1989) はカスミサンショウウオ雄の繁殖行動観察のために，異なった色のビーズ玉を蛍光製の糸で尾に縫いつけている．このほか，短期間の個体追跡のために，個体に糸巻きを装着してほぐれた糸をたどる方法もある（高橋, 1995）．

16-2-3　テレメトリー法

短期間，個体の移動運動を追跡するのと同時に，行動圏を特定するのに最適とされるのは，テレメトリー法を用いる調査である（図16-3, 16-4）．テレメトリー法は，目視観察しにくい両生類には特に有効である．しかし，まず小型サンショウウオ類やイモリは体が小さいので，よほど小型の電池を用いない限り，装着ができない．そして小型電池は寿命が短いため，長期にわたる追跡は不可能ということになる．一方，オオサンショウウオでもテレメトリー法を用いることは難しい．すぐに脱落してしまうのである．何といってもテレメトリー法最大の問題は機材が高価なことと，探索に時間と技術を要することである．

筆者ら（松井，未発表）はテレメトリー法を用い，三重県名張市でオオサンショウウオの行動を追跡した．その際に用いた発信機は，大きさ18×10×

16 両生類の行動圏

図16-3 発信機を背負ったニホンヒキガエル．筆者らが1973年9月に京都市桃山で行った国内初の調査当時は，まだ小型電池がなかった．

図16-4 ループアンテナを用いてのオオサンショウウオの行動追跡（国土交通省木津川上流工事事務所のご好意による）．

6mm，1.5V電池を含む重量5.4gである．問題はオオサンショウウオの皮膚が弱いことで，皮膚上に固定しても発信機はすぐに脱落することが予想された．ハーネスを着せるにも四肢の付け根に固定できる部分がないため，すぐに脱落してしまう．これらのことから，損傷による行動への影響が最も少ないと思われる片方の後肢背面を切開し，皮下に発信機を装着した後，アンテナだけを外部に出して，傷口を絹製手術糸で縫合した．小型サンショウウオについては，太田(1998)が繁殖期直後のトウホクサンショウウオ(体重4～7.5g)の尾の側面に0.5gの発信機を絹糸で縫いつけ，陸上移動を追跡している．負荷は6.7～12.5％である．

一方，久居(1987)は，非繁殖期のアズマヒキガエルの行動を調べるため，20×10×10mm，重量10～13gの発信機を，体重約200gの個体の背中の皮膚に縫いつけた．Kusano *et al.* (1995)も，テレメトリー法を用いてアズマヒキガエルの繁殖後分散の調査をした．この場合，平均して230gの雄，250g

の産卵前の雌に，20×12×5mm，重量4.1gの防水発信機をゴム製の腰バンドにアロンアルファで接着し，カエルに装着している．また，Fukuyama et al. (1988)が産卵前のカジカガエルの雌（平均体重11g）に装着した防水発信機は，大きさ7×18×3mm，重量0.9gであり，Kusano (1998)が体重23〜34gのモリアオガエルの雌に用いたものは大きさ20×9×4mm，重量2.2gである．これら，カエル類に用いられた発信機の総重量（酸化銀電池を含む）はアズマヒキガエルで体重の5％以下，カジカガエルとモリアオガエルでも10％未満で，この程度の負荷は行動に対してほとんど影響しないとの前提に立って調査が行われている．発信機は水晶発振で，52MHz前後の波長を出す型である．

　アズマヒキガエル成体の調査では，発信機の装着後，皮膚が擦れてきた個体が出現したので，それらについては腰バンドの使用をやめ，背中の皮膚に木綿糸で直接発信機を縫いつけている（Kusano et al., 1995）．一方，樹上性のモリアオガエルでは，電池終了後の発信機が体についたままでは回収が難しいと考え，Kusano (1998)は直接発信機をカエルの体に縫いつける方法をとった．カエルはしばしば脱皮するので，それに伴い，数週間の間には発信機も脱落するよう考慮したのである．

　オオサンショウウオ，モリアオガエルに用いられた発信機には長さ10cm，カジカガエルでは長さ3cmの，細い銅線ないしステンレス製で自由に曲げることのできるアンテナが付属している．これらのアンテナは，オオサンショウウオが岩の間に入ったり，カエルが樹木に登ったり，地表で落ち葉の間に隠れたりする場合に，邪魔になる可能性はきわめて小さいと考えられる．周波数は約53MHz付近で，個体ごとに少し異なるよう調整してある．

　発信機を装着し放逐した後は，小型ループアンテナや八木アンテナを用いて方向探索し，個体の位置を地図上に記録する．筆者らはオオサンショウウオ調査で100m以上受信可能な通常アンテナと，20m以内の方向決定用のループアンテナを併用したが（図16-4），カエル類の研究では，最高10mまでの範囲の全方向からの電波を受信できるループアンテナを棒の先につけて用いている．ただし，カジカガエルでは，石の下に入ってしまった個体の追跡のために，石を持ち上げる必要があった．モリアオガエルの調査では，日に2

〜3回，朝と夕方，ときに夜間追跡を行っている．

　筆者らが発信機を装着したオオサンショウウオ8個体のうち5個体では，16日以内に発信機が脱落してしまった．また，電池寿命は29〜54日であった．太田(1998)のトウホクサンショウウオの移動追跡でも，発信機を装着された17個体のうち，9個体では5日以内に脱落し，最長は31日であったという．アズマヒキガエルの分散調査(Kusano *et al*., 1995)では，3月中旬に装着された発信機は6月上旬になると電池切れが始まり，7月末で調査を終えている．つまり，4.1g程度の小型の発信機に用いられる電池の寿命はせいぜい4ヵ月程度しかないことになる．カジカガエルの調査に用いられた電池の寿命は8日間，モリアオガエルに用いられた発信機の電池寿命も約1〜2ヵ月であったが，発信機を装着された個体の1/3では数日のうちに脱落してしまった．

16-3　サンショウウオ類の行動圏

　サンショウウオやイモリのような有尾類に関する行動圏の研究はきわめて少ない．この類は四肢も短いし，移動性に乏しいと想像されるが，繁殖場所である渓流から数百mも離れた山頂付近で発見されたハコネサンショウウオの例もあるし，流水産卵性の種では行動圏が予想以上に広い可能性がある．

16-3-1　オオサンショウウオの行動圏

　オオサンショウウオは河川内に生息するので，その行動圏を考えるとき，川幅は無視して上下流方向の範囲，つまり一次元空間で考えることができよう．筆者らが三重県名張市の滝川で，焼きごてによる標識づけおよび尾部の斑紋照合によって調査した結果では，オオサンショウウオの成体と一部亜成体のなかで，最も移動距離の大きい個体では1,674mの移動が見られ，各個体の平均移動距離は99.6mであった．なお，単純に1日あたりの移動距離を算出すると0〜15.9mの範囲にあって，平均は0.14mであった．また，テレメトリー法を用いた調査で安定した行動を示した個体から，行動圏は直線距離にして80m以上あること，定住性が強いことが推定された．

　これらの結果から，オオサンショウウオは，ふだんは，ほぼ100m前後の

範囲内で行動していると見ることができよう．ただし，この結果は繁殖期，非繁殖期を区別したものではない．

16-3-2　小型サンショウウオ類の行動圏

個体の行動圏についての研究はないが，Kusanao & Miyashita (1984) のトウキョウサンショウウオについての非繁殖期の調査結果から，この種のおおよその分布傾向を知ることができる．後に述べるように，繁殖池から非繁殖期の定着場所までは100m以内だが，その距離は個体の成長とともに変化し，体長30mm以下では池から30m以内だが，45mm以上では100mに達するという．Kusanao & Miyashita (1984) の示した図には，およそ100×50mの範囲に150個体以上の生息がプロットされているので，おおまかに見て33m^{2}に1個体という密度で生活しているようである．もし各個体が自己の行動圏から他個体を排除するなら，この範囲が行動圏になるかもしれない．しかし，その可能性は低そうである．

筆者らが調査している京都市の閉鎖空間におけるカスミサンショウウオの調査場所（面積2,430m^2）では，1繁殖期に780個体ほどの成体の出現が確認されている．単純に計算すれば，成体に排他性がある場合，個体の行動圏は3.1m^{2}しかないことになる．実際には繁殖に参加しない成体もいるだろうし，幼体の数は成体の何倍かあるはずだから，密度は異常に高く，個体間の排他性はきわめて小さいのではなかろうか．一方，小型サンショウウオ類で特筆すべき点は，彼らが地下の空間を利用していることで，行動圏は水平方向だけでなく，垂直方向も含む三次元の空間となることであるから，個体間でこの三次元空間をうまく棲み分けている可能性もある．

16-3-3　繁殖後の小型サンショウウオ類の移動

小型サンショウウオ類では，行動圏そのものより，行動圏から繁殖場所までの距離についての研究が進んでいる．太田 (1998) が，仙台市で発信機を用いて行った繁殖期直後のトウホクサンショウウオの調査では，陸上移動の最長距離は80m程度であったという．トウキョウサンショウウオでは，繁殖池から非繁殖期の定着場所までは100m以内との報告があり（Kusanao & Miyashita, 1984），また，糸巻き装置を使ったホクリクサンショウウオの調

査結果でも 80 〜 110 m と推定されている（高橋，1995）から，止水産卵性の小型サンショウウオは，繁殖場所から 100 m 程度までの場所に行動圏をもつものと考えられる．

16-3-4　繁殖期の小型サンショウウオ類雄のなわばり

　繁殖期だけに見られる特殊な行動圏が，繁殖なわばりである．臼田（1997）は新潟県上越市の池でクロサンショウウオの繁殖行動を調査し，雄は，雌の産卵場所となる枯れたヨシの枝をつかみ，枝から半径 10 cm 以内（約 300 cm^2）の場所を侵入する他の雄から防衛したので，これをなわばりと考えた．一方，Tanaka（1989）の観察した松江市産のカスミサンショウウオ雄は，最大 20 × 20 cm（400 cm^2）の繁殖なわばりをもっていたという．

16-4　カエル類の行動圏

16-4-1　ヒキガエルの行動圏

　日本産のカエル類のなかで生態が最も詳しく調べられているのはヒキガエル類である．東京都港区の自然教育園における矢野（1978）の標識再捕調査によれば，アズマヒキガエルの成体は長期間にわたり，特定の比較的狭い範囲内に定着しているという．また，金沢城での 7 年間に及ぶ奥野（1985）の調査（標識再捕法）でも，ニホンヒキガエルの成体は定住性が強く，移動距離は 2 年間で平均 30 〜 35 m の範囲，3 〜 7 年間でも平均 45 m の範囲しかないという．7 年間にわたる長期間にも 8 割近くの個体は 60 m 以内の範囲にとどまり，100 m 以上移動したものは数％の個体だけだった．そして，移動する個体には，一方向に進むもの，ある場所に定住していて急に違った場所に移り，そこに定住するもの，二つの場所を往復するものがあるという．奥野（1985）は移動距離を行動範囲と同義に使っているので，二次元空間の利用を理解しにくいが，平均的として示された 10 例の地図上のプロットで見ると，行動圏は 10 × 20 m（200 m^2）程度から 30 × 55 m（1,650 m^2）程度の範囲であり，ある点を中心とした円形や楕円形を示さないことが多いようである（図 16-5）．個体の排他性はきわめて弱くて，同じ穴に 2 頭のヒキガエルが同居していることもあり，行動圏はかなり重複しているらしい．

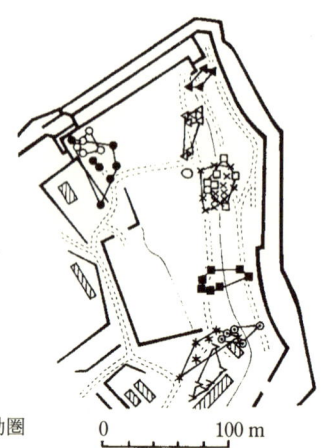

図16-5 ニホンヒキガエルの行動圏。平均的な行動圏をもつ10個体の例（奥野(1985)より改写）.

　Kusano et al.(1995)の調べたアズマヒキガエルでも，各個体の非繁殖期の行動圏は比較的狭く，繁殖池から約30m程度の範囲内にとどまる個体が多いという．Kusano et al.(1995)によれば，ヒキガエルの繁殖個体群の生息範囲は，繁殖池を中心に四方に広がっているが，特に池の北側に分散する個体が多い傾向が見られ，追跡された個体の約半数が北方向に分散したという．ある繁殖個体群にとっては，ほかよりも重要な生息場所があるらしい．

16-4-2　ヒキガエル類の繁殖に伴う移動

　ヒキガエル類の生態研究が進んでいるのは，「がま合戦」とよばれる春先の繁殖行動が有名なためで，この行動に関連した移動・分散が研究されている．古くは金井(1971)が東京都八王子市のアズマヒキガエルで，繁殖場所から1,500m移動した1個体のいたことを報告した．しかし，金井(1971)の調査地と同様の解放空間である神奈川県山北町においてアズマヒキガエルのテレメトリー法による追跡調査を行ったKusano et al.(1995)は，分散距離は雌雄で差がなく，平均98.5m，範囲は27～260mの間であったと報告している．この調査では，繁殖後の分散途中で春眠に入る個体もいるが，多くは一気に移動して非繁殖期の行動圏に戻り，春眠に入ることも明らかにされている．こうした解放空間に対し，東京都港区の閉鎖空間におけるアズマヒキガ

エルでは，標識再捕調査の結果，雌雄ともに平均131〜242m，最大500mの距離から繁殖場所まで移動するという値が得られている(矢野, 1978)．また，金沢のニホンヒキガエルの雌でも，平均100m，最大195mであったという．このように，解放，閉鎖どちらの空間でも，ヒキガエルはそれほど遠くまで分散することはなく，繁殖池から200〜300mまでの範囲内で生活しているらしい．

なお，Kusano et al. (1995) は，調査地内にある二つのアズマヒキガエルの繁殖池には，それぞれ出現個体が決まっていて，池間の移動はほとんど見られなかったという．そして，ヒキガエルの繁殖個体は雌雄ともに特定の繁殖場所への執着度が強く，1繁殖期内にも，また年度を越えても同じ繁殖場所を利用し続ける(矢野, 1978; Kusano et al., 1995)．Ishii et al. (1995) によれば，これは，ヒキガエルの繁殖個体が少なくとも池の周囲50mの範囲内では，地理についての記憶をもとに，池への定位を行っているからであるという．また，この地理についての記憶には，視覚ではなく，嗅覚が関係しているらしい．しかも，ヒキガエルの繁殖移動は，幼生が生まれ育った池からの匂いを頼りにするものではなく，変態上陸後に移動分散した移動ルートの匂いを記憶していることによって引き起こされるらしい．

16-4-3　アカガエル類の変態後の分散と行動圏

Osawa & Katsuno (2001) は，捕獲標識法を用いて，横浜市の樹林内におけるニホンアカガエルとヤマアカガエルの変態ないし繁殖後の分散能力と，非繁殖期の行動圏を調べている．成体の産卵場所から行動圏までの平均距離は，ニホンアカガエルで114m，ヤマアカガエルでは204mであり，変態後の幼体ではそれぞれ145m，187mであった．両種とも成長に伴って特定の行動圏をもつことが示唆され，幼体は変態後，時間がたつとともに，再捕獲地点間の距離が減じている．成体では観察例数が少ないが，両種ともわずか数mしか離れていない場所で再捕獲されているから，行動圏はきわめて狭いことが推察される．

16-4-4　トウキョウダルマガエル類雄の繁殖なわばり

井上 (1979) は京都市の水田で目視法によってダルマガエル雄の繁殖なわ

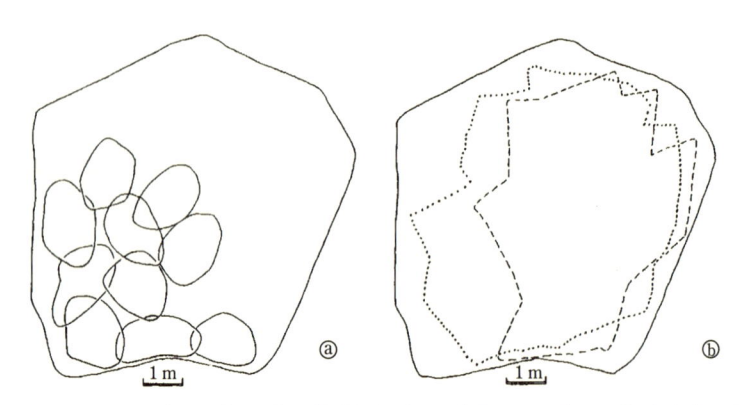

図16-6 トウキョウダルマガエル雄の繁殖なわばりの密度による違い. ⓐ 高密度ではなわばりが形成される（10個体のなわばり範囲を示す）が, ⓑ 低密度では解消される（2個体の行動範囲の大きな重複を示す）（Shimoyama (1989) より改写）.

ばりを調べ, その平均面積が$1.2m^2$であったことを報告している. 一方, Shimoyama (1989) は長野市の水田で, トウキョウダルマガエル雄の繁殖なわばりを調べ, それが密度によって変化することを報告している. 水田内の個体群密度が高く, $1m^2$あたり0.5個体未満のとき雄は約$2m^2$のなわばりをもつが, それより密度が低くなるとなわばり形成はなくなり, 水田内を動き回る（図16-6）. このような亜種内変異から見て, 2亜種間に見られたなわばり面積の違いは, 水田内の個体群密度の違いによるものと考えられる.

16-4-5 樹上性のモリアオガエル

Kusano (1998) は, 東京都八王子市で, 繁殖の済んだモリアオガエル雌の分散を調べた（図16-7）. この調査にはテレメトリー法が用いられたが, モリアオガエルのような樹上性で, 地上から目視観察しにくいカエルにとって, この方法は特に有効と考えられる. 繁殖後数日で池から30〜125m, 平均80m離れた夏季の行動圏に達し, そこに定着することが観察された. 2回の繁殖期に追跡ができた1個体は2年ともほぼ同じ行動圏に戻ったことから, モリアオガエル雌は非繁殖期に特定の行動圏をもつことが予想される.

Kusano (1998) の示した図から判断すると, 7個体中, 2個体の行動圏がやや重なるだけであるから, 排他性（なわばり）の有無はともかく, 集合性は

16 両生類の行動圏

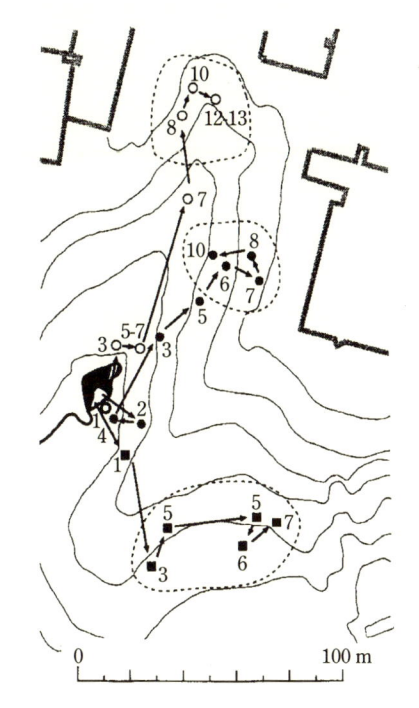

図16-7 産卵後のモリアオガエル雌3個体の産卵池（左側の黒塗り部分）から行動圏への移動過程と行動圏（破線部分）の例（Kusano (1998) より改写）.

ないらしい．またKusano (1998) の示した図から推定すると，行動圏は約 $50 \times 30\,\mathrm{m}$ $(1,500\,\mathrm{m}^2)$ 程度らしい．産卵池から定住場所への分散には樹木伝いではなく地表もかなり利用すること，分散行動は降雨によって促進されること，定住場所までほぼ直線的に試行錯誤なく達することから，いわゆる土地勘があるらしいことも，この研究によって明らかにされた．なお，この種も地表だけでなく，樹上空間を利用するので，小型サンショウウオ類同様，三次元空間利用型といえる．

16-4-6　繁殖場所での移動

　繁殖期のカジカガエルは繁殖場所である渓流を一次元的に利用する．千葉県の房総半島で発信機を用いて調べられた，雌のカジカガエルの行動を見ると，雄とペアになってから平均して18時間の間に26m移動して産卵場所に至り，産卵後は近くの岸に上陸したという（Fukuyama *et al.*, 1988）．

16-5　今後の課題

　以上に紹介してきたように，現状では日本産の両生類の行動圏に関する知見は種数，例数ともきわめて限られており，今後の研究がおおいに必要とされている．これまでの限られた知見によれば，両生類の各個体の厳密な行動圏はかなり狭いが，繁殖場所までの距離を含め，また個体群単位で考えると，その生活圏は決して狭くはない．個体群の保護や生息環境の保全を考える場合には，相当の自然空間を考慮すべきであろう．

　技術的な問題では，個体識別をするのに指切り法が費用もかからず，実際的な方法であるが，欧米ではすでに「動物愛護の精神」にもとるというのが主な理由で，この方法を用いた論文を受理しないケースが出てきている．半導体チップがより広く使用され，より安価で入手できることが望まれる．一方，アメリカなどで行われている放射性トレーサーの使用は望むべくもないし，実施すべきではない．行動圏を調べるうえで，最も信頼性が高いと考えられるテレメトリーについては，オオサンショウウオのように，すぐに器具が脱落してしまう種では効果的な装着方法を開発することが重要な課題であるし，イモリや小型サンショウウオ類，カエル類の幼体に装着でき，なおかつ長期にわたって追跡可能な電池の開発も望まれる．何よりも重要なのはこうした研究に従事する人的資源の確保である．この一文を読んで興味をもたれた読者のなかから，両生類の行動圏を専門に研究する若手の現れることに期待したい．

17　地表性甲虫類による生物環境評価技術

(石谷正宇)

17-1　地表性甲虫類の研究と近年の動向

　地表性甲虫類とは，一般的には文字どおり地表を徘徊する甲虫類であり，オサムシ類，ゴミムシ類，ハネカクシ類，シデムシ類，食糞性コガネムシ類などを含む種群の総称で，英名では ground beetles である．

　本章で述べる「地表性甲虫類」は，日本産オサムシ亜目中6科のうち，主にオサムシ科 Carabidae やホソクビゴミムシ科 Brachinidae の分類群に対して適用している．これらの分類群は，全世界から40,000種以上が知られており（Turin, 1981），地表徘徊性の種が多いが，一部には樹上に生息する種や飛翔活動を活発に行う種も含まれている．地表を徘徊するのは，これら多くの種で後翅が退化しているためであり，したがって移動範囲が狭く，地理的隔離を引き起こしやすく，古くから生物地理学の対象として関心がもたれてきた．

　地表性甲虫類は，ヨーロッパから約2,800種，北アメリカ（新北区）から約3,800種，日本からは1,276種（平嶋ほか, 1989）が記録されている．日本での種数は，イギリスの約350種（Turin, 1981）と比較するとかなり多いが，わが国では石灰岩地帯の洞窟や地下浅層などに分布するチビゴミムシ亜科がかなり大きなウエイトを占めることも一つの理由と考えられる．

　これまで，種々の環境における地表性甲虫類の種構成や，季節的発生消長，個体群動態などに関する研究は，主に北欧を中心としたヨーロッパで行われてきた．これには，歴史的に地表性甲虫類研究の中心的立場を占めている European Carabidologist Meeting（「欧州地表性甲虫学会」と和訳する）の役割が大きい．2～3年に一度開かれるこの学会では，活発な研究発表と論文集が毎回出され，地表性甲虫類に関する生物保全上の研究論文もかなり蓄積されてきている．

その活動の一つに，2001〜2002年に行われた世界生物多様性観測年 (IBOY: International Biodiversity Observation Year) に対応した，ヘルシンキ大学のNiemelä et al. (2000) による，地表性甲虫類の国際協力同時調査プロジェクトがある．これは，世界共通サイズでのピットフォールトラップ法[1]調査により，土地改変が環境に及ぼす影響を評価しようとするもので，国際協力研究者ネットワークにより，1997年以来研究が行われてきている．参加国は，極地帯（フィンランド，カナダ），ヨーロッパ（イギリス，ベルギー，ブルガリア），そして南半球亜熱帯地帯（南アフリカ，マダガスカル，オーストラリア）の8ヵ国に，2001年よりわが国では筆者も加わっている (Ishitani et al., 2003)．この調査プロジェクトの最大の目的は，地表性甲虫類を使った都市部〜地方の森林環境における傾度 (urban-rural gradient) の実態を各国で明らかにすることであり，2003年以降も調査が行われることになっている．詳しくは，研究用ホームページ (Globenet) が開設されているので，最新情報はweb siteで閲覧できる (http://www.helsinki.fi/science/ globenet/)．

17-2　生物環境評価とは

　環境指標あるいは生物指標とは，よく耳にする言葉である．環境指標とは生物を用いて環境の移り変わりを推測する手法で，長期的指標としてはタンポポのような地域に生育する草花の種類交代による都市化兆候，短期的指標としてはカナリアによる有毒化学物質の検知，魚による飲料水の有害物質の混入感知を迅速に行うことなどが一般的にはよく知られている．

　わが国における環境指標の最初の試みは，水生昆虫を利用して河川水質を生物の種類と個体数で評価しようとしたベック-津田α法，β法によるものである（津田, 1964）．この手法は，現在まで国土交通省が直轄する一級河川をはじめ，全国の主要河川などの水質調査に利用されてきている．

　このように環境指標は，生物の営みや生活形からその個々の環境がもつさまざまな性質を表そうとすること，つまり生物の活動全般を用いて，生物の目で環境を評価する試みとして位置づけられる．この生物指標による環境影

---

[1]「落とし穴法」ともいう．ある一定サイズの食品カップの容器などを地中に埋め込み，一定期間放置後に中に落下した昆虫などのサンプルを回収する方法である．

響評価のことをここでは生物環境評価とよぶことにする.

地球上の生物種数の約3/4は昆虫類により占められており，生物環境評価には種数の多い昆虫類が頻繁に利用されてきた．このような生物環境評価は，環境指標種となる種の生息・生育の有無で評価するもので，それらの種の存在が確認されないことには評価ができないものが大半である．現在のところ，陸上昆虫の研究事例では，チョウ類を利用した生物環境評価の成果が抜き出ている．

一方，チョウ類による生物環境評価と比較すると，地表性甲虫類は極地から熱帯地域までのありとあらゆる環境に広く分布しており，種数・個体数ともに多様である．これは，一般に普及しているピットフォールトラップ法を用いることで，調査者の技能差による捕獲成果の差がなく，定量的調査を行うことが可能で，生物環境評価としては最適な条件を備えている．地表性甲虫類を生物環境評価に利用しようとしている研究者は，ヨーロッパを中心としてかなりおり，Dufrêne et al. (1990) のグループが開発した新たな生物環境評価法のIndVal法[1]をはじめ，Müller-Motzfeld (1989) も積極的に研究を続けている．

17-2-1　ピットフォールトラップ法による同時同一調査

地表性甲虫類の研究といえば，ピットフォールトラップ法を抜きにしては語れない．地表性甲虫類の種構成，季節的発生消長，生息密度などの知見は，この方法の普及により飛躍的に進んだことは間違いない．しかしながら，本法にもまったく問題点がないわけではない．この捕獲方法は，本法が普及し始めた1960年以降からすでに議論の的であった．Luff (1987) によれば，本法を通年実施すれば，同一種については生息密度に比例した結果が得られるとしているが，種間の差には注意を要すると述べている．Turner & Gist (1965) による知見では，標識再捕獲法として使用される場合のみ本法は有効であるとしている．このように本法の評価は研究者により必ずしも一致しているとはいえないが，これから述べる筆者の研究のような長期間にわたる現地調査

---

1) 生物種間の消長をさまざまなサンプル内に生じる相対頻度と結び付ける手法で，最も特徴的な種群である指標種を，生息特異，調査地点での個体数の割合より表した新しい指数値である．

では，本法は現在採用しうる最も実効的な調査方法であると考えられる．

17-2-2 生物環境調査の手法とその結果

これまでの既知知見により，地表性甲虫類が有効な生物指標候補群であることから，石谷(1996)は，広島市とその周辺部の異なった環境ごとの地表性甲虫類を対象に生態学的研究を行った．この研究で新たな生物環境を評価する手法を案出したので，以下にこれまで得られた知見について概要を述べる．

地表性甲虫相やその生態学的特質を明らかにする目的で，調査地点は広島市およびその周辺環境の8地点を設定した．選定した調査場所は，人間の利用頻度状況から，自然的植生段階の山林(落葉広葉樹林とアカマツ林の二次林)，人間が非定住で非利用の段階である河川敷，人間が非定住で利用する段階の農地(イチジク畑と畑地)，人間が定住で利用する段階の住宅地(住宅地内の家庭菜園と住宅地)，さらに人間が最も頻繁に利用する都市機能段階の市街地に絞った．この環境の異なる8地点で，2年間にわたる連続ピットフォールトラップ法により，実に2科72種11,401個体の地表性甲虫類(成虫のみ)が採集された．それぞれの環境における地表性甲虫類の季節的発生消長の調査結果から，次の要約が可能と思われた．

(1) 今回調査した地表性甲虫類の年間発生回数は，すべて年1化性である．
(2) 地表性甲虫類の季節的発生消長は，各環境とも冬期の不活動期とともに夏期にも不活動期が存在する．
(3) 春繁殖型と秋繁殖型に分化している．
(4) (3)に付随して，成虫の発生ピークは新成虫の羽化時期と成熟成虫の活動時期に対応して，年2回認められる．
(5) 共通的な環境要素をもつと考えられる地域では，同様な発生消長を示す．
(6) 個体数のピークは，同一調査地において年次変動が認められる．

一方，環境の質的変化に対応して，地表性甲虫類は生息場所を選択していることが推察される．この事例として，1年次畑地環境であった農地が，2年次にイチジク畑へと植生転換するのに伴い，地表性甲虫類の種構成も変化した(図17-1)．この結果，イチジク畑の果樹環境よりも畑地を選好する種と

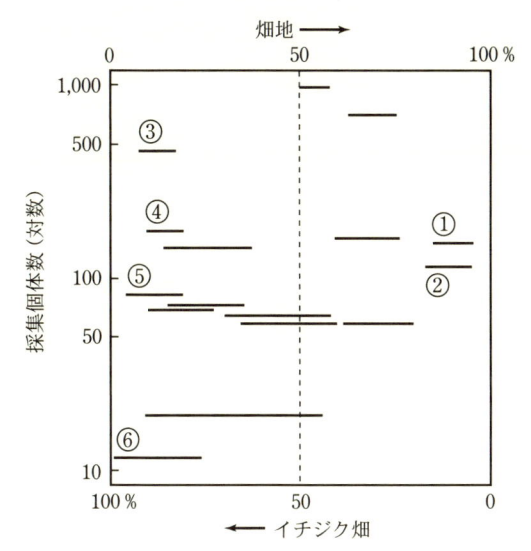

図17-1 百分率法による畑地とイチジク畑でのゴミムシの環境選好性（$P<0.05$）（石谷，1996）．環境選好性を顕著に示した種は，① ツヤアオゴモクムシ，② ナガヒョウタンゴミムシ，③ コゴモクムシ，④ セアカヒラタゴミムシ，⑤ コガシラナガゴミムシ，⑥ オオホシボシゴミムシである．

してツヤアオゴモクムシ *Harpalus chalcentus* とナガヒョウタンゴミムシ *Scarites terricola pacificus* が，また逆に，畑地よりもイチジク畑の果樹環境を選好する種としてコゴモクムシ *Harpalus tridens*，セアカヒラタゴミムシ *Dolichus halensis*，コガシラナガゴミムシ *Pterostichus microcephalus* およびオオホシボシゴミムシ *Anisodactylus sadoensis* が見い出された．

17-2-3 生息場所ニッチ幅の計測

　どの生物でも，生態系のなかで生活している限り，自分の生態的地位（ニッチ）をもっている．そこで，地表性甲虫類各種の生息場所ニッチ幅（niche breadth）の計量を行った．生息場所ニッチ幅の計測は，種多様度指数として使用されているSimpsonの種多様度指数（*SID*）で計測した．通常，種多様度指数は，全種の総個体数における各種の個体数割合をもとに算出されるが，これをおのおのの環境ごとの総個体数における環境別個体数割合に置き換えて算出すると，生息場所ニッチ幅を計測することができる．

今回の調査結果をもとに地表性甲虫類の生息場所ニッチ幅を算出した結果，生息場所ニッチ幅の広い種群が抽出された．これらの種群を「撹乱後侵入型の種群」と名づけた．これとは対照的に，生息場所ニッチ幅が狭い種ほどその環境を代表する指標種であり，撹乱を受けると地下に潜ったり，他の場所に退避するなど，撹乱を回避する種群であると考えられることから，「撹乱回避型の種群」と名づけた．このことは，もしある一定レベル以上の撹乱が起こった場合，「撹乱回避型の種群」は絶滅してしまう可能性があることを示唆している．通常，ある安定した環境における地表性甲虫類群集は「撹乱回避型の種群」が優占しており，そのなかに小規模撹乱が起こる部分に「撹乱後侵入型の種群」がパッチ状に生息していると考えられる．これらの種群どうしはある一定のバランスの上に均衡を保って生息しているはずである．

　もし，この環境に何らかの理由で，ある程度の大規模な撹乱が起こったとする．「撹乱回避型の種群」は回避行動をとり，その結果，その生息環境地表性甲虫類群集はほとんど空白地帯となるかもしれない．しばらくすると，その空白地帯には，生息場所ニッチ幅が広い「撹乱後侵入型の種群」が中心となって外部から侵入してきて，「撹乱後侵入型の種群」が優占する地表性甲虫類群集が成立すると考えられる．「撹乱後侵入型の種群」は，いうなればパイオニア種である．

　頻度高くあるいは恒常的に撹乱が起きている環境の地表性甲虫群集は「撹乱後侵入型の種群」を中心に構成されているであろうし，撹乱が相当大規模あるいは長期間にわたった場合は，ほとんど「撹乱後侵入型の種群」のみの群集となっているかもしれない．しかし，やがて環境が安定し，植生が回復してくると，かつてその環境を代表していた指標種すなわち「撹乱回避型の種群」が復活してくると考えられる．このように，外部干渉によるさまざまな段階において，これらの段階的な種構成バランスが存在していると考えられる．なお，ここでいう「撹乱」とは，自然および人為による地表面の改変や樹木の伐採などの開発のことをさし，撹乱の程度は，撹乱の影響の強弱や影響時点からの時間経過を示すものである（当然ながら，撹乱から時間が経過すればするほど，影響は低減される）．

ここで注意しなければならないことは，地表性甲虫類のなかには，森林的環境と草地的環境の両環境に生息する種群や，複数以上の環境に広く分布する種群が存在していることである．複数以上の環境に広く分布する種群は，一見すると上記の「撹乱後侵入型の種群」のように思えるが，実のところはそうではない．その実証例として，森林的環境と草地的環境の両環境で捕獲された7種のうちの1種と，さらに広域に分布する1種の，生息場所ニッチ幅はともに狭いことがわかった．このことから，「森林にも草地にも生息すること」あるいは「広域に分布すること」は，「生息場所ニッチ幅が広いこと」を意味せず，前者はむしろ種のもつ分布拡大能力を示すものであると考えられた．

　そこで，ある環境が撹乱された直後であるのか，時間が経過し安定化に向かっているのかを，地表性甲虫類を利用して評価するにはどうしたらよいのだろうか．すでに述べたように，仮に撹乱に対して比較的適応力や抵抗力をもつと考えられる「撹乱後侵入型の種群」が中心となって，地表性甲虫類群集が回復するとして，これらの種群の密度が測定できれば，それを利用した生物環境評価ができると考えた．そして，筆者は採集個体数×環境指標価という指数値に「指標密度(Density index)」という概念を与えた．さらに調査で得られた総個体数と指標密度の商を指数値とし，これを「撹乱度指数ID (Index of disturbance)」と名づけた．

　撹乱度指数IDの具体的な算出は，次の二つの手順で行う．

(1) 環境指標価(I_i)

　先に計測した地表性甲虫類(オサムシ科・ホソクビゴミムシ科)各種の生息場所ニッチ幅の逆数を，各種の環境指標価(I_i)とした．今回の調査で算出した環境指標価(I_i)を表17-1に示す．この環境指標価(I_i)は生息場所ニッチ幅の逆数であるから，この指標価が小さい種ほど「撹乱後侵入型の種群」であることを示し，大きい種ほど「撹乱回避型の種群」であることを示す．

(2) 撹乱度指数IDの算出

　IDの算出は次式により行う．

$$ID = \frac{\sum N_j}{\sum (N_{ij} \cdot I_i)}$$

表17-1 ゴミムシの環境指標価 (I_i) (石谷, 1996).

和 名	環境指標価 (I_i)	和 名	環境指標価 (I_i)
エゾカタビロオサムシ	1.00	ウスモンコミズギワゴミムシ	0.68
オオオサムシ	1.00	ケウスゴモクムシ	0.68
マイマイカブリ	1.00	キベリゴモクムシ	0.68
キュウシュウクロナガオサムシ	1.00	クロツヤヒラタゴミムシ	0.64
カワチマルクビゴミムシ	1.00	キイロチビゴモクムシ	0.63
オサムシモドキ	1.00	ヒメツヤヒラタゴミムシ	0.62
キアシルリミズギワゴミムシ	1.00	コガシラナガゴミムシ	0.61
クロオビコミズギワゴミムシ	1.00	ニセマルガタゴミムシ	0.59
キンナガゴミムシ	1.00	オオホシボシゴミムシ	0.57
ニッコウヒメナガゴミムシ	1.00	ウスアカクロゴモクムシ	0.56
タンゴヒラタゴミムシ	1.00	キアシヌレチゴミムシ	0.55
マルガタツヤヒラタゴミムシ	1.00	アカガネオオゴミムシ	0.53
ヒメクロツヤヒラタゴミムシ	1.00	ナガマルガタゴミムシ	0.53
オオマルガタゴミムシ	1.00	アオゴミムシ	0.52
ツヤアオゴモクムシ	1.00	スジアオゴミムシ	0.52
オオズケゴモクムシ	1.00	ヨツモンコミズギワゴミムシ	0.50
ヒラタゴモクムシ	1.00	コホソナガゴミムシ	0.50
クビナガゴモクムシ	1.00	ヒメホソナガゴミムシ	0.50
マメゴモクムシ	1.00	オオスナハラゴミムシ	0.50
ツヤマメゴモクムシ	1.00	ヒメキベリアオゴミムシ	0.50
ムネアカマメゴモクムシ	1.00	アトワアオゴミムシ	0.50
ヨツボシゴミムシ	1.00	ホシボシゴミムシ	0.49
アカガネアオゴミムシ	1.00	ゴミムシ	0.48
ホソハナシゴミムシ	1.00	コゴモクムシ	0.46
トゲアトキリゴミムシ	1.00	ヤコンオサムシ	0.45
フタホシスジバネゴミムシ	1.00	オオゴモクムシ	0.45
オオホソクビゴミムシ	1.00	ミイデラゴミムシ	0.45
イグチマルガタゴミムシ	0.99	オオゴミムシ	0.43
コガシラアオゴミムシ	0.98	メダカチビカワゴミムシ	0.41
アキオサムシ	0.96	クロゴモクムシ	0.40
コマルガタゴミムシ	0.88	トックリナガゴミムシ	0.39
アトボシアオゴミムシ	0.87	オオキベリアオゴミムシ	0.38
ヒメゴミムシ	0.83	アカアシマルガタゴモクムシ	0.35
ナガヒョウタンゴミムシ	0.78	オオホシボシゴミムシ	0.34
オオクロツヤヒラタゴミムシ	0.73	マルガタゴミムシ	0.33
アオグロヒラタゴミムシ	0.72	セアカヒラタゴミムシ	0.26

表17-2 広島市でのさまざまな環境におけるゴミムシの撹乱度指数（*ID*-index）（石谷，1996）．

調査地	A	B	C	D	E	F	G	H
1年次調査結果	1.25	1.37	1.41	2.22	2.33	2.63	2.44	—
2年次調査結果	1.23	1.32	1.52	2.27	2.38	2.63	2.78	2.94

A：落葉広葉樹林，B：アカマツ林，C：河川敷，D：イチジク畑，E：畑地，F：住宅地内の家庭菜園，G：住宅地，H：市街地．

ただし，I_i は i 番目の種の環境指標価，$\sum N_j$ は j 番目の調査地における地表性甲虫類のピットフォールトラップ法で得られた総個体数，N_{ij} は i 番目の種の j 番目の調査地でピットフォールトラップ法で得られた地表性甲虫類の総個体数である．

この撹乱度指数 *ID* を各環境での調査結果から算出したのが表17-2である．この撹乱度指数 *ID* は山林から市街地に向かって，撹乱が増大するに従って上昇している．この指数値の大小は，「撹乱後侵入型の種群」の個体数割合の相対的増減を意味し，撹乱の影響の強弱を表している．

17-3 地表性甲虫類は生物環境評価に汎用的に使えるか

この指数の汎用性を検証するため，隣県の山口大学農学部附属農場での地表性甲虫類の調査結果で検証した結果が表17-3である．これらの調査は調査年次が異なるが，すべてピットフォールトラップ法による通年の調査結果であるため，今回の調査結果と比較対照するには適切であると考えた．それぞれの環境で撹乱度指数 *ID* を算出して，指数値の範囲を示したのが図17-2である．図中では左から右に撹乱の増大を表している．

河川敷と住宅地の *ID* 値の幅は大きく，農地として利用されている水田および飼料作物畑の指数値は，河川敷環境と重複しているのがわかる．これは河川敷環境が歴史的に見て，平野部の大半の水田とつながっており，水辺環境という点でも多くの共通点をもつためと考えられる．河川敷環境と飼料作物畑が重複しているのは，河川敷環境と周辺の環境が互いに影響しあっていることを示している．

一方，年次による撹乱に対する変化を表17-2より検証してみる．このなかで河川敷と住宅地で *ID* 値がいずれもが2年次で上昇しており，それ以外

表17-3 山口市でのさまざまな環境におけるゴミムシの撹乱度指数（*ID*-index）（石谷, 1996）.

調査地	1	2	3	4	5
ID-index	1.30	2.22	1.77	1.83	2.00

1: 農環境に隣接した森林 (Yahiro *et al.*, 1990), 2: ブドウ畑 (Yano *et al.*, 1989), 3: 飼料作物畑 (Ishitani *et al.*, 1994), 4: 水田1 (Yahiro *et al.*, 1992), 5: 水田2 (Yahiro *et al.*, 1992).

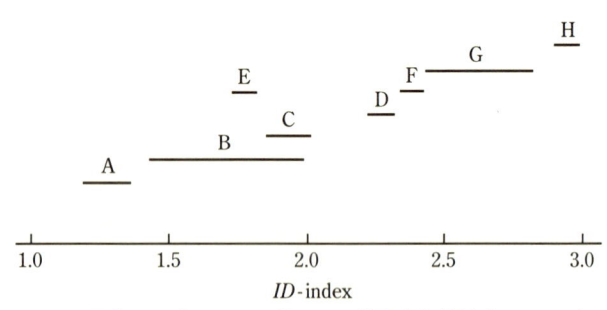

図17-2 異なった環境でのゴミムシを利用した撹乱度指数値（*ID*-index）の範囲（石谷, 1996）. A: 森林, B: 河川敷, C: 水田, D: 果樹園, E: 飼料作物畑, F: 畑地, G: 住宅地, H: 市街地.

の環境の年次変化はわずかであった．この河川敷では，2年次に河川の氾濫により6回冠水している．この撹乱後，「撹乱回避型の種群」，すなわち河川敷での指標種ともいうべき種群の個体数が急減し，その後「撹乱後侵入型の種群」の個体数割合が増大した．その後3ヵ月間は，この河川敷での*ID*値は撹乱前の指数値まで回復することはなく，2年次を通じて「撹乱回避型の種群」の回復はなかった．

同様に調査した住宅地環境は，住宅地内の家庭菜園と住宅地であるが，*ID*値の1年次と2年次の差は住宅地内の家庭菜園で小さいのに比べ，住宅地間では大である．さらに，2年次の住宅地内の家庭菜園での*ID*値は，畑地環境よりもむしろ住宅地環境に近い．このことは住宅地内の家庭菜園が，一般の畑地環境と比べて撹乱の程度が異なっていることを示しているのかもしれない．

結論として，地表性甲虫類群集を用いた撹乱度指数*ID*は，撹乱に対して敏感に反応し，生物環境評価の生物指標として十分に利用できると考えられる．

17-4 地域環境の生物環境評価への利用

これまで，地表性甲虫類群集を用いた生物環境評価を実際のさまざまな地域環境において試行してきたが，ここではその代表的な事例として河川敷環境と林縁環境での利用について述べる．

17-4-1 河川敷環境

河川敷環境は，国内外で地表性甲虫類調査が比較的多く実施されてきたにもかかわらず，継続通年調査事例は少ない．また，ほかの環境も基本的には同様であるが，環境別の種構成が固定されているわけではなく，巨視的に見れば，その環境を含む周辺環境の母集団の内容によって変化すると考えられる．さらに，同じ母集団でも河川敷の場合では，植生や地形，日照環境などが多様で，それに対応して生物的環境も変動するので，地表性甲虫相も他環境に比較して環境特異性の幅が大きいと考えられる．

山口市内の河川敷3地点で調べた調査地点別のID値を表したのが図17-3である (Ishitani et al., 1997)．これらは同一流域の河川であるが，優占種ないし種構成にかなりの差が認められた．景観生態学的に見ると，河川敷 ① は自然植生が良好に保存されたエリアをもつ反面，草地の刈り払いがかなり頻繁に行われている環境，河川敷 ② は自然植生が良好に保存され，人為による草地の刈り払いがほとんど行われていない環境，河川敷 ③ は手入れが綿密に行き届いた河川敷公園である．図17-3におけるID値は，この3河川敷環境で相当異なっていることがわかる．このように，たとえ同一流域であっても，人為のかかわり程度（人為撹乱の程度と言い換えてもよいかもしれない），河川敷管理手法が地表性甲虫類群集に影響を与えているのではないかと思われる．一般的にいえば，河川敷は絶えず撹乱にさらされている，もしくはさらされる可能性が高い環境であるが，撹乱の頻度や規模などをさらに明確に把握するとともに，調査事例を追加，検証していく必要がある．

17-4-2 林縁環境

森林環境における地表性甲虫類の調査を行った事例はわが国でも散見されるが，ほとんどの場合は単発的な調査結果である．また，環境アセスメント

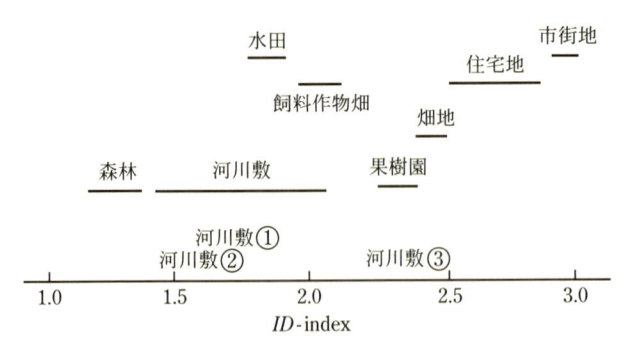

```
              水田         市街地
                    ───    ───
                  ───  住宅地
              飼料作物畑  ───
                        畑地
                       ───
         森林    河川敷   果樹園
         ───  ─────  ───

           河川敷①
          河川敷②    河川敷③
     ├─────┼─────┼─────┼─────┤
    1.0   1.5   2.0   2.5   3.0
                ID-index
```

図 17-3 同一流域の3河川敷でのゴミムシを利用した撹乱度指数値（①〜③）(Ishitani et al., 1997).

における現地調査結果も相当数蓄積されているが，その生態的特質まで考察した調査・研究はほとんどない．

石谷 (1998) は，山口市の落葉広葉樹林（優占樹種はコナラ林で二次林）の林縁を対象として，林縁から林内と林縁から草地環境での地表性甲虫類群集がどのような動態を示すのかを検証した．落葉広葉樹林と草地環境との境目から林内と林外を直線的に結び，境目から林内に向かって3地点，林外の平地環境に向かって3地点の計6地点を直線的に結び，ピットフォールトラップ法による定量調査を行った．結果は図17-4に示したとおりである．この研究で特徴的であったのは，地表性甲虫類の森林生息種が落葉広葉樹林と平地環境との境目（つまり林縁）から草地環境に向かって侵出してきていることであり，出現種数，種多様度指数 (SID) は，このいわゆる「林縁」において最大値を示した．このような林縁では，草地性種群と森林内より侵出してきた森林性種群が混ざり合い，種多様度が上昇することは容易に理解できる．しかし，林縁で種多様度指数 (SID) が増大するのに比べ，ID 値は林内，林縁，林外ともほとんど変化していないことから，この多様度指数の増大は，撹乱による影響ではないことが示される．

このように，林縁で種多様度指数が増大する現象はエッジ効果とよばれ，チョウ類などでは比較的よく知られている現象であるが，地表性甲虫類でも同様な効果が生じていると考えられる (石谷, 1998)．研究成果は少ないものの，地表性甲虫類の種多様度指数が増大する物理的要因としては，土壌温

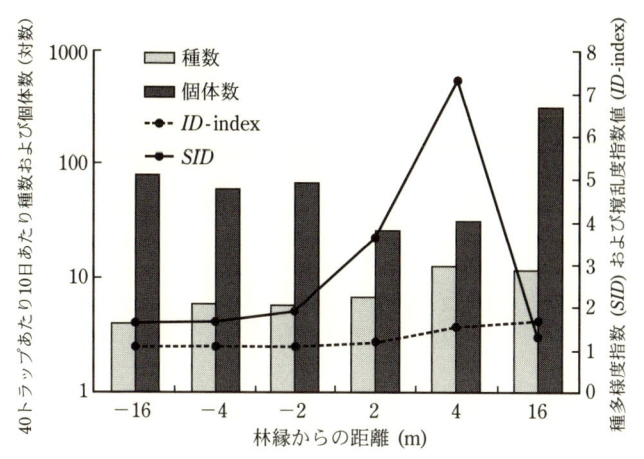

図17-4 林縁とその周辺環境で採集されたゴミムシの種数，個体数，種多様度指数，撹乱度指数（石谷，1998）.

度・湿度や日照時間，リター層の除去などが，また生物的要因としては，餌種の増大や他種との競合による林縁への逃げ込みなどが考えられる．これらの環境要因のなかで，針葉樹林の森林伐採と地表性甲虫類との関係を研究しているNiemelä *et al.* (1992) は，生息決定に最も関与している環境要因が土壌湿度であると結論づけている．今後は，このような地表性甲虫類のエッジ効果が，針葉樹林と広葉樹林間で区別なく起こるのか起こらないのか，樹種間による違いを生じているのかいないのかなど，地表性甲虫類の群集構造，環境要因の変化など，多面的な群集生態学的研究が必要であると考えられる．

17-5 地表性甲虫類による生物環境評価の将来

生物の現存の有無による環境評価はもとより，生物群集の種多様度指数や類似度指数を基準にして環境評価する手法は，環境間あるいは複数年での相互比較が必要条件であり，単独環境のみの調査結果では客観的な評価ができるとはいえないであろう．現在，種多様度指数は優れた生物環境評価に使用できる指数の一つであると考えられるが，種構成が指数値に直接影響しないため，明らかに異なる環境間において抽出されたサンプルであっても，そのなかの種群ごとの個体数割合が似ていると，種多様度指数は同じような値を

とることになる．おそらく，これが生物環境評価としての感度を悪くしている原因の一つであろう．その観点から見れば，撹乱度指数 ID は単独環境においても生物環境評価に利用できる感度をもつ優れた指標と考えられる．

　地表性甲虫類は，一般に種特異的な環境指標ではないと考える見解もある (Müller-Motzfeld, 1989)．しかしながら，各環境における地表性甲虫類群集を単なる個体群の集まりとしてだけではなく，地表性甲虫類群集がもつ多様性や機能性を総合的に判断し，生物環境評価としてとらえていくことが必要であろう．これまでの研究から地表性甲虫類群集は環境にきめ細かく適応し，また撹乱の程度によく反応しており，有力な環境指標として利用できると考えられている．案出した撹乱度指数 ID は，ピットフォールトラップ法の調査結果をもとに算出することが可能で，調査者の調査技能の優劣に影響されず，また汎用性も大きい．今後は環境指標価が確定していない地表性甲虫類の環境指標価を算出し，同手法が種々の地域や環境で適用されていくことが望まれる．

　現在，環境アセスメントにおいては，自然環境評価項目に「生態系」項目が追加されており，この分野における研究も重要な局面に差しかかっているといえる．生態系の予測・評価がいかに難解であるかは，筆者の言を待つまでもないであろう．一方，この「生態系」項目における予測・評価の手法をよりオーソライズさせていくことはきわめて重要である．その切り口として，今回述べてきた地表性甲虫類による群集生態学的手法を生物環境評価に利用することは十分可能である．また，ニッチの異なる生物どうしを組み合わせた生物環境評価を行うことにより，群集間での相互比較も可能となるし，また，エネルギーの流れである食物網の解析にも利用できるであろう．今日まで，生物環境評価の題材として，指標生物群は幾多の研究論文に登場し，あるいは現在クローズアップされつつあるものも相当数にのぼる．その例として，ルートセンサス法（トランセクト法）によるチョウ類による環境調査（石井ほか，1991；巣瀬・黒澤，1992；中村，2000），ツルグレン装置による土壌性ササラダニ類による土壌の健全度調査（青木，1981），竹筒トラップによる膜翅目昆虫等調査などが有名である．これらの調査研究手法に，今回述べたピットフォールトラップ法による地表性甲虫類の生物環境評価を加えて，総合

的に組み合わすことにより陸域生態系での環境影響評価の調査・予測・評価に利用できると考えられる．

一方，最近のコンピュータ技術とメモリー容量の拡充に伴い，地理的情報を手軽に扱うことができる地理情報システム (GIS) を利用した生物多様性に関する研究が進展してきている．森下ほか (2002) は，地球環境研究総合推進費研究として，国立環境研究所が主宰した「地理的スケールにおける生物多様性の動態と保全に関する研究」(1999～2002年) に参加してきた．そのプロジェクトのなかで，年代別の航空写真と年代別植生図を作成し，さまざまな生物群との対応において，土地利用の変遷と潜在生息場所の好適評価モデルの解析を進めてきている．地理情報システムを利用した地表性甲虫類群集研究で，石谷 (2000) は同一流域の河川敷環境において，植生多様度と地表性甲虫類群集の種多様度にはある程度の相関が見られることを示した．今後さらに，地理情報システムを利用した解析手法がより多面的に提示されるであろう．

今後の課題として，地表性甲虫類群集が景観生態学的要素である土地利用の多様性とどのように関連しているのかを，さらに研究していくことが必要であると考えられる．

18　野生植物の保護管理

（西條好廸）

18-1　野生植物保護管理の前提条件

　野生植物の生育場所は多様で，同じ種であっても異なる立地条件のもとで優占することが多い．亜高山帯以上の高所を主な生育場所にするクロマメノキ（ツツジ科）は，ハイマツ低木林林床で普通に見られるが，高山岩壁の岩棚部分に優占したり，雪田に近接する高茎草本群落で旺盛な生育を見せる．また暖温帯の常緑広葉樹林域を主な生育地にするヤブコウジ（ヤブコウジ科）は，冷温帯のブナ林林床にまで生育域を広げている．このように特定の野生植物を保護対象にする場合，その種がどのような環境下に生育しているか，また，どのような環境下の植物が対象になるかでも，保護管理の手法は異なってくる．したがって広い分布域をもつ野生植物の保護は，目的とする植物を含む生育地の植生全体を対象にすることが基本になる．

　これに対してシデコブシ（モクレン科）は，中部日本西南部の丘陵脚部において，農耕地に近接する二次林林縁の水路沿いで樹林を形成する．このような場所の樹林は定期的に除・間伐を受けることで維持されてきた農用林で，シデコブシのように特異な分布を示す植物の多くは，植生自体への人為的管理を停止すると存続しえない．

　また萱葺き屋根の水切部分に重要な役割を担うカリヤス（イネ科）草地の維持には，毎年の採草による植生管理が必要であるし，中部日本の冷温帯上限域に分布するシバ（イネ科）草地の維持には，放牧家畜の放牧圧（採食圧・踏圧）を利用した草地管理が欠かせない．

　つまり，対象にする野生植物が特定の遷移途中相に限定される場合には，特に植生遷移を停止させる植生管理方法を視野におくことになる．

18-2 保護管理のための調査法概略

　一括して野生植物の保護といっても，保護の概念にはProtection（擁護・防護―囲い込み―），Preservation（保存・保管・貯蔵―保持―）およびConservation（保存・維持―保全―）などの意が包含されている．そこで，保護管理に対する視点を，① 保護対象にする野生植物を含む植生への人為的インパクトを停止し放置する場合と，② 対象にする植生が維持されるように人為的植生管理を行う場合とでの調査事例を紹介する．

　基本的には，対象にする植物がどのような植生環境に生育しているかを，種組成・分散・階層構造・植生の広がりなどとともに，地形・地質・表層土壌・標高・方位・傾斜などの育地を記録し，具体的調査やモニタリングのための基礎資料にする．植生調査票の形式や調査項目は任意でかまわないが，必要最小限の記録が網羅される点で，国際生物事業計画（IBP, 1965～1972）の陸上生物群集の保護部門（CT），特に植生部門での日本の研究班―JTC (P)―が作成した植生調査票が優れている（図18-1）．

　事前の植生調査で得られた資料を参考に，現地において植生が存続しうる最小面積を種数面積曲線（Shimwell, 1971）から推定し（図18-2），それを上回る広がりをもって調査区とする．具体的調査区域や調査区面積は調査目的や調査場所で異なる．

　たとえば，ライチョウの営巣場所の保全を目的にした高山帯ハイマツ群落の調査であれば，なわばり域の全植生が調査域となり，精細な調査区は巣を中心に設定される．さらに，等高線に対して平行ならびに直行方向にベルトトランセクト法およびライントランセクト法を用いて植生調査をし，周辺植生の現況を補完する（西條ほか, 1998）．ただ，個々のなわばりのサイズが地形条件やライチョウの生息密度によって異なるため，調査区を設定する前に十分検討しておく必要がある．また，ライチョウの生息密度によっても食圧が異なり，植生学上，同一カテゴリで表現される植生単位であっても，なわばり間で差違が生じていることに注意しなければならない．

　ハイマツ群落のように対象が安定した自然植生では，特に人為的植生管理を念頭においた調査法をとる必要はないが，一定の植生管理下で生存する野生植物の場合には必要となる．

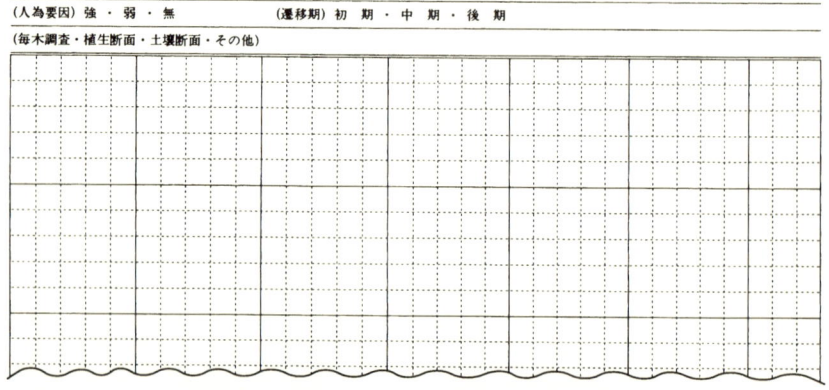

図18-1 植生調査票の表面（上段）と裏面（下段）.

18 野生植物の保護管理　　　　　　　　　　　　　　　　　　　　217

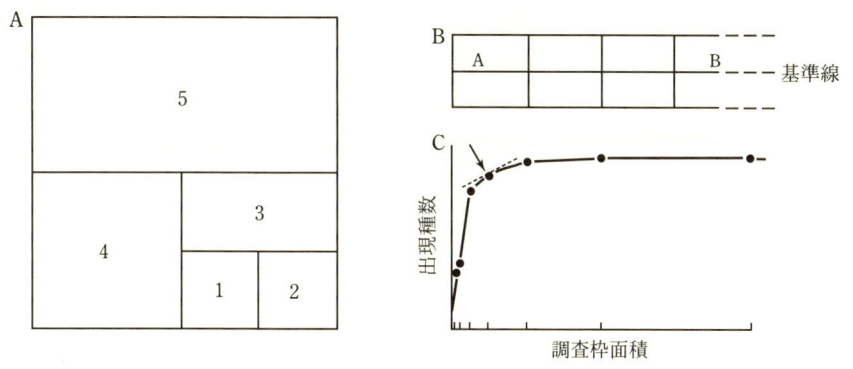

図18-2 種数面積曲線測定用の方形枠のとりかた (Shimwell, 1971).

　シバ型半自然草原やシデコブシ林は，植生に加えられる人為干渉の程度が影響する．したがって，シバ草地であれば草地内に4 m^2 程度の禁牧区 (protect cage) を設置して放牧圧の停止と植生変化との関係をモニタリングする方法 (西條, 1980) を用いることも有効となる．さらに，放牧家畜の採食行動が放牧形態ならびに草生によっても変化するので，草地全体の把握はポイント法 (Warren, 1960) を用いて調査するのも有効である．特に全接法を採用すると，採食圧の少ない箇所では植生の階層構造の分化が量的に計測されるため (松村ほか, 1983)，植生変化の全体像が理解しやすくなる．

　一方，シデコブシ林を放置するとコナラ・アカマツ・ソヨゴ・イヌツゲその他の侵入樹種によって被圧され，シデコブシの生育が著しく阻害されて衰退する．したがって，侵入樹木の除間伐を実施する植生管理区を設け，放任区と対比しながらモニタリングすることが重要になる．ここでは開花期・着花数・開葉期・連年生長量・枯死率などが調査項目に取り上げられている．

　以下，具体的に調査事例を示しながら，野生植物管理のための調査手法を紹介する．

18-3　ハイマツ群落での調査事例―ライチョウの営巣環境の保護―

　営巣期のライチョウにとっては，抱卵期間が融雪期と重なるため，餌が容易に得られることと巣を取り巻く植生が捕食者からのシェルターになってい

ることが必要になる．調査範囲は個々のなわばりを基本単位とし，なわばり内に成立する植生の種組成や配置状況を把握する目的で植生調査を実施する．ここでは他のなわばりや他所の植生との比較を可能にするために，植物社会学的植生調査法が用いられる．植生調査の実施時期は営巣期とすることが望ましいが，ライチョウの抱卵に悪影響を与えることから，孵化後に行われる．したがって，なわばり内の残雪状態と植物の展葉状況などを，補完的に調査しておく必要もある．つまり，落葉低木類が主体の群落では，植生自体がシェルターの役割を果たさないので，巣が設けられることは少ないことによる．図18-1に示した植生調査票によって得られた資料を基に，なわばり内に成立する植物群落が類型化され，各群落の種組成が明らかになる．

そこで，ライチョウ生息域の植生配分状況を，爺ヶ岳を例に模式的に示すと図18-3のようになる．さらに，識別された各植生単位の分布状況を示したものが図18-4で，巣を中心とした精細な現存植生図でもある．なお，植生図中に示される数字は，配分模式図で示す植生単位と対応する．

植生図に示される各植生単位の配置は，抱卵期の雌がとる採餌行動と密接な関係にあり，特に主たる採餌のための植生が風衝矮生低木群落にあることから，巣との距離が重要になる．ここで示す例からは，巣から3m以上離れた箇所に採餌場があることが理解されるし，別のなわばりでは3m以内に採餌場がある（西條ほか，2001）など多様である．このことから図18-4に示した枠外に2m幅で3m長の帯状調査枠を，さらに，その外側に1m幅の調査

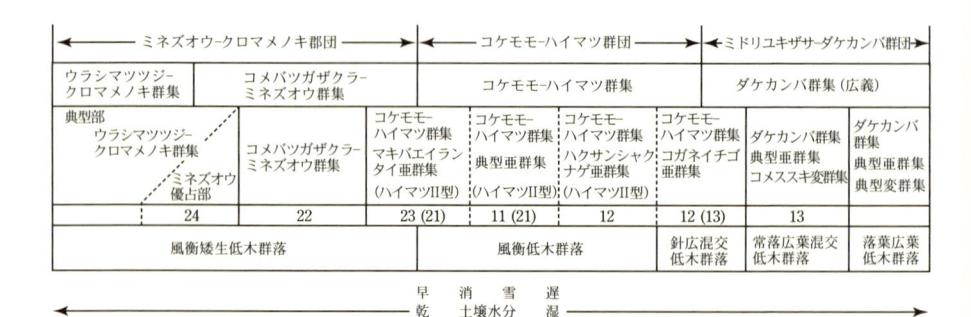

図18-3 ライチョウの営巣環境にかかわる植生の配分模式（西條ほか，2001）．

18 野生植物の保護管理

枠をなわばり境界まで延長して補完している.

　また，営巣環境として植生の階層構造も大きく関与するため，巣を中心にした植生断面の精細な調査が要求される（北原ほか，1987）．植生断面調査は斜面方向と水平方向とで実施されるが，前者は巣の位置の微地形と植生の開口部を把握する点で，後者は地上部分でのシェルターとしての役割を把握する点でおのおの重要である（図18-5）．さらには，巣直上の鬱閉状況を把握するため営巣地点の植生構造が調査される（北原ほか，1998）とともに，これを量的に表現する目的で計測用立方体（図18-6）を用いた透過度測定も行われるが，最近では魚眼レンズを活用した方法が検討されている．

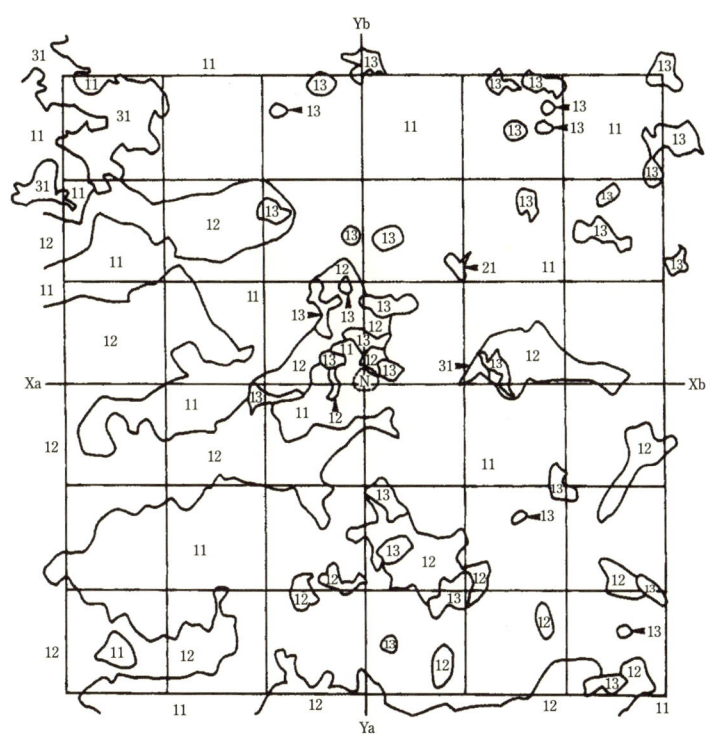

図18-4 巣を中心とする営巣箇所の現存植生図（北アルプス爺ヶ岳）．Xは等高線方向，Yは斜面方向，1メッシュは1m²．図中のNは巣，数字は植生型（図18-3と対応）を示す（西條ほか，1998）．

図18-5 営巣箇所付近の現存植生図作成作業（北アルプス薬師岳肩の小屋直下のハイマツ群落．環境省・富山県委託調査時）．

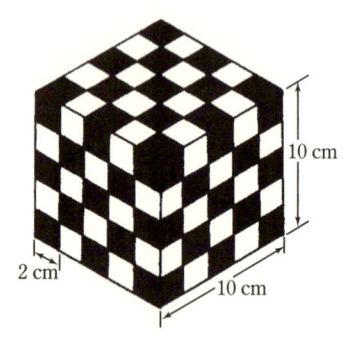

図18-6 植生の透過度定用立方体（北原ほか，1987）．透過度（％）は25％単位で透過度ランクとして表現．

　以上のような調査をもとにして定期的にモニタリングしているが，登山道の拡大に伴う植生の衰退やなわばり内のハイマツマットの分断現象が発生しており，植生復元が緊急課題になっている．仮にハイマツの保護であっても，ハイマツを主体とする植生が営巣箇所に利用されているのか，孵化後の行動域なのかによっても種組成や構造が異なるので，対象地域全体の植生を把握したうえで対処するよう注意しなければならない．

18-4 シバ型放牧草地での調査事例―半自然草地における野生植物の状態診断―

わが国のような湿潤温帯気候下では，高山帯，湿生地や風衝地などの特殊な立地条件下でないと，いわゆる自然草原は成立しない．ススキやネザサ，シバの草地はそれぞれ独特の草原景観を呈している．これらの半自然草地の維持には採草・火入れ・放牧といった人為的植生管理が不可欠で，放置すると樹林化してしまう．ここではシバ型草地の維持という視点からの調査事例を紹介する．

ここで取り上げるシバ型草地は御嶽山北西斜面に広がる千町・猪ノ鼻牧野内に分布している．このシバ草地は中部日本における生育限界付近，標高約1,600 mに成立する野草地で，無積雪期5〜6ヵ月間の放牧家畜の採食圧によって維持されているものである．ここはシバを中心にしてテングクワガタ，マツムシソウ，オオヤマフスマ，クルマバナ，ニオイタチツボスミレ，ゲンノショウコ，ウマノアシガタその他の種が散生する草地で，構成種の大部分が生長点の低い草本植物で被覆されている（西條ほか，1976）．したがって，放牧圧の大きい箇所は裸地化しミノボロスゲやオオバコの侵入が著しく，逆に放牧圧が低下した箇所にはワラビやマルバダケブキ，エゾノギシギシなどの高茎植物，イヌツゲやレンゲツツジなどの低木類が侵入する（西條ほか，1977）．このように放牧圧の増減によって微妙に変化する植生の維持には，放牧家畜の密度管理も重要な条件となるが，ここでは植生面から検討してみよう．

保護の対象になる植物を含む植生全体の調査は，前述の植生調査法と同様であるが，植生学的に類型化された植生単位間での対象植物を量的に比較するため，一定サイズの方形枠を用いた調査手法が併用される．調査枠サイズは植生の質によって決定されるが，シバ群落のような短草型の草地を対象にする場合には1 m^{2}の調査枠で十分である．ただし，調査区を植生単位ごとに20区程度は設けることが望ましい．このことは，無作為になされる20反復の調査によって，前述の種数面積曲線から見た均質な資料が得られることによる（沼田，1957）．この調査法は野外において大きな労力を伴うことから，ポイント法の利点（岩田ほか，1977）を活用して精細な調査を実施する箇所を

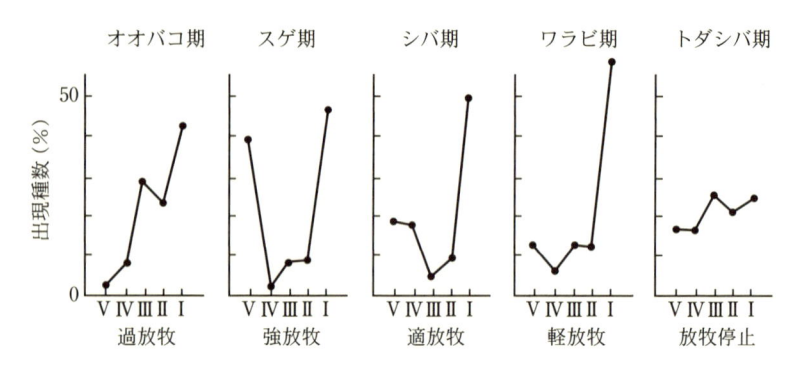

図18-7 シバ牧野における放牧圧の変化と構成種の出現頻度変化（西條, 1993）.

あらかじめ選別しておくと，方形枠調査は10反復でも的確な資料が得られる．

このようにして具体的に植生をモニタリングする箇所が決定され，そこに固定調査枠が設置されることになる．

さて，シバ草地の維持管理に放牧圧が欠かせないことに触れたが，方形枠調査での結果を具体的に見ると図18-7のようになる．図に見るようにシバ群落の主部は適正な放牧圧（シバ期）にあたり，シバ・ナガハグサ・ゲンノショウコ・ニオイタチツボスミレといった採食圧に対して耐久力の強い，生長点を地ぎわ近くにもつ種が常在し，出現頻度自体は低いものの多様な草本植物が散生するJ字型の組成傾向を示す．

放牧圧が低下すると，踏圧に弱いワラビの増加によって被覆されたシバが衰退し，L字型の組成傾向を見せるようになる．さらに放牧圧が減少したり放牧が休止されると，トダシバ・ヤマヌカボ・マルバダケブキなどの生長点の高い種が常在するようになり，いわゆるススキやカリヤスの採草地型の組成傾向となる．

一方，放牧圧が増加すると採食圧および踏圧の影響を強く受け，ミノボロスゲ・スズメノカタビラ・オオバコといった特定の種群が優占するようになる．これがU字型組成傾向のスゲ期の群落で，放牧密度の増加とともに糞塊に由来する実生の発生も多くなる．さらに放牧圧が増加すると，植生は踏圧の影響を強く受け裸地化が進行する．これが過放牧状態のオオバコ期の群落

18 野生植物の保護管理

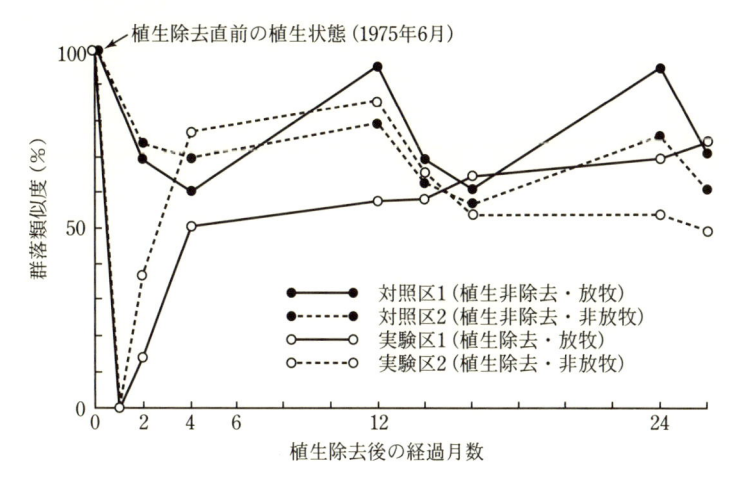

図18-8 シバ草地における植生除去後の回復状況（西條，1980に資料追加）．

で，構成種の90％以上が出現頻度60％以下の草種で占められる不安定な組成傾向をとるようになる．

このようにシバ草地は放牧圧の程度によって変化するので，一定のバランスが保たれる限り安定的に維持される．しかし，いったん裸地化すると放牧密度を低くしただけでは容易に回復しないし，反面，休牧期間をとりすぎると別の植生型に移行してしまう．このことは，シバ群落が破壊された後の回復状況を積算優占度（沼田，1961）を用いて，群落類似度（Whittaker，1951）からモニタリングした実験結果からも理解される（図18-8）．

図に見るように非放牧区の場合，回復初期段階でこそ前植生に対する類似度が増加するが，その後は逆に減少し，前植生とは異なった群落へと移行する．これに対して放牧区では，初期の回復力が劣るものの類似度を増加させ続け，26ヵ月経過した時点では植生除去前の70％まで回復する．なお，図中の類似度の変動は，植生自体の季節変化を表現していることになる．また，構成種数から回復状況を見ると，放牧下では回復初期段階で前植生とほぼ同数に達し，以後はほとんど変化しないのに対して，休牧状態で放置すると種数こそ増加し続けるが，種組成は異なってくる（西條，1980）．

したがって，相観的には一様に見られるシバ草地であっても，これを構成

する植物群落は多様であることから，保護の対象にする植物が生育する植生タイプを明確に把握しておかないと，適正な保全管理ができないことになる．つまり，野生植物の保護には，対象植物を取り巻く植生そのものをいかに維持するか，という視点が欠かせないであろう．

18-5　シデコブシ林での調査事例―特定野生植物の保全管理―

　日本固有の遺存種でもあるシデコブシは，伊勢湾周縁の丘陵脚部に分布し，ヘビノボラズ・ノリウツギ・サワシロギク・サワギキョウ・ウメモドキ・ショウジョウバカマ・ミズゴケなどを伴った群落を形成する（図18-9）．育地の多くは，年間を通して水の供給がある貧栄養の湿地の縁にあり，不透水層から浸出する伏流水によってかん養されている．シデコブシ林の成立場所は，かつての棚田や谷津田に接した水路や農耕地周辺の落葉広葉樹林内の水路沿いにあり，その大部分が焚き付け用の薪として活用され，当時の生活と深く結び付いていた．つまり，薪炭林や農用林と同様の施業管理によって維持されてきた二次林でもある．

　したがって，薪炭林としての森林撫育が放棄された現在では，コナラ・アベマキ・クリなどを主体にした落葉広葉樹林そのものが変化している．特に

図18-9　開花期のシデコブシ林（岐阜県土岐市）．

18 野生植物の保護管理

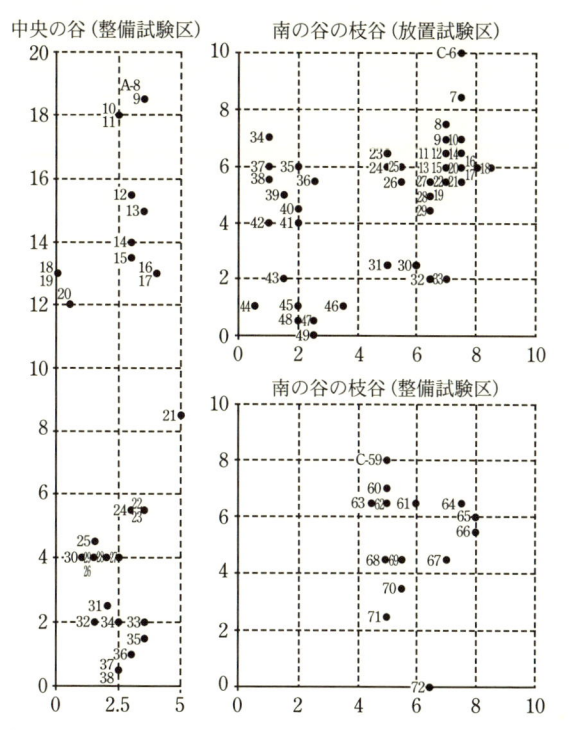

図18-10 シデコブシモニタリング試験区の設置例．縦横両軸は調査枠の長さ（m），図中の数字は個体番号．

　シデコブシの自生地では，アカマツ・ソヨゴ・コナラ・クリ・リョウブなどが林冠を形成し，低木層にイヌツゲ・ネズミサシ・ネジキ・アセビ・コバノミツバツツジなどの生育する樹林となっている．林床植生は多様で，土壌の水分条件の違いにより，ヌマガヤやアブラガヤの優占する部分やコシダの侵入箇所などが見られる．ただ，全般的にはケネザサ・ネザサ・イヌツゲなどの侵入箇所が多く，周辺から水路に堆積した植壌土と落葉・落枝による湿地の乾陸化も侵入植物の定着を助長している．

　人為的植生管理によって維持されてきたシデコブシの樹林であるが，管理技術は確立していない．現在の保護策としては移植による個体ないしは個体群の隔離保護が中心になっており，生育地そのものの保全方策がとられ始めたのはごく最近である．そこで，ここでは試験的に実施しているモニタリン

グ手法を紹介する.

モニタリング試験区の設定は前述の植生調査法に基づいて行われ，固定調査枠が設置される．調査枠サイズと形状は対象地の地形条件やシデコブシの立木密度によって決まるが，枠サイズは調査結果を比較検討する意味から一定にすることが望ましい．また，植生管理の異なる試験区が近接する場合には，処理区間が影響を受けないような配置が必要である．

ここでは図18-10の設置例に見るように100m^2サイズにしてある．次いで

図18-11 ⓐ シデコブシ放置試験区（岐阜県多治見市）．ⓑ シデコブシ管理試験区（岐阜県多治見市）．

調査枠内に生育する低木以上の樹種のマッピングを行い，シデコブシについては稚樹についても個体別に標識をつける．林床植生については重ね枠法を用いた調査を併用する．なお図に例示した散布図はシデコブシのみであることと，株立ちすることから株単位で表現してある．

モニタリング試験区には整備試験区（植生管理区，処理区，図18-11ⓑ）と放置試験区（対照区，無処理区，図18-11ⓐ）とがあり，前者ではシデコブシを被圧する樹木の除伐ならびに林床に侵入したイヌツゲ・ネズミサシ・ネザサ類の刈り払いを行ってある．今後は，薪炭林施業に模した植生管理を実施していく予定である．後者では遷移の進行に伴うシデコブシの消長を調査する目的で設けたものである．

モニタリング項目としては，開花結実量，稚樹の発生とその後の推移，連年の伸長量と肥大量，株内萌芽幹の生存率，林床植生の変化などがあげられている．いずれにしても，モニタリング開始後2ヵ年しか経過しておらず，紹介できる資料が集積してしないが，結実量に変化が見られ始めている．ちなみに整備試験区で約42％の結実が見られたのに対して，放置試験区では約14％しか結実しなかった．また，処理直後には倒伏気味であった小径の萌芽幹も立ち上がる傾向にある．

19　生物相調査における生物間相互作用の評価

（横山　潤）

　ヒトを含めすべての生物は，他の生物との共存なくして生活を営むことはできない．至極当然のことであるが，このことはアセスメント調査を行ううえでとても重要な観点である．調査対象である動植物種もまた，その例に漏れないからである．ワシタカ類が重要な調査対象種とされるのも，彼らが食物連鎖の頂点に立ち，したがって彼らを養える環境であれば，必然的にその他の動植物種も豊富に含まれる（アンブレラ種）と判断できるからである．希少種の調査に関しても，一般にそれらが環境に対する要求性が厳しいために生息密度が低いであろうことを念頭においている．

　1999年の環境影響評価法（環境アセスメント法）の施行によって，これまで行われてきた生物相調査に加えて，生態系調査が義務づけられるようになったが，このような種を指標とした生物相調査は，もともとそのような生物のつながりを，ある程度暗黙のうちに仮定して行われている．しかし自然界の生物どうしのつながりは非常に複雑であり，私たちはそのきわめて限られた部分の情報しかもっていない．生態系調査の実施に伴って，私たちは実際に特定の環境が健全に維持されるためには，どのような生物が重要な鍵を握っているのか，調査の際にはどのような生物に注目すべきであるのか，再度検討する必要があるだろう．

　本章ではその一助として，重要な生物間相互作用の事例をあげて，これらの相互作用系をどのように調査し，評価していくべきなのかについて考えてみたい．

19-1　生物間相互作用に基づく指標種の選定

　生態系のなかで特定の生物の果たす役割はさまざまである．生産者，消費者，分解者といった教科書的な分類では分けきれないほど，生態系における

各生物の地位は多様である．生態的地位だけでなく，特定の生物の個体数，バイオマスなども，生物種ごとに当然異なっている．このような多様な生物の集合体である生態系の評価を正確に行うのは，情報量が多いだけに簡単なことではない．このため，実際の調査の際には，何らかの指標が必要になってくる．

　生態系は生物相互のつながりで維持されているので，その点に目を向ければ適切な指標種が見つかるかもしれない．たとえば，ある種には他の種とのつながりが多いのに対し，ある種では少ないといった，他種との関係の疎密があることに気がつく．他種との関係が密な種は，その種がいなくなることで関係のある他の種の存亡に大きな影響を与えるであろう．その逆に他種との関係が希薄な種では，その種がいなくなることが他種にまで与える影響はほとんどないと判断できる．他種の関係が密で，なおかつよりたくさんの種と関係を結んでいる種ほど，特定の生態系の維持に重要な役割を果たしていると考えることができる．

　直接的ではなく，間接的な効果も重要である．種Aが種Bを食べることによって，種Bと競争関係にある種Cの存続が保証されているとしたら，種Aと種Cは直接かかわりあいがないにもかかわらず，種Aの動態は種Cの動態に影響を与えることになる．このようなさまざまな直接的，間接的関係を考慮に入れて，ある生態系のなかで，その種の存否によって系のなかのさまざまな生物の動態や，場合によっては生態系そのものの存続にさえ大きな影響を与えるような種のことを，キーストーン種とよぶ（図19-1）．キーストーン種はさまざまな生態的地位に存在する可能性があり，十分な生態的な調査を行わないと，その種がキーストーン種か否かが判定できない場合も多い．特にキーストーン種が上位の捕食者など，間接的に影響を及ぼす効果（カスケード効果）が大きいものほど，その影響の判断は難しくなる．これに対して，多くの生物と直接相互作用を結んでいるためにキーストーン種と判断される生物の場合，直接観察可能な相互作用を記録して解析すれば，判断が可能である．

　たとえば，亜熱帯から熱帯にかけて多数の種が生育しているイチジク属の植物は，それらの地域における重要な食物源となっている．イチジク属は非

常に特殊な花粉媒介の様式をもち，種特異的な寄生性のハチによってのみ花粉が運ばれる．このハチをイチジク属各種は常に維持していなければならず，そのため特定の開花期というものをもたずに，一年中どれかの木が花をつけ，果実を実らせている．他の種の樹木が不定期に，しかも一斉に果実をつけるために利用しにくいのに対し，年中果実をつけるイチジク属植物は，その地域に生息する哺乳類や鳥類にとって安定して手に入る貴重な食料となっている．もしこれらイチジク属植物がなくなってしまったら，彼らは現在の個体群を維持することができないだろう．イチジク属植物はその意味でキーストーン種といえる．国内でも屋久島ではヤクザルがイチジク属の一種アコウに

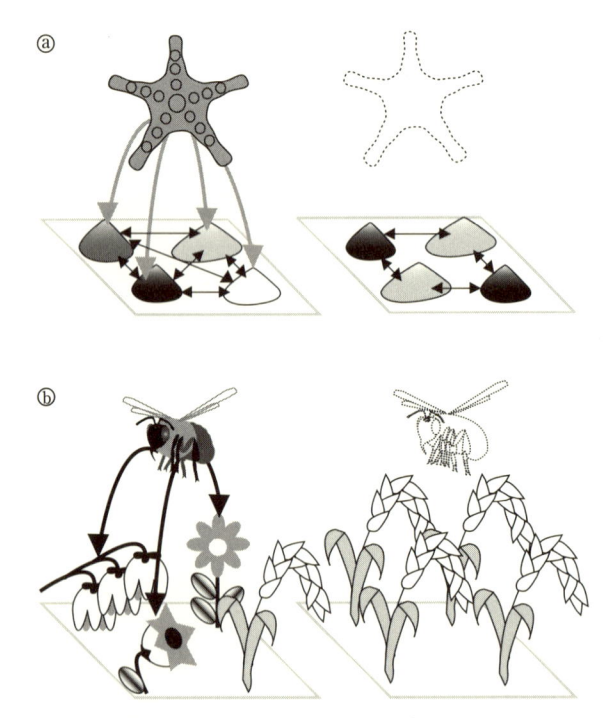

図19-1 特定の生態系の構造を維持するために重要な役割を果たしているキーストーン種．ⓐ 捕食者が存在することで，被食者の種間競争が緩和され多様性が維持されるが，捕食者が絶滅すると，被食者間の競争が激しくなり，競争力の弱い種は排除されてしまう．ⓑ 花粉媒介者が存在することで虫媒植物の有性生殖が保証され個体群が維持されるが，花粉媒介者が絶滅すると，風媒性，自殖性の植物しか個体群を維持できなくなる．

その食料の重要な部分を依存しており，アコウがなければ現在のヤクザル個体群は維持できないだろうと推定されている (丸橋ほか, 1986).

　イチジク属植物にはもう一つ，指標種として重要な特性がある．彼らは先に述べたとおり，非常に種特異性の高い微細な寄生性のハチによってのみ花粉が運ばれる．これが絶滅したら，その種のイチジク属植物は実を結ぶことができず，個体群が維持できない．ハチが絶滅しない個体群の大きさを維持しなければ，イチジク属植物が他の生物を養うこともできないのである．

　このように生物間相互作用に注目することで，生態系の安定した存続の可否を判断する指標種となりうる生物を選定することが可能になる．非常に大きな役割を果たしているキーストーン種が存在することはあまり一般的ではないかもしれないが，相互作用に注目することで，これまで用いていた指標とは異なった見方が可能になり，特定の生態系を多角的に評価できるようになることは重要であろう．評価基準が多ければ，それだけ対象の生態系のもつ柔軟性や脆弱性をさまざまな見方から指摘でき，実効力のある保全案やミティゲーションの提案が可能になるのではないだろうか．このことをふまえて，次項からは具体的な生物間相互作用を取り上げ，相互作用を調査することの重要性について考えてみたい．

19-2　植物と昆虫の相互作用

　植物と昆虫は，陸上生態系に生きる生物群のなかでは，最も著しい多様化を遂げたグループである．既知種の数も昆虫が最多で (75万種以上)，植物がそれに次ぐ数 (約25万種) を誇っている．この二つの生物群の間には，緊密な相互作用系が数多く知られている．

　昆虫は既知種の約半数が，植物を直接摂食する植食性の種であり，植食性昆虫の75％が特定のグループの植物しか食べることができない (Bernays & Chapman, 1994)．チョウの幼虫がほとんどの場合，ある科の植物しか食べることができないのは，このよい例である．一方，植物は，昆虫を中心とする動物に花粉の媒介を依存している場合が多い．その種数は実に現在知られている植物種の2/3以上に達すると考えられている (Schoonhoven, *et al.*, 1998).

　植物と昆虫の関係は相互に依存度が高い場合も多く，一方の絶滅が他方の

絶滅につながりかねない．たとえば，現在は「絶滅のおそれのある野生動植物の種の保存に関する法律」によって保護されているゴイシツバメシジミ *Shijimia moorei* の幼虫は，シシンランの花や蕾しか餌としない（環境省自然保護局野生生物課，2006）．シシンランは状態のよいシイ林の，しかもシイの大径木の樹幹にのみ着生して生育する希少な種で，この食草自身も絶滅危惧IB類に指定されている（環境省自然保護局野生生物課，2000）．このチョウの場合は，シシンランが絶滅すれば同時に存在基盤を失うことになる．

　この例は極端だが，一般に植食性昆虫は食草の範囲が限られているので，植物種の減少が直接昆虫種の個体群動態に影響を及ぼす．一般に昆虫種の土着域はその種の食草の分布域よりも小さいので，植物種がわずかに減少したり，特定の地域集団が絶滅しただけでも，特定の昆虫の絶滅につながる可能性がある．特定の植物種しか餌としない種に関しては，食草を指標にした調査が可能であるが，比較的対応関係が緊密であるため，少数の植物種ないしは昆虫種で互いの多様性や生態系の状態の指標とするのは難しいだろう．

　このような植食性昆虫と植物の関係と比べて，虫媒花と昆虫の関係は一般に特異性が低い．これは昆虫が植物と相互作用を行う期間が開花期のみで，時間的にも花粉と報酬の受け渡しの時間を中心に，花の認知から花からの離脱までと非常に短いこと，昆虫が植物から得る餌は花粉や花蜜が中心だが，これは植食性昆虫が多様な二次代謝産物を含む植物体を摂食しているのに比べれば，含まれている成分は植物種間で質的な差が小さいことなどが関連していると考えられる．しかし植物にとっては，送粉昆虫は有性生殖が成功するか否かの鍵を握っている重要な相互作用の相手であり，可能な限り忠実で効率のよい送粉昆虫に訪花してもらって，確実に有性生殖を成功させたほうが適応的である．したがってこの相互作用系では，植物側が特定の昆虫と結び付く場合が多い（図19-2）．このような場合，特定の訪花昆虫の減少が，その植物の繁殖を妨げてしまう．

　よく知られている例がサクラソウである（鷲谷，1998）．トラマルハナバチの女王が唯一の有効な送粉昆虫であるこの植物では，トラマルハナバチの絶滅は種子繁殖の可能性が絶たれることを意味している．サクラソウは異型花柱性とよばれる自家不和合メカニズムをもっているため，他家受粉をしなけ

れば種子ができないからである．先の植食性昆虫と植物の関係と同様，昆虫種の減少が植物種の個体群動態に大きな影響を及ぼす．

　マルハナバチ類はさまざまな植物種にとって有効な送粉昆虫であると同時に，マルハナバチ自身も豊富な植物相に裏打ちされないと個体群を存続させることができない．というのは，マルハナバチが発達したコロニーを作る社会性のハナバチであるからである．このため，マルハナバチ自身は，その地域の植物相の豊かさを示す指標生物となりうる．この仲間は国内に15種が分布し，各地域ごとに複数種共存しているのが一般的である(伊藤，1991)．

図19-2　花に訪れる昆虫の例．ⓐ ウツボグサに訪花するトラマルハナバチ．ⓑ マツムシソウに訪花するハナアブ．ⓒ コオニユリに訪花するカラスアゲハ．ⓓ アカツメクサの花を食べるマメコガネ．植物にとってはありがたくない訪花昆虫である．ⓔ シロツメクサに訪花するアカマルハナバチ．シロツメクサにとって，ハナバチ類は有効な送粉昆虫である．ⓕ シロツメクサに訪花するヒメシジミ．ハナバチ類に対し，チョウ類はシロツメクサにとっては単なる盗蜜者である．

各種訪花行動に対応した固有の形態をもち，利用する花もおおまかに決まっているため，その地域に何種生息しているのかも指標として適切であろう．

マルハナバチだけではなく，他のハナバチ類も独特の訪花習性をもっており，ハナバチ全体の種相も地域の植物相のよい指標となる．ただし地域ごとの花とハナバチの対応関係が異なる場合があり (Yokoyama et al., 2004b)，別途詳細な比較研究が必要である．また，地域によってはほとんどハナバチ相の情報のない所もあり，これらの地域に関する調査は急務である．なお，ハナバチ以外の訪花昆虫に関しての研究はまだまだ不十分であり，国内各地で訪花昆虫相全体を対象とした調査を行う必要がある．

19-3 植物と菌根菌の相互作用

植物と菌根菌の間の相互作用は，現存する維管束植物種のほとんどにかかわる非常に普遍的な相互作用系である．秋の味覚マツタケも，アカマツの外生菌根菌の一種である．植物と菌根菌の間には，菌根菌が感染することで植物の水分や無機養分の吸収効率は高くなり，かわって菌根菌は植物から光合成産物を得るという共生系が営まれている (Allen, 1991)．菌根菌は植物個体を橋渡しするようにネットワークを形成することで，植物個体間の物質移動にも関与していると考えられており (Simard et al., 1997)，通常は見えない部分だが，その生態系のなかでの役割はきわめて大きい．

菌根菌の調査は，VA菌根菌であれば根に共生している菌の胞子を探して同定し，外生菌根菌であれば子実体（いわゆるキノコ）を調べる方法が一般的である (岡部, 1999)．しかしこれらの調査は，特に後者は発生期が限られるという問題があって，その全容を明らかにするというのは非常に難しい．しかし菌根菌との対応関係の同定は，特に森林環境の評価を考えるうえで重要である．以下に非常に極端な例ではあるが，菌類に依存しなければ生活することができない菌寄生植物（腐生植物）の例をあげて，植物と菌根菌の相互作用系の重要性について考えてみたい．

菌寄生植物(myco-heterotrophic plant)は，一般に腐生植物(saprophitic plant)とよばれていたものであるが，その生態的な特徴をより正確に表すために，本章ではこのようによぶことにしたい．菌寄生植物は自分で光合成すること

19　生物相調査における生物間相互作用の評価

図19-3　菌寄生植物の例．ⓐ シャクジョウソウ（イチヤクソウ科）．ⓑ シロシャクジョウ（ヒナノシャクジョウ科）．ⓒ オニノヤガラ（ラン科）．

なく，根に共生させている菌根菌が供給してくれる炭素源に完全に依存して生活を営む，いわば完全に菌根菌に寄生して生活する植物の一群である．全世界でわずかに11科87属約400種が知られるのみで（Leake, 1994），国内でも5科24属約46種があるのみである（図19-3）．被子植物全体から見ても非常にマイナーなグループであるが，個体数自体も非常に少ないものが多く，一般に地上に現れる期間が花の時期のみであることも手伝って，発見される例が極端に少ない種もある．国内のものでは，実に2/3にあたる31分類群がレッドリストにあげられており，保全上重要な植物群である（環境省自然保護局野生生物課, 2000）．

　菌寄生植物は，これまで根に共生している菌類が，周辺の腐植を分解し，植物に炭素源を供給していると考えられてきた．腐生植物という名前は，そのような状態に起因している．しかし実際には，もっと複雑な関係を営んでいることがわかってきた．菌寄生植物のなかでも代表的なグループである，イチヤクソウ科に属する種群では，共生している菌根菌は周辺の樹木に菌根を形成している外生菌根菌である．そして，菌寄生植物はその外生菌根菌を介して，周辺の樹木から炭素源を得ているのである．要は，菌を仲介に他の木に寄生している状態である（Cllings et al., 1996; 図19-4）．

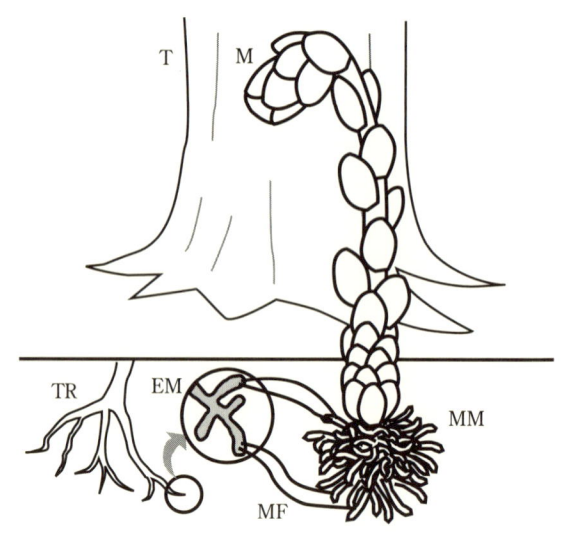

図19-4 菌寄生植物の寄生様態を示す模式図．菌寄生植物は付近の樹木の外生菌根菌と同じ菌を自身の菌根にもち，菌を介して樹木から炭素源を得ている．EM：樹木の外生菌根．M：菌寄生植物（ここではギンリョウソウモドキ）．MF：菌根菌．MM：菌寄生植物の菌根．T：外生菌根をもつ樹木．TR：樹木の根．

　このことはラン科の菌寄生植物についてもあてはまりそうである．ラン科植物はもともと菌根菌に対する依存度が高く，菌の感染がないと種子が発芽しないほどである．ラン科植物の一般的な菌根菌は *Rhizoctonia* 属の不完全菌類で，これは普通他の植物に菌根を形成することはあまりない．その意味では，一般的なラン科植物と菌根菌の関係は特異性の高い関係であるといえる．
　一方，ラン科は最も菌寄生種の多い科である．全世界の菌寄生種の約半数がラン科に属し，国内では実に8割の種がラン科である．菌寄生性のランはこれまで *Rhizoctonia* 属とは異なる腐生菌に寄生していると考えられてきた (Terashita & Chuman, 1987)．しかし近年北アメリカの菌寄生性ランの研究から，これらの菌寄生種の少なくとも一部はイチヤクソウ科の種と同様に，周辺の樹木の外生菌根菌に依存して生活していることが明らかになってきた (Taylor & Bruns, 1997; McKendrick *et al.*, 2000)．これらのことは，少なくとも現在調べられている菌寄生植物のほとんどが，外生菌根菌を介して樹木

に寄生して生活していることを示している．

　この事実は，これらの植物に対する保全策を考える際に大きな問題となってくる．植物の場合，しばしば移植をして開発地域から避難させる方策がとられる．菌寄生植物も菌根内の菌が腐生菌であれば，そのような方策も有効かもしれないが，上記のように外生菌根菌を介して樹木とつながっているという可能性が高くなってきたとなると，菌類を介したコネクションが再構築される保証がない限り，移植が成功する可能性は皆無であるといわざるをえない．光合成を行うキンラン属植物でも外生菌根菌との対応関係が示されており (Bidartondo *et al.*, 2004; Yokoyama *et al.*, 2004a)．このような事例が増えてくると，菌根菌の調査は，保全案の策定のために不可欠な項目になるかもしれない．

19-4　相互作用をいかに記録するか

　生物相調査に比べて，生物間相互作用の調査は時間もかかり，実態が把握できない場合も多い．限られた時間のなかで生態的なデータをとること自体がなかなか思ったようにいかないが，こと生物間相互作用のデータは，両方の生物の条件が整わないと得られないだけに難しい場合が多い．私たちも訪花昆虫のデータをとる際には，気象条件などに十分配慮して調査を行わないと，思ったようなデータが得られない経験を何度となくしている．ここではそのような困難を考慮に入れて，いかに限られた調査機会で相互作用を抽出し，記述するかについて考えてみたい．

　相互作用の記録の基本は，やはり生物相の記録である．生物相がわかってくると，どのような生物にターゲットを絞ればよいかがわかってくる．特定の昆虫の食草，ある植物に訪花する昆虫，目標とする木の菌根菌など，特に注意すべき対象が絞れれば，有効に調査時間を割り当てることが可能である．ターゲットが絞れたら，適した気象条件で調査ができるように日程を調整したい．天気の悪い日に訪花昆虫の調査を行ったり，晴れた日が続いているのに菌根菌の子実体の調査を行うのは効率が悪い．また，たとえば昆虫相の調査の際でも，何の植物のうえにいたのかなど，相互作用に関連する情報を付記するように注意を払うことは重要である．植食性昆虫の場合，幼虫や卵の

調査も行わなければならないだろう．訪花昆虫の場合，花で採集できない場合，スウィーピングが有効であることも多い．花に爪痕などの痕跡が残る場合もあるので，その有無の記録も重要である．そして調査終了後に各調査者が情報を交換しあうことが特に重要である．このためには，それぞれの担当者がある程度専門外の生物に対する知識をもっていることが望ましい．しかし実際にはなかなか決定的に効率のよい方法というのは難しく，いかに昆虫や植物の性質を理解して，少ない機会を有効に使い，野外調査のデータを得るかという点が決めてとなってしまう．

　野外調査が中心とならざるを得ない植物と昆虫の関係に対して，菌根菌の場合，近年よく用いられていて最も有効な方法は，DNAの塩基配列情報を解読することである．この方法なら，子実体がなくても，対象の植物の根があれば調査が可能である．根から全DNAを抽出し，PCR法で菌類のDNAの特定の領域のみを増幅し，塩基配列を決定する（Lanfranco et al., 1998）．PCR法で増幅したDNAを制限酵素で切断して，その切断片の電気泳動パターンから菌根菌を同定する手法も用いられ（松田, 2000），このほうが塩基配列の決定よりはるかに簡便である．もっとも，分子生物学的な実験を行える実験室がないと難しいが，いつでも同定が可能である点は魅力的である．得られた配列はデータベースに登録されている配列と比較すれば，属レベルまでは比較的簡単に同定可能である．というのも，菌根菌の大規模な塩基配列のデータがすでに登録されているからである（Bruns et al., 1998）．このような遺伝的な調査を行うことができれば，菌根菌の多様性を比較的簡便に，定式化して評価することが可能になる．分類学的知見に乏しい，あるいは形態による分類が困難な生物群について，近年"DNA barcoding"とよばれる分子同定手法が用いられるようになってきており（Hebert et al., 2003; Pons et al., 2006），それを目的としたデータベースも構築されている（Barcode of Life Data Systems; http://www.boldsystems.org/）．今後はぜひ広く取り入れたい技術である．

　このような情報はデータベース化されるのが望ましい．特に植物と昆虫の関係の場合はつながりが複雑なので，オブジェクト志向型のデータベースに整理できれば理想的である．データベースというほどではないが，簡単なつ

19 生物相調査における生物間相互作用の評価　　239

ながりをグラフィカルにまとめて関連情報を整理するために，私はもともと認知体系のモデル化に用いられるIHMC CMap tool (Institute for Human and Machine Cognition, The University of West Florida, http://cmap.ihmc.us/) を用いている（図19-5，ただしこのソフトは営利目的には使用できない）．観

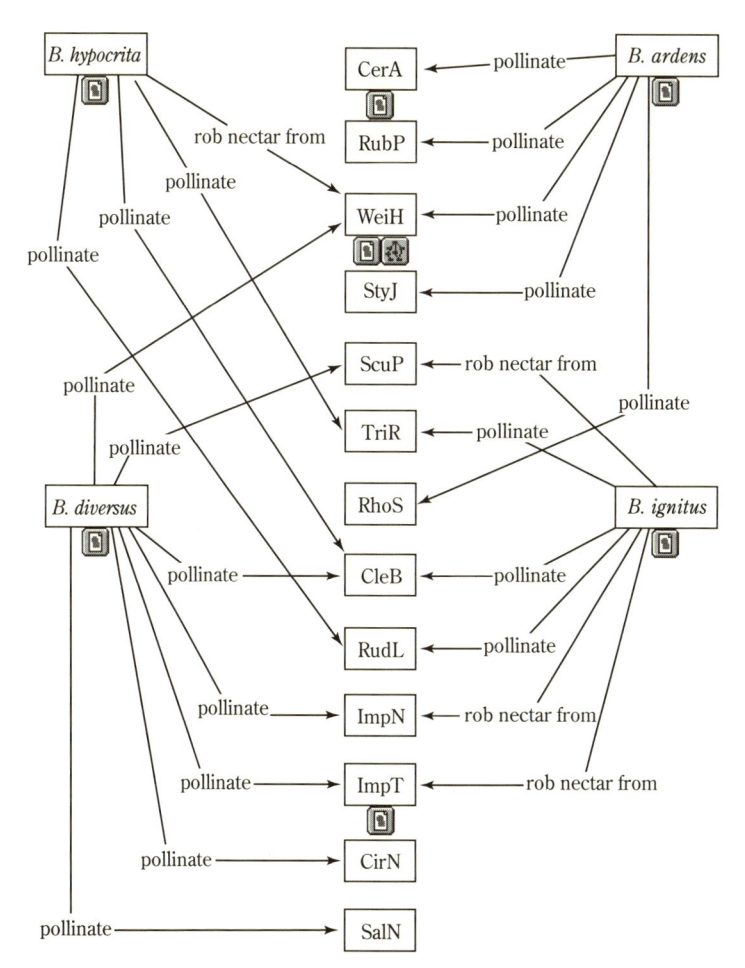

図19-5 IHMC CMap toolで作成したマルハナバチ類と植物の対応関係．中央に縦に並んでいるのが植物の種名の略号，両脇の4種がマルハナバチである．種名の下のアイコンは画像や他の相関図とのリンクを示し，これをクリックすれば画像や相関図を開くことができる．データは中島真紀氏の未発表データを一部改変したものを用いた．

察データから実際のつながりに関するデータが得られなかった場合でも，既知の情報から関係を類推してこのようなかたちで整理しておけば，いつでもデータを追加して再検討することができる．また，グラフィカルな情報の整理は相互作用の調査データのプレゼンテーションにも有効である．

生物間相互作用は今回取り上げた例以外にもさまざまなものがあり，それ

コラム　地域生物相はどこまで解明可能か

一つの地域の生物相を全容解明することが，技術的に可能であったとしても，現実にはきわめて難しいことは，今では私たちの共通の認識となっている．高等植物，あるいは哺乳類や鳥類のような脊椎動物では，潜在的な生物相の予測が可能であるうえに，種類数がある程度限定されるので，全容解明もそれほど困難ではない．しかし，菌類や無脊椎動物の多くの分類群では，種多様性がきわめて高く，さらに分類学的研究の遅れもあって，その解明は容易なことではない．現実には，概要の把握にとどまるのが限界である．

神奈川県三浦半島の北縁に円海山という，行政区では横浜市南部に位置する緑地がある．この$5km^2$の地域において，20年間に及ぶ昆虫類の調査結果をまとめた報告が出版されている（円海山域自然調査会，2000，神奈川虫報，(130)，458 pp.）．同報告によれば，面積も小さく，都市化の影響も著しいこの地域から3,552種の昆虫が記録されたという．なかでも圧巻なのは甲虫類の解明度で，1,649種（うち不明種127種含む）が16年間の調査で記録されている．この種数は単一地域のデータとしては，おそらく日本で最も多いはずで，神奈川県産甲虫類の既知種数の半数近くに及ぶ．調査者の評価では，円海山の潜在甲虫相の95％を超えたといわれるが，出版以降でも，わずかながら新しい種の発見が続いているらしい．

昆虫類わけても甲虫の仲間は，あらゆる生物のなかで最も種多様性が高いといわれている．したがって，この円海山の事例のように，全容把握には10年，20年くらいの歳月が必要とされるのかもしれない．同報告でも指摘されていることなのだが，このような長期間のなかで，改変され失われた昆虫類の生息環境はかなりの質量に及ぶという．これでは，調査・記録していくなかで，多くの種が当該地域から絶滅している，という事実も一方では確からしいのである．

生物相の調査は全容が把握されるのが望ましいのであるが，保全の立場からはにわかにその点だけにこだわるわけにもいかない．地域生物相は刻々と衰退しているのだ．まずもって，保全上重要な種や個体群は何であるのか，守るべき環境はどこか，という視点で生物調査を行わなければ，私たちは本質的な目的を見失う可能性がある．

（新里達也）

それ生態系のなかで重要な役割を担っている．生態系調査のなかでこのような相互作用をいかに調査し，記録していくかはまだまださまざまな試行錯誤が必要であろう．また，進展著しい新しい技術の導入も必要かもしれない．本論で最後に触れた遺伝的情報の解析のほか，紙面の都合で省いたが調査データを解析する情報処理技術の導入も検討されるべきである．しかし，どのようなかたちであれ，生物どうしのつながりに目を向け，その状態を伝えることができて初めて，生物相調査だけでは得られない意味をもつ生態系調査が可能になるのではないだろうか．本章が，多様なつながりをもつ生物どうしのネットワークを理解する努力の一助となれば幸いである．

20 指標種による環境評価

(中村寛志)

　人間にとって環境とは，われわれの生活に関係する外的条件の総和である．この環境を構成する個々の要素については，過去にさまざまな議論がなされてきたが，一般的に，① 物理的要素，② 化学的要素，③ 生物的要素の三つに分類されている．①，② は，さらに気温，湿度，窒素酸化物濃度などの要素に分けられ，これらは物理化学的機器を使って測定できる．したがって，その測定データをもとに環境を定量的に把握し，評価することは容易である．

　一方，③ の要素である生物の反応を通して環境を評価する方法は，物理化学的測定と比較して，生物特有の変異性・多様性を有するため，客観性，定量性に問題があるといわれている．すなわち調査対象生物の個体変異，系統変異，地理的変異などを厳密にチェックしておかないと，測定データの変異が大きくなる危険性があるからである．したがって，生物を使って環境を評価するためには，どのような生物を指標種 (indicator species) として利用するかは，この方法の大きなキーポイントとなる．環境条件をよく示しうる種 (環境指標性の高い種) は，特定の環境との結び付きが強く (狭適応種)，その変化に敏感であるという条件を備えている必要がある．一般的に植物は動物より固定的で環境との結び付きが強いため，環境評価手法を学問的に確立した Clements (1920) は，植物を初めて生物指標 (bioindicator) として用いた．

　この指標生物法は，生物によって環境を間接的に知るまわりくどい方法であり，また前述した変異性のほかにも数量化しにくい，反応時間が遅い，異なった環境の反応が生物上では同一の反応として現れるなどという欠点をもっている．一方，そのメリットとして，複数要因の交互作用・相乗作用の影響や低濃度汚染の蓄積効果の測定，また物理化学的測定では表現できない環境の自然度の評価などが可能であり，環境評価を行ううえで一つの有効な手法である．

現在では，生物によって環境の状況を測定する手法は，物理化学的測定法と並んで，いろいろな目的にそってさまざま生物種，または生物種群を指標種として実施されている．その典型的な例として，化学的な水質検査による定量的な測定と並んで，水生動物による水質の評価がなされている．指標生物による環境評価の手法は植物を中心に発達してきたが，昆虫類の調査データをもとに，環境やその自然度を評価する試みも多く報告されている（巣瀬，1998；石井ほか，1991）．その理由として，昆虫類は地球上に存在する生物のなかで約150万種ともいわれ，最も種類が多いうえに，それぞれ食性や化性などの生活様式や生息環境が異なっている．そのため，その地域に生息する昆虫類は，そこの自然環境を正確に反映する指標種として利用できるからである．

本章では指標生物のみならず群集生態学的解析手法も含めて，生物相の調査データを利用したさまざまな環境評価の手法を概説し，特にチョウ類の群集調査をもとに開発された，最近の環境評価手法について具体的に述べる．

20-1　指標種

生物の調査によって環境を評価する方法は，大きく分けて二つある．生物のもつ環境指標性を利用する方法と，多様度指数など群集生態学的解析法を利用する方法である．最近ではこの二つの方法を組み合わせた手法も開発されている．

生物種の環境指標性を利用する方法は，さらに細かく二つの方法に分類することができる．まず一つは環境をよく示しうる特定の種を指標種として選定し，その種のみを調査することによって環境を評価する方法である．もう一つは，すべての生物種もしくは特定の種群内のすべての種を指標種にする方法である．表20-1に，このような観点からチョウ類による環境評価手法を分類した．

まず特定種を指標種とする手法としては，ナガサキアゲハの分布調査から地球規模の温暖化の影響を評価したり（中村，1998），スダジイの字書き虫であるシイモグリチビガの寄生率から，都市緑地の自然度を評価する試み（久居，1982）などがその例である．さらにレッドデータブックに掲載された昆虫

表20-1 方法論から分類したチョウ類による環境評価手法.

方法	対象種	用いるデータ	環境評価手法
種の環境指標性	特定種	在・不在	レッドリスト種，緑の国勢調査指標種など
種の環境指標性	全種，全種群	在・不在と種の指標価	目録，稲泉法（稲泉, 1975），EI 指数（巣瀬, 1998），種自然度（豊嶋, 1988）
群集解析手法	全種，全種群	種数・個体数	多様度指数，類似度指数，多様度-密度平面（石井, 2001）
環境指標性と群集解析手法	全種，全種群	種数・個体数と種の指標価	ER 法（田中, 1988），HI 指数（田下・市村, 1997），グループ別 RI 指数法（中村, 2000）

のレッドリスト種や，緑の国勢調査において調査対象となった指標種が利用されている．哺乳類と鳥類に関しては，これらの指標生物種の調査を通して，環境への影響を予測し評価する具体的な手法が各地で環境評価マニュアルとして提示されている（香川県, 1990）．

ここで留意すべき点は，絶滅危惧種や特定の種のみに注目することは，人々や行政にアピールして環境の保全を図るための戦術として有効であるが，「特定の種を守ることが自然保護である」という選別主義に陥る危険性である（鈴木, 1991）．最近では，環境評価にたいせつなことは指標とした特定の種を含む生物群集とその環境そのものであるとの立場から，生物群集の調査と解析を基にした環境評価の重要性が述べられている（森本, 1989; 宮武, 1992）．

20-2 指標種としての生物群集

20-2-1 目　録

特定種のみを使った環境評価の問題点を解決するために，生物群集を指標種とする方法がある．その基本的なものとして，昆虫相調査では，まず最初に作成される種の目録を利用して，調査地域の環境を概括的に評価することができる．中村ほか（1994）は香川県の環境保全地域に生息するガ類相から，その地域の環境評価を試みている．しかし，目録にリストされた種の環境指標性を評価し，客観的な環境評価に適用するには，対象種の生態学的知見と調査者の専門的知識がかなり要求される．さらに評価が記述的になり，客観

性・定量性が欠如するため，目録から直接評価する手法を一般化することは困難である．

20-2-2　種　数

目録は，直接は環境評価に利用しにくいが，そのなかには調査地域の環境情報が大量に内包されている．そのため目録を数量化して客観的に用いる方法がいろいろ試みられている．最も単純な方法は，目録にリストされた種数で評価する方法である．種数は生物多様性を代表する大きな目安といわれており (矢原, 1997)，チョウ類においても「年間の観察種数」は，生息環境の多様性の指標としてよく用いられている．またチョウ類など比較的分布が研究されている種群では，対象地域に過去の調査データが蓄積されている場合が多い．これらのデータから，種数はある程度その地域の多様性の経時的変化を示す指標となりうる．

しかし，環境を数量的に表現するうえでの大きな問題点として，ある地域でオオウラギンヒョウモンが絶滅し，かわりにナガサキアゲハが分布域を拡大してきた場合でも，種数には反映されず生態学的に見た大きな環境変化が評価されないことがある．

20-2-3　特定グループの存在割合

もう少し複雑な数量化の方法として，種名リストから特定のグループ(科，ある属性をもった種など)の割合を算出し，環境を簡単に数量化して評価する手法がある．これにはガ類の調査データをもとに山地性環境の評価を行うカラスヨトウ・シタバ指数 (AC) や，シャクガ科のアオシャク・ヒメシャク・ナミシャクの各亜科の種類数から算出する GSL 指数などがある (牧林, 1985)．

チョウ類においても「科別種数」や特定のグループ，たとえば「ゼフィルス種数」，「年1化性種と多化性種との比率」や「草原性種数と森林性種数との比率」などが使われている．今井 (1995) は，チョウ相の1化性種の比率，草原性と森林性の種の比率および地理的分布型 (旧北区，東洋区，日華区) 種群の割合を総合して，京都西加茂地区の都市化傾向の環境変化を評価している．

20-2-4 種の指標価

さらに，環境指標性を有効に利用して目録を数量化する方法として，あらかじめ生物種に環境を評価する指標価を定める手法がある．この典型として，32の土壌生物群に評価値をつけ「自然の豊かさ」を診断する手法がある（青木, 1995）．表20-1には種自然度（豊嶋, 1988）などチョウ類群集を対象とした指標化の手法を示した．また最近では井上（2000, 2005）がレッドリストのランク，分布狭隘度および自然度をもとに日本産トンボについて種ごとに1から10までの環境指数（EI）を提案しており，これをもとに調査地間の環境の相違を統計的に比較する方法が検討されている（桜谷, 2005）．

種に指標価を与える手法は，特定種ではなく生物群集のすべての情報を利用した評価が可能になる．しかしこの方法には，指標価をどのような基準で与えるのか，希少種が過大評価される，また種によって地理的分布が異なるため普遍性に乏しいなどの問題点がある．

20-3 群集の構造解析による環境評価

種の環境指標性を利用する手法に対して，どの種も等価に扱い，群集内の種数と個体数による客観的な定量データから，群集構造や種多様性（species diversity）を表現するさまざまな指数を使って環境評価を行う方法が近年盛んになってきた．

種多様性は，生物群集の構造を示す重要な指標で，島津（1973）は「食物連鎖の複雑度および同時にシステムの安全度を表す指標」として位置づけている．したがって，群集の複雑さ（種多様度）を尺度として，ある調査地の環境を測ったり，群集構造の類似度から他の環境と比較して，客観的データで裏打ちされた定量的・解析的な評価を行うことができる．表20-2に主な多様度指数を分類して，指数が表現している多様度の種類，その指数が導かれた理論的基盤およびその内容をまとめた．

20-3-1 多様度指数

多様度指数は，起源的には以下の三つに分類される．まずSimpson（1949）の多様度指数（$1/\lambda$）のように，確率論をもととしたものがある．$1/\lambda$は分

布の集中度指数である$I_δ$指数（Morisita, 1959）から導かれた森下（1967）のβ指数と同じ形で定義されることが知られている．

次に生物群集の構造的規則性の理論である種数–個体数関係の法則から導かれた多様度指数として，元村（1932）の$1/a$，Fisher（1943）のα，あるいはPreston（1948）の$1/σ^2$などがある．第3番目として，Margalef（1958）が，情報理論より導かれた情報方程式を多様度指数として定義づけたShannon-Weaver関数のH'がある．

種多様性を的確に評価するには，それぞれの多様度指数の数値が表現している内容が重要な問題である．生物の多様性は，種数，種あたり個体数の頻度分布，個体数という3要素の複合体である．したがって，種だけが増加しても多様性は大きくなり，逆にある種に個体数の分布が集中すると多様性

表20-2　生物群集の多様性を表現するさまざまな指数．

指　　数	多様度の種類	理論基盤	内　　容[1]
Simpson（1949）の多様度指数（$1/λ$）	平均多様度	確率論	$λ = Σ n_i(n_i-1)/N(N-1)$ の逆数
森下（1967）のβ指数	平均多様度	確率論	Simpsonの$1/λ$と同じ形で定義
McIntosh（1967）の多様度指数	平均多様度	個体間距離	$(N-\sqrt{Σ(n_i)^2})/(N-\sqrt{N})$
McNaughton（1967）の優占度指数（DI）	平均多様度	優占度	$(n_1+n_2)/N$
元村（1932）の$1/a$	平均多様度	種数個体数関係	等比級数則$\log n + ax_n = b$の傾きaの逆数
Fisher（1943）の多様度指数（α）	平均多様度	種数個体数関係	対数級数則$S = α\log(1+N/α)$のα
Shannon-Weaver関数のH'（Margalef, 1958）	平均多様度	情報量理論	$H' = -Σ p_i \cdot \log_2 p_i$ ($p_i = n_i/N$)
Sheldon（1969）の$e^{H'}$	平均多様度	情報量理論	Shannon-Weaver関数のH'を使う
Pielou（1969）の均衡性指数（J'）	相対多様度	情報量理論	$J' = H'/\log_2 S$
Preston（1948）の$1/σ^2$	相対多様度	種数個体数関係	オクターブ法によってまとめられた対数性規則の分散$σ^2$
森下（1967）の繁栄指数（$Nβ$）	全多様度	確率論	$N×β$指数
$H'N$（Pielou, 1966）	全多様度	情報量理論	（Shannon-Weaver関数のH'）$×N$

1) 式中の記号は，S＝種数，$N = Σn_i$＝総個体数，n_i＝i番目の種の個体数，n_1＝1位の優占種の個体数，n_2＝2位の優占種の個体数を示す．

は低下する．そのため表現する内容を分析的に把握するため，最近では多様度指数は全多様度，平均多様度，相対多様度に分類されるようになってきた．表20-2に示したように，種数と均一性を表現する平均多様度が最も多く指数化されているが，最近では均一性のみを的確に表現するPielou (1969) の均衡性指数（J'）のような相対多様度もあわせて用いられるようになった．また森下 (1967) の繁栄指数（$N\beta$）は，平均多様度に総個体数を掛けた全多様度である．

このように，多様度指数は群集構造を解析する精度の高い物差しであり，生息する昆虫群集の複雑さの評価，複数地域の環境比較，経時的な環境変化などを表現する場合には有効に利用できる手法である．しかし問題点は，人的な開発の手が入らずに残されている，豊かな自然環境を識別することができない点である．というのは，指標種の場合は，「豊かな自然」を代表する種をその環境識別性という特性から選定して評価できるが，多様度指数では「モンシロチョウ1個体と，ギフチョウ1個体が等価」とみなされるためである．

20-3-2　*RI*指数

多様度指数は，調査時期や方法が異なっていたり，生息数の相対的な多少の程度しか得られていない不完全なデータを取り扱うことはできない．しかし，このようなデータも順位尺度を用いて，その不完全さをマスクすることによって数量化が可能である．中村 (1994) はこの順位尺度の多様度として，次の式で与えられる*RI*指数を提唱した．

$$RI = \sum_{i}^{S} R_i / \{S \cdot (M-1)\}$$

ここで，Sは調査昆虫種数，Mは個体数の多少を表現するランク (0, 1, 2, …, $M-1$) の数である．*RI*指数は0から1までの値をとり，1に近いほど種数，個体数ともに多いことを表す．この*RI*指数では，従来の多様度指数では使えなかった調査手法の異なるデータや過去の不十分なデータが利用できる．また多くの調査地点があり，厳密な調査をする余裕がない場合などにきわめて便利である．

20-3-3　類似度指数

地域間の生物群集の構造を比較するための主な指数を表20-3に示した．

20 指標種による環境評価

表20-3 生物群集の類似性を表現するさまざまな指数.

指　数	データの種類	内　容[1]
Jaccard (1902) の共通係数 CC	種数	$CC = c/(a+b-c)$
Sørensen (1948) の QS 指数	種数	$QS = 2c/(a+b)$
野村 (1940)-Simpson (1960) 指数 (NSC)	種数	$NSC = c/b \ (a > b)$
百分率相関法 (加藤, 1954)	種数, 個体数	2地域の出現比率の信頼限界を図示
Morisita (1959) の C_λ 指数	種数, 個体数	$C_\lambda = 2 \sum n_{Ai} \cdot n_{Bi}/(\lambda_A + \lambda_B) N_A \cdot N_B$ $\lambda_A = \sum n_{Ai}(n_{Ai}-1)/N_A(N_A-1)$, $\lambda_B = \sum n_{Bi}(n_{Bi}-1)/N_B(N_B-1)$
Kimoto (1967) の C_π 指数	種数, 個体数	$C_\pi = 2 \sum n_{Ai} \cdot n_{Bi}/(\sum \pi_A^2 + \pi_B^2) N_A \cdot N_B$ $\pi_A^2 = \sum n_{Ai}^2/N_A^2, \quad \pi_B^2 = \sum n_{Bi}^2/N_B^2$
Pianka (1973) の α 指数	種数, 個体数	$\alpha = \sum p_{Ai} \cdot p_{Bi}/\sqrt{\sum p_{Ai}^2 \cdot \sum p_{Bi}^2}$ ($p_{Ai} = n_{Ai}/N_A, \ p_{Bi} = n_{Bi}/N_B$)

1) 式中の記号は, a =地域Aの種数, b =地域Bの種数, c =地域A, Bの共通種, $N_A = \sum n_{Ai}$ =地域Aの総個体数, n_{Ai} =地域Aのi番目の種の個体数, $N_B = \sum n_{Bi}$ =地域Bの総個体数, n_{Bi} =地域Bのi番目の種の個体数を示す.

　群集の類似性を示す指数には, その地域にある種が生息しているかいないかという二元データ (binary data) のみを用いる手法と, さらに個体数データを用いる指数とがある. 古典的なJaccard (1902) の共通係数 CC, QS指数, 野村-Simpson指数 (NSC) などが, 前者を代表する指数である. これらの指数は生息種数がわかれば容易に算出できるため, 地理的分布データを利用して地域間の環境比較に数多く利用されている.

　後者の種数・個体数データを用いる手法として, Morisita (1959) の C_λ 指数, Kimoto (1967) の C_π 指数, またPianka (1973) の α 指数などがある. いずれも空間的に複数の環境を比較する場合はもちろん, 同一地域の時系列データを比較して, 環境変化をアセスメントするのに有効な指数である. また最近3地域以上の環境を比較するため, 多変量解析の一つであるクラスター分析が用いられるようになってきた. その分析過程での地域間の類似度として有効な統計量となっている.

　上記の指数とは手法的に異なるが, 2地域の出現比率の信頼限界を図示する百分率相関法によって群集構造を記載し環境評価を行う手法がある (加藤, 1954). 森本ほか (1973) は, この手法を使って北アルプス乗鞍岳のオサムシ

群集を比較し，道路建設による環境破壊の評価を行っている．

20-3-4　組み合わせ手法

最近では，生物の環境識別性という長所を群集解析手法に組み込んだ環境評価手法が，チョウ類群集を材料として開発されている（表20-1）．すなわち，調査種に環境の重みをもたせた指標価を与えたり，環境を反映する幾つかの種グループに分類してから，多様度指数などの群集構造を解析する方法を使う試みである．これらについては後に詳しく述べる．

20-4　指標種としてのチョウ類の妥当性

指標種の備えるべき条件として，大野（1980）は次の10項目をあげている．① 種の同定が容易，② 現地での見取り調査が可能，③ 天候・時刻に影響されにくい，④ 調査経費が安い，⑤ 分布域の広い種，⑥ 移動性が小さい，⑦ 密度が高い，⑧ 数量化が容易，⑨ 狭適応種，⑩ 誰もが調査員となれる．チョウ類については，他の昆虫種より天候や時刻によって活動性が大きく影響されるため，③ の条件は備えていないが，そのほかの条件はほぼ満たしていると考えられる．

一方，石井（2001）は，特定種ではなく生物群集全体を指標種にするには，昼行性で種の同定が容易であること，種数が適当であること，生活史（食草など）の情報が多いなどの条件を備えているチョウ類群集が最適であると述べている．特に種の生活史やその生態がよく判明していることは，環境との結び付きや地域ごとの分布を正確に把握することができ，環境評価に用いる生物種群には不可欠な条件といえる．その点，チョウ類は他の昆虫種群より生活史の情報量が多く，後述する*EI*法（巣瀬，1998）や*ER*法（田中，1988）に見られるように，それぞれの種に正確な環境の評価値を与えることが可能である．

さらにチョウ類群集全体が指標種として用いられる大きな理由は，数十年前からの採集記録が数多く残されているという点にある．これにより他の種群を指標種にした場合では不可能な，地球温暖化の評価など環境の時間的変化を測定できるという長所がある．またもう一つの特徴として，チョウ類は里山環境に適応してきた種が多く，里山の環境の変化の調査やその保全と管

理には，チョウ類群集を指標種として用いるのが最適である（巣瀬，1998）．

20-5 チョウ類のモデル群集による環境評価法の解説

20-5-1 多様度指数の利用

　チョウ類群集による環境評価手法の具体的な解説をするため，構造が異なるチョウのモデル群集（A〜F）を用意し，その環境をいろいろな手法で評価したものを表20-4に示した．

　ここではまずSimpsonの$1/\lambda$，Shannon-Weaver関数のH'，Pielouの均衡性指数（J'），森下の繁栄指数およびRI指数の五つの多様度指数について取り上げる．モデル群集より求めた計算結果は，それぞれの多様度指数の特徴をよく表現している．まず，いずれの多様度指数についても，群集AとBの多様性の相違は反映している．次に均一性は同じだが個体数の異なる群集AとCを比較すると，H'は種数と均一性を表現する平均多様度なので2群集とも同じ値の2.48で，またJ'も均一性のみを示す指数なのでいずれも1.00であった．それに対して森下の繁栄指数は群集Aでは4,457，群集Cでは630となり，総個体数の違いを表現していた．$1/\lambda$はH'と同じ平均多様度指数であるが，総個体数が減少すると指数が大きくなる性質があることがわかる．RI指数は順位変数を用いながら群集AとCの区別を数値として表現していることがわかる．平均多様度と相対多様度の相違は，群集AとFのH'とJ'の指数値を比較すると明瞭である．

　ここで問題となるのは，多様度指数では群集DとEの区別をつけられないことである．これは今まで述べてきたように，多様度指数では群集内の種構成が反映されず，環境指標性をもたないためである．

20-5-2 多様度-密度平面

　多様度指数は，群集の複雑さを解析するだけであって，それによってどのような環境であるかを評価するのは，どうしても種の環境指標性を利用しなければならない．しかし，石井（2001）は，主に近畿地方の都市公園，里山，住宅地のチョウ類群集の多様度指数と密度（個体数/km^2）を二次元空間にプロットすることによって，それぞれの環境がこの平面上でうまく識別できることを示した．

表20-4 チョウ類のモデル群集による環境評価手法の比較.

種名	モデル群集 A	B	C	D	E	F
アゲハチョウ	30	100	3	180	0	30
モンシロチョウ	30	80	3	100	0	30
ヤマトシジミ	30	60	3	30	0	30
イチモンジセセリ	30	40	3	20	0	30
イチモンジチョウ	30	30	3	10	0	0
ミズイロオナガシジミ	30	20	3	10	10	0
ミドリヒョウモン	30	10	3	10	10	0
オオムラサキ	30	10	3	0	10	0
ヒョウモンチョウ	30	5	3	0	20	0
ヒメシジミ	30	3	3	0	30	0
ヒメキマダラヒカゲ	30	1	3	0	100	0
ヘリグロチャバネセセリ	30	1	3	0	180	0
総個体数	360	360	36	360	360	120
種数	12	12	12	7	7	4
Simpsonの多様度指数 ($1/\lambda$)	12.38	5.67	17.50	2.96	2.96	4.10
Shannon-Weaver関数のH'	2.48	1.93	2.48	1.37	1.37	2.00
Pielouの均衡性指数 (J')	1.00	0.78	1.00	0.55	0.55	1.00
森下の繁栄指数	4,457	2,043	630	1,066	1,066	492
RI指数 [1]	1.00	0.69	0.33	0.47	0.47	0.33
レッドリスト種						
リスト種数	3	3	3	0	3	0
リスト種割合 (%)	25.0	25.0	25.0	0	42.9	0
レッドポイント合計	2	2	2	0	2	0
平均レッドポイント	0.17	0.17	0.17	0.00	0.29	0.00
巣瀬のEI指数	24.00	24.00	24.00	10.00	18.00	4.00
グループ別RI指数						
$RI(I)$指数 (市街種)	1.00	1.00	0.33	0.92	0.00	1.00
$RI(II)$指数 (里山種)	1.00	0.75	0.33	0.50	0.50	0.00
$RI(III)$指数 (高原種)	1.00	0.17	0.33	0.00	0.92	0.00
環境階級存在比 (ER) [2]						
$ER(ps)$ 原始段階	4.41	1.94	4.41	1.23	7.03	1.40
$ER(as)$ 非定住利用段階	4.25	3.59	4.25	2.88	2.93	2.00
$ER(rs)$ 農村段階	1.03	3.28	1.03	4.23	0.03	4.60
$ER(us)$ 都市段階	0.31	1.19	0.31	1.65	0.00	2.00

1) 対象種$S=12$, ランク数$M=4$ (ランク0＝0個体, ランク1＝1～5個体, ランク2＝6～20個体, ランク3＝21個体以上) として計算.
2) 与えられたデータを年間補正総個体数とみなして計算.

20 指標種による環境評価

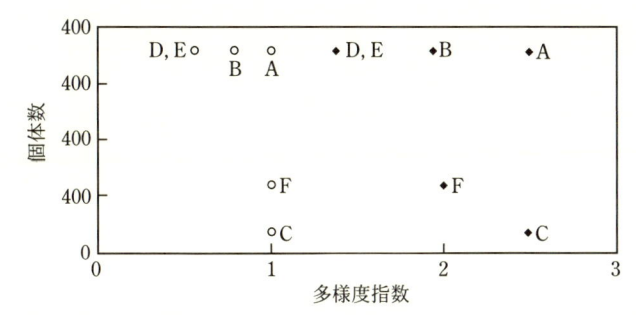

図20-1 多様度指数-密度平面にプロットされたモデル群集. ◆：Shannon-Weaver関数の H', ○：Pielouの均衡性指数 (J').

　図20-1にモデル群集のデータをこの手法で平面上にプロットした．群集Aを基準にそれぞれB, C, Fが平面上で区別されているが，群集DとEは同一点にプロットされ，多様度指数のもつ種識別性の欠如という問題はそのままであった．ちなみに，図20-1の群集Fのプロット位置より横軸の多様度指数には，Pielouの均衡性指数 (J') よりShannon-Weaver関数の H' を用いるほうが，識別範囲が広くなることがわかる．

20-5-3 レッドリスト種

　人的な自然開発の影響が野生生物にどのような影響を与えているかを調査するための指標種として，レッドリスト種や緑の国勢調査の指標生物などが使われている．もともとレッドリストは，「開発による生息地の破壊や乱獲などのため，地球的規模で野生生物の種の減少が進んでおり，人為による種の絶滅の防止と保護対策の実施」のために選定されたものである．しかし，絶滅危惧の割合とその分布は，生息場所破壊の特性とその程度についての指標を与えてくれる．すなわち絶滅危惧種が生息している環境は，他の絶滅が危惧される生物を内包している可能性がきわめて高く，その地域の自然環境を評価する有効な手段といえる．

　ここでは環境庁が1991年および2000年に選定したレッドリスト種をもとに，長野県の自然環境の時間的変化を評価した手法を紹介する（中村, 2002）．2000年版では長野県産チョウ類のレッドリスト種は38種あり，9年前と比較して18種も増え，長野県天然記念物に指定されている高山蝶10種のうちレ

表20-5 長野産チョウ類の生息区分別レッドリスト種増加割合.

	高山	高原	里山	河畔	市街	計
生息種数	10	52	58	22	7	149
レッドリスト種						
1991年版種数	7	5	7	1	0	20
2000年版種数	9	14	10	5	0	38
増加倍率	1.29	2.80	1.43	5.00	—	1.90
レッドポイント[1]						
計	4	18	9	9	0	40
対象種あたり	0.44	1.29	0.90	1.80	—	1.05

1) レッドポイントの求め方：1991年と2000年のランク対照表[2]をもとに，その変化によって得点をつける．例えば種ごとに，希少種→絶滅危惧II類は1点，希少種→I類は2点，同ランクは0点，希少種→ランク外は−1点などとし，その合計得点を求める．
2) レッドポイントのためのランク対照表．

1991年	絶滅危惧種	危急種	希少種	リスト外
2000年	絶滅危惧I類	絶滅危惧II類	準絶滅種	リスト外

ッドリスト種にあげられていないのはコヒオドシのみとなった．長野産チョウ149種の生息環境区分（浜，1996）別に，レッドリスト種の増加割合を表20-5に示した．ここではレッドリスト種の増加率に加えて，レッドポイントという絶滅傾向の程度を示す概念を数値化して示した（表20-5の注を参照）．

これを見ると，河畔性のチョウ類では，増加率と対象種あたりのレッドポイント値が一番高く，次いで高原性のチョウであった．これは河川環境の人為的改修と，長野県の高原地域の開発が進み環境が変化したことの反映といえる．一方，高山蝶については，登山ブームで北アルプスのオーバーユースやマニアによる高山蝶の採集圧がいわれているなか，レッドポイントが最も低くなった．これは国立公園特別保護区や県天然記念物に指定されているのみならず，地元のさまざまな保護活動の成果が現れているといえる．

表20-4で提示したモデル群集についても，レッドリスト種による環境評価を試みた．表20-6に示したように，モデルで提示したチョウ12種のなかで，3種が2000年版の準絶滅種である．1991年版と比較して，ヒメシジミとヒョウモンチョウのレッドポイントは1となるので，各群集においてレッドリスト種が占める割合と，平均レッドポイント（レッドポイント合計／種数）が表20-4のように算出される．その結果，多様度指数では識別できなかった群集

20 指標種による環境評価

DとEが明瞭に評価されることになる.

20-5-4 指標価

稲泉 (1975) は，チョウを生息場所で分類して1〜3の評価値を与え，その値の和から調査地域の自然度を評価した．また豊嶋 (1988) は，香川県内における生息環境，分布状況，生息個体数，過去の現状調査結果などを考慮して，1〜4の数値で環境の指標価（種自然度）を与え，その平均値を調査地域の自然度を表現する指数とした．

巣瀬 (1993, 1998) は，このチョウの指標価による評価手法を一般化した．日本産チョウ類全種について，人類の営力とは無関係に生息している多自然種に3，人類の営力の元で生息している都市（農村）種に1，両者の中間的な存在の準自然種に2，という環境指数 (EI) を与えた．これより，チョウ類にとっての環境のよし悪しの判断基準である EI 指数は，ルートセンサスで確認されたチョウの指数の和として求められる．

モデル群集の12種についての巣瀬の指数は，表20-6に示されているので，これより各群集の EI 指数は表20-4のようになる．EI 指数の特徴は，群集DとEの相違を評価する点であるが，個体数を算出に使わないため群集AとCの区別ができない点にある．

表20-6 環境評価のためのモデル種の生息区分，指標価，レッドポイントなどの属性．

種 名	生息区分	巣瀬の指数	種別生息分布度[1] α	β	γ	δ	指標価	レッドリスト種のランク変化 (1991から2000年)	レッドポイント
アゲハチョウ	市街	1	1	3	4	2	1		
モンシロチョウ	〃	1	1	1	6	2	2		
ヤマトシジミ	〃	1	2	2	4	2	1		
イチモンジセセリ	〃	1	2	3	5	2	1		
イチモンジチョウ	里山	2	2	6	2		3		
ミズイロオナガシジミ	〃	2	3	5	2		2		
ミドリヒョウモン	〃	2	2	9	+		4		
オオムラサキ	〃	2	3	7			4	希少種→準絶滅種	0
ヒョウモンチョウ	高原	3	7	3			3	非リスト→準絶滅種	1
ヒメシジミ	〃	3	8	2			4	非リスト→準絶滅種	1
ヒメキマダラヒカゲ	〃	3	8	2			4		
ヘリグロチャバネセセリ	〃	3	7	3	+		3		

[1] α は原始段階，β は非定住利用段階，γ は農村段階，δ は都市段階の種別生息分布度を示す．

巣瀬はEI指数の値が，0～9は都市中央部，10～39が住宅地・公園緑地というように環境との関係づけを行っている．このEI指数は，原生林の評価よりもむしろ里山から都市までの環境段階の評価に，妥当性がある方法といわれている．

20-5-5　環境階級存在比（ER）

指標生物法と多様度指数の二つの方法の欠点を補うため，表20-1に示したように，あらかじめ種に環境の重みづけをした指標値を与えてから，数量化の指数を適用して評価する方法がある．その一つに田中（1988）の提唱した環境階級存在比（ER）がある．

田中（1988）は，日本産チョウ類各種に「種別生息分布度」と「指標価」という環境による重みづけを導入し，設定された四つの環境階級（原始段階 ps，非定住利用段階 as，農村段階 rs，都市段階 us）での存在比（ER）を算出するものである．たとえば原始段階でのER（ps）値の場合，次式で求められる．

$$ER(ps) = \left(\sum_{i}^{n}\alpha_i \cdot T_i \cdot I_i\right) / \left(\sum_{i}^{n}T_i \cdot I_i\right)$$

ここで，nは調査で確認したチョウの総種数，α_iはi番目の種の原始段階の生息分布度，T_iはi番目の種の年間補正総個体数，I_iはi番目の種の指標価である．なお，年間補正総個体数のもとになる1回調査あたりの補正個体数は，150分間値に補正することになっている．こうして得られた四つの段階でのER値をモデルグラフと対比させ，調査地の環境段階を明らかにする手法である．

モデル群集の12種についての「種別生息分布度」と「指標価」は表20-6に示されているので，これより各群集の四つの環境段階のER値は表20-4のようになる．ER法は，群集DとEの相異を区別できる点で，EI指数とよく似ているが，さらに個体数データを使うため，EI指数で区別できなかった群集AとBの相異が評価できる点が特徴である．

ER法は原生林・極相林という環境が，たとえ生息している種数，個体数が少なくても，正確に評価できる点で，チョウ類群集をもとにした環境アセスメントなどに有効的に利用されている（桜谷・藤山, 1991）．一方，この方法の弱点は，時間あたりの調査個体数や調査ルートの距離が明らかでない過

去のデータを用いて，時間的な環境評価をできないことにある．また，「種別生息分布度」と「指標価」は地方によって異なり，普遍性には疑問がある点である．

20-5-6 グループ別 *RI* 指数法

中村 (2000) は調査対象種を，環境が反映された幾つかの指標グループにあらかじめ分類してから *RI* 指数を用いるグループ別 *RI* 指数法によって，チョウ類による環境評価を試みている．この手法は，まずモデル群集の12種を表20-6のように生息区分からグループⅠ(市街種：アゲハチョウ，モンシロチョウ，ヤマトシジミ，イチモンジセセリ)，グループⅡ(里山種：イチモンジチョウ，ミズイロオナガシジミ，ミドリヒョウモン，オオムラサキ)，グループⅢ(高原種：ヒョウモンチョウ，ヒメシジミ，ヒメキマダラヒカゲ，ヘリグロチャバネセセリ)の三つの指標グループに分類する．次いでそれぞれグループごとに求めた *RI* 指数 ($RI(I)$, $RI(II)$, $RI(III)$) をレーダーチャートで表現して環境を評価するものである (図20-2)．

結果は各 *RI* 指数の数値を提示するまでもなく，群集DとEは環境的にも(群集Dは $RI(I)$ が高く都市型種が豊富な環境で，群集Eは $RI(III)$ が高く高

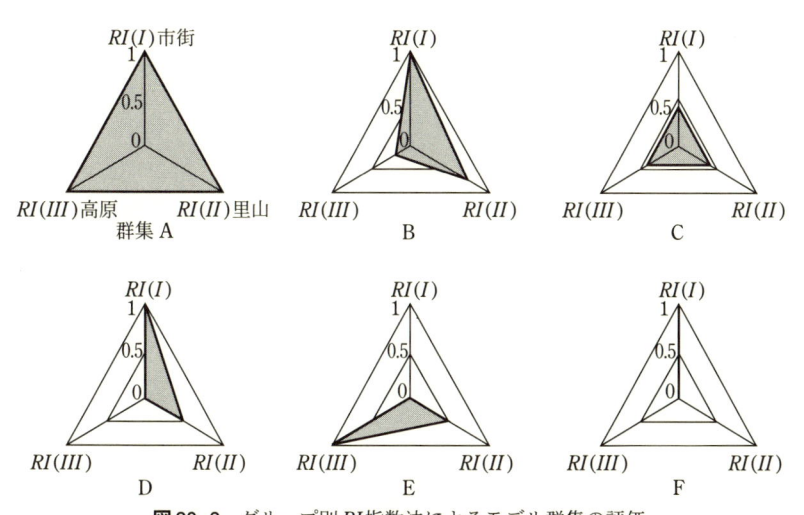

図20-2 グループ別 *RI* 指数法によるモデル群集の評価.

原種が豊富な環境である),構造的にも(*RI*指数値が同じく,種類構成が異なっているだけで種数と均一性は同じ)定量的に評価されている.同様に群集AとCや群集AとFも容易に評価することができる.このように環境による重みづけを施した多様度指数は,今後の環境評価での重要な解析手法となるといえる.

20-6 結びにかえて

環境基本法では,「生物の多様性の確保および自然環境の体系的保全」がうたわれているが,具体的な環境アセスメントを実施していくなかでは,① 注目すべき「植物」,「動物」への影響の程度や,②「生態系」の注目される生物種に対する影響の程度を把握すること,となっている.この基本的な姿勢は,選定された特定保護地域に計画がどれだけ影響を及ぼすか,そして選定された生物種にどれだけ影響が出るかを調査することで,まだ特定種中心による環境アセスメントが主であるといえる.最近では,長野県上高地でのえん堤や護岸工事による自然環境の撹乱と回復の程度を,多様度指数などチョウ類群集の構造の変化から評価する試みがなされている(田下ほか,2006).このように本章で述べたような生物群集を指標種として,その構造解析による環境評価手法が,実際の環境アセスメントにおいて活用されていくことを期待するものである.

一方,具体的な開発事業を対象としなくても,里山環境を保全・維持管理するため,あるいは気象条件の変化による影響を明らかにするためには,対象とする環境の状況や構造,さらにその自然度を把握し,科学的に測定・評価する環境評価が必要となる.また,人為的に改変された環境が地球上の各地でパッチ状に広がりつつある現在,このような土地改変が生物多様性にどのような影響を与えるかを明らかにするためには,物理化学的測定法だけでなく,それぞれの地域の生物群集を指標種として自然環境を評価することが重要となるであろう.

21 環境アセスメントにおける生態系評価

(増山哲男)

21-1 環境影響評価法と生態系評価

さまざまな開発による土地利用の変化に伴い，人々の自然環境保全に対する関心が高まってきている．生物多様性条約を受けて1995年には生物多様性国家戦略の策定（2002年に改訂），1997年には環境影響評価法の公布により，法律に基づく環境アセスメント（以下，法アセスという）が実施されるなど，環境保全に対する動向が近年特に顕在化している（増山, 2005a, b）．

このような状況において，開発と自然環境のあり方に対する，環境アセスメントによる効果が期待されている．環境影響評価法による法アセスでは，従来の環境影響評価（以下，従来アセスという）で行っていた基準クリア型の評価ではなく，複数の代替案の比較検討を行うこと（渡辺, 1999），また，環境への影響を，事業者が実施することが可能な範囲であるものの，回避，低減および縮小し，代償措置をとることが必要となった（田中, 1998）．さらに，従来アセスの予測評価項目であった「植物」と「動物」に加えて，生物の多様性の確保と自然環境の体系的保全を目的として，新たに「生態系」が取り上げられている．環境への影響に配慮した生態系の予測評価は，過去に実施経験がほとんどなく，この法アセスにおいて注目されるものの一つとなっている（中越・日笠, 1999）．

生態学では個体－個体群－群集－生態系といったレベルを研究の対象とする（Odum, 1956）．法アセスにおける環境影響評価の基本的事項では，生態学の階層性を考慮し，「生態系の特性に応じて注目される生物種等を複数選び，これらの生態，他の生物種との相互関係及び生息・生育環境の状態を調査し，これらに対する影響の程度を把握する方法又は，その他の適切に生態系への影響を把握する方法」と制度上は記載されている．しかし，実際の生

態系アセスメントでは，生物個体以外の評価はほとんどなされず，選定した注目される生物種の事業による影響や存続の可否を予測することによって（自然環境研究センター，2002），その地域の生態系を予測評価しようとしている．これは，個体あるいは個体群レベルの階層にとどまり，上位のレベルである生態系に至るまでの検討は行われることは少ない（増山，2005a, b）．また，法アセスでは，開発による影響，すなわち，人間活動による影響を取り扱う．したがって，生態系においても生物やその生息地という要素に加えて，人間の活動という要素が重要である．保全や再生を考えるとき，生態系における人間の存在を考慮しなければ，現実的な対応策を立案することはできない（McDonnell *et al.*, 1993）．生態系の構成要素として人間の役割が研究されるようになったのは最近のことであるが，生態系アセスメントでは注目される生物種への事業による影響に加えて，人間の活動による影響予測を検討する必要があるといえる（増山，2005a, b）．

21-2　わが国の生態系アセスメントの現状と課題

　生態系の予測は，基本的事項に記された上位性，典型性および特殊性の観点から抽出された種に関して現地調査を実施し，その結果に「影響の程度を科学的知見や類似事例を参考に予測する」とされているものが多い．また，最近では知事意見として可能な限り定量的に予測することが要求されるケースも出ている．

　そこで，平成14年から18年度に提出された主な道路事業および発電所関連などにかかわる環境影響評価書で生態系に関する予測を行っている事例（12例）をもとに，その傾向を調べてみた．その結果，以下のような点が明らかとなった（[ ]内は事例数）．

　(1)　選定した注目種および群集の生息・生育環境の変化は小さく，周辺にも同様な生息・生育環境基盤が広く残されるから問題ないとしている事例[7事例]．

　(2)　食物源である対象魚類の現存量と対象鳥類の1日に必要な食物源量との関係で充足度を調べている事例[2事例]．

　(3)　選定した注目種および群集の生息・生育環境の改変による生息環境の

縮小は避けられないが,周辺にも同様な生息・生育環境基盤が広く残されていることより,周辺より復元してくるから問題ないとしている事例 [1事例].

(4) 選定した注目種および群集の一部において調査地域をメッシュ区分し,現地調査結果を重ね合わせ,重なり合ったメッシュ内には生息する可能性が大きいとして,改変メッシュの数を定量化している事例 [1事例].

(5) 事業計画の検討段階で可能な限り改変量を抑えた結果,ゴルフ場計画の土地利用構成比が過去の土地利用比と同程度となり,生態的に後退遷移を起こし,生物の多様性を維持する計画としている.食物連鎖図の現況と将来の両方を作成し,変化の程度を定性的に記載している事例 [1事例].

この5種類の生態系アセスメントでは,それぞれ以下のような問題点が指摘できる.

(1) 一般的なケースであると思われるが,周辺の土地が保全対象種にとって重要でも将来的に担保される保障はない.さらには,基盤環境の遷移方向について論じていない.

(2) 対象鳥類の行動圏内の食物資源量としていないことから,消費量を恣意的に少なくしていると批判される可能性がある.

(3) (1)のケースと類似しているが,周辺から復元する根拠が何も示されていない.

(4) 鳥類の行動には月変動や季節変動が大きく,その結果をもってメッシュ内に生息するという仮定は問題が大きく,メッシュの大きさが適切であるかどうかの検討が必要である.

(5) 土地利用面積は過去の管理された時期に類似した面積割合となっているが,そのことが生態系として健全であるかどうかの検証は難しい.

また,法アセスに基づく生態系アセスメントに対して,指摘あるいは問題を論じている論文が出版され始めているが,その指摘などの主なものは表21-1に示すとおりである.

以上,概観してきたように,生態系アセスメントに関する課題をまとめると,次のような視点の評価手法や項目が望まれているといえる.
- 総合的な視点からの評価(広域的な見地からの検討).
- 空間的・時間的広がりの視点での評価.

表21-1 生態系アセスメントに対する問題点など（増山，2005a, b）.

番号	生態系に関する課題キーワード	文献など
①	仮説およびモデルの欠如，総合的な視点からの評価が必要	鷲谷（1999），中越・日笠（1999）
②	順応性，反証可能性，説明責任などの考え方の欠如	松田（1999）
③	地域に応じた調査や評価方法が必要	鎌田（2000）
④	データの蓄積不足	日笠（2000）
⑤	定量的目標の設定がない	田中（2002）
⑥	生息地間の連結性研究事例が乏しい	加藤・一ノ瀬（1993）
⑦	広域的な見地からの検討が必要	日置（1997）
⑧	空間的・時間的広がりの視点が必要	田中（2000），小河原・有田（1997），小島（1989），桑子（1999），奥野（1978）
⑨	順応的管理	武内（2001），鷲谷（1999），鷲谷・松田（1998）
⑩	隣接関係の評価が必要	三橋（2002）
⑪	分析と評価の段階未発達	日置（2000）

- 地域に応じた調査・解析．
- 評価項目としての人間の活動．
- 生息地間の連続性（隣接関係）の解析．

21-3　海外での生態系アセスメント状況

21-3-1　生態系の研究変遷

　生態系アセスメントの「生態系」とは何か？　「生態系」というキーワードで既往の文献をレビューし，その概要を表21-2に整理した．その結果，生態系の解析について研究対象スケールに着目してみると1960年代におけるごく限られた研究対象から，1990年代は生物多様性といった広域的な視点を必要とするスケールへと変化している（増山，2005b）．

　さらに，環境問題の解決には，環境哲学的な考え方が必要と述べている桑子（1999）は空間の履歴という言葉を用い，開発行為は，この空間の履歴を変更する行為であり，結果としてそこに棲む生物の経歴も変わるとしている．このような自然的・社会的条件をもとに，環境計画の一手法であるエコロジカル・プランニングにGISを早くから応用した例がある．このエコロジカル・プランニングは応用地理学の一部門であり，1960年ころ，ペニシルバニ

21 環境アセスメントにおける生態系評価

表21-2 生態系に関する研究変遷 (増山, 2005b)[1].

年代	研究テーマ
1927 (Elton)	生態系の概念
1935 (Tansley)	生態系の概念
1956 (Evans)	生態系の概念
1959 (Odum)	生態系の概念
1961 (Rowe)	生態系の概念
1962 (Odum)	生態系における構造と機能間の関係
1963 (Olson)	生産と分解のバランス,エネルギー貯蓄(モデルの構築)
1965 (Gates)	植物におけるエネルギー循環
1967 (Bormann & Likens)	小流域におけるアプローチ(営養塩循環)
1969 (Odum)	生態的な遷移を理解することで人間活動と自然間の問題解決
1969 (Likens et al.)	nitrification, 伐採森林における生態系における硝酸化の役割
1970 (Likens et al.)	全体生態系実験 (entire ecosystem experiments), ハバードブルック実験林 (hubbard brook experimental forest) における長期観測実験
1972 (Likens et al.)	酸性雨による生態系への影響
1974 (Likens & Bormann)	酸性雨による生態系への影響
1974 (Likens & Bormann)	陸域と水域生態系間の linkages
1976 (Bormann)	自然生態系の保全と化石エネルギーの保全
1977 (Bormann & Likens)	森林の浄化機能
1982 (Romme & Knight)	景観多様性 (landscape diversity) 長期間データ解析
1985 (Likens)	全体生態系実験 (entire ecosystem experiments)
1989 (Wiens)	生態学における空間スケール
1990 (Vitousek)	外来種の侵入による生態系への影響
1991 (Likens)	人間によって加速されているさまざまな環境変化(成層圏のオゾン層の消失, 種の絶滅, 外来種の侵入, 土地利用の変化など)
1992 (Daily & Ehrlich)	持続性, 地球の許容量
1992 (Odum)	1990年代における生態学の著名な理論
1993 (McDonnell et al.)	生態系の構成員としての人間
1994 (Jones et al.)	生態系のエンジニアとしての生物 (organism as ecosystem)
1995 (Carpenter et al.)	全体生態系実験 (entire ecosystem experiments)
1995 (Risser)	生物多様性と生態系機能
1997 (Vitousek et al.)	生態系の構成員としての人間, 人間の活動による直接・間接的影響, 地球の生化学的 (global biogeochemistry) サイクルなどへの影響, 化学物質の循環など
1998 (Peterson et al.)	生態的回復力 (ecological resilience), 生物多様性
2000 (Colwell)	包括的なアプローチ, 生物学的複雑性 (biocomplexity)
2000 (Carpenter et al.)	生態系と経済の関係, 生態系サービスの価値

1) Likens (2000), 第4章 生態系−エネルギー特性と生物地球化学−(Kres & Barrett, 2000. A new Century of Biology) における表4-2を参照して取りまとめた.

ア大学のMcHargによって提唱され体系づけられた．彼の傑作"Design with Nature"（1969年第1版，1992年第2版）は各国で翻訳され，大きな影響を与えた（Shapiro, 1996）．

McHargのエコロジカル・プランニング哲学には，四つの要点がある．第1はPresumption for Nature（自然優先），第2はNature is processes（自然は生きている巨大なシステム），第3はNature has values（自然には価値が内在している），第4はNature has its own plan（内在している価値は自然の計画）である．エコロジカル・プランニングの手順には目的明確化，調査結果から潜在的なものの読み取り，地域住民の価値や望みなどをもとに優先度を決定といった項目を含んでいる（Shapiro, 1996）．

わが国における環境影響評価は，歴史的には1978年以前にも実施されているが，その予測は事業区域に限定され，決してメリハリあるアセスメント書とはなっていなかった．海外では，エコロジカル・ネットワークの主な機能の一つに生物多様性の保護と促進があるとしているが，わが国ではこのエコロジカル・ネットワークに該当するものがない．さらには，表21-3に整理した海外における生物多様性とのかかわり合いが強い生態系に関する研究の変遷を見ても，概念的な観点から広域レベルへと変遷している一方で，わが

表21-3　わが国のアセスメントと研究遷移（増山，2005a）．

わが国の環境影響評価	McHarg (2001) の研究	生態系の研究変遷
1978年 ・建設省「建設省所管事業に係る環境影響評価に関する当面の措置」 1983年 ・環境影響評価法案廃案 1997年 ・「環境影響評価法」の公布 1999年 ・「環境影響評価法」の施行 広域的な視点でなく，事業実施区域およびその周辺（局所的な視点）で影響評価を実施している．	1966～1969年 ・エコロジカル・プランニング ・手書き透明シートによるオーバーレイ手法（環境影響評価における道路選定に利用） 1972～1974年 ・ラスター形式でデジタル化したデータを使用（サンフランシスコ都市圏の研究） ・ヒューマンエコロジカルプランニングに名称を変更（自然重視と人間の活動とのバランスを求めた） 1994年 ・ベクター形式でデジタル化したデータを使用（マウント・デザート・アイランドの研究）	1960年代以前 ・生態系の定義 1960年代 ・循環に関する研究 ・エネルギー関連研究 1970年代 ・シミュレーションモデルによる研究 ・酸性雨の研究 ・GIS開発（オーバーレイなど） 1980年代 ・空間スケールに関する研究（パッチ，景観パターンなど） 1990年代 ・人間の生態系での役割 ・生物多様性

国における生態系の評価は1997年に施行された環境影響評価法で，新たに生態系という項目が追加されたものの，広域レベルの評価ではなく，種または個体群レベルにとどまった評価となっている．

21-3-2 カナダでの状況

カナダにおける環境影響評価には，わが国におけるように「生態系」という項目はなく，動物および植物の項で種とハビタットという観点から論じており，生態系は生態系マネジメントとして全体評価においてコメントされることが多い．以下に，このカナダでの環境アセスメントで採用されている種とハビタット調査に関して記す．カナダにおける調査対象種の選定の流れとわが国における選定の流れを図21-1に示した．

カナダにおいては，まず，既存資料・文献や有識者・関連機関などへのヒアリングなどによりハビタットの状況および生息・生育する可能性のある動植物種が把握される．把握した情報をもとに，"Species at risk Act（生存の危機のおそれのある種）"，"Regionally Important Species（地域にとって重要な種）"および"Best Management Practice Guidelines（最適管理実践ガイドライン）"をもとに，調査を行う必要のある種の選定を行う．この種の選定に際しては，関係部局（国や州の環境局）との協議および地域住民との協議を行う．

現地調査は，選定された種に対しての生息・生育の有無，種の重要事項（ねぐらや繁殖地，生息・生育地点，水質，日照など），生息・生育環境の状況などの把握，およびその地域の生態系の状況を把握するための「エコシステムマップ」の作成が行われる（増山ほか，2007）．

一方，わが国では，既存資料・文献により把握される生息・生育する可能性のある動植物種を参考に，植物相，動物相の把握目的の現地調査が行われる．現地調査により確認された植物種・動物種のなかからRDB（Red Data Book）記載種やその地域を特徴づける生態系に関する上位性，典型性および特殊性の観点から注目される種などが調査対象種として選定され，再度，現地調査が行われ，その生息・生育数（範囲），生息・生育確認地点などが把握されることになる（増山ほか，2007）．わが国における生態系への影響把握は，これらの結果をもとに論じられることも多く，動植物種のハビタット解析が行われないことも少なくない．

第3部　野生生物保全の調査技術

カナダ

○生育・生息する動植物種の把握
・既存資料，文献などによる情報収集
・有識者，関連機関などへのヒアリング

○ハビタットの把握
・既存資料，文献などによる情報収集
・有識者，関連機関などへのヒアリング

○調査対象種の選定
・"Species at risk Act"
・"Regionally Important Species" など
※ 関係部局，現地住民との協議を行う．

○調査対象種の選定
・"Best Management Practice Guidlines" など
※ 関係部局，現地住民との協議を行う．

○現地調査による確認
・調査対象種の生育，生息の有無
・種にとっての重要事項（ねぐら，繁殖地，生育・生息地点）の把握　など
※ 調査手法は "Standards for components of British Columbia's Biodiversity" などにより確立している．

○現地調査による確認
・生育環境，生息環境の状況
・Ecosystem Maps の作成　など
※ 調査手法は "Best Management Practice Guidelines", "Protocol for Accuracy Assessment of Ecosystem Maps" などにより確立している．

種の重要事項の取りまとめ ← ハビタットマップの作成

事業による影響の把握，保全措置（ミティゲーション）の検討へ

日本

○生育・生息する動植物種の把握
・既存資料，文献などによる情報収集
・有識者へのヒアリング

○現地調査による確認
・植物相（生育するすべての植物種の把握）
・動物相（生息するすべての動物種の把握）
※ 調査時間，人数，調査員の技能により結果のばらつきが懸念される．

○調査対象種の選定
・把握した植物相，動物相のうち，RDB（絶滅のおそれのある生物種）記載種を選定する．

○現地調査によるRDB記載種確認
・生育数，生育地点（範囲）など
・生息確認地点など
※ 調査時間，人数，調査員の技能により結果のばらつきが懸念される．

※ 上記結果より、生態系への影響が結論付けられることが少なくない

ハビタット解析へ

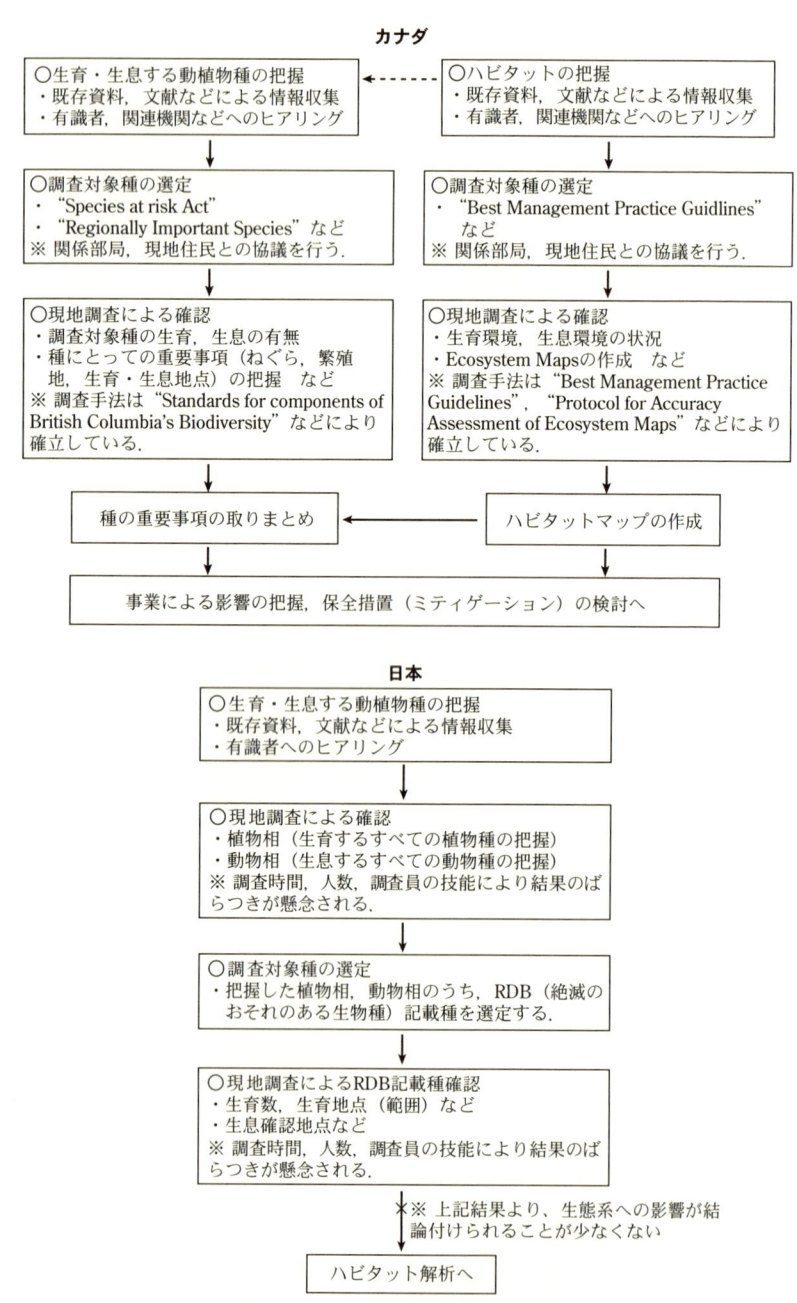

図21-1　調査対象種の選定の流れ．

21-4 望ましい生態系の定義と生態系評価指標の選定

21-4-1 生態系の定義

　生物は主体-環境系(沼田, 1996)のなかで生存しているのであり，周囲の環境も含めた面的な保全を目ざさなければならない．そのためには「個体→個体群→生態系→生態系のつながり」としての景観の構造および機能，さらには景観を維持してきた人間と自然とのかかわり合いを明らかにしていかなければならない(藤原, 1996).

　たとえば，図21-2に全国的に話題性があるオオタカの生息環境と人々とのかかわり合いについて概略的に示した．かつて森林が日本の農業にとって欠かせないものだった時代，農家の人たちは雑木林で下草を刈り，落ち葉を取って堆肥にしたり，伐採した木を炭や薪にしたり，林床はきれいに刈り取られ，春になるとカタクリやイチリンソウ，スミレ類など，多くの草花が咲き乱れていた．その結果として，サシバやオオタカ，フクロウなどの猛禽類を

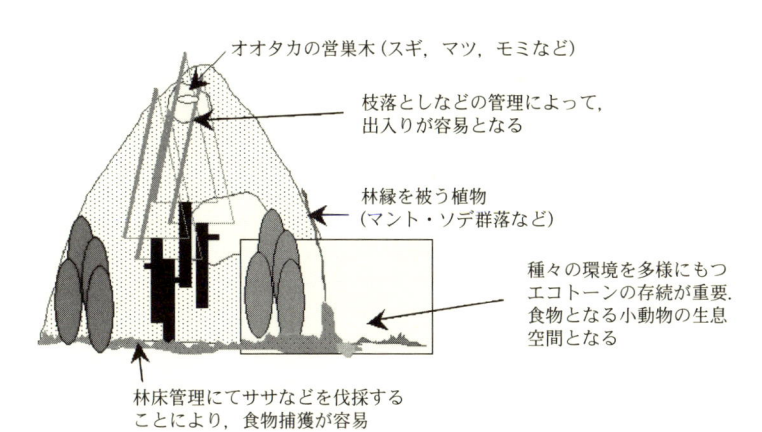

	過去～現在(人為的な活動/森林管理あり．10年前～20年前まで)	現在(管理なし)
林縁伐採	オオタカにとって出入りが自由．食物の捕獲が容易．	出入り不自由．食物捕獲できない．市街地に出現．
枝落とし	出入り口を創出．営巣可能な枝の創出．	出入り不自由．
林床管理	ササなどの伐採により遷移を止める．食物の捕獲が容易．	食物となる動物は生息できるが，捕獲できない．

図21-2 オオタカの生息環境と人のかかわり合い．

はじめ，多様な動物が生息することができた．人々の生活の一部に森林とのかかわり合いがあり，まさに生態系の一要素である「人」としてのつながりが存在していた．

ところが，近年，経済効率を基本とした価値観が浸透し，森林の価値や管理が下降線をたどった．その結果として，われわれの身の周りにおいても，長い間慣れ親しんできた風景，景観は急速に変化しており，これまでごく身近であった，木々や草花，昆虫などの小動物，そして野鳥のさえずりや水音までが，後の世に引き継がれることなく，刻一刻と，時には一瞬のうちに消滅している (中村, 1996)．

人間も一生物種であるかぎり，他種やそれを取り巻く生態系なくしては生きられない．自然とかかわり合いを有し，多様な自然環境との関係を維持していくなかでこそ，人間の存続が可能なことを再度認識する必要があるといえる．

景観を維持してきた人々と自然とのかかわり合いの保全・回復，すなわち，広域的な生態系の保全・回復が重要となってくる．開発事業で重要なのは事業計画地の本来の姿，すなわち健全な生態系を考えた場合，すでに過去から現在の変遷のなかで周辺の土地利用は変化しているかどうか，あるいは，森林は管理がなされているかどうかなど，ブレイクダウンしていく必要がある．元来，猛禽類，特にオオタカやツミといった種は人とのかかわり合いのなかでそのハビタットを形成している．保全のための土地の確保や維持管理が可能かどうかまで考慮する必要がある．

問題は目標をどの時点とするかが重要である．生態系は階層構造をとっており，事業計画地における問題だけではなく，県あるいは市といった広域のなかでの生態的な位置づけが重要である．現在の土地利用により，マイナス要素となっている制限要因が何であるかを明らかにし，過去から現在にわたる変遷に存在した土地利用形態で，最も安定していたと考えられる時点との比較において，その制限要因の解決策を見出すことが大切である．さらに，事業計画のなかに，それら制限要因を取り除く計画を採用することで，より望ましい生態系とすることが可能である (図21-3　望ましい生態系の定義参照)．

コラム　環境影響評価法の概要

　環境影響評価（環境アセスメント）は，大規模な開発事業などの実施前に，事業者自らが環境影響について評価し，環境保全に配慮する仕組みである．1969年（昭和44年）にアメリカにおいて初めてその制度が導入されて以降，世界各国でその制度化が進展してきており，OECD加盟国29カ国のすべてが，環境影響評価の一般的な手続きを規定する何らかの法制度を有している．

　環境庁（当時）では，中央環境審議会の答申で示された基本原則を受けて，政府部内の調整を行い，平成9年3月に「環境影響評価法案」を閣議決定し，第140回国会に提出した．平成9年5月に「環境影響評価法案」は衆議院にて可決され，同年6月9日に参議院可決・成立後，同年6月13日に環境影響評価法が公布された．「環境影響評価法」は，これまでの「閣議決定要綱」をベースとしているが，「事業アセス」ともいわれた制度を，より事業の早期段階から適用できるように変更が加えられている．その大きな特徴は次のとおりである．

　(1) 対象事業の拡大：　対象事業は，道路，ダム，鉄道，飛行場，発電所など規模が大きく環境に著しい影響を及ぼすおそれがあり，かつ国が実施または許認可などを行う事業とし，発電所（法律レベル），大規模林道（政令レベル），在来鉄道（政令レベル）を新たに加え，その対象が拡大された．

　(2) スクリーニングの導入：　環境影響評価を行う一定規模以上の事業（「第一種事業」）とともに，第一種事業に準ずる規模を有する事業（「第二種事業」）について，個別の事業や地域の違いを踏まえ，環境影響評価の実施の必要性を個別に判断する仕組み（スクリーニング）が導入された．

　(3) スコーピングの導入：　対象事業を実施しようとする者（事業者）は，環境影響評価の項目および調査などの手法について環境影響評価方法書を作成し，都道府県知事・市町村長・環境の保全の見地からの意見を有する者の環境保全上の意見を聴く．

　(4) 意見提出者の地域限定を撤廃：　意見提出の機会は方法書と準備書の2段階とした．

　なお，調査などの対象とする環境要素は，公害の防止と自然環境の保全にかかわる項目に限定せず，環境基本法第14条に掲げる環境保全施策の対象項目としている．すなわち，
・環境の自然的構成要素の良好な状態の保持（大気環境，水環境，土壌環境・その他の環境）
・生物の多様性の確保および自然環境の体系的保存（植物，動物，生態系）
・人と自然の豊かな触れ合い（景観，触れ合い活動の場）
・環境への負荷（廃棄物など，温室効果ガスなど）
となっている．

〈増山哲男〉

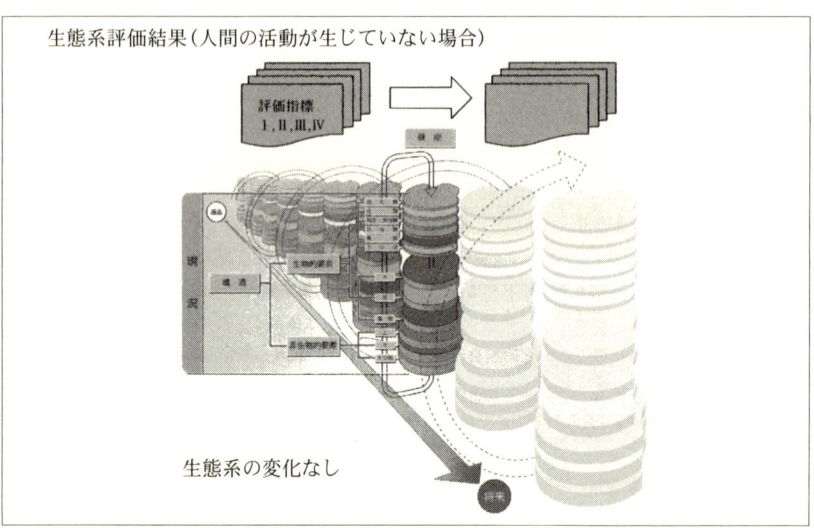

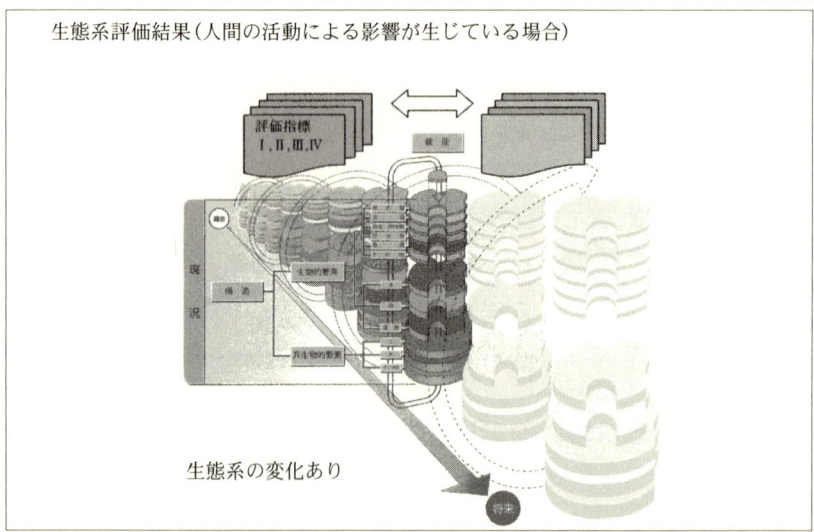

望ましい生態系とは：評価結果が連続する生態系は，過去から現在という時間軸での生態系への影響がほとんどなかった地域といえる．しかしながら，何らかの人間の活動による影響が生じると評価結果に変化が生じ，評価値が連続した生態系において低下した生態系が生じる．そこで，不連続となった生態系内でのマイナス要因を取り除くといった環境保全対策を実施することにより創出される生態系を望ましい生態系と定義する．

図21-3 望ましい生態系の定義（増山，2005aを加筆修正）．

21-4-2 生態系評価手法の目ざすもの

　予測を行う際には影響要因や影響内容に応じた適切な手法で行うこととなるが，基本的な留意点として，表21-4に整理したとおり，科学的・技術的に可能な範囲で，できるかぎり定量的な手法を採用する必要がある．類似事例や科学的な知見の引用は重要であるが，対象事業の影響にあてはめる場合に

表21-4　調査ポイントと調査・解析の考え方．

手順	調査ポイント	調査・解析の考え方
1	科学的・技術的に可能な範囲でできる限り定量的な予測をすること．	・定量的な予測を行うための条件整理 ・既存資料などによる地域の生態的な特徴をとらえる ・生息・生育を持続するための制限要因など推定する
2	生物の生理的・生態的な特性を十分に検討すること．	・既存資料および先行して実施される動植物調査結果の整理 ・生態系としての調査対象種の候補種選定を行う ・選定候補種の行動圏，食物資源の把握を行う
3	種や環境条件によって地域的な差がある可能性があり，引用したデータについてはその背景を十分に考慮すること．	・既存資料の記載内容と現地環境との関係の整理 ・地域的な特徴を推察し，現地にて再確認する ・人の関与の程度(耕作地や二次林などの管理程度)を把握する
4	調査で得られたデータに基づいた客観的な予測を行うこと．	調査結果から以下の項目を予測する． ・フィールドサインの分布状況と既存資料により把握した行動圏との関係(ハビタット図の作成)：生息場所の消失・縮小，生息環境の分断 ・現地で得られた糞の内容物から食物資源の推定を行う ・推定した食物資源ごとにハビタット図化範囲内における自然環境の類型区分別に定量調査を行う ・各食物資源に応じた単位面積当たりの推定個体数を把握する ・選定した種の1日に消費する食物資源量を既往文献で把握するとともに，糞分析で明らかとなった食物資源の1個体当たりのカロリー数を整理する ・1日に捕獲する食物資源量を算定すことで食物資源量の推定による影響の程度を把握する
5	事業実施区域や調査地域を一律に考えるだけでなく生態系のまとまりを考慮すること．	わが国にはカナダに存在するエコシステムマップ，ハビタット分布が十分に準備されているとは言いがたい状況であることより，現地調査および文献などで選定した種の行動圏を設定することで，事業による影響を受ける範囲およびその程度を的確にとらえることが可能である．なお，すべての選定種に対して行動圏を設定できないことから，その場合には事業による影響範囲を種の生態的な特徴(例えば，現地で得られた干渉距離や，猛禽類で図化される最大行動範囲などが考えられる)から影響範囲を設定する．

は種や環境条件によって地域的な差がある可能性があり，引用したデータについてはその背景を十分に考慮することが重要である．

　定量的な予測は，直接改変による消失などの場合を除き，難しい場合が多いが，生物の生理的・生態的な特性を十分に検討し，調査で得られたデータに基づいた客観的な予測を行うことができる．また，予測にあたっては事業実施区域や調査地域を一律に考えるだけでなく，生態系のまとまりを考慮し，たとえば，小流域単位でさまざまな予測結果を取りまとめるなど，予測評価のための空間単位を考慮することも必要である．

21-5　今後の課題

21-5-1　生態系の理解と情報の蓄積の必要性

　環境影響評価関係図書に記述されている情報は，対象地域に生息する注目

コラム　野生生物種の生存必須条件データベースとしてのHSIモデル

　HSIモデルとは，「グラフか文章か方程式の形式をとり，HSI（ハビタット適性指数）を算出するのに必要な前提条件やルールが明確に文書化されているもの」(USFWS, 1980)である．米国連邦地質調査局(USGS)のホームページ上に公開されている文書化されたHSIモデルがこれである．日本では，複数のSIを一つのHSIに換算する方程式や，個々のSIモデルのことをHSIモデルと認識するなど，HSIモデルを狭義にとらえることが多い．これに対して，広義のHSIモデルとは狭義のHSIモデルを含むことはもちろん，当該種の生存必須条件に関する情報および情報源情報がまとめられているものということができる．

　レッドデータ種など保全すべき種に関する生存必須条件情報の現状はどのようなものか．レッドデータ種のリストに関しては国や地方公共団体において整備されて久しい．しかし，当該種に関する餌，ねぐら，繁殖などの条件や人為的影響に対する脆弱性に関する具体的情報はほとんど整備されていないのが現状である．保全すべき種がどのような生息環境を必要としているのかを理解することなく，当該種を保全することは不可能である．

　環境アセスメント学会では，野生生物種のHSIモデルをwebsiteで公開している（右表）．これは単にHEP適用のためだけではなく，前述のような理由からである．現在，ムササビ，サシバ，トウキョウサンショウウオ，カジカ大卵型，メバル稚魚・幼魚，オオムラサキ，ベッコウトンボ，ハクセンシオマネキ，エビネ，オオバモクおよびカジメの11種が掲載されており，随時募集中である．この表に示した全項目を網羅していることは望ましいが，それが絶対条件ではない．現場における当該種の保全にはそのような情報でもbetter than nothingである．

種のどのような種類(群落などの種群も含む)が生息あるいは生育するかである.ここで基準として使われる「注目種」の選定基準は,国や自治体における資料に基づくものである.これらの不備を補う視点としては,地元有識者やNGO,NPOなどの自然保護団体の資料があるが,こうした資料が利用されることは現時点では少ない.

注目種の位置だけに注目した対策は,個体の消失を避ける「回避」や,なるべく消失の程度を少なくする「軽減」的な考え方から行われてきた.こうした対策は,注目すべき植物個体や注目すべき昆虫類,サンショウウオ類の利用する池などが対象とされてきた.これにより,効果のある対策となる場合もあるが,微気象の変化や水系の分断などにより,回避したはずの範囲の環境基盤自体が変化する可能性があるという生態的な現象に対する理解を深めるまで,十分に踏み込んだ情報の蓄積といった検討がなされている事例は,

---

このように保全すべき種の生存必須条件に関する情報源情報としてHSIモデルを眺めると,SIモデルやHSIモデルの構築において完全さを求めるあまりに貴重な情報の利用機会が損なわれるとしたら,たいへんもったいないことが理解できると思う.これまで散らばっている野生生物種に関する情報を集積し,使いやすい形でデータベース化することが必要である.さらに,外来種などの駆除すべき種に関するものも,また反対の意味で整備されることが望ましい.HEPの適用が進めばこのような情報の整備も加速化されるだろう. (田中 章)

環境アセスメント学会で公開しているHSIモデルの項目.

		掲載すべき項目		
評価種に関する情報	1	評価種の希少性,規制等に関する記載		
	2	評価種の垂直・水平分布に関する記載		
	3	評価種の生活史(ライフステージ)に関する記載		
	4	評価種のハビタットに関する情報の記載		
構築されたHSIモデルに関する情報	5	HSIモデルの構築手段に関する情報の記載	(1)	文献調査
			(2)	フィールド調査
			(3)	専門家へのインタビュー調査
			(4)	サンプルデータによる検証
	6	フィールドにおける各ハビタット変数の測定方法の記載		
	7	各ハビタット変数に関するSIモデル(グラフ,文章等)の記載		
	8	HSI結合式もしくはそれに相当する文章の記載		
	9	HSIモデルの適用範囲(評価種のライフステージ,カバータイプ,地理的範囲,季節,最小ハビタット面積等)の記載		
引用文献リスト	10	引用文献リストの記載		

HSIモデル掲載URL: http://www.yc.musashi-tech.ac.jp/~tanaka-semi/HSIHP/index.html

あまり見受けられない.

21-5-2　総括的な視点に基づいた考察の必要性

　望ましい生態系を回復することを目標としたまちづくりを実践するために，地区の生態系の実体把握に努めることが必要であることはいうまでもない．しかし，従来のように注目種の有無だけで評価するのではなく，繁殖状況や自然度の高さなどによって評価する新たな環境評価手法を確立し，地区の土地利用計画や整備手法に反映させる必要がある.

　この目標を達成するため，今までは注目種の位置だけを事業計画に重ね合わせて評価していたが，今後は生物多様性を確保，改善することによる生息環境全体となるであろう．その評価については，周辺部まで対象地域としてとらえ，その地域の生態系の構成がどのような状況であるのか把握したうえで，保全目標を設定し，「生態系ユニット（単位）」群の保全を具体化していく手法の確立が望まれる．

　今後対応が求められる「生物多様性」を考慮した対策では，生物多様性を維持している生息基盤そのものへの配慮が求められることが鮮明化していると考える．その際に，どのような視点で抽出されるのかの基準は定かではない．たとえば，面積あたり何種が生息するかという基準が必要なのかもしれない．しかしながら，こうした数値を出すためには，開発区域にグリッドなどを設定し，そのなかで現地調査を行って種のリストアップをする必要があり，現在の調査に比べ，飛躍的に手間と時間が増加する．また，グリッドサイズは，どの種にも共通するものではなく，種によって基準となる利用面積が異なるという問題もある．そこで，生態系の最小単位として定義されることが多い「小流域」を生態系の基本単位として利用（増山, 2005a, b）することや，植生凡例なども利用できると考えられる．また，保全を要する種が明確な場合では，その生息基盤の区界が提案する「流域」に該当すると見ることもできるであろう.

22 HEPによるハビタット評価

(田中　章)

22-1　今，なぜHEPなのか？

　HEPは"Habitat Evaluation Procedure"の略である．Habitatは「ハビタット，生息環境」であり，Evaluationは「評価」，そしてProcedureは「手続き」である．つまりHEPは日本語で「ハビタット評価手続き」となる．

　HEPは生態系を野生生物のハビタットという土地の広がりと直結した（area-based）概念に置き換え，その適否から総合的に定量評価する手続きである．「総合的」というのは，ハビタットの餌条件や繁殖条件などの「質」，そのような質をもった「空間」，そのような空間が存在する「時間」という三つの視点から評価することができるからである．HEPは物事をとらえる際に普遍的に必要な四次元の視点をハビタット評価に応用しており，これはHEPの最も優れた特質である．

　HEPの適用範囲は政策評価から事業計画評価までと多様なため，一言でHEPを表現することは難しい．以下の文章はすべてHEPを表したものである．

- 生態系を野生生物のハビタットに置き換え，その生物学的な適正度合いから定量評価する仕組み．
- ハビタットを「生物学的な質」，「空間」，「時間」の四次元から総合的に評価する仕組み．
- 複数の計画を野生生物に対する影響度合いから比較評価する仕組み．
- 従来の日本の環境アセスメントにおける動植物および生態系評価において欠落していた生態系の「場」あるいは「空間」の評価とその保全をピンポイントで補うことのできる手法．
- 干潟や湿地，河川や森林などの自然再生における「順応的管理」に定量的指針を与える手法．

- 人間の意思決定に際し，生物学的視点からより合理的な選択肢を抽出する仕組み．
- 人間の意思決定に際し，自然環境保全の視点からステークホルダーズに対して議論の材料と場を提供することで合意形成を促進する仕組み．

さてHEPの誕生は，1969年に公布された，アメリカの環境アセスメント制度を規定している国家環境政策法（National Environmental Policy Act; NEPA）と直結している．NEPA（ニーパと発音する）が，環境アセスメントの評価対象である環境要素の定量的な評価を求めたことに応じて，生物多様性保全を主務とする連邦政府機関の内務省魚類野生生物局（U.S. Fish and Wildlife Service; USFWS）により多くの定量評価手法が開発された．HEPはそのなかの手法の一つである．その後，HEPを土台にして新しい手法が考案されたり，HEP自体も改良されたりして今日に至っている．これらの派生型（修正HEPとよぶ）を含め，HEPは今日までアメリカで最も広く適用されている生態系の定量的評価手法である．

それにしてもなぜ今，日本においてHEPなのか？ 21世紀を迎えてようやく日本にも失われた自然を復元するという「生態系復元（Ecological restoration）」の考え方が定着してきた．この生態系復元の必要性に対する認識とHEP導入の間には密接な関係がある．

少なくとも1980年代までの日本では「（神様でない）人間が自然を復元できるわけがない」，「一度失った自然は二度と元に戻らない」というような意見が主流であった．また日本ではもともと，開発と保全のバランスを図る最も有効な合意形成ツールである環境アセスメント制度（少なくとも欧米先進国においてはそうである）に対して無関心であった．そのためか，そのころすでに欧米諸国の環境アセスメントの一環として活性化していた，「代償ミティゲーション（compensatory mitigation）」としての自然復元に対しても，同様に否定的であった．

結果として，第二次世界大戦後の高度成長期から続いていた経済最優先の国策は軌道修正されることなく，開発のたびに自然的土地利用は消失し続けた．日本の美しい風土は分断され，消失し，都市および都市周辺では不連続で小規模な土地が残されているばかりである．

1990年代に入ると，開発にかかわる実務の世界や環境NGOなどの市民活動においてミティゲーションやビオトープ創出などの緑地や水辺の復元・創造活動が活性化してきた．そのような社会の動きをふまえ法律や政策において生態系復元の必要性が認識されつつある（例：種の保存法，環境影響評価法，自然再生推進法，新・生物多様性国家戦略，景観緑三法など）．

将来の世代に引き継ぐべき健全な国土を再構築するためには，海岸，河川，湖沼，湿地，森林，草原などの生態系の場を確保することがまず必要である．そのためには連続し，まとまった空間（土地）を再編成していくことしかない．HEPとはそのような行為に対して，実践的な情報（何を，いつ，どのくらい，どのようにすればよいのか？）を必要最小限の労力で与えることができるものなのである．

本来，自然再生事業やビオトープ創出のような生態系復元活動には「何をもって生態系を復元したといえるのか？」という，定量的でわかりやすい目標設定と成功基準がなければならない．特にそれが公共事業の場合，生物学的にも経済的（費用対効果）にも国民に対する説明責任の重要性は高まる一方である．アメリカではHEPはこのために使われることも多い．

HEPの方法論を日本に紹介したのは，『環境アセスメントここが変わる』（環境技術研究協会，1998）のなかに筆者が書いた「生態系評価システムとしてのHEP」が最初であろう．それからすでに10年近く経過した．この間，HEPは研究者のみならずコンサルタントや行政などの実務者サイドにおいても広く研究され，日本での可能性が検討されてきた．HEPにおいて野生生物種のハビタットの「質」を表す「HSIモデル」（ハビタット適性モデル，表22-2参照）に類するものは，研究論文を含めるとすでに80種の日本在来種に関して178モデルが発表されている（2006年3月現在）．最近では実際の自然再生事業や環境アセスメントにおいてHEPが適用されるケースが出始めている（たとえば横浜市条例の（仮称）上郷開発事業環境影響評価書，平成19年6月，東急建設株式会社）．

連邦魚類野生生物局が発行しているHEPの教科書（U.S. Fish and Wildlife Service, 1980）は368ページという膨大なものである．本章の限られたページ数のなかではHEPの詳細を説明することは不可能である．もっとも日本に

おけるHEPはこの教科書をそのまま踏襲する必要はない．日本には日本の土地利用に見合った修正HEPがあるだろう．しかし，HEPの表面的な技術だけを見て，日本に適用することは危険である．「木を見て森を見ない」ことがないように，技術の背景にある，世界中に通じる理念やHEP誕生の背景を理解することが重要である．詳しくは拙書『HEP入門－ハビタット評価手続きマニュアル』(田中，2006，朝倉書店) を参照されたい．

22-2　HEPの特徴と基本的メカニズム

　HEPの理念を理解するうえで重要な四つの特徴を表22-1にまとめた．1点目は，生態系あるいは生態系に及ぼす影響をある野生生物のハビタットという具体的な土地の広がりと直結した(area-based)概念に置き換えて評価することである．ハビタットを評価対象とするということは，選定される評価種によってHEPの結果が異なってくるということである．保全あるいは復元すべき野生生物種や生態系が明確であり，その種またはその生態系の健全性を指標する種を評価種に選定した場合には，それらの保全あるいは復元にとってHEPは非常に効果的なツールとなる．

　従来の生態系評価手法には，食物連鎖や物質循環を含め生態系の機能をとらえることを主眼とし，肝心の評価対象である開発などの人間行為に対しては具体的な指針を与えることができないものが多かった．これに対してHEPはもともと環境アセスメントのために開発された手法であるために，開発などの人間行為に直結する土地の質や広さや連続性を評価するものとなっている．したがって評価対象である開発行為に対して評価種のハビタットを復元，

表22-1　HEPの特徴[1]．

	HEPの特徴
1	生態系あるいは生態系に及ぼす影響をハビタットという土地の広がりと直結した概念に置き換えてとらえる．
2	ハビタットを，その「質」と「空間」と「時間」という三つの視点からとらえ，これらの積でハビタットの状態を表現する．
3	一つの案を絶対評価するのではなく，複数案を相対的に評価する．
4	HEPの全プロセスは，開発側の専門家だけではなく，保全側あるいは中立的な立場の専門家も含めたHEPチームによって進められる．

1) 田中 (2006) に筆者により追加．

増強，創造，保存するための具体的な指針を与えることができる．つまりHEPは，回避，最小化（低減）および代償というミティゲーション方策の提案やそのモニタリングに非常に効果的な評価手法ということができる．

2点目は，ハビタットを評価する際，その「質」と「空間」と「時間」という三つの視点から総合的にとらえ，これらの積でハビタットの価値を表現することである．「ハビタットの質」では，ある土地の状態やその管理方法が評価種のハビタットとして適しているかどうかを示す．HEPでは，餌，繁殖，水などの生息条件とあわせて，光や騒音などの人為的影響についての状態を，「SI（適性指数），表22-2参照」あるいは「HSI」という指数を用い，0（まったく不適）から1（最適）までの数値で表現する．

「ハビタットの空間」とは，評価種がハビタットとして使える土地の広さ（面積）および連続性などの空間配置のことである．たとえば，魚類が評価種の場合，評価区域（HEPの評価対象となる区域，後述）が10 m^2 あり，そのなかで当該魚類のハビタットに適している水域が7 m^2 であるとき，「ハビタットの空間」は7 m^2 となる．落葉広葉樹林帯にしか生息しない小型哺乳類にとって，評価区域のうち25 haが落葉広葉樹林帯であったのなら「ハビタットの空間」は25 haである．

「ハビタットの時間」とは，評価種がある土地をハビタットとして使える期間のことである．仮に2007年の開発事業で消失するコナラ林（50年生）を代償するために，開発事業5年後の2012年に別の場所にコナラ林を復元するとする．復元のための植栽を2012年に始めた場合，途中で枯死するなどの問題が起こらないとしても，少なくとも50年後の2062年まで待たなければ50年生のコナラ林は代償されることにならない．消失するコナラ林をハビタットとしていた生物にとって，2012年から2062年までの50年間は，ハビタットを失っている状態であるとHEPではとらえるのである．

以上のようにHEPでは，ハビタットを「質」と「空間」と「時間」ごとに定量評価し，最後にこれらの積としてハビタットを総合評価する．生態系を評価する際，「質」と「空間」と「時間」の評価のどれか一つが抜けている場合と，これら三つの評価はそろってはいるがそれら一つひとつの精度が低い場合とを比較すると，後者のほうが実態に見合った評価となる．生態系

の評価には「木を見て森を見ない」ことのないように，できるだけこれら三つの評価を行うことが重要である．

　3点目は，HEPはある特定の案のみを絶対評価する手法ではなく，複数案を相対評価する手法であるということである．日本の環境アセスメント制度(2007年2月現在)は，欧米諸国の制度と異なり，依然として当該開発行為の評価だけを義務づけており，当該開発行為をやらない場合の状態(no action, zero option, baseline)を含めた複数案(alternatives)の評価は義務づけていない(しかし，やってはいけないということではない)．これは制度上の課題ではあるが，だからといって新たな戦略的環境アセスメント制度の法制化を待たなければHEPは適用できない，ということではない．

　現行制度で考えられるHEPの適用可能な複数案の評価には以下のようなものが含まれる．① 当該開発行為と現況との比較，② 複数の異なる環境保全措置計画の比較，③ 当該開発行為による動植物や生態系への損失とその環境保全措置による利益の比較などである．また，自然再生事業やビオトープ創出などの生態系復元においては，① 複数候補地の比較，② 複数の復元方法の比較，③ 現況と当該事業後との比較，④ 当該事業と目標とする自然が残されている区域(対照区)との比較，⑤ 順応的管理における複数の管理方法の比較などがある．これから活発化することが期待される絶滅危惧種に関する複数のハビタット保全計画の比較評価などはHEPの本来的な適用である．要するに，評価種(保全すべき種，保全すべき生態系の指標となる種)さえ決まれば，どのような対象に対してもHEPの適用は可能なのである．さらに帰化生物など駆除すべき野生生物種を評価種とすれば，それらの駆除計画の評価にも適用できるだろう．

　4点目は，HEPの全プロセスは，開発側の専門家だけではなく，保全側あるいは中立的な立場の専門家も含めたHEPチームによって進められるという点である．HEPには，評価種の選定，評価区域の設定，HSIモデルの決定，環境保全対策を含む事業計画の確認など，評価結果を左右するいくつかの重要な意志決定が存在する．これらの意志決定を開発側メンバーだけで行えば恣意的な決定になる危険性がある．逆に保全側メンバーだけでは提案されるミティゲーション方策の開発事業への反映が難しくなるおそれがある．環境

22 HEPによるハビタット評価

```
(1) HEP適用可能性調査
       ↓
(2) HEP事前調査
       ↓
(3) HSIモデルの確保  ←→  ・既存HSIモデルの利用
       ↓                  ・HSIモデルの新規構築
(4) HEPアカウンティング
       ↓
(5) 複数プランの比較評価
```

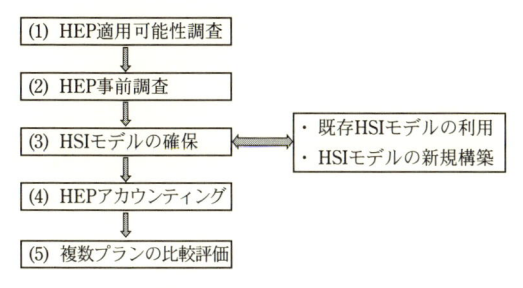

図22-1 HEPのフロー.

アセスメントの場合，準備書作成段階でのHEPチーム評価は，準備書が公開されてからの「開発側vs.保全側」という非生産的な対立構造の回避に大きく貢献する．

22-3 HEPのフロー

HEPのフローを図22-1に示した．ここではHEPによる分析の最終段階であり，「質」，「空間」，「時間」のすべての概念を包括しているCHU（累積的HU，表22-2参照）による評価をHEP本来の評価ととらえ，CHU分析による複数プランの比較までの過程をHEPのフローとした．

なお，しばしばHEPそのものと混同されるHSIモデルは，HEPの一プロセスというよりも，HEPの「質」を表す指標の代表としてHEPで使われているものである．したがって，HSIモデル構築プロセスについては本章では省略した．

22-3-1 HEP適用可能性調査

(1) 適応可能性の判断

HEPを適用する前に，まず，適用しようとしている対象がHEPを適用できるような対象か否かを下記の項目のチェックを通して判断する．
- 比較評価するための複数案を用意できること．
- 評価種を選定できること．
- 評価種に関するHSIモデル（数値モデルとは限らない）を確保できること．
- 評価対象からハビタットの「質」，「空間」，「空間」に関するデータを読み

取り抽出できること(注:これら三つのデータを必要とするのは,CHUやAAHU's(表22-2参照)による評価である).

(2) HEPチーム編成

HEPの適用が決まったら,HEPを遂行するための「HEPチーム」を編成する.アメリカではチームメンバーとして,事業の許認可官庁からの専門家,自然環境保全官庁からの専門家を含めることが義務づけられている.このような,開発側と保全側双方からの専門家の合意形成によって意志決定していくという仕組みは,アメリカではHEPに限ったことではなく,環境アセスメントそのものがこのようなチームで行われている(田中,2006).

日本におけるHEPで,アメリカ同様のHEPチームを編成することは難しいが,開発側と保全側双方の参加によるというHEPチーム編成の根底にある目的を理解し,可能な範囲でそれを再現することが重要である.少なくとも,HEPチームのチームリーダーは中立的な立場でHEPをよく理解する専門家であること,チームメンバーには開発側(事業者など)および保全側(環境NGOや国や自治体の環境保全部局)双方からのメンバーを含めること,可能であれば評価種の専門家をメンバーのなかに含めることが求められる.

22-3-2 HEP事前調査

「事前調査」という名称ではあるが,日本においてHEPを適用する際には非常に重要なプロセスである.本プロセスは,「目標の設定とブレークダウン」,「評価種の選定」,「評価区域の設定」,「カバータイプ区分」などからなるが,この順序で行わなければならないというものではない.

(1) 目標の設定とブレークダウン

HEPには「目標(goal)→目的(objectives)→行動計画(action plans)」という順序で,目標をブレークダウン(細分化)しながら行動を具体化していくという,欧米の政策や手法に共通する演繹的仕組みがある.図22-2にHEPにおける目標の設定とブレークダウンの例を示した.

目標とは,たとえば「当該地域の沿岸漁業の持続的な繁栄と豊かな沿岸生態系を保全し,強化する」のようなものである.次にこの目標を実現するためのいくつかの具体的な目的を設定する.そのなかに「漁業資源である魚介類のハビタット保全」があったとする.すると,次の段階では魚介類の保全の

22 HEPによるハビタット評価

```
目　標            目　的              行動計画
(gool)           (objectives)       (actin plans)

                                    ① 藻場の保全と復元      → シロギス
沿岸漁業の持続的な   漁業資源である魚介類
繁栄と豊かな沿岸生   のハビタット保全    ② 河口生態系の保全    → モクズガニ
態系を保全し，強化                     と復元
する            水際までの安全で美し
               いアクセスの確保     ③ 流入河川の流域生    → ウナギ
                                    態系の保全と復元
                    省略                    省略
```

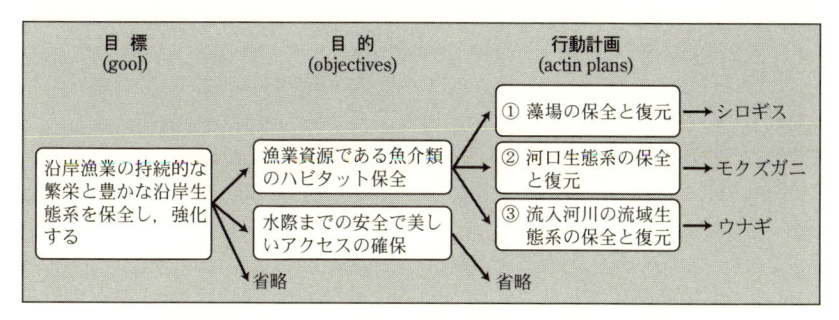

図22-2 HEPにおける目標の設定とブレークダウンの例．

ために「① 藻場の保全と復元」，「② 河口生態系の保全と復元」，「③ 流入河川の流域生態系の保全と復元」のようなさらにブレークダウンした複数の行動計画が設定される（さらに具体的な行動計画に細分化される場合もある）．その結果，たとえば，① の目的にはシロギスを，② の目的にはモクズガニを，③ の目的にはウナギをそれぞれ評価種としたHEPが提案されることになる．

(2) 評価種の選定

評価種（Evaluation Species）とは，HEPで評価するハビタットの主である野生生物種あるいはグループのことである．HEPの狭義の評価対象は評価種のハビタットであり，広義の評価対象は評価種のハビタットによって代表される生態系やランドスケープあるいはビオトープである（筆者は，土地の広がりと直結したランドスケープ的観点からとらえた生態系をLandscape Ecosystemsとよんでいる）．

評価種は1種でも複数種でもよいが，数が多くなれば作業が複雑になるだけではなく，結局，保全しようとする生態系が曖昧になる．したがって，可能な限り種数は絞り込むことが重要である．HEPでは，トラウト類，シギ類というように同じようなハビタットを必要とするギルドを評価種とすることも可能である．

アメリカにおける評価種の選定基準は，人気，狩猟対象，固有性，食物連鎖の上位性，希少性など多様であり，生態学的な理由だけで選定するとは限らない．アメリカではこれらの選定基準を並列に並べたマトリックス表を用

い，点数化により選定している．

　日本におけるHEPでは，レッドデータ種などの保全すべき生物種の存在が評価区域で確認されているのであれば，まずそれを評価種候補とすることが望ましい．環境影響評価法では，生態系評価の際，「上位種」，「典型種」，「特殊種」という考え方から種を選定して分析することを求めているが，これらの種をそのまま評価種候補として検討することもよいであろう．

　自然再生事業やビオトープ創出などの生態系復元においては，特定の野生生物種の保全を目的としているのであれば，その種を評価種とすべきであり，特定の生態系の保全を目的としているのであれば，目標とする生態系の種組成を考慮し，そのなかから適切な野生生物種を指標として選定することになる（図22-2参照）．

　結局，HEPを適用するということは，私たち人間サイドが「最終的にどの野生生物種あるいはどのような生態系を守りたいのか？」，あるいは「将来の世代にどのような野生生物種や生態系を引き継いでいこうと考えているのか？」という問いに対する明確な回答を求められるということである．このことは事業者，行政，地域社会に対して，当該地域の自然環境保全に関してきわめて有益な影響をHEPの実施が与えることを示している．

(3) 評価区域の設定

　HEPにおける評価区域の設定の仕方は，基本的に環境アセスメントにおいて影響範囲を推測して調査区域を設定するのと同様の考え方による．評価区域の設定には，評価種の行動圏に関する情報，地形図，現存植生図，水系図（流域図），評価対象（開発計画，自然再生計画，代償ミティゲーション計画など）の位置や規模や環境影響に関する情報が使われる．

　環境アセスメントの場合，開発事業区域が評価種の広い行動圏のなかの一部にすぎない場合でも，それによってハビタットの連続性が失われる場合には注意を要する．広い田園地帯を道路が縦断する場合などがこれにあたる．このような場合は，連続した行動圏全域を評価区域とすること，SIのなかに空間的連続性を指標するものを含めることが必要になる．

(4) カバータイプ区分

　「カバータイプ（cover type）」とは植生，水，人工物など地表の被覆状態を

示すものである．HEPにおける分析は原則としてカバータイプ区分ごとに行う．

最もわかりやすいカバータイプ区分としては，コナラ林，竹林，水田，水面，道路のような植生区分や土地利用区分である．なお，評価区域に対して，カバータイプによって区分された一つひとつのエリアを「小評価区域」と称する．

広い評価区域を対象とする大スケール評価の場合，カバータイプ区分はそのまま小評価区域となる．一方，日本の都市近郊のような，すでに細かく分断されている自然的土地利用における小スケール評価の場合や，ゲンジボタルやトウキョウサンショウウオのように小規模のしかし複数の異なるカバータイプをライフサイクルのなかで必要とする小動物を評価種とする場合などは，カバータイプ区分だけでは十分な評価をすることができない．障害物や連続性などを考慮するために，カバータイプ区分をさらに細分化した「小評価区域」による分析が必要になってくることもある．結局，SI（表22-2参照）の種類ごと（環境要因ごと）に小評価区域ができることになる．大小いずれのスケールにしてもHEP分析にはGISを使うと便利である．

しかし，精度を上げるために，小評価区域は細かければ細かいほどよいということではない．小評価区域が細かすぎるとデータ数が膨大になり，HEP分析は煩雑になりすぎる．HEPでは，「最小限の労力で最大限の効果を得る」ことが求められる．HEPを日本で適用する際，重箱の隅をつつくのではなく，現実的なバランス感覚をもち，実質的な環境保全の結果に結び付けることが最も重要なことである．

22-3-3 HSIモデルの確保

評価種を選定したら，その種に関するHSIモデルを準備する．最近，日本の在来種に関するHSIモデルの構築が盛んになりつつあるとはいえ，アメリカで公開されているような使う側に便利に整備されたHSIモデルはまだわずかである（環境アセスメント学会のホームページhttp://www.jsia.net/ など）．したがって，多くの場合はアメリカや国内の既存事例を参考にしながらも，当該種に関する基礎文献の分析から新たにHSIモデルを作成することになる．

HSIモデルを新たに構築する際，留意すべきことは，① 評価種の生態に関

表22-2 HEPで使われる指数の種類とその概要[1]

評価レベル	指数（日本語）	概要	式（概念）
質	**SI** Suitability Index （適性指数）	評価種の生息条件を規定する，食物，水，繁殖条件などの環境要因別に，0（まったく適さず）から1（最適）までの数値で適性度合いを表現したもの．そのモデルをSIモデルという．SIモデルは当該種に関するこれまでの既存文献調査，フィールド調査，当該種の専門家によるインタビュー調査により作られる．	$SI = \dfrac{\text{小評価区域のハビタットのある環境要因の状態}}{\text{理想的なハビタットのある環境要因の状態}}$ ただし，「小評価区域」とは評価区域をカバータイプ区分したときの一つひとつの部分である．「小評価区域」と評価区域が同じ場合もある．
質	**HSI** Habitat Suitability Index （ハビタット適性指数）	HSIは一つ以上のSIを加算したり乗じたりして統合したものである．SIが一つならばHSIはSIと同等である．評価種のハビタットの適否について，SI同様，0（まったく適さず）から1（最適）までの数値で表現する．狭義のHSIモデルとは，複数のSIモデルとHSIモデルの関係を示す．	$HSI = \dfrac{\text{小評価区域のハビタットの状態}}{\text{理想的なハビタットの状態}}$
質・空間	**HU** Habitat Unit （ハビタットユニット）	HUはHSIに小評価区域の面積を乗じた値である．	$HU = HSI \times \text{小評価区域の面積}$
質・空間	**AHSI** Weighted Average Habitat Suitability Index （平均HSI）	ある評価種にとっての評価区域全域のハビタット適正指数，HSIの加重平均値．カバータイプ区分された小評価区域ごとのHSIとそれぞれの面積を乗じた値の合計（THU）を，評価区域全域の面積で割ったもの．	$AHSI = \dfrac{A \times Ah + B \times Bh + C \times Ch}{A + B + C}$ ただし，評価区域が三つの小評価区域に区分され，面積およびHSIがそれぞれA, B, CおよびAh, Bh, Chである場合．
質・空間	**THU** Total Habitat Unit （合計HU）	カバータイプ区分された小評価区域ごとのHSIとそれぞれの面積を乗じた値，HUの合計．あるいはAHSIに評価区域全域の面積を乗じた値．評価区域全域の「質」と「空間」の積．THUはある瞬間の値であるが，通常，開発工事，自然復元工事，植栽，メンテナンスなどの，ハビタットの「質」と「空間」（面積）に影響を与える行為の開始時と完了時（これらをターゲットイヤーと称す）の値を算出する．	$THU = HUa + HUb + HUc$ $THU = AHSI \times \text{評価区域全域の面積}$ $THU = A \times Ah + B \times Bh + C \times Ch$ ただし，評価区域が三つの小評価区域に区分され，面積，HSI，HUがそれぞれA, B, C, Ah, Bh, Ch, HUa, HUb, HUcである場合．
質・空間・時間	**CHU** Cumulative Habitat Unit （累積的HU）	THUに「時間」を乗じた値．ターゲットイヤーのTHUの値を折れ線グラフで表したとき，THUの折れ線と時間軸で囲まれた部分の面積がCHUである．つまり，THUに経年的かつ累積的変化を加味した値．結局CHUは，評価区域をある評価種のハビタットとしての適正度合いを「質」と「空間（面積）」と「時間」の観点から全体的に評価した値ということができる．	$CHU = \displaystyle\sum_{i=1}^{P}(AHSIi \times Ai)$ ただし， I：年 P：HEP分析の期間 $AHSIi$：i年目のAHSI Ai：i年目の評価区域面積
質・空間・時間	**AAHU's** Average Annual Habitat Units （平均年間HU）	CHUのHEP分析年数（ターゲットイヤーの最後の年までの年数）でCHUを割った値．1年あたりのCHUの平均値．アメリカでは年あたりの費用対効果分析を行うため，AAHU'sを求めることが多い．	$AAHU\text{'s} = \dfrac{CHU}{\text{HEP分析年数}}$

1) 田中（2006）を筆者により修正．

する既存文献はすべて収集し整理すること，② 評価種のライフステージを把握すること，③ ライフステージごとにHSIモデルを準備すること，④ そのために評価種の専門家の意見が不可欠であることである．

22-3-4　HEPアカウンティング

　HEPアカウンティング（HEP accounting）はHEPの計算プロセスである．HEPは多様な局面で応用することが可能であるため，HEPアカウンティングを一定のものとして説明することは難しい．そこでHEPに登場する指数をその分析プロセス順に表22-2に整理した．これらの指数は，HEPの過程において基本的に一番上のSIの分析から始まって，最終的にCHUあるいはAAHU'sの分析に至る．HEPアカウンティングの詳細については田中（2006）を参照されたい．

22-3-5　複数プランの比較評価

　HEPの最終的な評価指数であるCHU（あるいはAAHU's）は，評価種ごと，かつ評価対象ごとに算出される．ここでは今後温暖化対策としても増加することが予想される，開発による緑地の損失に対し開発区域以外の場所で同様の緑地を復元・創造し維持することで開発による損失を補償しようとする行為，すなわち「オフサイト代償ミティゲーション」の評価にHEPを適用する場合を想定して説明する．

　図22-3は，コナラ林におけるゴミ処分場開発計画によるCHUの損失と，その代償ミティゲーションとしてのオフサイト（畑）でのコナラ林復元活動によるCHUの利益を比較する例を模式化したものである．このような場合，開発事業のある場合の開発サイトと代償ミティゲーション・サイト，開発事業がない場合の開発サイトと代償ミティゲーション・サイトの合計四つのCHUを求める．

　図22-3の設定は次のとおりである．開発事業がなければ開発サイトのコナラ林は消失しないが，開発が規制されている場所ではないため，将来，何らかの事業で開発される可能性が高い．また，代償ミティゲーション・サイトの畑地は，開発事業がなければコナラ林に復元されることもなく畑地のままであるが，畑地に伴う土壌劣化が徐々に顕在化していくことが予測される．

「ネットロス(Net Loss)」とは，開発行為があった場合に失われる生態系の質と量(面積)の総量である．一方「ネットゲイン(Net Gain)」とは，開発行為があった場合(オフサイト代償ミティゲーションがあった場合)に得られる生態系の質と量の総量である．図22-3では，ネットロスはPA1からPA2のCHUを差し引いた残りであり，天秤の左側の皿に載せられた分の面積である．同様に，ネットゲインはMP2からMP1のCHUを差し引いた残りであり，天秤の右側の皿に載せられた分の面積である．

ここで気をつけなければならないのは，ネットロスとは開発事業があった場合に失われるCHUの総量であり，どんな場所の損失でもすべて含まれるということである．図22-3の例では，開発サイトのみにハビタットの損失

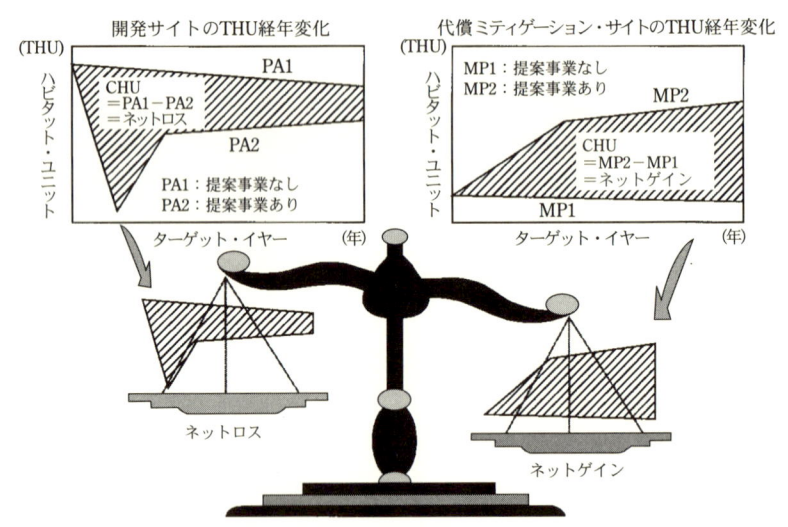

【凡例】
・PA1：開発サイト(開発事業なし)
・PA2：開発サイト(開発事業あり)
・MP1：代償ミティゲーション・サイト(代償ミティゲーション事業なし)
・MP2：代償ミティゲーション・サイト(代償ミティゲーション事業あり)

PA1からPA2を差し引いた斜線部分は，開発によるネットロス(Net Loss)分のCHUであり，MP2からMP1を差し引いた斜線部分は，代償ミティゲーションによるネットゲイン(Net Gain)分のCHUである．ノーネットロス(No Net Loss)政策があるアメリカやドイツなどの国々における開発行為では，代償ミティゲーションは義務付けられ，ネットゲインがネットロス以上になるように計画される．

図22-3 HEPによる代償ミティゲーション評価の模式図(田中, 1998)．

があるという設定であるが，本来はオフサイトの代償ミティゲーション・サイトを含む，開発による影響を受ける地域全体の損失の総量である．同様に，ネットゲインも開発による影響を受ける地域全体における利益の総量である．図22-3の例の場合，開発によるハビタットの損失は開発サイトのみであり，ハビタットの利益も代償ミティゲーション・サイトのみであるという仮定であることに注意されたい．

22-4　ノーネットロス政策とHEP

　HEPは自然再生事業や環境アセスメントにおける代償ミティゲーションとしての生態系復元などを定量評価するものである．自然再生事業は，累積的な人間活動によって失われてきた自然を再生するものであるため，長い時間軸のなかでは広義の代償ミティゲーションとよべるものである．アメリカをはじめとする欧米先進国においては，このような代償ミティゲーションとしての生態系復元がすでに活発化して久しいが，そこには共通の「ノーネットロス政策」という定量的政策が存在している．ちなみにEU諸国では「代償(compensation)」と同義で「置換(offset)」という用語が使われることが多い．

　「ノーネットロス(No Net Loss)」とは，前出のネットロスとネットゲインが釣り合う状態を示し，アメリカのウェットランド(Clean Water Actによる)や貴重生物種のハビタット(Endangered Species Actによる)をはじめ多くの先進諸国で適用されている生態系保全政策である．ノーネットロスを換言すれば，開発などの前後で自然資源の質と量をプラスマイナスゼロ，すなわち，現状維持するということである．アメリカでは現ブッシュ大統領の親である前ブッシュ大統領のときに選挙公約として表明され，クリントン政権に引き継がれて，現ブッシュ政権でも強力に推進されている国家政策である．ちなみにノーネットロス政策がアメリカの国レベルの政策として明文化されたのは，1981年の連邦魚類野生生物局の「ミティゲーション政策(Mitigation Policy)」である．

　アメリカでは，事業者から提案される生態系の損失に対するミティゲーション方策はこのノーネットロス政策の観点から審査される．もし，ネットロ

スがネットゲインを上回ると予想されれば，事業者はネットロスに釣り合うネットゲインを見込めるような追加的代償ミティゲーション計画を追加提案することになる．逆に，開発事業を縮小することによってネットロスを軽減させること(部分的回避ミティゲーションや最小化ミティゲーションによる)を提案することもあろう．あまりに大規模な代償ミティゲーションを義務づけられることになるような開発(つまりそれだけ貴重な自然を破壊する開発)は，事業者自らが最初から回避するようになる．ノーネットロス政策の存在意義は大きい．

ノーネットロス政策の現実的利点は，「国土としてどれくらいの(面積の)自然生態系を維持すべきか」あるいは「ヒトあるいは人間活動のキャリングキャパシティーはどれくらいか」というような，必要ではあるけれどもその合意形成はきわめて困難である基準値を設定することなしに，自然生態系を消失させる人間行為に対して，その損失分の補償を迅速かつ合理的に義務づけることができることである．

今，日本だけでなく全地球で必要なのは，緑地や水辺，二次的自然生態系や自然生態系のための「空間」量を確保することである．それは生物多様性保全という意味合いからだけではない．たとえば，都市域の温暖化とヒートアイランドの二重苦という累積的な環境影響を緩和するためにも都市域に自然的土地利用を復元し，その量を拡大していくことは人類の生き残りをかけた選択の余地のない施策であると思う．地球生態系に悪影響を及ぼさない経済開発など存在しない．これからの経済開発については少なくともそれによる自然環境の損失分を補償するための代償ミティゲーションを義務付けていくことが必要である．日本においてもノーネットロス政策導入が急務である所以である．

手遅れにならないうちに，HEPのような，自然環境への影響や自然環境保全活動を定量評価できる手法の普及が，ノーネットロス政策の導入や代償ミティゲーションの義務化に拍車をかけることになることを期待したい．

第4部

野生生物保全の情報技術

(鈴木 透・金子正美)	23	野生生物保全におけるGISの利活用
(横山 潤)	24	環境評価に有効な新しいデータベースの構築
(新里達也)	25	生物標本をいかに扱うか
(佐藤正孝・新里達也)	26	地域生物相のインベントリー

　野生生物にかかわる情報は，野外の生息地，文献資料そしてweb siteから，膨大な数がもたらされる．私たちが享受する今日の情報技術発展は，野生生物保全にも多くの便益を与えるものとして，この分野でもその技術と監理の重要性が指摘されている．第4部ではこの情報技術について，新旧取り混ぜた幾つかの視点から紹介する．最近，急速に普及している地理情報システムは，野生生物と生息地の解析と客観的な評価を可能にするツールとして期待されている．また，新たな課題提起として，環境評価に有効なデータベース構築について論考する．さらに情報管理の視点から，生物標本の意義と特性，地域の生物相リストの取扱いについて，認識の共有を図る．

23 野生生物保全におけるGISの利活用

(鈴木 透・金子正美)

GIS (Geographic Information System；地理情報システム)は，空間情報を有するデータ(以下，GISデータ)を蓄積，操作，表示するためのソフトであり，近年のコンピュータ技術の進歩や地形図などの基盤情報がデジタル化されたことにより比較的容易に利用できるようになった．GISは，これまで難しかった広域スケールや時系列の情報を扱うことで，オーバーレイやネットワーク解析などいわゆる空間解析を行うこともできる．そのため，現在では，防災や都市計画など多くの分野で利活用されており，生息環境の評価や広域での保護管理が必要である野生生物の保全においても有用なツールである．

野生生物の保全におけるGISの利活用には，大きく分けると三つの利用方法とフローがある(図23-1)．まずGISデータベースとしての利用であり，調査や研究などで得られた情報のGISデータ化や既存のGISデータを取りまと

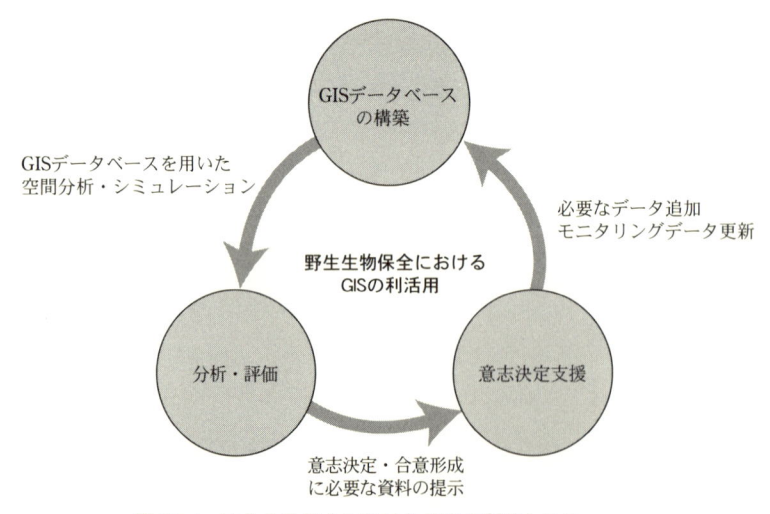

図23-1 野生生物保全におけるGISの利用とフロー．

めることで，GISデータベースとして情報を一元的に作成・管理できる．二つ目は空間解析やシミュレーションを行い，生息地解析や生態系評価，リスク評価などの分析を行うことができる．三つ目は意思決定支援ツールとしての活用であり，情報の公開・共有や保全のための計画や政策策定などの際に，多様な主体による意思決定をサポートすることができる．現状として二つ目の分析ツールとしてのGISが着目されているかもしれない．しかし，これらのGISの利活用方法は相互に関係しており，よりよくGISを利活用していくためには，常に得られた知見やデータをフィードバックしていく必要がある．本章では，GISの概要を紹介した後，野生生物の保全におけるGISの三つの利用方法の説明や事例を紹介し，今後の展望についても提示する．

23-1 GISとは？

23-1-1 GISの概要

GISとは，GISデータを蓄積，操作，表示するためのシステムもしくはソフトの総称である．つまり，空間的な情報をもったデータを作成，操作，表示できるコンピュータシステムである．さらに，その応用として，空間分析や意思決定支援に活用されるようになり，近年，雑誌"International Journal of GIS"では，GISをGeographic Information Scienceとも訳しており，単なる空間情報を扱うシステム（System）から科学（Science）へとGISは広がりを見せている．ただし，本章ではGISは空間情報を扱うシステムとして扱う．

23-1-2 GISデータ

GISデータの形式には，ベクタ形式とラスタ形式の2種類がある．ベクタ形式とは，点，線および多角形のように頂点の座標値により空間情報を定義するデータであり，ラスタ形式とは，平面状に敷き詰められた画素（セル）に情報を定義することにより表現したデータである（図23-2）．ベクタ形式のGISデータとして，生物の確認地点などの点データ，道路や河川などの線データ，植生などの多角形データ，人口や統計情報などのメッシュデータがある．ラスタ形式のGISデータとしては，地図や航空写真などの画像データ

などがある．基本的に多くのGISソフトは両方のデータ形式が利用可能である．

　また，GISデータの空間情報はデータ形式にかかわらず，座標系と測地系により管理されている（まとめて投影法とよばれることもある）．その詳細は複雑であるため本章では割愛するが（詳しくは（財）日本地図センターHPなど），簡潔に表記すると，座標系とは三次元の球体である地球を表現する手法であり，測地系とは地球の形状と原点を定義する手法である．すなわち，座標系と測地系の組み合わせでGISデータの空間情報は定義される．現在，日本において用いられる主要な座標系・測地系を表23-1に示した．GISのユ

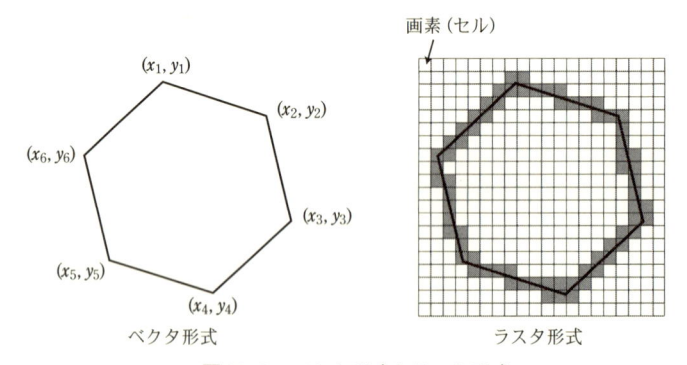

図23-2 ベクタ形式とラスタ形式．

表23-1 日本において用いられている座標系と測地系．

系		説　明
座標系	UTM座標系	ユニバーサル横メルカトル図法を用いた座標系．原点によりゾーンに分割．日本ではゾーンは51帯〜56帯であり，通常，県庁所在地のゾーンを利用．
	平面直角座標系（公共測量座標系）	ガウス・クリューゲル等角図法を用いた座標系．日本独自の座標系で，原点により19の系に分割．
	緯度経度座標系	地球の楕円体と基準点のみで定義される．
測地系	世界測地系	ITRF94座標系とGRS80の楕円体を用いて表している．JGD2000もしくは新測地系ともよばれる．
	WG584	WG584座標系を用いて表している．主にGPSなどで利用されている．
	日本測地系	ベッセル楕円体を用いて表している．旧測地系ともよばれる．

ーザーは，所有もしくは作成するGISデータの座標系，測地系が何であるのかを記録しておく必要がある．

23-1-3　GISの機能

上記のように，GISにより，空間情報をもったデータであるGISデータの作成，処理，表示が可能である．つまり，GISを通して調査・研究におけるGISデータのインプットから，空間解析などの処理を経て，主題図などをアウトプットすることが可能である（図23-3）．

GISによるインプットでは，調査などで得られた情報を入力し，空間情報とその属性データをもったGISデータを作成できることに加え，既存のGISデータやGPS，CAD，衛星画像などのデータの取り込みを行い，GISデータベースを構築することができる．また，処理においては，GISデータの面積や距離などの空間情報の算出や空間検索だけではなく，バッファリングやオーバーレイ，ネットワーク解析などいわゆる空間解析を行うことができ，GISより集計された情報を用いて，さまざまなモデルへの適用やシミュレーションも可能である．さらに，インプットしたGISデータの表示や分析結果の主題図もアウトプットすることができ，意思決定や合意形成のサポートや

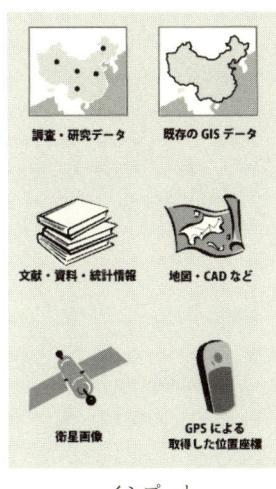

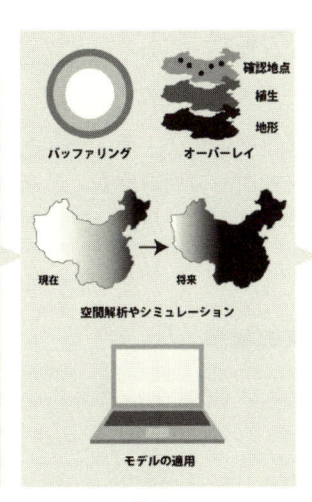

図23-3　GISの基本的な機能．

表23-2　GISソフトの例.

GISソフト	ホームページ	販売代理店
ArcGIS	ESRI (http://www.esri.com./)	ESRIジャパン株式会社 (http://www.esrij.com/index.shtml) など
GRASS	GRASS GIS (http://grass.itc.it/)	無償
GEOMEDIA	INTERGRAPH (http://www.intergraph.jp/sgi/)	アジア航測株式会社 (http://www.ajiko.co.jp/index.html) など
TNTmips	Micro Images (http://www.microimages.com/index.htm)	株式会社オープンGIS (http://www.opengis.co.jp/) など
IDRISI	Clark Labs (http://www.clarklabs.org/index.cfm)	パーシティーウエーブ (http://www.clarklabs.org/index.cfm) など
地図太郎	東京カートグラフィック株式会社 (http://www.tcgmap.jp/)	
STIMS	埼玉大学 (http://www.mm.ics.saitama-u.ac.jp/stims/index.html)	無償

WebGISなどを介した情報の公開・共有を行うことができる.

23-1-4　GISソフト

　GISソフトは国内外の企業や大学などで開発されており，機能や価格（有償・無償）もさまざまである．一般的に利用されているGISソフトを表23-2に示したが，このほかにも多くのGISソフトが開発・利用されている．データの形式はGISソフトにより異なっているが，互換性や変換できるソフトも多い．そのため，ユーザーは調査，研究の目的にあったGISソフトを機能やコストから選択して利用すればよいが，特に調査・研究の対象とした分野で多く用いられているソフトを調べて利用することを勧める．ユーザーが多いということはすでに多くのGISデータが作成されていることを意味し，後述するGISデータの収集・作成の際に労力が削減できるからである．

23-2　GISデータベースの構築

　野生生物の保全にかかわらずGISを利用する際には，まず関連するGISデータを収集・作成し，GISデータベースとして取りまとめることから始める．理想的には，収集・作成するGISデータは，詳細で精度がよく，広域をカバーし，時系列の情報をすべて収集・作成することが望ましい．しかし，新規

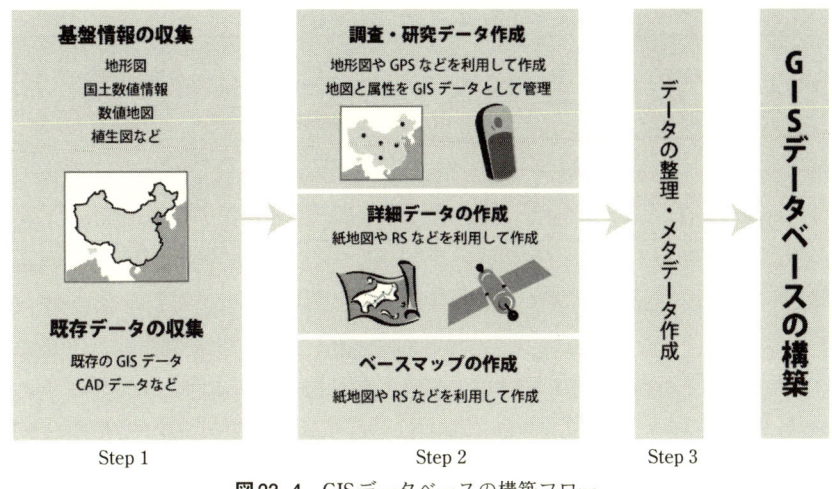

図23-4 GISデータベースの構築フロー.

にGISデータを作成することはコスト・労力が非常に多くかかる場合もあるため，初めから必要なすべてのGISデータを収集・作成することは困難なことも多い．また，本章の冒頭で示したようにGISデータベースは一度構築すればよいというものではなく，必要に応じて順次更新していくことが必要である．そのため，効率的にGISデータベースを構築するには，デジタル化された基盤情報や既存のGISデータをまず収集し(Step 1)，そのGISデータを利用しながら調査・研究に関するデータや必要な情報に関して優先順位をつけて作成して(Step 2)，さらに収集したGISデータを整理し，情報源情報であるメタデータを作成していくこと(Step 3)がポイントである(図23-4)．ここでは，これらの手順に沿って，データの収集・作成方法を紹介した後，GISデータベースの管理・更新についても記述する．

23-2-1 Step 1. 基盤情報・既存データの収集

　基盤情報はGISデータとして国土交通省，環境省，総務省などで整備されつつある(表23-3)．また，整備されているGISデータは無償，もしくは比較的安価で入手できるものも多いため，まず対象地において無償もしくは安価に入手できる基盤情報のGISデータを収集することから始めるとよい．

表23-3 基盤情報の例.

データの種類	内容	出典
国土数値情報	道路,河川,土地利用など多様な基盤情報	国土地理院
数値地図(地図画像)	1/25,000～1/200,000の地形図	
数値地図(空間データ基盤)	道路,河川,行政界,標高などの基盤情報	
自然環境情報GIS	植生図,鳥獣保護区などの自然環境情報	環境省
国勢調査	人口,産業統計などの社会基盤情報	総務省

　調査などで多く利用されている地形図や道路,河川,土地利用などの基盤情報は国土交通省が整備しており,国土数値情報や数値地図として配布・販売している.また,植生図や動植物の分布などの自然環境に関する情報は環境省生物多様性センターが整備して配布している.社会基盤となるデータは総務省の国勢調査によりまとめられている.アメダスなどの気象に関するデータは気象庁により作成され,公開・販売されている.ただし,これらのGISデータは,使用・公開の際に申請が必要な情報もあるので,出典先に確認する必要がある.

　これらのデータ以外にも調査・研究で必要な情報のうち,対象地ですでにGISデータ化されている情報はできるだけ多く収集しておくとよい.GISデータではないが,CADデータも比較的容易にGISデータとしてインポートできるために収集しておいたほうがよいだろう.

23-2-2　Step 2. データの作成

(1) 調査・研究データのGISデータ化

　一般的に,調査・研究におけるデータは,ある調査地点における生息情報など調査結果の情報が収集される.つまりデータは,調査を行った空間情報とその位置における調査結果の情報から成り立っている.従来は,これらのデータは別々に管理してきたが,GISを用いることにより調査地点の空間情報とその調査結果などの情報が空間情報の属性データを一元的に作成・管理できる(図23-5).

　GISデータの空間情報は,Step 1において収集したGISデータの地形図を収集しておけば,GISの画面上に表示される地形図上に点・線・多角形などの

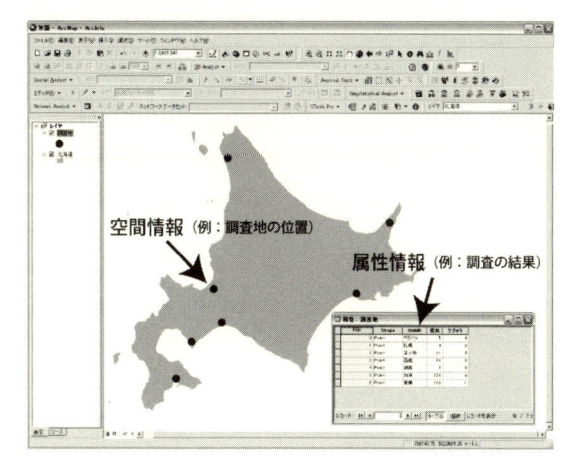

図23-5 調査・研究データのGISデータ化(例：ArcGISでの表示例).

GISデータを入力することにより，比較的容易に作成することができる．さらに，近年，調査において多く利用されているGPS(汎地球測位システム)を利用することで，調査地などの空間情報の座標値を得ることができ，直接GISデータを作成することが可能である．また，調査結果など属性データは，GIS上で直接入力することもできるが，ExcelやAccessなどのデジタルデータとして作成している場合は，空間情報とリンクして，属性データとすることも可能である．

(2) 詳細データの作成

調査・研究では，その目的に応じてGISデータとして作成されていない詳細なGISデータを必要とする場合がある．一般的に，無償もしくは安価で手に入る基盤情報のGISデータは広い範囲で整備されているが，精度は1/25,000程度である(都市では1/5,000程度)．特に，森林域などでは精度の荒いデータのほうが多い．そのため，調査・研究において重要な情報は，自ら精度のよい詳細なGISデータを作成しなければならない．ここでは詳細データの作成方法として，すでに多く作成されている紙地図・空中写真からのデータ作成，リモートセンシング技術の利用について簡単に紹介する．

a) 紙地図・空中写真を用いたGISデータ作成

地形図や森林施業図など紙ベースとして作成されている地図(以下，紙地

図）や空中写真は多く作成・撮影されており，それらには精度のよい多くの情報が含まれる．たとえば，標高のデータは国土地理院における50m精度のGISデータが安価に利用できるが，1/25,000地形図を用いることにより，約10m精度のGISデータを作成することができる（図23-6）．また，空中写真から植生を判読することにより，環境省の植生図より詳細な植生情報を得ることができる．さらに，過去の地形図などを利用することにより，時系列の土地利用などのGISデータの作成も可能である．

　紙地図や空中写真からGISデータを作成するための基本的な手順は，まず紙地図や空中写真をスキャンし，デジタルデータとする．次にスキャンしたデジタルデータを幾何補正し，空間的な情報をもったGISデータとする．幾何補正とはデータに空間情報を与えることである．そして，GISデータとした紙地図や空中写真をGIS上に表示し，必要なGISデータを作成する．

　この方法以外にも，GISでデジタルの地形図を表示し，紙地図や空中写真を見ながら直接GISデータを作成してもよいし，ラスタベクタ変換ソフトを利用し，GISデータを作成する方法がある．ただし，紙地図や空中写真からGISデータを作成することは多くの貴重なデータが得られるが，非常に労力のかかる作業である．そのため，調査・研究において必要なデータかを十分に吟味したうえで，作成するべきである．

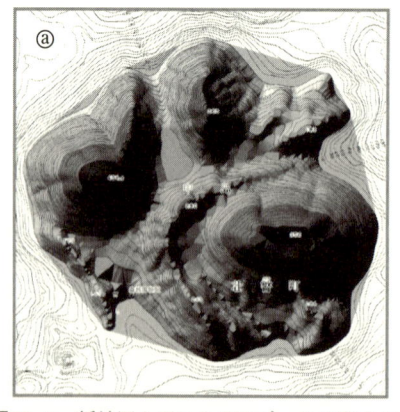

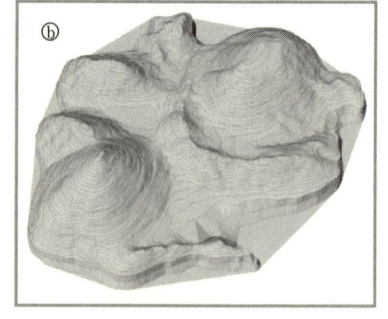

図23-6 紙地図を用いたGISデータの作成（10m精度の標高データの作成）．ⓐ 地形図から等高線を作成．ⓑ 等高線から作成した3Dモデル．

b) リモートセンシングの利用

リモートセンシング(Remote Sensing；以下，RS)とは，衛星画像から得られるさまざまなバンドのデジタルナンバー(反射率)の情報を用いて，グランドトゥルースといわれる現地の情報と比較し画像分類を行い，植生や土壌などの土地被覆の分類などに多く用いられる技術である．RSの利点は空中写真などからは困難である広範囲の情報や最新の情報を得られることである(図23-7；サロベツ湿原の植生分類)．さらに，地形図と同様に過去の衛星画像を用いることにより，時系列のGISデータの作成も可能である．

衛星画像はLandsatETM＋やSPOT, IKONOS, MODISなどが多く利用されており，近年，日本が打ち上げに成功したALOSもある．衛星により解像度や得られる情報が異なっているので，ユーザーは目的に応じて衛星を選択する必要がある．また，衛星画像の画像分類は上記のGISソフトでは行えない場合もあるが，MultiSpec(©Purdue Research Foundation)などのフリーソフトもある．

(3) ベースマップの作成

ベースマップとは，調査・研究の対象地における基盤的な情報を集めた地図である．上記に記載したGISデータの収集・作成の段階ですでにさまざまなGISデータは収集・作成されていると思われるが，必要に応じて，空中写

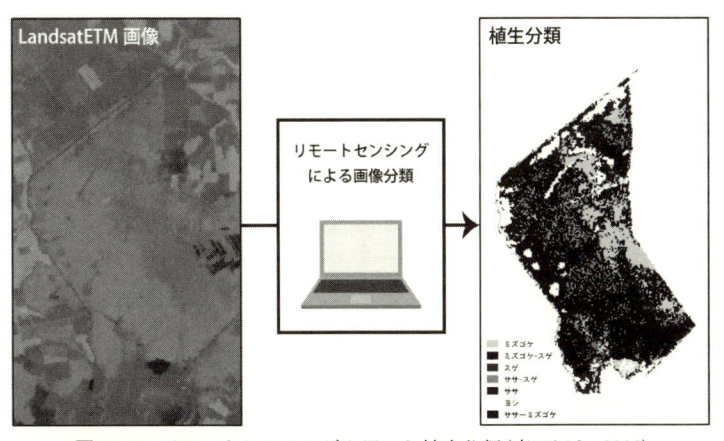

図23-7 リモートセンシングを用いた植生分類(高田ほか, 2006).

真や高解像度の衛星画像などベースとしてGISのアウトプットの際に多く利用できるGISデータは，収集・作成してベースマップとして整理しておいたほうがよい．

23-2-3　Step 3. GISデータの整理・メタデータの作成

　収集・作成したGISデータをGISデータベースとして構築するためには，まずGISデータを整理する必要がある．特にGISのデータはほかのデジタルデータと異なり，一つのGISデータで多数のファイルが存在することが多い．そのため，GISデータの内容や出典ごとにフォルダ単位で分類し，データの一覧表を作成しておくとよい．また，個々のGISデータにはメタデータとよばれるデータの情報源を添付しておくことが重要である．GISデータはデジタル化されているため，誰でも容易にコピーできる．これは情報を共有する際に有意義なことではあるが，一方で著作権侵害など利用方法を誤ってしまうことも少なくない．そのため，GISデータには，たとえば，データの概要・作成者・出典・精度などの情報をメタデータとしてGISデータに添付し，ユーザーはデータを利用する際にその内容や利用方法が理解できるようにしておくことが重要である．

23-2-4　GISデータベースの管理・更新

　構築したGISデータベースは調査・研究に関連する多くのユーザーが利用することが想定される．GISデータベースが多く利用されることはよいことではあるが，ユーザーによりGISデータが修正されていき，更新履歴がわからなくなってしまうことも少なくない．そのため，ユーザーはGISデータベースを利用する際には，ベースとなったGISデータは保存しておくことや，GISデータを修正したときには更新履歴をメタデータに記録しておくなど，ユーザー間のルールを作成しておく必要がある．また，デジタルデータゆえにバックアップを定期的に取っておくことも重要である．

23-3　GISを用いた生息環境，生態系分析

　GISは，面積や距離などの空間情報の算出やバッファリングなど基本的な処理に加え，オーバーレイやネットワーク解析などいわゆる空間解析を行う

ことができ，算出した情報を用いてモデルやシミュレーションなどへの適用が可能である．野生生物の調査・研究においても生息地や生態系の評価，行動分析など，さまざまな分析にGISは有用なツールである．本節では，GISの基本的な処理を説明した後，GISを用いた野生生物の生息環境や生態系評価の事例について紹介する．

23-3-1 GISによる基本的な処理

(1) 空間情報の算出

GISは空間情報をもったデータを扱えるシステムであるため，GISデータの面積，距離などの基礎的な空間情報を容易に算出することができる．たとえば，動物の移動距離や生物が生息している孤立林の面積や周囲長などの空間情報は，GISデータが作成されていればGISソフトにより容易に算出できる．また，生物や環境の空間的な配置やパタンの分析を行うことができ，たとえば，生物の分布の状況や森林の構造や分断化の指数の算出も行える(図23-8)．これらの空間的な配置やパタンの定量化に関しては，景観生態学の分野で多く取り扱われているため参照するとよい(Turner *et al.*, 2004)．

(2) バッファリングや行動圏の算出

生息環境や生態系の評価を行う際には，生物の行動地点や生息確認地点などの周辺環境や動物の行動圏内の植生面積などを集計する必要がある．GISを用いることで，点，線，多角形のGISデータに任意の距離のバッファーを

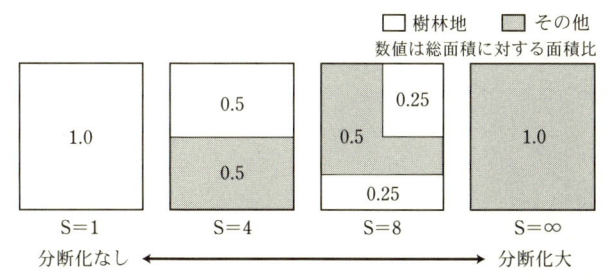

Splitting Index (S : Jochen A.G. Jaeger, 2000) による分断化の指数の算出
$S = At^2 / \Sigma Ai^2$　S：分裂が進むほど限りなく∞に近づく
At：対象地の総面積　Ai：樹林地パッチiの面積

図23-8 空間パタンの分析例．

発生させ，動物の行動圏なども算出することができる（図23-9）．バッファーや行動圏のGISデータを作成し，後述するオーバーレイと組み合わせることにより，生息環境の集計などさまざまな情報を集計することができる．

(3) オーバーレイ

GISデータは空間情報を有しているため，多種多様なGISデータを重ね合わせる，いわゆるオーバーレイすることができる．さらに，オーバーレイし

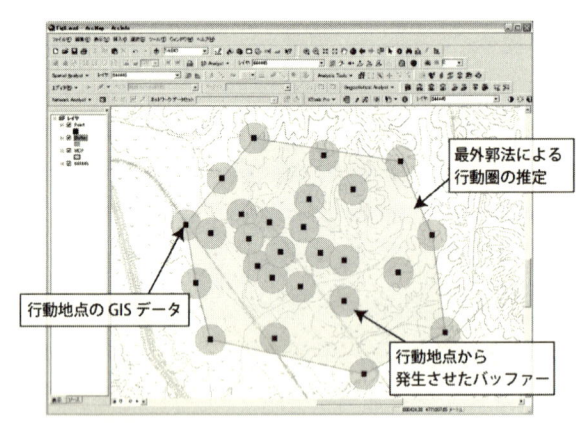

図23-9 バッファリングと行動圏の算出．

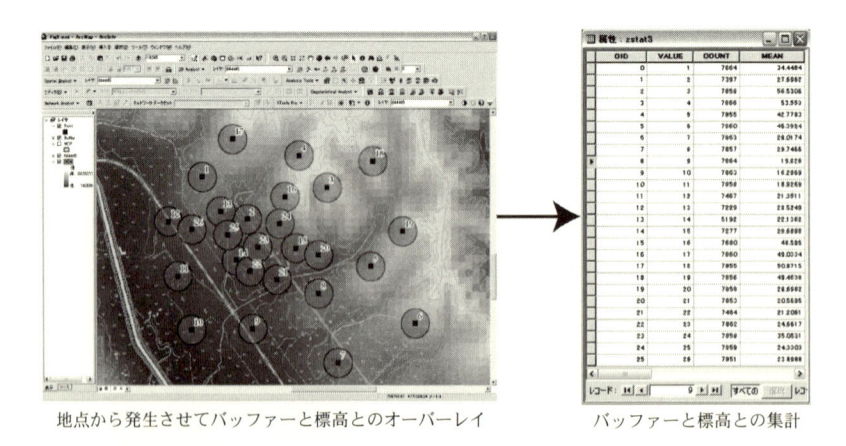

図23-10 オーバーレイと集計．

たGISデータ間の集計も行うことができる．たとえば，生物の生息地点における地形や植生，気象などのGISデータをオーバーレイすることにより，生息環境を定量的に集計し，その特性を把握することができる（図23-10）．

23-3-2 生息環境評価

生息環境の評価とは，生物が生息している場所がどのような空間（環境）であるかを分析することである．GISは，まずオーバーレイなどのGISの処理機能により生物と環境との関連を集計し，特性を定量的に把握することができる（Step 1）．さらに，生物と環境との関連を集計した情報は，多変量解析や空間統計学などの多様なモデルへの適用が可能である（Step 2）．加えて，適用したモデルの結果をGISのデータとして空間的な情報に変換することにより，ポテンシャルマップとよばれる潜在的な生息地を推定し，生物の生息環境を空間的に評価する試みも行われている（Step 3）．ここでは各項目について生息環境評価におけるGISの利用事例を紹介する．

(1) Step 1．生物と環境のオーバーレイ・集計

生物の生息環境を評価する際に，まず分布情報などの生物の位置情報と環境をオーバーレイし，その特性を把握する必要がある．たとえば，ある動物の時間帯別の生息環境を評価する場合，まず行動地点と植生，地形などの環境のGISデータをオーバーレイさせ，行動地点における環境を時間別に集計することにより動物の時間帯別の生息環境の特性を定量的に把握できる（図23-11）．

(2) Step 2．モデルへの適用

GISにより生物と環境との関連を集計することにより定量的な情報を得ることができるため，多変量解析などを用いたさまざまなモデルへの適用が可能である．生息環境を評価するためのモデルは，多くの分野で開発・研究されている（Guisan & Zimmermann, 2000など）．これらのモデルは，GISの拡張機能として，GIS上で計算できるソフトもあるが，基本的にGISから集計した情報を出力し，別のソフト（R, Biomapperなど）で行う場合が多い．

モデルが適用できることのメリットは，モデルの種類にもよるが，生物の生息環境に影響している要因を抽出することができ，その生物によりどのよ

うな環境が重要かを評価することが可能である．たとえば，北海道におけるエゾシカの分布の生息環境を二つの年代で評価した事例を見てみると，GISにより集計した情報からAuto-logistic model (Austin, 1996) を適用した結果，分布に影響している環境要因が変化していることが明らかになった（図23-12）．

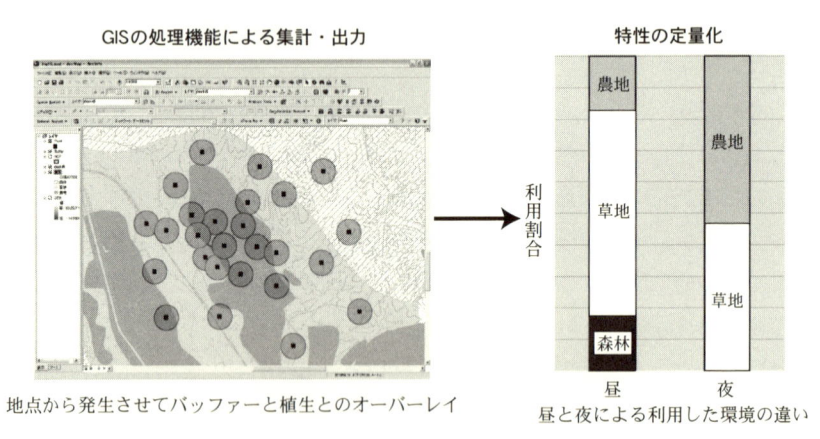

図23-11 GISによる生息環境の特性の定量化．

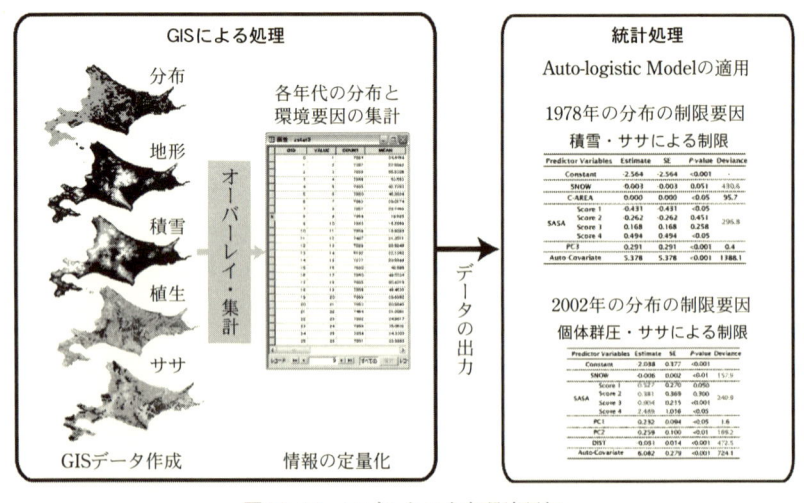

図23-12 エゾシカの生息環境評価．

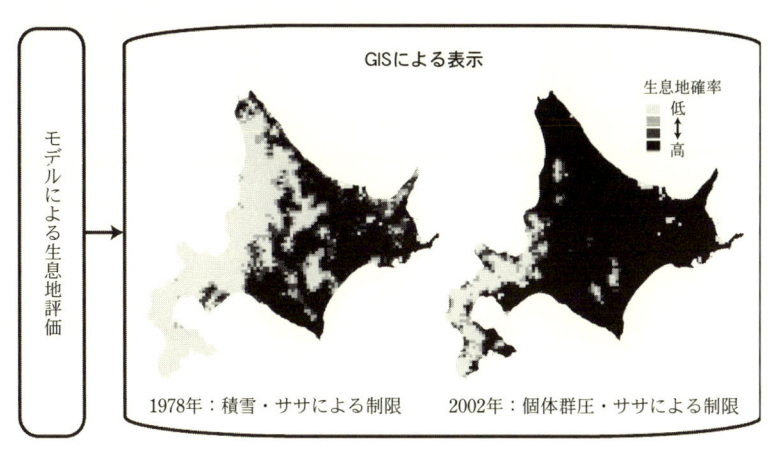

図23-13 エゾシカの潜在的な生息地.

(3) Step 3. ポテンシャルマップの作成

適用したモデルの結果をGISに戻すことにより，ポテンシャルマップとよばれる潜在的な生息地を推定し，生物の生息環境を空間的に評価することも可能である．たとえば，先ほどのエゾシカの事例で作成したモデルをGIS上で表現してみると，図23-13で示したような潜在的な生息地が推定される．事例はエゾシカであったが，ポテンシャルマップの作成は，特に希少種などサンプリングが困難である種の少ない情報から，空間的に潜在的な生息地を評価し，保全対策の資料とする際に有用な手法である．

23-3-3 生態系評価

生物だけでなく生態系全体に関するさまざまなGISデータを収集し，GISデータベースを構築することにより，生態系の現状や評価を分析することができる．たとえば，神奈川県の丹沢大山では，植物・昆虫・鳥類の分布情報や生息環境に関するGISデータを収集・作成し，「ホットスポット」とよばれる生物多様性から見た価値の高い地域を分析している（図23-14）．また，生物の分布情報やポテンシャルマップと自然公園や鳥獣保護区などの現状の法規制をオーバーレイすることにより，現状の保全対策を評価するギャップ分析（クマタカの事例；図23-15）や複数のシナリオを想定してシミュレーシ

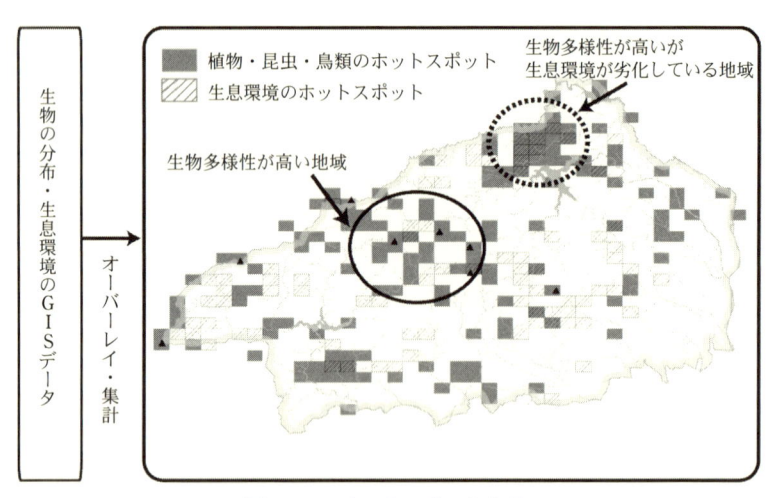

図23-14 ホットスポット分析.

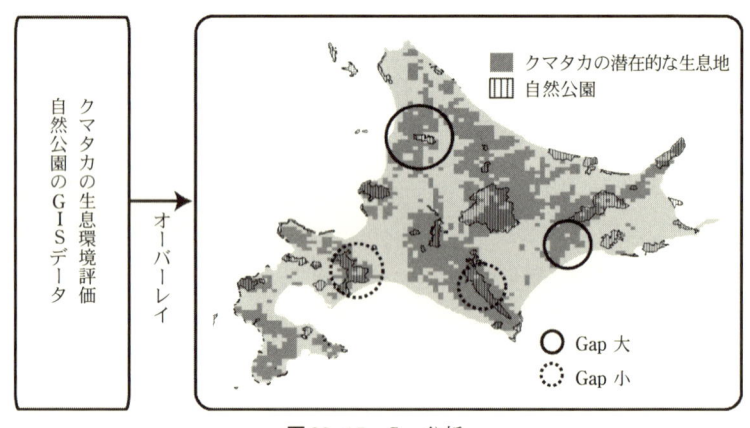

図23-15 Gap分析.

ョンを行うことにより，将来を予測するシナリオ分析，環境アセスメントで多く利用されているHEP（Habitat Evaluation Procedure；ハビタット評価手続き）もGISを利用した生態系の評価手法である．

23-4 意思決定におけるGISの活用

　GISによりアウトプットとして作成した主題図やWebGISというインター

ネットを介したGISを用いることにより，表などで示された「数字」ではなく，主題図やインターネット上の「図」として表現することができる．そのため，多くの人々に直感的かつビジュアルにわかりやすく調査・研究の現状や評価結果などが示され，情報の公開や共有はもちろん，環境計画を策定する際の意思決定支援や合意形成に活用することができる．さらに，環境教育や環境アセスメントなどにおいても，わかりやすいさまざまな情報を提供できると考えられる．しかし，現状ではGISデータベースの構築やGISによる分析は徐々に行われてきているが，情報の公開・共有や意思決定・合意形成の段階までGISを活用している調査・研究は多くはない．本節では，釧路湿原自然再生事業，丹沢大山総合調査についての事例を示しながら，情報公開・共有，意思決定支援ツールとしてのGISのアウトプット機能について紹介する．

23-4-1 釧路湿原自然再生事業

釧路湿原はわが国最初のラムサール条約登録湿地であり，タンチョウやキタサンショウウオなどの多様な野生生物の貴重な生息地となっているが，近年，流域の経済活動の拡大に伴い湿原面積が著しく減少し，湿原植生もヨシ-スゲ群落からハンノキ林に急激に変化してきている．このため，平成15年1月に自然再生推進法が施行されたことに伴い，地域住民やNPO，NGO，地方公共団体，関係行政機関，専門家などから構成される「釧路湿原自然再生協議会」が平成15年11月15日に設立され，釧路湿原の自然再生の取り組みが開始された．このプロジェクトでは，釧路湿原に関係する多種多様なGISデータをできるかぎり収集・作成し，文献などの情報も含めたデータベースを構築している．特にベースマップとして，時系列における空中写真を広域で収集し，過去から現在における湿原の状況をGISデータとして整備している．

構築したGISデータベースは，プロジェクトの調査・研究において利用されることに加え，インターネット上で釧路湿原自然再生データベースセンター（http://kushiro.env.gr.jp/saisei/；図23-16）として情報を公開している．そのコンテンツとして，所有しているGISデータベースの一覧表（図23-17）とともに，WebGISやGEONOVAという三次元の表示ソフトを用いて釧路湿

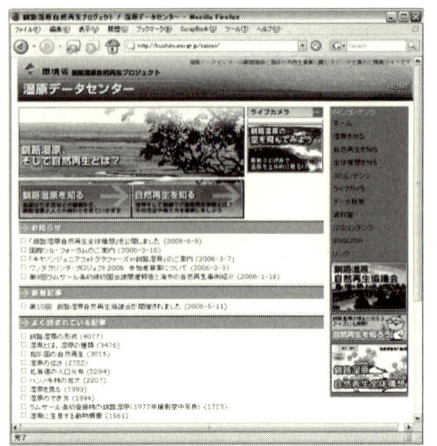

図 23-16　釧路湿原自然再生データセンター.　　　図 23-17　GISデータ一覧例.

原の昔と今がわかるコンテンツを提供している．このようにGISとインターネットを組み合わせることにより，釧路湿原の現状やプロジェクトについてわかりやすく表現して情報の公開・共有を行っている．

23-4-2　丹沢大山総合調査

　神奈川県における丹沢大山総合調査（以下，総合調査）は2004年度から丹沢大山の自然の潜在力と本来の魅力を取り戻すために，「どこで」，「何を」，「どのように」対策を行う必要があるかを明らかにすることを目的とした．総合調査では，生きもの，水・土，地域について調査するチームとともに情報整備チームとしてGISを用いて，GISデータベースの構築から総合解析，情報公開・共有，意思決定支援のための調査チームが編成され，統合的，横断的な調査が行われていることが特徴である．

　総合調査における情報整備チームは丹沢自然環境情報ステーション（e-Tanzawa）とよばれるGISデータベースを構築した．このデータベースから，各調査チームには必要な情報を配布し，また一般向けには「アトラス丹沢」とよばれる地図帳（図23-18）やWebにおける電子辞書などさまざまな資料の提供やインターネット上での公開（http://www.tanzawa.jp；図23-19）を行い，

情報の公開・共有を目ざしている.

また，丹沢大山総合調査から策定された丹沢大山自然再生基本構想においても，策定段階の委員会や会議における調査結果やGISによる解析・評価を提供することに加え，それらを統合した総合解析を行うことにより構想の策定を支援している．このようにGISは，GISデータベースによる調査の支援，GISの空間的な処理機能を生かした解析，資料を提供することによる情報の公開・共有，計画の意思決定支援と総合調査のあらゆる段階において利活用

図23-18 アトラス丹沢.

図23-19 e-Tanzawa.

されている.

　以上，筆者が関連しているプロジェクトから事例を紹介したが，淀川流域圏プロジェクトや町田エコプランなどGISを利活用しているプロジェクトを章末にまとめたので参照していただきたい.

23-5　今後の展望

　野生生物を保全するということは，自然環境だけではなく人間社会を含め複雑な問題が絡み合う．GISは，これらの問題に関してGISデータとして表現し，集計・解析を行えるため，野生生物の保全におけるさまざまな段階において有用なツールである．わが国においても，システムとしてのGISは官庁をはじめ多くの地域で構築されており，空間分析やモデル，シミュレーションなどもさまざまな分野で開発・研究されている．まだ，アメリカなどGIS先進国に比べればデータも不足しているが，GISデータベースや解析手法も利用できるものは多く存在している．

　では今後何がGISを利活用した野生生物の保全に必要であるか？　その答えは多様な主体によるネットワークであろう．当然のことであるが，さまざまな主体・分野の人々が多様なGISデータを携えてもちより，いろいろな分析をして，多様な側面から総合的に議論し，それを多くの人々の間で共有することが重要である．簡単な答えであるが，どんなにGISなどコンピュータ技術が発達しても，人々のネットワークが重要であることは変わらない．それを達成することが，GISが単なる空間情報を扱うシステム（System）から科学（Science）へと広がりを見せ，GISを媒体とした効果的な野生生物の保全が行われるときであろう．

Web site

●GIS全般
国土交通省国土計画局：http://www.mlit.go.jp/kokudokeikaku/gis/index.html
ESRIジャパン株式会社：http://www.esrij.com/index.shtml

●座標系と測地系について
(財)日本地図センター：http://www.jmc.or.jp/

●リモートセンシング
宇宙航空研究機構（JAXA）：http://www.jaxa.jp/

(財)リモート・センシング技術センター：http://www.restec.or.jp/
MultiSpec(©Purdue Research Foundation)：http://cobweb.ecn.purdue.edu/~biehl/MultiSpec/

● GPS
GPSの森：http://bg66.soc.i.kyoto-u.ac.jp/forestgps/

● GISデータベースの構築
国土地理院：http://www.gsi.go.jp/
環境省生物多様性センター：http://www.biodic.go.jp/
総務省：http://www.soumu.go.jp/
農林水産省(農業センサス)：http://www.maff.go.jp/
気象庁：http://www.jma.go.jp/jma/index.html

● GISを用いた生息環境，生態系分析
R: A language and environment for statistical computing. R Foundation for Statistical Computing, Vienna, Austria. ISBN 3-900051-07-0, URL http://www.R-project.org.
Biomapper：http://www2.unil.ch/biomapper/

● 意思決定におけるGISの活用
環境省釧路湿原自然再生プロジェクト：http://kushiro.env.gr.jp/saisei/
丹沢大山自然環境情報ステーション(e-Tanzawa)：http://www.e-tanzawa.jp/
淀川流域圏プロジェクト：http://db.see.eng.osaka-u.ac.jp/yodogawa/index.html

24 環境評価に有効な新しいデータベースの構築

(横山　潤)

　われわれは日々たくさんのデータに囲まれて生活している．新聞や雑誌，書籍，テレビ，インターネットなど，さまざまな媒体から発せられるデータを必要に応じて処理して，日々の生活を送っている．すぐに忘れてしまってもよいものは別にして，継続的に利用するデータは，どこかに集めておいたほうが効率がよい．書籍やテレビ番組を録画したビデオをジャンル別に集めて並べ，文書を項目別にファイリングして保管する，あるいはインターネットの情報はURLをブックマークに登録するなど，データの整理の仕方もさまざまであろう．しかしきちんと保管しておいたデータも，量が増えてくると引き出すのが大変になってくる．多数の書籍のなかから，必要な情報が載っているものを探し出す，このような作業に悩まされた経験のある人は少なくないだろう．ファイリングしてあったはずの文書が出てこないなんてことも，日常茶飯事である．

　このような問題を解消するために用いられているのが，コンピュータに登録された情報をもとに構築されるデータベースである．電子情報は紙に記録されている情報よりも自由度が高く，スペースをとらない．しかも，たいがいどのプログラムにも実装されている検索ツールを使えば，簡単に必要な情報にアクセスすることができる．図書館などの蔵書データベースのような大規模なものでなくても，近年は市販のソフトウエアを用いて，誰でも簡単に個人的なデータベースを作成することができ，実際に簡単なデータベースを作成している人も多いだろう．文書も，印刷したものを配布するのではなく，電子情報として配布し，一括管理する企業も増えているのではないだろうか．扱わなければならないデータの量が多くなり，それをいつでも使えるような状態で管理するためのコストが大きくなればなるほど，データベースの重要性は高くなる．現在では，規模の大小こそあるものの，データベースを用い

ないでデータを管理することは，ほとんどないといっても過言ではないだろう．

　環境評価もまた，一般に膨大な調査データに基づいて行われる．とりわけ生物相調査や植生調査など，生物種が重要な項目の一つとなる調査では，情報の量だけではなく，内容も多岐にわたる．山野に分け入り，そこに生息している生物を同定し，注目すべき種か否かを判別し，必要に応じて個体数を数え，生息場所を地図に落とす．このような作業の繰り返しから得られる各生物の種名，個体数や生育密度などの量的情報，生息地点・観察地点などの位置情報といった多様かつ大量な一次データを，評価者は同時に効率よく扱わなければならない．これらの一次データは実際に用いられるまでは当然どこかに保管されていなければならず，適切なデータ処理・解析が施されて，ある判断をくだされることとなる．この多様かつ大量な情報を整理し，効率よく管理・運用するために，データベースは必要不可欠なツールである．本章では，このような環境評価との関連から，現在の生物情報データベースに何が不足しているのか，今後生物情報データベースに何が求められるのかについて考えてみたい．

24-1　データベースの役割―（1）ナレッジマネージメント

　環境評価に有効なデータベースについて具体的に考える前に，データベースの重要な利点と役割について，まず簡単に考えてみたい．データベースと同様の役割をもつ媒体として，これまでは文書や書籍などが用いられてきた．これらはデータを保管し，閲覧を可能にし，しかも同じ情報をたくさんの人に伝えることができるという点で，基本的に電子情報に基づくデータベースと大差はない．生物の同定などで頻繁にお世話になる図鑑類などは，階層データモデルに基づくデータベースと見ることもできる．

　データベースがこれらと大きく異なるのは，先にも述べたとおり，電子情報に基づくためデータへのアクセスが容易であるという点である．データが引き出しやすくなるということは，それを用いるすべての人にとってとても重要なことであるが，同時にそのことによって，データベースにアクセスできるすべての人に，瞬時に同じ情報を提供することができるようになる点も

また重要である.

　同じデータをネットワークなどを介して共有することは，現在では取り立てて特殊なことではない．インターネットなどがそのよい例であるが，同様のことをデータベースで行えば，情報の共有は瞬時に，しかもスムーズに行える．加えてデータの修正，追加も容易である．配布された文書，市販されている書籍などに，個人的に情報を書き込むことはできても，それを多くの人と共有することはなかなか難しい．データベースに情報が集約されていれば，そこに修正データや新データを登録するだけで，新しい情報の共有が可能である．情報の変更，新情報の追加は，生物情報でも頻繁に生じる．生物の個体数や位置情報はもちろんだが，比較的安定していると考えられがちな生物名の情報ですら，分類学の進展に従って変更を余儀なくされ，新しい生物が追加されることがしばしば起こる．特に分類が不十分な生物群ではなおのことである．図鑑に個人的な書き込みをすることは可能であるし，新しい分類学的な取り扱いは必ず論文として出版されるので，それを見ればすむ問題だといわれればそれまでである．しかし，データベース化されていれば，このような情報もより効率よく共有することができるので，特にさまざまな生物の情報を一手に取り扱う機会の多い環境評価関連の作業では，この点は重要ではないだろうか．

　このようなデータの効率のよい共有は，ナレッジマネージメントの最も基本的な段階である．ナレッジマネージメントは文字どおり「知識管理(knowledge management)」を目標とする情報科学の一分野だが，近年では集積した情報から有用なデータをいかに効率よく引き出すかということを考えるマーケティング用語として使われることが，むしろ多くなっている．

　前述のとおり，生物の分類情報は，分類学者が集積した知識をリンネ式階層分類体系という巨大なデータベースに収めている状態であり，生物情報に関するナレッジマネージメントの実践例の一つとみなすこともできる．ナレッジマネージメントでは，一般的なデータである「形式知」だけでなく，個々人が蓄積しているノウハウのような「暗黙知」の共有とその有効活用も，最終的な目標として考えられている．これらのデータ，知識を企業などの共同体で共有することによって，知的資産を増やし，マーケティングでは特に

企業競争力を高めようとする発想である．

　環境評価においても，書籍やその他の文献などを参照すれば得ることができる情報や，個人の経験に基づく情報など，さまざまな情報をもとにデータを解釈し，ある評価をくだすことになる．その際，特に「暗黙知」に関しては難しいにしても，ある程度の知識を共有していれば，得られたデータに対して常に一定の基準で評価をくだすことができ，評価者による差異も軽減することが可能になる．

　さらに，個々の調査担当者，評価者がもつ知識を集積して共有することができれば，各個人のスキルを上げることもでき，評価の精度も上昇することが期待できる．考慮すべき要素がきわめて多い環境評価の局面では，これほど単純にナレッジマネージメントを行うことは難しいだろうが，基本的な発想としては重要であろう．そのためにさまざまなデータを瞬時に共有することが可能なデータベースを構築することは，情報の管理・運用の面から見ると非常に大きな利点になると考える．

24-2　データベースの役割—（2）バイオインフォマティクス

　データベースのもう一つの重要な役割は，集積したデータを解析して，目的に応じた新たな情報を引き出すことにあるだろう．情報処理の分野のなかで，生物情報データベースと切っても切れない関係にあるのがバイオインフォマティクス（bioinformatics）である．生物情報学ともよばれ，生物のもつ情報を先端的な情報処理技術を用いて解釈する学問分野とされている．ちまたでも耳にする機会の多くなった分野であるが，この言葉のもとで語られる生物情報データベースは非常に限定されており，通常は近年急速に情報量が増加したゲノム情報（遺伝情報）データベースであることが多い．DNAに刻まれた遺伝情報を短期間のうちに大量に読み解く技術が発達した現在では，次のターゲットは得られた遺伝情報から，その情報の示す意味を解読して応用することに移りつつある．この際の基礎情報となるのがゲノム情報のデータベースで，複雑な解析アルゴリズムを用いて，作り出されるであろう蛋白質の性質を予測したり，生体内でどのような機能を果たしているのかを予測したりする研究が進められている．

ゲノム情報は最も基本的な生物情報だが，そのほかに生体内の生化学的な反応プロセスや，遺伝子の発現パターンや相互作用のデータベースなど，基本的な生命活動，生体機能を解明するための基礎となるデータベースは，医学分野を中心とする応用面での需要もあって，急速に整備されつつある．これらのデータベースをもとに，特定のアルゴリズムを走らせて生物の生体機能をシミュレートする in silico（計算機内）実験系も現実的になってきている．これらの分野の隆盛が著しいだけに，「バイオインフォマティクス＝基本的な生命現象解明のための手法」という判で押したような見方をされる傾向が，国内ではことに強い（岩槻，2001）．

確かにわれわれの体づくりは複雑である．60兆もの細胞がさまざまに機能分化し，しかも個々の細胞内ではこれまたさまざまな代謝系が動いて，生命を維持し，日々のさまざまな活動が営まれている．しかしこのような基本的な生命現象に直接かかわる情報が，生物に関連する情報として特に複雑かというと決してそうではない．生物の個体間，種間のつながりで成り立っている生態系のもつ情報，あるいはそのなかで生活を営む個々の生物のもつ情報などもまた，基本的な生命現象にかかわる情報と並んで膨大かつ複雑であり，バイオインフォマティクスの一領域として扱われるべき対象である（岩槻，2001）．

たとえば，土壌中には自活性の線虫類だけで1 m^{2}あたり約100万個体が生息しているとされる．これらを餌とする他の動物群，あるいはこれらが餌とする菌類や細菌類などを加えると，わずかな面積のなかにも莫大な数の生物が生息していることとなる．これらの活動によって成立している土壌生態系の動態を正確に解明しようとするなら，これら各個体の挙動などの莫大な情報を取り扱わなければならないだろう．線虫類は個体数だけではなく，種数も桁違いに多い．それぞれの種類が固有の生活様式をもつとすればなおさら，扱わなければならない情報は増大する．

種数といえば植物や昆虫も莫大な種数を誇る．熱帯では1 haに約1,200種もの木本性の植物が生育していることもあり（これは日本国内に産する木本性植物種数よりも多い），1種の木から700種以上の節足動物が採集されることもある．もちろん樹種ごとに生育環境や成長特性などは異なり，同じこと

がそこに棲む動物にもいえる．このような多様な生物で構成される熱帯雨林において，陸上生態系の動態解明もまた，莫大な情報との格闘となることは想像に難くない．したがって，これらの情報を扱い，生態学的研究や生物多様性の解析を行う分野も，当然バイオインフォマティクスの一部としてみなされるべきである．

　生態学的，あるいは生物多様性のデータの解析を行うバイオインフォマティクスの成果として，どのようなものが期待できるだろうか．環境評価との関連で考えるなら，まず特定の生態系や群落などの生物の集合体，ないしはそのなかに生息する生物の動態の予測があげられるだろう．このような予測は，環境評価を行う際の重要な判断基準，特に事業行為に対する保全目標を設定するための重要な根拠になりうる．生態系全体の動態の評価は，要因が複雑なので難しいが，たとえば景観を予測するGIS-CG法（斎藤, 1995）はこの範疇に含められる環境評価技術として重要であり，森林景観変遷の復元などに応用されている（岡本ほか, 2005）．

　特定の生物種における個体数動態に関しては，シミュレーション研究から実用的なソフトが開発されている．ある一定期間にわたって，特定の生物の個体群が存続する確率を分析するVORTEX (Lacy & Kreeger, 1992)，ヨーロッパのアイベックス *Capra ibex* の個体群動態を推定するSIM-Ibex (A. Hirzel, http://www2.unil.ch/izea/softwares/simibex.html) や，ニホンジカ *Cervus nippon* の個体群変化を推定するSimBanbi（三浦慎悟・堀野眞一, http://cse.ffpri.affrc.go.jp/jh3gbd/simbambi/simbambi.htm，使用に際しては著者に要連絡）などが利用可能なソフトとして公開されている（大型野生動物の個体数管理に関する実践例は北海道庁環境室自然環境課 http://www.pref.hokkaido.lg.jp/ks/skn/sika/sikatop.htm，および湯本・松田, 2006, それらを含めた生態系管理については松田, 2000を参照）．

　もう一つ環境評価との関連で期待される重要な成果として，特定の生物種の分布予測の可能性があげられる．環境評価においては，特に注目すべき種の有無，個体数や分布状況が重要な情報として扱われる．あらかじめある程度の分布状況の予測が立てば，調査効率を上げることが可能になる．種多様性が著しく高く保全上重要な地域（ホットスポット）を抽出する試み（たとえ

ばMyers *et al.*, 2000; Orme *et al.*, 2005など）や，病害虫やチョウ類，樹木の分布域変遷に関するシミュレーション研究（井村，1999；紙谷・矢田，2002；Matsui *et al.*, 2004）などは，このような目的につながる研究例と考えることができる．

このように，生態学的データや，生物多様性に関するデータの解析によって，環境評価に直接関連する魅力のある予測ができるようになる可能性が，近年とみに高くなってきている．しかしこのような予測を支えるものは解析の基盤となるデータであり，それを管理運用するためのデータベースである．次項では，そのためにはデータベースには何が要求されるのか，そして現在のデータベースには何が足りないのかについて考えてみたい．

24-3 生物多様性データベースの現状と問題点

地球上にどれほどの生物が生息しているのだろうか．その正確な数字はもちろん現在でもまったくわからないが，このような話題が議論されるときに常に基準として持ち出されるのが，生物の種の数である．前述のホットスポットの抽出に際しても，用いられているデータは種数のデータである．「種」は分類学が長きにわたって用いてきた単位であり，生物多様性を記述した情報を，いかに整理するかという目標を体現するための基本単位として用いられている．

この単位をもとに，現在の生物多様性に関するデータは，前述のとおりリンネ式階層分類体系という巨大なデータベースに収められている．地球上に数え切れないほど生息する生物個体を，「種」という単位でまとめて整理したとしても，現在すでに世界中で昆虫だけでも75万種以上，陸上植物も約25万種という膨大な数の種が記録されており（図24-1），この数は当然今後も増える傾向にある．理由の一つは非常に単純で，まだ未記録の種が多数眠っているからである．

身近なところを例にとってみると，日本は陸上植物，特に維管束植物に関してはかなり情報が集積してきており，種レベルの多様性は比較的よく解明されている．昆虫も，たとえばチョウ類やトンボ類などは，非常に詳細にわたって種多様性の全容が明らかになりつつある．しかしその他の昆虫に関し

図24-1 現在知られている生物のなかで，植物と昆虫の占める割合．相方を合わせると既知の生物種の約3/4に達する．データはReid, W. V. & K. R. Miller (1989). "Keeping Options Alive: The Scientific Basis for Conservation Biodiversity." World Resources Institute, Washington DC.（藤倉 良（訳），1994．生物の保護はなぜ必要か—バイオダイバシティ[生物の多様性]という考え方—ダイヤモンド社，東京）より．

ては，必ずしも情報が十分に得られているとは限らないことは，昆虫相の調査を行ったことのある人なら身をもって体験していることであろう．日本国内には学名が与えられている昆虫が約3万種知られているが（環境庁自然保護局野生生物課, 1995），国内の全昆虫種数は約10万と見積もられているので，つまりは全体の3割しかわかっていないということになる．より複雑な生物相をもつ熱帯地域では，さらに多数の未記載種が存在しているはずであり，その数は計りしれない．

　種多様性が今後も増大するもう一つの理由として，多様性研究が扱える情報量の増大に伴う未記載分類群の発見があげられる．従来，分類学は，外部，ないしは内部の形態的特徴を基準に種を設定してきた．現在でも基本的な操作は変わらないが，技術の発達により，得られる情報も多くなってきている．たとえば外部形態にしても，これまでは光学顕微鏡がせいぜいであった観察機器が，走査型電子顕微鏡などより高解像度の機器を用いることが可能になったために，得られる情報もより多くなってきている．また植物ではよく見

図24-2 1999年に記載されたヤエヤマオオタニワタリ Asplenium setoi N. Murak. et Seriz.. 以前はA. australasicum (J. Sm.) Hookにあてられていたが，分子系統解析の結果，タイプ産地周辺の集団とは系統的に異なることが示された．形態的にA. australasicumと区別することは困難で，ある遺伝子の塩基配列に基づいて別種として記載された．小笠原諸島母島で撮影．

られる倍数性などの染色体数の違いや，昆虫の同胞種で見られる染色体の構造変化は，外部形態はほとんど差異がないのに互いに交配しあわない集団を生み出す契機になる（北川, 1991；伊藤, 1996）．

　さらに，近年急速に蓄積してきた酵素多型やDNAの塩基配列などの分子データは，これまで形態的には同一種と考えられてきたもののなかに，遺伝的には大きく隔たったグループが存在していることを明らかにしている（Murakami et al., 1999; Hebert et al., 2004など．図24-2）．鳥類では，遺伝的情報を考慮に入れると現存の種数は一挙に倍になるとの予測がなされ，議論をよんだことがある（Martin, 1996; Zink, 1996）．このように種多様性に関する情報は，種そのものの増加だけではなく，種を識別する形質の増加をも伴って，今後もふくれあがる一方である．

　これらの種多様性を記録する手段として，これまではもっぱら植物誌，昆虫図鑑などの書籍や論文が用いられてきた．現在でも多くの人が利用してい

るこれらの印刷物は，内容に精通している人ならともかく，特定の情報にアクセスしやすいとは必ずしもいえない．特に経験のない人にとっては，そのような文献を開いてみても，何がなんだかさっぱりわからないだろう．

最近ではこれら種多様性のデータへアクセスしやすいように，データベースが盛んに構築されるようになってきた．アメリカの既知の陸上植物を網羅している PLANTS Database (United States Department of Agriculture: http://plants.usda.gov/) や，北アメリカのチョウ目昆虫を多数取り上げる Butterflies and Moths of North America (Big Sky Institute at Montana State University: http://www.butterfliesandmoths.org/) などは，利用も容易で情報量も多い優れたデータベースである．

国内でも日本植物分類学会が Flora of Japan (現在刊行の進んでいる英語版の日本植物誌) の既刊行分について，掲載種の情報が検索できるデータベースを公開している (http://foj.c.u-tokyo.ac.jp/gbif)．しかしこれらのデータベースは，種名，ないしは事項，字句での検索は行えるが，たとえば図鑑を用いた種の同定のような作業には用いにくい．この点を考慮して非常に多様な検索オプションを用意しているデータベースとして，日本蟻類研究会が発行している日本産蟻類カラー画像データベースがある (日本産アリ類データベース作成グループ, 2003: http://ant.edb.miyakyo-u.ac.jp/indexj.html)．

種多様性をキーにして，世界中の生物多様性をデータベース化しようという動きもまた近年非常に活発で，Species 2000 project (http://www.sp2000.org/, Bisby, 2000), GBIF (Global Biodiversity Information facility: http://www.gbif.org/, GBIF Japan: http://bio.tokyo.jst.go.jp/GBIF/gbif/japanese/index.html, Edwards et al., 2000; 岩槻, 2001; Berendsohn, 2005) など，さまざまなプロジェクトが動き出している．地域を限定したデータベースとしても，たとえばヨーロッパの動物をすべて登録しようとする Fauna Europaea project (http://www.faunaeur.org/) などが活動を始めている．現在の生物多様性への関心の高まりから考えれば，このようなデータベースの構築への動きは当然であろう．生物の種多様性に関する情報をすべて内包したデータベースの構築というのは途方もない計画かもしれないが，不可能な目標ではない．完成すればわれわれ人類の共有財産として，非常に重要な情報源となる

だろう．

　さて，本章での話題の中心は，環境評価に利用可能なデータベースの構築である．現在進行している上記のようなデータベースは，環境評価にどのように利用可能であろうか．先に述べたデータベースのもつ役割にそって考えてみたい．まず知識の共有，ナレッジマネージメントという観点に立てば，上記のような種多様性データベースのもつ意味は非常に大きい．あるデータベースにアクセスするだけで，世界中のさまざまな生物の情報が手に入ることになるのである．特に各種のもつ情報を引き出したいとき，保全上注意を払う種など，特定の情報を広く知らせたいときなど，これらの種多様性データベースは大きな効力を発揮する．

　しかし，もちろん問題もある．一つは単純に情報の不足である．登録作業や媒体の記憶容量の関係から，登録情報に対する制限が加えられていることがあるため，必要な情報がデータベースに掲載されていないことはままある．また，先に述べたように図鑑を利用するように生物の同定作業に利用可能なデータベースは，特定の生物群に限ったデータベースを除くとあまりないのが現状である．情報の不足に関連して，新しい情報の登録のような拡張性が，現行のデータベースでは高くないことも問題点の一つである．しかしこれらの問題は，システムの拡張，検索アルゴリズムの改良，データ構造の変更などによって解決可能であり，実用上は大きな変更が必要だが，あまり本質的ではない．前出のGBIFのように，生物の種名をキーに専門的なデータベース間をリンクすることで，データベースに登録される生物群の情報を拡張する方法もある (Edwards *et al.*, 2000)．

　もう一つ，こちらの問題点のほうが本質的であるが，種多様性データベースは種名でデータを統合しているという点である．種名が唯一無二で変更のないものであればそれでもよいが，実際には分類学的な研究の進展に伴って，特定の「種」は幾つかの種と統合，ないしは幾つかの種に分離されることがある．分類学者によって「種」の範疇が異なることもある．同じ種をさしているはずなのに，文献によって学名が異なっているという経験をしたことがある人も多いだろう．このように，安定して用いられるべき種名にはしばしば変更が加えられる．それは命名法上の問題で生じる場合もあり，また前述

のように情報の増加に伴って，分類学的再検討が加えられた結果として生じる場合もある．幾つかの種が統合される場合ではそれほど問題はないが，特定の種が幾つかの種に分割される場合，これまでその種のもとに登録されていた情報は，果たして分割された種のどれにあたるのか，場合によってはまったくわからずに無意味な情報として捨てざるをえない状況も生じうる (Berendsohn, 1995: 図24-3)．

このような状況は，データベース間の情報のやりとりにも支障をきたすために，実際に用いられている種名と登録されたデータの参照文献を組み合わ

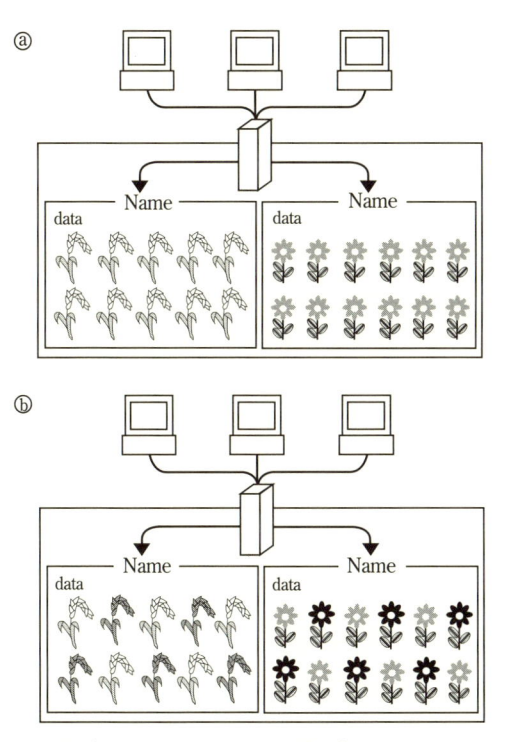

図24-3 現在の種多様性データベースの概念図．ⓐ データベースに収められているデータは，種名で統合されて管理されている．ⓑ データベースに収められている種が，新たに幾つかの種に分割すべきことが明らかになった場合，旧種名でしか検索できないため，出てきたデータが新しく認識された種カテゴリーのいずれにあたるのか，わからなくなってしまう．

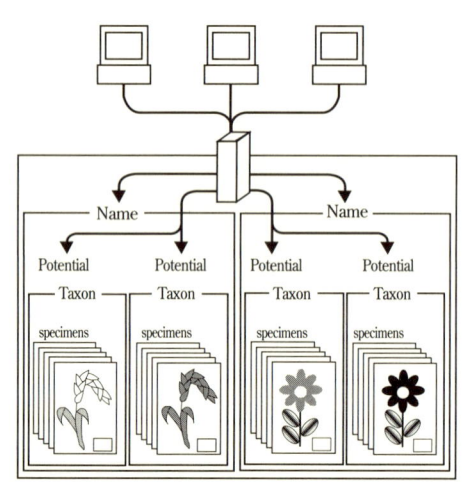

図 24-4 実際に用いられている種名と登録されたデータの参照文献を組み合わせた "potential taxa" を用いたデータ登録・管理システムの概念図 (Berendsohn, 1995, 1997; Berendsohn et al., 1999).

せた "potential taxa" を用いたデータ登録・管理システムが考案され (Berendsohn, 1995, 1997; Berendsohn et al., 1999: 図24-4), 実際に用いられている (the Global Plant Checklist of the International Organization for Plant Information: http://www.bgbm.fu-berlin.de/IOPI/GPC/). 分類学的取り扱いが変化することによるデータベース登録情報の再編成を容易にするために, 各分類階級に名前が与えられる操作に三つの階層 (上位階層から順に, 名前自身: Name Record, 名前が包含する範囲の定義情報: Appearance, その名前の下位の階層の分類群情報 (ないしは個体情報): Publication) を認め, 最下層のPublicationデータを中心にデータを管理するシステムも考案されている (Ytow et al., 2001). これらのシステムは, 生物多様性データベースでは種名などの分類群名でデータを統合して管理を行うのではなく, あくまで一つのタグとしてみなし, 個々の登録データの自由度を失わないように管理することが望ましいことを示している. 「種」は情報を統合・整理する概念として広く用いられているが, 逆に「種」のもとに情報を統合してしまったために失われてしまう情報があることを, これらのシステムの研究は示している. このような失われている情報があるということは, データベースにとって大

きなマイナスである．この点は今後の生物多様性データベースの構築を考えるうえで非常に重要である．

一方，データベースのもう一つの役割としてあげた，生物の動態を予測する基盤データとしての機能はどうであろうか．特定の生物種，ないしは生物群集全体の動態を予測するためには，対象となる種，ないしは生物群集に含まれるそれぞれの種の生態的な特性のデータがまず必要である．これらの情報は，予測を行うためのシミュレーションなどを実行する際に，重要なパラメータとして利用されるからである．しかし現在の種多様性データベースが分類学的知見を中心に構築されている傾向が強いため，このような情報の集積は必ずしも十分ではない．

図鑑を開いても，たとえばある植物がどのように繁殖しているのか，自家不和合性があるのか否か，何が花粉を運んでいるのかなどの情報は得られないことが多い．昆虫図鑑を見ても，その昆虫が何を餌にしているかがわかるのは，よく調べられている一部の昆虫群だけだろう．特定の生物種のもつ生態的な特性のデータは，環境評価を行ううえで必要不可欠であるにもかかわらず，特に国内の生物に関しては情報が得られないことが多いのは，大きな問題である．国際的にはそのようなデータの収集と解析が行われている生物群もあり，特に国内の対応の遅れが深刻な問題として指摘されている (本間, 1999; 岩槻, 2005)．

さらに，このような種特異的な生態情報が完備されたとしても，それだけでは必ずしも十分ではない．一般に種内は必ずしも均質ではなく，地域集団ごと，個体ごとにさまざまな変異がある．その一部は分類学的に注目され，種内分類群 (亜種，変種など) として記載されているが，むしろ分類学者が注視しなかった変異が特定種の動態，生物群集全体の動態を解析する際に重要であることもある．植物や昆虫には特定の地域や生育環境に対して独特の適応をとげている個体群が存在している (河野, 1999; 田中幸一, 1999; Ishikawa et al., 2006)．その多くは解析が不十分で，必要な情報が記録されていないが，このような種より下のレベルの特性に関する情報がないと，特定地域，ないしは環境下における正確な予測は困難であろう．

生物個体間の遺伝的な構成の違いも重要な情報源である．同一集団内に生

活する個体間でも，厳密にいえばそれぞれ遺伝的な構成が異なっている場合が多い．近親交配など特定の組み合わせでは，後代の生存率などに重篤な影響が出る場合もある．このような内的な要因によって，個体群のサイズが縮小した際に，急速に絶滅してしまうおそれもある（田中嘉成, 1999）．前述のとおり，近年急速に蓄積してきた遺伝的なデータは，まだ現在では必ずしもこのような生存率などに直接影響を及ぼす遺伝的背景の特定にはつながっていないものの，各個体が互いにどの程度遺伝的に近いのかを推定することは可能であり，集団の絶滅リスクを評価する際の重要な情報源となる（牧, 1997）．

　生物の動態を予測する基盤データとしてのデータベースには，このような種より下層の個体群，ないしは特定の個体といったレベルの個別情報が集積されていることが望ましい．これは前述の種名のもとに統合されて失われてしまう情報に対応し，ここでも情報のロスが大きな問題となる．

　このような情報のロスをなくすためにはどうしたらよいだろうか．最も単純な答えは，前述のデータ管理システムのように登録情報を種単位ではなく，レコード単位で管理し，その独自性を失わないようにすることであろう．

　種に統合することで，種多様性データベースは生物多様性の情報を，ある面効率よく集積してきた．しかしここまで述べてきたとおり，データベースを利用する際にはむしろ，種名による統合によって失われてしまう情報のほうがむしろ大事なことも多い．それならばいっそのこと，登録レコードを必要に応じて適宜組み換えられるような自由度を維持した状態でデータベースを構築したほうがよい．もちろん種名もその一つの検索子として用いられるだろうが，それ以外の情報でデータを統合する（たとえば生育環境とか遺伝的特性など）ことも，用途によっては必要になってくるだろう．

　現在，われわれは，広い範囲の用途に応用可能な生物のデータベース化を目ざして，個体単位の登録システムを検討している．コンセプトはすでに固まっており（Kawata *et al.*, 投稿中），そのコンセプトに従ったオブジェクト志向型データベースソフトの開発も進行している（S. Hatano, in progress）．莫大なデータを取り扱う情報処理技術が進歩するにつれ，このような登録の段階で種などの情報の類型化が必要ない自由度の高いデータベースの開発の動

24-4　今後の展開

　本章では，環境評価をターゲットとしたデータベースを想定して，現状のデータベースの問題点を中心に論考してきた．個体などの登録データを優先したデータベースが構築されるようになれば，種情報を参照するだけの利用範囲を越えて，データベースが環境評価に動的に利用可能な情報源となると，私は考えている．最後に，そのようなデータベースが構築された際に予想される，今後の展開について思いつくまま述べて，結びのかわりとしたい．

　環境評価のなかでも生物種の同定作業は，専門性が高く技術の習得の難しいものの一つである．図鑑を見ればわかるのであれば問題ないが，実際にはそうはいかない生物群も多く，専門家の高い同定能力が必要になってくる．ナレッジマネージメントにおいて最もデータ化が困難なこのような「暗黙知」に関しては，現在ではそのような「技」をもつ人のデータベースを作る以外に，対処のしようがない．しかし，データベースを個体から形質レベルまで細かく分解して構築し，個々のレコードに専門的な能力をもつ人のコメント（同定結果など）をつけたうえで，認知パターンモデルを推定することで，暗黙知の再現，データ化が可能ではないだろうか（暗黙知の「表出化」および「連結化」：Nonaka & Takeuchi, 1995）．大学や公共研究期間に所属している分類学者の「技」は，何らかのかたちで継承される可能性があるが，それ以外の分類や種の同定に高い能力をもつ人の「技」は失われてしまう可能性がある．もちろん，上記のような分析過程をたどっても，必ずしも暗黙知のすべてがデータ化可能だと限らないだろう．私自身，なんとなく雰囲気で同定できるが，いざ人に説明しようとするとなかなか思ったようにいかないということがままあるので，そのような認知パターンのモデル化とそのデータ化が一筋縄ではいかない作業であることは，経験上承知している．しかし将来的には，認知パターンの解析を含めたデータベース化が，失われてしまう可能性のある知識や技術の，第三者への継承をサポートするツールとして利用されることになるかもしれない．

　現在行われている環境評価は，事業の決定に伴って行われるもの（事業ア

セスメント)が中心である．つまり事業計画の下位の階層に環境評価が位置している．もちろん，評価によっては事業案の変更を要求することも可能であろうが，そのたびに事業の変更が行われるのでは，事業を実施する側も，評価者もかかるコストが大きくなる．これが，事業対象地区の環境評価に有効な情報があらかじめわかっていたらどうだろう．事業計画の段階からすでに存在する基礎情報をもとに，環境に対する負荷の小さい開発を行うことが可能になるのではないだろうか．このような情報は，戦略的環境アセスメント(SEA)を実践するうえでも非常に重要な情報となるであろう．包括的な基礎情報がなければ，事業の意志決定の段階から公共性(社会性)，経済性などと同等の俎上に環境評価をあげることは難しく，結局，事業範囲が決定してから調査などを行うことになってしまう．

　国内全域にわたって，個体レベルの生物の分布をある程度の精度で明らかにするという事業は途方もない規模であるが，主な地域に幾つかのモデル地域を設けて行えば実現可能であろう．座標化しやすく，国内の種の戸籍化が高いレベルまで達成されている維管束植物，大型の昆虫類(チョウ，トンボなど)に対象を絞ってもよいかもしれない．得られたデータは個体ごと，レコードごとにデータベースに登録し，解析に用いる．GISと関連づけたモデル地域での包括的な調査データができれば，これを用いて対象地の現存植生図，航空写真などのデータの画像解析結果とあわせて，現存植生図や航空写真から生物相を推定するモデルを構築することも可能かもしれない．クリギングを応用した希少種の存在確率の予測なども可能になろう．補足調査などで得られたデータを逐次追加し解析を繰り返すことで，モデルの精度を改良することも可能である．

　データ登録は，現地からGPS，PDA，携帯電話を用いて自動で行えば，手間も軽減でき，すぐに解析にまわすことができる．このような自動登録システムができ上がれば，データの収集から利用可能な状態にするまでの時間を大幅に短縮することができ，データベースにアクセス可能な，誰しもが最新の情報を手にすることができる

　繰り返しになるが，環境評価を国の意志決定の重要な要素の一つに載せるためには，このように必要な情報をすぐに引き出して，早い段階から提示で

きるシステムができていないと，経済性などその他の要素が優先されてしまうことになりかねない．

日本は幾つかの生物群については種の戸籍づくりがほぼ終了していると考えられがちであるが，個体数管理まで行えるほど情報が集積している生物群は，大型哺乳類を除くとほとんどないのが現状であろう．維管束植物にしても，保護上重要であると考えられている種のかなりの部分が，現状不明のまま登録されているのが現状である (環境庁自然保護局野生生物課, 2000)．

生物多様性を国家財産とみなし，優先的に保全していかなければならないという前提のうえで，それを実現できるための基礎情報の集積に，これまで以上の力を注ぐべきである．データベースの整備は，これらの情報を適切に管理運用するために必要不可欠である．

本章のなかで紹介している個体単位のデータベースシステムのコンセプトおよびプログラムの作成は，文部科学省の科学研究費補助金 (13554034　代表：河田雅圭) の補助を受けており，河田雅圭 (東北大学)，粕谷英一 (九州大学)，三中信宏 (独立行政法人農業環境技術研究所) および秦野彰二 (DGC総合研究所) の各博士との共同研究である．

25 生物標本をいかに扱うか

(新里達也)

　私の専門分野は分類学であるから，学生のころから生物の標本を日常的に扱ってきた．標本は形態を調べて記載を行い，系統を推定するための材料であり，ときには趣味的な収集や鑑賞の対象であった．ところが，野生生物保全の仕事に就いてからというものは，生物標本に対して，基礎研究で学んできた作法とはだいぶ異なる対応を迫られるようになった．その理由として，保全事業という応用実践の現場では，純粋な生物屋ばかりではなく，生物とは疎遠な土木技術者や設計技術者たちと歩調を合わせながら仕事をするのが日常的であるからだ．このような現場では，意識や知識水準の相違からしばしば混乱が生じ，私たちには的確な説明と，ときには譲歩や妥協が要求される．

　研究者を含む広い意味での生物保全技術者は，生物標本に対して，おそらくある一定水準以上の見識を持ち合わせているだろう．しかしその見識は，生物のことを基本的には知らない，異分野の人々を理解させるまでに，自分のなかで咀嚼，整理されているであろうか．かくいう私も，そのような現場において，標本に関する問題に，経験的・感覚的に対処してきただけのように思う．そこでこの機会に，野生生物保全における生物標本の意義と妥当な取り扱いについて，基本的な認識を共有したうえで，私見を披露したい．

25-1　標本の価値

　生物標本は，「生物学的情報をもたらす検証可能な実体」という，標本それ自体がもつ普遍価値に対して，異論を唱える方はいないであろう．生物的情報とは，種名の確定のような基本的な認識に始まり，系統分類学や生態学，遺伝子工学などに広く適用されるものであり，標本の存在はそこから導かれた結果を後々にわたり検証可能にする．

生物標本にはこの普遍価値を前提として，幾つもの価値を潜在的に保有するものであるが，私たちが日常的に抱く標本の価値イメージは，その利用目的により恣意的に固定されていて，限定された一側面のみが強調されることが少なくない．ここではまず，生物標本はどのような価値をもつのか，というところから整理しておきたい．

平嶋 (1989) は，標本がもつ価値として，① 歴史性，② 学術性，③ 教育性および ④ 換金性の四つの視点から整理している．

すなわち，歴史性とは，標本によってもたらされる過去の生物相の状況である．古生物の化石はその最たるものであるが，ニホンオオカミのように比較的最近に絶滅した種の標本は，歴史的価値が一般に注目されやすい．また，短い編年で見れば，地域の生物相の人為的影響による変化などは，過去に採集されていた標本によって立証される場合が少なくない．

学術性とは，誰もが認めるであろう自然科学全般で評価される価値であり，歴史性および教育性価値の根拠でもある．生物標本は，最も基本的な種の名称の認識に始まり，遺伝情報をもたらす生物多様性の豊富な情報源でもある．その重要性をさらに詳しくここで述べるまでもないであろう．

教育性とは，標本による自然科学の学習教育効果，自然に対する理解や愛着の普及啓蒙効果である．学校や博物館に所蔵されている標本を閲覧することや，学習に利用することなどは，私たちが日常的に行っている行為である．また，大学専門課程の学生，コンサルタント会社の技術者にとって，このような標本は分類同定のトレーニングに活用される．標本とは，その存在自体が，豊かな教育資源であるということができる．

最後の換金性とは，ほかの三つの価値とはやや趣を異にする．標本はそれを必要とする者にとって，経済効果のあるなしにかかわらず，十分な換金性を生じるということである．博物館の標本は，寄贈という無償の取引で行われることもあるが，市場価格の存在する生物群，たとえば，貝や昆虫などでは金銭で売買されることも多い．また，分類の困難な生物群の正確に同定されたコレクションであれば，多少の出費は覚悟のうえで，入手したいと考える研究機関や企業は少なくないであろう．

普遍価値およびそこから派生する諸々の価値は，私たちの目的とは無関係

に生物標本側に内在する価値である．保全技術の現場で取り扱う生物標本についても，たとえば，開発に伴う環境影響評価であったり，地域生物相解明であったりなど，状況によって，その目的はさまざまであるだろうが，これらの価値に変わりがあるわけではない．

しかしながら一般的に見れば，野生生物保全事業における標本の価値はあまり多くはないかもしれない．たとえば，「生物相リストの作成」を目的に日常作業を行う技術者にとって，生物標本はほとんど名称以外の価値をもたない．わずかに付加情報として，endangered（絶滅危惧）とかvulnerable（脆弱）のようなレッドリストの用語があるだけでよいかもしれない．もし名称の再確認の必要が生じたならば，再度，標本を前にして検索を行えばよいのである．すなわち，普遍価値の側面である検証可能性を備えた標本の保管を怠らない限り，標本の価値が失われることはない．

豊かな生物的情報をもつ標本に対して期待する価値としてはあまりに小さなものであるが，検証の可能性という本質を突いているところでは，これもまったく正しいのである．

25-2　種名の同定

生物標本に対して，まずさきに求められる情報はその名称である．名前がわからないことには，認識は生まれず，また蓄積された種の情報を閲覧することもできないからである．そこで，私たちは種名の同定（名称の確定）という作業を行うことになる．

ところで，種というのは自然界の生物集団であるが，これは分類学の研究者による命名登録とは無関係に存在する．そして，種名はその種を認識するために人が任意に定めたものであり，私たちは名称を付け，よぶことで，種の認識が可能となる．

種名（学名・scientific name）は，動物，植物いずれも，国際命名規約に従って登録される．ちなみに，私たちが普通用いる和名は，このような規約に縛られることはない．たとえば，種名（学名）*Papilio xuthus* Linnaeusは命名規約上の正式名称であり，アゲハチョウというのは俗称（和名）のことである．

そして，この種名は，基準標本（タイプ標本）に基づいて登録されること

図 25-1 ヒゲナガアメイロカミキリの，ⓐ 正基準標本 holotype と，ⓑ 標本ラベル（長崎産，ロンドン自然史博物館所蔵）．本種の標本はこの正基準標本1個体だけしか知られていない．

になっている．この基準標本とは，動植物の新種記載に際して用いられた標本のことであるが，記載論文を発表する研究者は，研究に使用した標本群のなかから唯1個体の正基準標本（holotype）を指定することが義務づけられている．それというのも，命名を行う研究者が1種と信じていたA種は，その時点では周辺知見が不足していたことなどの理由により，実は2～3種が混在していたということも起こりうる．したがって，A種というその名称を1個体の標本に帰属させておかない限り，A種の名称をどの種に当てればよいか，後々混乱が生じるおそれがある．これが命名規約の考えである（図25-1）．そこで，Aという種を厳密に同定するには，A種の正基準標本と直接比較して，同一のものであることを確認する必要がある．もちろん，このような正

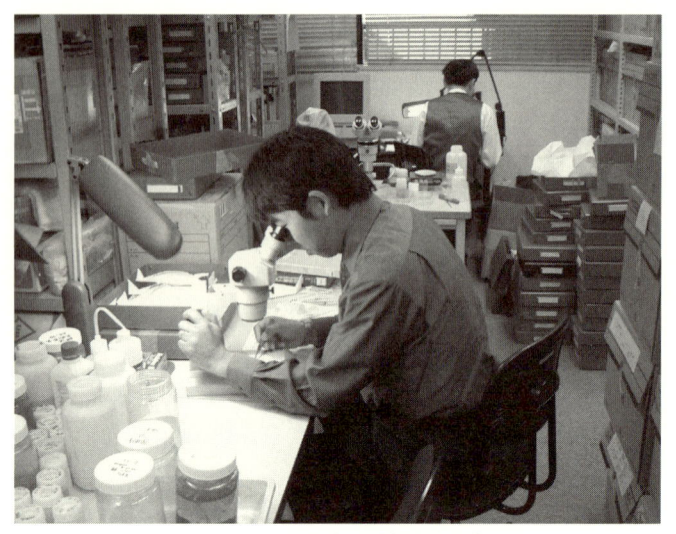

図25-2 生物標本の種名同定作業.

　基準標本の学術的価値がきわめて高いことはいうまでもない (図25-2).
　オセンティック・スペシメン (authentic specimen) という用語があるが, 直訳すれば文字どおり確実な標本あるいは典拠ある標本ということになる. しかるべき分類研究者が, 基準標本と当該標本を詳細に比較して, 同一の種であると認めた場合に, そうよぶことが習わしとなっている. ただ, この基準はかならずしも厳密ではなく, 基準標本に準じるような標本, たとえば出所の確かなオセンティック・スペシメンと比較した標本もその範疇であろう. 要するに根拠の確かな種名同定標本のことである.
　分類学研究者は生物標本を調べた後に, その標本に種名同定結果として, 名前を記したラベルを装着して残すことを慣例としている. この置き土産をデットラベル (determined label) というが, オセンティック・スペシメンに付けられたデットラベルはことさら重要である.
　実際のところ, このように由緒正しく種名同定された標本というのは, 身近にあることがむしろ珍しい. だいたい基準標本などというものがどこに保管されているかもわからないうえ, このような作業を実行できる術も時間も, 普通私たちはもっていない.

それでは現実にはどのようなことになっているのだろうか．最も簡単な方法は，図鑑や解説書を開いて検索することである．たぶん種名同定の現場作業は，ほとんど文献に依拠して行われるのであろう．

　ただし，これには限界がある．私たちが一般に入手可能な文献に記載されている動植物種は，生物群によって異なるが，分類解明の立ち遅れているものであれば，おそらく全体像の半分あるいは何十分の一にも満たないのである．それでも，個別の研究論文まで遡れれば，おおかたは解決できるが，マイナーな生物群の文献の探索には，普通は相当な努力を要する．古典ともいうべき学会誌を探し出すことなど，それを専門職とする研究者でも困難なことが多く，まして，種名を知りたいという小さな動機くらいでは，そのような作業は途中で挫折してしまうに違いない．

　このような作業を経て，それ以降はおおかた二つの方向に分かれるであろう．検索を中止して諦めるか，専門の研究者に同定を依頼するか，のいずれかである．種名同定をする目的にもよるが，それ以外に時間的や経済的な諸事情によって，それは選択されることになる．結果として，当該標本の種名同定が成功したか否かは，それがオセンティック・スペシメンと同価値であるかにかかってくる．

　保全技術の現場においても，標本に基づく記録である限り，種名の同定結果は後になっても検証できるようにしておくべきである．標本を閲覧しやすい形に作製していないとしても，紙包みや標本瓶などには，デットラベルかそれに準じる種名同定結果を明記した紙片などを備えておくことは，最低限必要である．

25-3　標本の所有権と保管

　生物標本とそれがもつ情報について，所有権の帰属が論議される機会は，意外にも少ないように思われる．たとえば，研究者の慣習として，自分の手で採集した生物標本は自分自身のものである，という暗黙の了解が存在する．あるいは，野草マニアが，山から採取してきた植物を家のベランダのプランタで育てるという行為は，普通容認されている．身銭を遣い，自分の労力によって採取したものは，その個人に帰属するということであり，こういった

主張はわかりやすい．おそらく，厳密な権利追求をしない限り，問題が発生するとは思えないからである．

　ところが，その生物標本が当事者以外の第三者の要請により得られたものであるときは，このように単純にはいかない．この場合，業務主体者すなわち収集などにかかる費用の負担者に縛られるわけであるが，主体者の目的の範疇に限られるとはいえ，標本およびそれがもつ情報については，基本的には，依頼された側の自由にはならないと考えるべきであろう．それは，このような標本を現場で取り扱う技術者の立場は，主体者の代理人であるからである．

　しかし，このことは理屈ではわかっていても，なかなか納得できないことが多い．先に述べたように，標本にはさまざまな価値が内在するからである．少々荒っぽいたとえであるが，環境調査で採集されたある種の生物標本を，業務が完全に終了した後に，第三者に金銭で売却したならば，その代価は誰のものであろうか．売却した当事者は，間違いなく自分の利益のためにそうしたのであろう．しかし，その代価は業務の主体者に支払われるべきかもしれない．このような取引は実際に行われるとは考えにくいが，実に微妙なところである．もちろん，環境調査で得られた標本の売却は，記録の検証性を失うものであり，モラル以前にやってはいけない行為である．

　また，このような事例もある．同じように環境調査で得られた標本であるが，やはり業務終了後に，調査報告書とは別の出版媒体に記録を公表（再録）したところ，業務主体者に発見され厳しく注意を受けた．この公表内容は業務本来の目的とは直接関連がなく，地方の生物目録の一部に引用したらしい．再録した当時者にすれば，環境調査報告書は公の出版物とみなし，その引用という意識をもっているにすぎなかったが，主体者は秘密の漏洩ととらえたわけである．黙って発表してしまったという常識の欠如は，業務の守秘義務に抵触することは明らかで，このことはまず先にとがめられるべきである．しかし，それを別にすれば，このことは実際に秘密を漏らし，情報の所有権を侵害したことになるのだろうか．彼は実在する標本から業務とは別の情報を引き出し，発表したわけである．これも生物標本の多元価値が招いた問題である．

生物標本には，当初の目的を越えて多くの価値が見いだされる以上，それを取り巻く諸事情のなかで，今後もこのようなトラブルが起きることは，十分に予想される．そのような問題を防ぐためにも，標本自体，そしてそのもつ情報の所有権を，少なくとも当事者どうしで明確にしておくことは重要である．

さて，以上は依頼者と現場当事者間の話である．実は，標本の所有権には，別の考え方もあることをあわせて示しておきたい．これは標本の保管の問題とも関係してくる．それは，標本およびその情報が何らかの形で公表されたならば，公共性をもつという考えである．何度も繰り返しているように，標本はそれのもつ情報が後々にわたり検証可能である必要がある．公開された情報は，求められるならば，原則として誰にでも閲覧できなければならない．この原則において，何らかの情報が公開された生物標本は公共物に等しいと見ることもできる．

生物保全技術の現場では，今述べたように事業主体者が標本の所有権をもつことが普通であるが，それは同時に公共財産であるという意識も必要なのではないだろうか．所有権のいかんにかかわらず，要請があれば公開できる準備をするべきなのである．

ところで，前項で種の命名に際しての正基準標本のことに触れたが，このような基準標本は公共機関に保管することが，命名規約によって勧告されている．新種の記載をして出版を終えたならば，たとえ個人の愛蔵コレクションといっても，手元においておくことは望ましくない．それは公共物だからなのである．実際のところ生物保全技術の現場では，これほど厳密にするわけにはいかないであろうが，情報が公開された生物標本は，公共性をもつ可能性があることを，関係者は自覚しておく必要があるだろう．

一方ここで問題なのは，彼らにそのような応対を求めることが，実際には可能なのかということである．環境調査の業務のなかで，標本にまつわる所有権は主体者側にあると書いてきたが，その保管をしているのは，現状では業務を受託した代理人側である．主体は，行政主体や民間企業のこともあるだろうが，標本を保管する場所も，その管理ノウハウも持ち合わせていないので，業務を依頼した受託者に依存している．そして，必要があったときに

図25-3 ロンドン自然史博物館外観.

標本の提出を求めてくるのが一般的な事情である．しかし，受託者にしても，標本の管理や閲覧を本業にしているわけではないので，主体者の要請には忠実であろうが，一般の閲覧希望者に対してまでも，同様のサービスを行うことはたぶん難しい．

　実際のところは，生物保全技術の現場において，生物標本はむしろ厄介視されていることが少なくない．情報公開そして標本の公共性というように，世論が動いていくならば，標本の所有権および保管についても，それ相応の対応が必要とされるのである．

　私見であるが，野外で収集された生物標本は，最終的にはすべて，博物館や大学などの地域の研究機関に保管されるべきであると考えている．現在は受け入れ側の研究機関も，管理上の問題から安易に引き受けてはくれないであろうが，専門外の地方自治体の出先機関や私企業などでは，その責任を負いきれない現状を見るならば，近い将来にそのような体制を整備するのが理想ではないだろうか（図25-3）．

25-4 標本にかかるコスト

　これまで書いてきたように，生物標本にはさまざまな価値があり，その価値を的確・有効に利用するとなれば，些少とはとてもいえない経済的負担が生じることが明らかである．生物は野外で生活している分には，人間側に何ら経済的影響を及ぼさないが，それを標本として扱った時点から，その標本が消失しない限り，さまざまな経済的効果を生じ続けることになる．その効果は，すでに述べたような金銭的価値も稀にはあるかもしれないが，普通は所有者の負担として重くのしかかることになる．

　この標本にかかるコストは，標本収集および標本管理の大きく二つの面が想定される．第一の収集コストとは，野外から標本を採集してくる採集活動費用，あるいは金銭で購入してくるようなときの標本代金である．野外における収集には，交通費や現場人件費はもとより，採集用具などの消耗品も計上されるであろう．環境調査によって得られた標本であれば，その現地費用の何割かは，この収集費用にあてられるということになるだろう．購入の場合は，単純な売買であるから，妥当な相場というのは定かではないが，標本の価格に対する代金がこの費用である．

　一方，管理コストはおおよそ三つの費用側面が存在する．まず必要とされるのは，野外で採集してきた標本の作製費用である．生物個体は採集してきた状態では，半永久的な保存に堪えうるものではない．植物ではさく葉標本とするために，整形・乾燥したうえで，厚紙に挟み込み，採集記録を記入する．多くの昆虫類では，乾燥した状態でピンに刺して，やはり採集記録ラベルを装着する．両生類や魚類などは通常は液浸標本として保存するので，適切な処理を行い，標本瓶に封入する．このような標本作製に関する一連の作業は，立派な技術とよべるほどのものであって，各分野には標本作製のための熟練の職人が存在する．当然のことながら，このような技術の代価は少なくない金額となるだろう．

　このようにして作製された標本は，収蔵庫などの施設に保管されることになる．標本はそのままの状態ではすぐに損耗してしまう．将来の研究や再検索のためには，完全な状態で保存しておかなければならない．ここにかかる

費用は，保管施設の設備維持費である．保管用具の購入はもちろんのこと，保管場所の賃貸料も少なからぬ金額に及ぶ．

標本は，作製・保管された状態で，常に研究や検証に供する準備は整っているが，このような管理は，保管を行うだけではなく，閲覧の要請があったときに，即座に対応可能な状態を維持しておかなければならない．そこで，このような要請に向けた管理業務の人材を確保することも必要になってくる．

少し話は逸れるが，自然科学でははるかに先進の欧米諸国などでは，生物標本の管理は，社会的に認知，確立された職業であり，このような仕事に従事する人をパラタクソノミスト（parataxonomist）とよんでいる．タクソノミストは分類学者であるから，この名称はそのような学者を側面から支える技術者というほどの意味なのであろう．上記のような標本にかかる作業とそれに充当されるであろう費用を想定したとき，このような役割が，社会的に価値を認めうるならば，職業として十分に成立することは，何ら不思議なことではないのである．

しかし，わが国の世論は，ともすると自然科学の基礎分野を冷遇する傾向にあり，以上のような生物標本にかかるコストについても，実際にどこからか捻出してこなければならないにもかかわらず，従来は目を向けられることはなかった．それではどうしていたかというと，現場当事者たちである個人や企業が泣き寝入りのまま，自腹をはたいてきたのが現状なのである．

ここで少々意地の悪い解釈をしてみよう．前項で触れた標本の所有権の帰属をいま一度考えてみてほしい．所有権は主体者側にあって，基本的には現場代理人にはないことを述べてきた．これは標本収集の費用負担者としての主体者の権利ということになる．それでは，主体者がこれまで見てきた標本にかかわる費用を負担しなかった場合はどうなるのであろう．もちろん収集にかかる費用は負担ずみであるから，標本製作や管理などの費用のことである．主体者が，もしこれらの部分の費用負担を拒否して，受託者が負担するならば，標本の所有権は直ちに主体者にあるとは言い切ることはできないはずである．

このようなことを書いたのは，実は今，保全技術の現場で起きていること

が，まさにこのとおりだからである．標本に本来かかっている費用は大部分のケースで現場代理人が負担しているのが実情である．重要なことは，関係者の広い階層にわたる，生物標本にかかるコストの認識である．見方によっては実に小さな問題のようであるが，これを無視していては，生物標本という実体を正確にまた有効に利用していくことは，到底できないのである．

生物標本の基本認識の整理から，当面解決すべき問題を取り上げてみたところ，所有権とコストという，いかにも当然の帰結という方向に話が流れていった．権利を主張するにはその背景を明らかにしておく必要があり，その権利の主張が他人の利益を侵害するならば，その代償を払わなければならないことは，当然のことである．生物標本の所有権は，そこに投入されたコストにすべからく支えられているなどとは，実のところ私は夢にも信じていないが，業務主体者と現場代理人の関係から，このような結び付きで話を進めた．もちろん意識してのことである．一介の研究者の立場をとるならば，生物標本とその情報は，すべてのしがらみを超えて公共性をもつことを，あっさり告白してしまったかもしれない．

ところで，最近の環境事業における現場の話である．私は調査計画書の文面に次のような記述を目にした．

「調査地域に生育するすべての植物種を3個体以上採取し，標本を作製・保管する」

私はそれに従事する現場代理人である生物技術者の苦労を思い，同業の身としてとても暗い気分になった．その調査地域には800種ほどの植物の生育が予想される．そのすべてを3個体ずつ採取して標本を作製すると，なんと2,400点のさく葉標本ができ上がるのだ．

最近の民間会社による環境調査の信憑性を疑う世論への対策措置と考えられるが，これは明らかに行きすぎである．このような作業が無意味とは思えないが，植物の調査を行うのであれば，もう少し有効な予算の使い方があるはずだ．

もっとも，この標本がそっくり寄贈されるならば，その地域の地方博物館はおそらく泣いて喜ぶに違いない．自然科学の基礎資料としての価値が，そ

こに十分に認められるからである．しかし，そうではなく，所在不明にどこかに死蔵されるとすれば，まさに自然破壊と公費の無駄遣いと批判されても，まったく反駁の余地はないであろう．

26 地域生物相のインベントリー

(佐藤正孝・新里達也)

26-1 生物相解明とインベントリー

　日本にどのくらいの数の生物が分布しているのだろうか．現在公表されている環境省の網羅的な目録によれば，哺乳類188種，鳥類665種，爬虫類87種，両生類59種，汽水・淡水魚類200種，無脊椎動物Ⅰ 3,894種，無脊椎動物Ⅱ（昆虫類）30,146種，無脊椎動物Ⅲ 1,423種，維管束植物約8,000種，蘚苔類約1,600種，地衣類1,762種，藻類約5,500種，菌類約16,500種などのように一通りの種数が掲載されている（環境庁，1993，1998）．そこで，この数字が真に日本に生息している生物種の実態を表しているかといえば，脊椎動物と維管束植物についてはおおむね正確な数字であるだろう．しかし，分類学的研究が遅れている無脊椎動物や菌類などについては，その総数は想像の域をまったく出ない．

　昆虫類に例をとって概観してみると，上記の目録では30,146種となっているが，この数字は九州大学・自然環境研究センター編（1989）が発行した日本産昆虫総目録の情報をそのまま引用したもので，現実とは大きな乖離がある．2005年末までに日本から記録されている昆虫類は約35,000種と試算されており，1989年の目録から約5,000種近くの新種・日本新記録種が追加されている．この数字はこの先も増え続けることは明らかである．たとえば，最も昆虫相の解明率が高いイギリスなど中北部ヨーロッパ諸国のデータと比肩してみると，日本産昆虫類の解明率が仮に40％程度と想定した場合に総種数は87,500種となり，5万種以上が未発見と推定される．先に試算した資料に基づく直近の実績によれば，日本から年間300種が新たに記録されていることから，すべてを解明し尽くすには160年以上もの歳月が必要となる．種多様性の高い昆虫類はその最も顕著な例であろうが，そのぶん，日本にお

図26-1 日本産野生生物目録（環境省）．日本産の既知種が掲載されているが，必ずしも日本の現状を網羅しているわけではない．

ける生物相の解明度の低さが実感されるであろう（図26-1）．

　この生物相の解明に際して，基礎情報となるのがインベントリーである．インベントリーの本来の語彙は「目録」のことであるが，生物学では地域に分布する動植物の種名目録（リスト）や分布図などの生物種の付帯情報をさしている．インベントリーは，生物多様性の基礎研究，保全生態学の基礎情報に活用される最も重要な基盤情報であるが，その作成には多大な労力と時間を必要とする．

　インベントリーといえば，世界分類学イニシアチブや地球植物誌計画などのようなグローバル・レベルの事業や，コスタリカ生物多様性研究所（Instituto Nacional de Biodiversidad；通称インビオ（INBio））などの国レベルの活動が真っ先に想起されるだろう．わが国でも，環境省により「種の多様性調査」，「生態系多様性地域調査」および「遺伝的多様性調査」が，対象とする地域や種を限定して取り組まれている．また，東南アジアの昆虫相解明や世界のチョウ類インベントリーの作成などが進められている（矢田，2000, 2003）．もっとも，先に述べたように日本国内に限っては，生物相の大部分を占める無脊椎動物や菌類において，基準となる生物種のインベントリーが未完であるために，全体像が把握されるのは遠い将来のことになるものと予想される．

なお，研究者レベルでも，インベントリーの重要性は議論されており，その解明が急がれている昆虫類では，日本昆虫学会が新たに『日本産昆虫総目録』の改訂版の編纂を進めている．

26-2 地域インベントリー

　野生生物の保全を目的とした場合，インベントリーは地域性をより重視した資料としてとらえられる．日本産生物種のインベントリーが未完であることは前項で述べたが，それは主に分類学的研究の進展や各専門領域の情報の統合を待つほかはなく，むしろやむをえないのが現状である．しかし，一般に参照可能な日本産生物インベントリーの範囲のなかで，地域を限定したときに，たとえば都道府県レベルでも，生物相のインベントリーは十分に整備されておらず，市区町村ではほとんど情報を入手することさえできない．このようなインベントリー不在の事情は，正確にいうと2通りあって，情報の収集整理が行われておらず直接閲覧できない場合，それと情報が皆無である場合で，現実には後者のほうが圧倒的に多い．

　地域生物相のインベントリー作成の動機は，地域の基礎資料作成を目的としたものと，開発計画などに伴う環境アセスメントの調査の一環として行われる場合とに，大きく分かれるのが普通である．前者は行政機関や研究団体など，あるいは私的に実施されるもので，今述べたように，そのような基礎情報は，関係する地域の自治体が主体となって，網羅的に収集整備されているのが理想である．後者は，開発行為に際して，人材や手法，期間などの制約のなかで実施されるもので，インベントリーの精度にあまり大きな期待はできない．しかしながら，地域のインベントリー調査として，現在行われるのは明らかに後者のほうが多く，地域生物相の解明に貢献する意義は大きいという側面がある．環境アセスメント調査によるインベントリーは，法や条例に従い環境アセスメント手続きを終了すれば，その情報を引用することが可能である．これらのインベントリーは，自然破壊を含む行為の許認可にかかわるので，批判的な俎上にさらされることはやむをえない事情があるが，そのぶん，厳しい査定を経ているのであるから，自然史資料としての信頼性は十分に高いはずで，むしろその積極的な利活用が望まれる (高桑, 2004)．

インベントリーの形式や内容などは一般には任意であるが，ただし次の点だけは外してはならない．それは，(1) 適切な手法により行われた調査で，(2) 正確に種などの名称が同定され，それが正しい綴りで記載され，(3) 掲載された種の根拠となるデータが参照可能，の3点である．適切な手法とは，現地調査であるのか，文献資料を収集整理したものなのか明示することはもちろんのこと，調査方法や実施時期，できるかぎり調査者の名前も公表すべきである．一般に調査者の名前はおろそかにされる傾向があるが，調査対象である分類群の専門家であるのか門外漢であるのか，その名前で確認することも可能であるので，調査精度や信頼性の担保にも有効である．正確な同定と記載は後で詳述するので割愛するが，きわめて重要な要素である．根拠データについては，インベントリーのそれぞれ種名の下欄に記載するのが理想的であり，そのときには，地域(対象地域が限定されていれば省略してもよい)，観察・採集日付，観察・採集者名を明記する．事情により種名リストに添付できない場合は，それらの観察・採集情報が種名と対応できるような工夫をすべきである．同様な配慮は，根拠となる標本や写真などの保管・管理にもいえる(25章参照)．

　さて，このようにして作成されるインベントリーであるが，よりよい基礎資料として活用されるためにはどのような配慮が必要であろうか．完全な文献調査を行い，現地調査を繰り返し，膨大な情報を集積していくという正攻法はもちろん歓迎される．比較的最近刊行された神奈川県昆虫誌は，長期にわたる綿密な調査結果に基づく1,300ページを超える地域インベントリーのよいお手本であるが(神奈川県昆虫談話会, 2004)，現実にはそのようなインベントリーの秀作・大作を目にする機会は少ない．地域インベントリーを作成するには，時間や経済，人材の面でさまざまな制約を受けるのが普通である．そこで理想とはいかないまでも，基礎資料として耐えうるインベントリーを作るためのネガティブ・チェックを次に示しておく．

① 掲載種の同定に疑問がある．
② 掲載種の分布に疑問がある．
③ 種名称(和名・学名)が正確に記載されておらず，また誤記が多い．
④ 掲載種数が少なく，地域の生物相が把握できない．

⑤ 特定の分類群に偏りが認められる（調査対象を限定する場合を除く）．
⑥ RDB種などの環境保全上の重要種に関する情報が欠落している．
⑦ 文献記録か現地調査記録の区別が不明瞭で，記録の出典が明らかでない．

26-3　不確定のタクサ情報

　わが国における生物相の解明率の低いことは再三に述べてきたが，この状況はインベントリー作成にあたって，未記録や未記載の種，またそのどちらにも属さない未同定の種を生じることは容易に想定される．このような，不確定の情報を備えるタクサについて，どのように対処すべきであるのかといった問題に直面する機会は実のところ非常に多い．特に，無脊椎動物や菌類などを扱う研究者や技術者などにとっては，むしろ日常的な問題であるかもしれない．以下に，これら不確定な情報にかかわる対処法を考えてみたい．

26-3-1　未記録種

　地域生物相が未解明で，自然史資料が整備されていない日本の現状では，自然環境調査を実施すれば，必ずといってよいほど，当該地域から未知であったいわゆる未記録種が発見される．その重要度は，日本レベルか，あるいは地方レベルであるのかによって軽重の差が生じてくるのは当然であるし，また，その種が生息個体数の少ない希少種であるか，どこにでも見られる普通種であるかによっても対応が異なるであろう．時として，日本から新記録でかつ希少な種のような，学術上重要で，さらに注目度の高い種が発見された場合に，その処遇について，発見者を含む関係者の思惑は錯綜することもあるかもしれない．

　そのような重要な記録は，適切にできれば早い時期に公表すべきであることが原則である．しかし，地域インベントリー解明のみを目的とする調査であるならいざ知らず，事業計画を目的とした環境アセスメント調査などでは，その未記録種の存在により事業変更を余儀なくされる可能性もあり，まして調査を依頼した事業主体者との関係において守秘義務が生じるので，科学的探求心のみで公開の判断をくだすことは難しい．このような状況は後述する未記載種の場合も同じである．しかし，いつまでも未公表のままに放置して

おくと，発見された未記録種の生息地が，造成工事などにより改変されてしまい，取り返しのつかない事態にもなりかねない．そのような最悪の事態が発生した後に新発見の事実が判明したならば，それこそより大きな問題に波及するであろう．

　今般の社会情勢からすれば，情報公開が原則的対応となっており，自然界の歴然とした事実は事実として速やかに公表して，公正な対応に待つべきであると考えられる．このことに関しては，関係者の理解を得るために，当該の未記録種の生物に関する情報やその保全対策について，十分な説明も必要である．それと同時に，野生生物保全を優先する立場から，行政担当者の理解や法令上の合法的な取扱いが期待される．

26-3-2　未記載種

　科学的に未知の生物に対して，分類学の研究者は，命名規約に従い，学会誌などの誌上において種あるいは亜種などの特徴を記載し学名を決定し公表する．まったくの未知の生物でも，たとえよく知られた生物でも，このような記載手続きが行われなければ科学的には未発見であり，それは未記載種として扱われる．しばしば，未知の種に対して「新種発見」という報道が行われるが，新種は記載手続きの段階を踏まえて初めてそのように認知されるべきもので，正式な発表以前はあくまでも未記載の生物ということになる．

　生物多様性が高い一方で，その解明が遅れている日本の現状では，地域の生物調査を実施すれば，このような未記載種が発見されることはきわめて日常的なことである．昆虫類をはじめとする無脊椎動物や菌類などには，地域生物相に潜在的に占める割合が，この未記載種のほうがはるかに多い場合も少なくない．もちろん哺乳類や鳥類などの脊椎動物ではその割合ははるかに少ないが，それでも魚類や両生類などでも学名の決定していない未記載種の存在は知られている．

　生物相調査で発見された未記載種は，前述の未記録種と同様に，理想的には早い機会に新名を与え公表されるべきであるが，専門分野の研究者が速やかに対応してくれるとは限らない．新発見のまれな大型脊椎動物，系統分類学や生物地理学上の重大な発見であれば，迅速な処理も期待できる．しかし

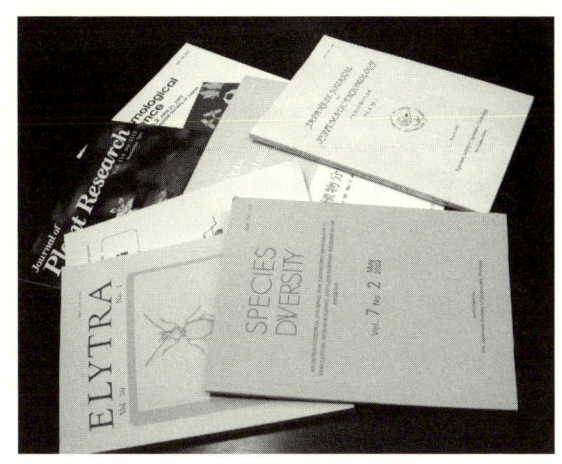

図 26-2 分類学関連の雑誌．これらの雑誌には，毎年膨大な数の日本新記録種や新種の生物が掲載されている．

ながら，未記載の生物を多く含む無脊椎動物などでは，研究者がすでに手元に抱えている未処理の標本だけでも膨大な数であることが普通で，その公表までに長時間を要してしまうこともあるだろう．それでは，店ざらしの状態で放置するしかないのかといえば，そのようなことはない．学名が決定されなくても，その未記載種の分布や生態などを解明することは，専門の研究者でなくても可能であるし，近縁種との比較によって，血縁的にはどの種に近い存在であるのかを推定することくらいはできる．重要なことは，未知の種であることが明確にされた時点で，その研究・発表に関する便宜を図り，事実が適正に記述，公表されることに配慮すべきである．そのことでひいては，新たな発見の機会となった生物相調査そのものの信頼性を高め，かつ専門研究者からの多くの知識の導入も期待できることになるであろう(図26-2)．

ところで，行政やマスコミは「新種発見」に常に過剰反応を示す．行政が道路などの事業主体であった場合は，新種発見により工事が中断されないかと心配し，マスコミは新種発見という旗を振り短絡的な自然保護を訴える．まず「新種」という言葉の一人歩きが特に問題となる場合が多いが，研究者を含むすべての関係者には，未記載種(未知の生物)の認識を明確にもちなが

ら，むやみと騒がず，むしろその実態の解明に専念する態度をもつことが必要である．環境改変にすべて敵対する自然保護原理主義者や，それを題材に問題を恣意的に複雑化する一部のマスコミ関係者などの対応は，無益で心労の多いものに違いない．しかし，科学的事実に対する正確な情報の開示は，最終的には，それを政治的に利用しようとする者たちが，決して踏み込めない聖域を創り出すものである．

26-3-3　未同定種

　分類学的研究が進んでいない生物で，未記載の種であるかどうかよくわからないために，近似種との関係も明らかにされないままに「sp.」(species, 種の意の略) として掲載しているインベントリーを目にする機会が多い．しかし，自然環境調査などの報告書のなかに，このような種を未同定の状態で掲載することの可否は微妙な問題である．

　未同定種を目録に加えることが，インベントリーの掲載種数が増加し，生物多様性の解明という幾ばくかの達成感は望めるかもしれない．しかし，同定されていない (学名が決定されていない) ことはその実体が不明であるという事実に変わりなく，A種 (A sp. などと表示する) という記号化した生物は，その根拠となる標本とセットの状態でのみ意味をもつ．もちろん，報告書に標本を添付することは事実上不可能であることから，基本的にはほとんど意味をもたない情報である．しかし，だからといって削除できない事情が生じることもある．この調査により発見された「A sp.」という種は，少なくとも属レベルまでは同定されていたとする (たとえば *Trechiama* sp. としよう)．この *Trechiama* 属はオサムシ科のメクラチビゴミムシ類の地下生活を営む昆虫であるが，地域的に複雑に分化しており，多くの地方では，レッドデータブックに掲載されている絶滅のおそれのある生物である．正確に同定できなかった理由が未記録や未記載の種であったとすれば，この情報は非常に重要なものとなるだろう．要するに，実体に限りなく近く同定が実行されており，そこに種名以外の重要な付帯情報を備えるような場合では，未同定種の情報も意味をもつのである．

　ここでは，分類学的研究の遅滞により結果的に未同定となる場合を想定し

26 地域生物相のインベントリー

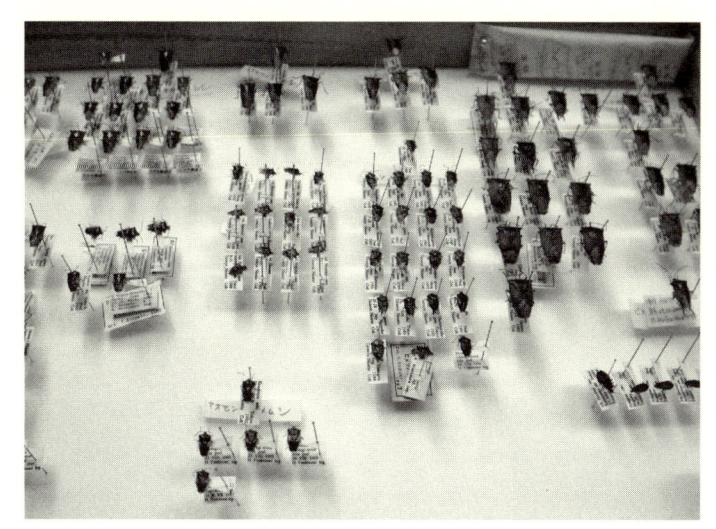

図26-3 分類整理されたツノカメムシの標本.

たのであるが，同じ未同定でも，十分な文献資料が整備できておらず，同定技術が不十分で種まで確定できない場合も当然ながら想定される．

　同定とは，得られた資料（標本）の種（あるいは亜種や変種など）としての学名を決定することである．まず同定を行うにあたっては，よく知られた種については，図鑑や総説類を参照することによって，一応その目的を果たすことはできる．しかしそれは特徴が明瞭な種に限られる場合であり，近似種が多いグループでは容易ではない．既知種を網羅した検索表があればかなりのレベルまで同定は可能であるが，そのような出版物は概して少なく，入手も難しい．

　正確に同定を行うには，その種が記載された正基準標本と比較して行うのが本来の姿であるが，現実には不可能に近い．せめて，国内の博物館や大学などの研究機関に所蔵されている，専門家により正しく同定されたオセンティックスペシメンなどと比較することができれば，より正確な同定結果が得られるが，専門の研究者でなければ，なかなかそこまでの作業を要求することは現実としては難しい．それでも，環境調査や自然史研究には，この同定

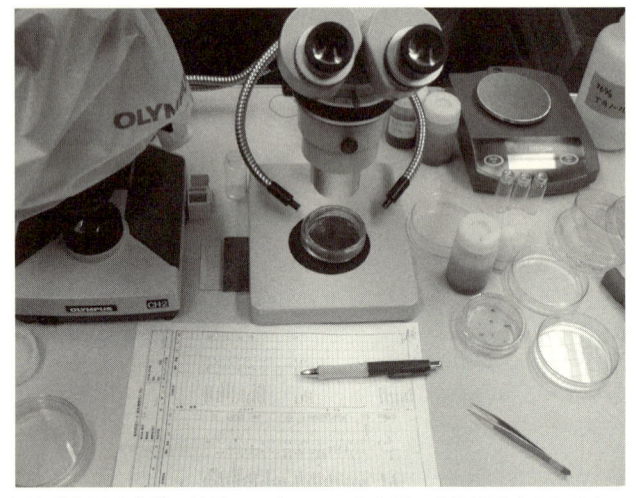

図 26-4 標本種名同定作業の結果で，すべての生物種の名称が確定されるものではない．

は欠かせない重要な作業であることは否定できない．正確に同定された標本こそ，科学的な資料としての利用価値が存在するからである．不正確な同定なり，未同定なりの資料による応用的な研究報告では，その信頼性はまったくないに等しいのである．

　同定困難な種が出てきた場合，専門の分類学者に標本を送り，種名を尋ねるというのも一つの方法である．事前に標本同定の承諾を得た後に，最小限の依頼標本を送付し，適切な期限の後に結果を尋ねるという行為は決して間違ってはいない．特に未記録や未記載の種，そのほか環境保全上重要と考えられる種の名称を確定することは重要である．しかし，専門家も種名同定作業のみを本業としているわけではなく，現実にはスムースな対応が期待できない場合が多い．たとえば，依頼される側の研究者に共通の苦情が，同定依頼者側の礼儀の問題である．無断で標本を送りつけ，一方的に結果の返事の期限を明示してくるなどの横暴がときとしてあるという．同定依頼をする場合は，常識の範囲でよいので，礼儀を尽くすことだけは怠らないでほしい（図26-3, 26-4）．

　生物標本の同定に関してずいぶんと悲観的な話を書いたが，おそらくこれ

がわが国の現状である．分類学研究者の人材不足，公共機関における標本の未整備，適切な図鑑や総説類の欠如など，さまざまな要因がこの現状を生み出しているが，わずかながらも改善も見られる．冒頭にも書いたが，昆虫類では過去15年あまりで約5,000種ほどが日本のインベントリーに追加されている．これは分類学的研究が進展し，より正確な種の同定が可能になった証である．

　同じ昆虫類の例ではあるが，国土交通省が実施している河川水辺の国勢調査(第7章参照)では，調査対象とする陸上昆虫類に関しては，分類解明度が高く，環境指標性が明らかな分類群に絞り込み，その結果，インベントリー情報の信頼性を高めるという方針で，2006年から調査を実施するようになった．日本産昆虫類約35,000種のうち10,000種あまりが，調査対象から当面は外されることになったが，異論もあろうが，現状認識のうえから適切な対応ではないかと思われる．昆虫類のように種数の多い生物は，インベントリーのなかで記録種数を競い合う傾向があるが，その結果として，不正確な情報が生み出される可能性をはらんでいる．事実，この河川調査の基礎情報は，分類の専門家で構成された委員会のなかで入念に照査されたうえで一般公開されており，その際に多く疑義や誤同定が指摘され，インベントリーから削除するという，非常に手間のかかる作業を繰り返してきているのである．

参考文献

1章

バスキン, Y., 1997 (藤倉 良訳, 2001). 生物多様性の意味. 300 pp. ダイヤモンド社, 東京.
コルボーン, T., ほか 1996 (長尾 力訳, 1997). 奪われし未来. 366 pp. 翔泳社, 東京.
樋口広芳編, 1996. 保全生物学. 253 pp. 東京大学出版会, 東京.
石坂匡身編著, 2000. 環境政策学. 369 pp. 中央法規出版, 東京.
栗山浩一, 1997. 公共事業と環境の価値. 174 pp. 築地書館, 東京.
環境省編, 2002. 新・生物多様性国家戦略. 315 pp. ぎょうせい, 東京.
マクニーリー, J. A., ほか 1990 (池田周平・吉田正人訳, 1991). 世界の生物の多様性を守る. 202 pp. (財)日本自然保護協会, 東京.
守山 弘, 1988. 自然を守るとはどういうことか. 260 pp. 農山漁村文化協会, 東京.
プリマック, R. B.・小堀洋美, 1997. 保全生物学のすすめ. 398 pp. 文一総合出版, 東京.
武内和彦・住 明正・植田和弘, 2002. 環境学序説. 環境学入門 1. 190 pp. 岩波書店, 東京.
────・鷲谷いずみ・恒川篤史, 2001. 里山の環境学. 257 pp. 東京大学出版会, 東京.
植田和弘, 1998. 環境経済学への招待. 204 pp. 丸善ライブラリー, 東京.
宇田川武俊, 2000. 農山村漁村と生物多様性. 261 pp. 家の光協会, 東京.
鷲谷いずみ, 1999. 生物保全の生態学. 182 pp. 共立出版, 東京.
────・矢原徹一, 1996. 保全生態学入門. 270 pp. 文一総合出版, 東京.
山村恒年, 1994. 自然保護の法と戦略 [第2版]. 446 pp.+1-14 pp. 有斐閣選書, 東京.

2章

藤森隆郎・油井正敏・石井信夫, 1999. 森林における野生生物の保護管理. 255 pp. (財)日本林業調査会, 東京.
Jeas News 編集委員会, 2000. 環境アセスメントに関連する資格制度. *Jeas News*, (87): 3-8.
環境省編, 2007. 環境循環型社会白書(平成19年版). 412 pp.+41 pp. ぎょうせい, 東京.
環境省総合環境政策局編, 2007. 環境統計集(平成19年版). 310 pp. (財)日本統計協会, 東京.
環境庁環境影響評価研究会, 1999. 逐条解説環境影響評価法. 755 pp. ぎょうせい, 東京.
建設コンサルタント協会業務管理技術研究会, 1998. シビルコンサルティングマネージャ平成10年度版. 455 pp.

栗本洋二, 2002. 「信頼性確保検討委員会」中間報告（概要）. Jeas News, (94): 22.
自然環境アセスメント研究会編著, 1995. 自然環境アセスメント技術マニュアル. 638pp. (財) 自然環境研究センター, 東京.
永田さち子・沼澤将夫, 2000. 自然のしごとがわかる本. 253pp. 山と溪谷社, 東京.
佐藤正則, 2002. あなたは公共事業が好きになる. 210pp. 日本建設新聞社, 東京.
竹林征三, 1995. 実務者のための建設環境技術. 480pp. 山海堂, 東京.
依田 薫, 2001. 公共事業大変革と建設激震. 230pp. 日本実業出版社, 東京.

3章

Hua, H. -L., & J.-W. Yin, 1993. Protected Animals in China. i+ii+678pp. Shanghai Keji Jiaoyu Publ., Shanghai. (In Chinese.)
IUCN Species Survival Commission, 1994. IUCN Red List Categories. i+21pp. The World Conservation Union.
環境庁編, 1991a. 日本の絶滅のおそれのある野生生物―レッドデータブック―（脊椎動物編）. 331pp.(財)日本野生生物研究センター, 東京.
――, 1991b. 日本の絶滅のおそれのある野生生物―レッドデータブック―（無脊椎動物編）. 271pp. (財)日本野生生物研究センター, 東京.
環境省編, 2000a. 改訂・日本の絶滅のおそれのある野生生物―レッドデータブック―（両生類・爬虫類）. xi+120pp. (財)自然環境研究センター, 東京.
――, 2000b. 改訂・日本の絶滅のおそれのある野生生物―レッドデータブック―8 植物Ⅰ(維管束植物). 16pls.+660pp. (財)自然環境研究センター, 東京.
――, 2000c. 改訂・日本の絶滅のおそれのある野生生物―レッドデータブック―9 植物Ⅱ(維管束植物以外). 8pls.+429pp. (財)自然環境研究センター, 東京.
――, 2002. 改訂・日本の絶滅のおそれのある野生生物―レッドデータブック―1 哺乳類. 8pls.+177pp. (財)自然環境研究センター, 東京.
Ministry of Science, Technology and Environment, 1992. Red Data Book of Vietnam, Vol. 1, Animals. 396pp. Science and Technics Publishing House, Hanoi. (In Vietnamies.)
Shirt, D. B., 1987. British Red Data Books, 2. Insects. xiiv+256pp. Nature Conservancy Council, London.
World Conservation Monitoring Centre, 1994. 1994 IUCN Red List of Threatened Animals. iv+286pp. The World Conservation Union.
Yen, S.-H., & P.-S. Yang, 2001. Illustrated Identification Guide to Insects, Protected by Conservation Law of Taiwan, R. O. C. 176pp. Council of Agriculture, Executive Yuan Taiwan, Taipei.

4章

米国NSPE倫理審査委員会編, 1999 (日本技術士会訳編, 2000). 科学技術者倫理の事例と考察. 250pp. 丸善, 東京.
長谷川眞理子, 2001. 第7章 人間の道徳性. 生き物を巡る4つの「なぜ」, pp.193-216. 集英社, 東京.

参考文献

ハリス, C. A., ほか, 1998 (日本技術士会訳編, 1998). 第2版・科学技術者の倫理——その考え方と事例——. 479pp. 丸善, 東京.
ヨナス, H., 1979 (加藤尚武監訳, 2000). 責任の倫理. 438pp. 東信社, 東京.
加藤尚武, 1991. 環境倫理学のすすめ. 226pp. 丸善, 東京.
加藤尚武編, 2001. 共生のリテラシー——環境の哲学と倫理. 226pp. 東北大学出版会, 仙台.
御子柴善之, 2001. 第7章3. 環境保護の倫理. 遠藤弘・伴博編, 現代倫理学の展望 (第3版), pp.288-304. 勁草書房, 東京.
パスモア, J., 1974 (間瀬啓允訳, 1998). 自然に対する人間の責任. 349pp. 岩波書店, 東京.
自然の権利セミナー報告書作成委員会編, 1998. 自然の権利. 308pp. 山洋社, 東京.
シャンジュー, J.-P.監・キルシュ, M. 編, 1993 (松浦俊輔訳, 1995). 倫理は自然のなかに根拠をもつか. 387pp. 産業図書, 東京.
ヴェジリンド, P. A・A. S. ガン, 1998 (日本技術士会環境部会訳編, 2000). 環境と科学技術者の倫理. 326pp. 丸善, 東京.
自然の権利. http://member.nifty.ne.jp/sizennokenri/index.html.

5章

環境省自然環境局編, 2001. 人と自然との共生をめざして. 49pp. 環境省.
環境省編, 2002. 新・生物多様性国家戦略〜自然の保全と再生のための基本計画〜. 315pp. ぎょうせい, 東京.
野生鳥獣保護管理研究会編, 2001. 野生鳥獣保護管理ハンドブック. 417pp. 日本林業調査会, 東京.

6章

環境省編, 2000a. 改訂・日本の絶滅のおそれのある野生生物——レッドデータブック——8 植物I (維管束植物). 16pls.+660pp. (財) 自然環境研究センター, 東京.
——, 2000b. 改訂・日本の絶滅のおそれのある野生生物——レッドデータブック——9 植物II (維管束植物以外). 8pls.+429pp. (財) 自然環境研究センター, 東京.
——, 2002a. 改訂・日本の絶滅のおそれのある野生生物——レッドデータブック——1 哺乳類. 278pp. (財) 自然環境研究センター, 東京.
——, 2002b. 改訂・日本の絶滅のおそれのある野生生物——レッドデータブック——2 鳥類. 278pp. (財) 自然環境研究センター, 東京.
——, 2003. 改訂・日本の絶滅のおそれのある野生生物——レッドデータブック——4 汽水・淡水魚類. 230pp. (財) 自然環境研究センター, 東京.
環境省Web site, 1997. 維管束植物レッドリスト; 維管束植物以外レッドリスト; 両生類・爬虫類レッドリスト.
——, 1998. 哺乳類レッドリスト; 鳥類レッドリスト.
——, 1999. 汽水・淡水魚類レッドリスト.
環境庁編, 1991a. 日本の絶滅のおそれのある野生生物——レッドデータブック——(脊椎動物編). 340pp. (財) 日本野生生物研究センター, 東京.

——, 1991b. 日本の絶滅のおそれのある野生生物—レッドデータブック—（無脊椎動物編）. 272 pp.（財）日本野生生物研究センター, 東京.
——, 1993a. 日本産野生生物目録, 本邦産野生動植物の種の現状（脊椎動物編）. 80 pp.（財）自然環境研究センター, 東京.
——, 1993b. 日本産野生生物目録, 本邦産野生動植物の種の現状（無脊椎動物編I）. 106 pp.（財）自然環境研究センター, 東京.
——, 1995. 日本産野生生物目録, 本邦産野生動植物の種の現状（無脊椎動物編II）. 662 pp.（財）自然環境研究センター, 東京.
——, 1998. 日本産野生生物目録, 本邦産野生動植物の種の現状（無脊椎動物編III）. 49 pp.（財）自然環境研究センター, 東京.
——, 2000a. 改訂・日本の絶滅のおそれのある野生生物—レッドデータブック—（爬虫類・両生類）. xi + 120 pp.（財）自然環境研究センター, 東京.

8章

農林水産省, 2001. 森林・林業基本計画. 69 pp.
——, 2001. 全国森林計画. 28 pp.
——, 2001. 森林・林業基本法のあらまし. 14 pp.
林野庁, 2001. 森林・林業基本計画の概要. 14 pp.

9章

愛知県, 1975, 1985, 1995. 愛知県農林水産統計年報. 270 pp.; 310 pp.; 314 pp. 農林水産省東海農政局.
愛知県, 1975, 1985, 1995. 土地に関する統計年報. 159 pp.; 245 pp.; 167 pp. 農林水産省東海農政局.
環境庁, 1976. 緑の国勢調査—自然環境保全調査報告書. 401 pp.
——, 1994a. 海域調査報告書（干潟）, 第4回自然環境保全基礎調査. 291 pp.
——, 1994b. 海岸調査報告書, 第4回自然環境保全基礎調査. 349 pp.
——, 1994c. 植生調査報告書, 第4回自然環境保全基礎調査. 390 pp.

10章

福井順治, 2002. 磐田市桶ヶ谷沼におけるアメリカザリガニの大発生とその影響. 2002年度日本蜻蛉学会大会研究発表要旨集, p. 4. 日本蜻蛉学会.
堀　繁久・的場洋平, 2001. 移入種アライグマが捕食していた節足動物. 北海道開拓記念館研究紀要, (29): 67-76.
苅部治紀, 1998. 神奈川県のコバネアオイトトンボについて. 神奈川虫報, (122): 1-5.
——, 2007. 神奈川県横浜市で発生したリュウキュウベニイトトンボについて. 月刊むし, (434): 42-45.
小林達明・倉本宣編, 2006. 生物多様性緑化ハンドブック. xii + 323 + 4 pls. 地人書館, 東京.
中井克樹・中島経夫・A. Rossiter, 2003. 外来生物　つれてこられた生き物たち.

参考文献　　　　　　　　　　　　　　　　　　　　　　　　　　　　361

160pp. 滋賀県立琵琶湖博物館.
日本生態学会編, 2002. 外来生物ハンドブック. xvi＋4pls.＋390pp. 地人書館, 東京.
大野正男, 2000. 日本産主要動物の種別文献目録 (24a) トウキョウヒメハンミョウ (2). 戸田市立郷土博物館研究紀要, (15): 1-18.
尾崎清明, 2005. ヤンバルクイナの分布域と個体数の減少. 遺伝, **59**(12): 29-33.
酒泉　満, 1990. 遺伝学的にみたメダカの種と種内変異. 江上信雄・山上健次郎・嶋　昭紘編, メダカの生物学, pp.143-161. 東京大学出版会, 東京.
桜谷保之・菅野格朗, 2003. 京都府木津川堤防におけるホソオアゲハの生態—特に在来種ジャコウアゲハとの比較—. 巣瀬　司・枝恵太郎編, 日本産蝶類の衰亡と保護第5集, pp.181-184. 日本鱗翅学会.
鈴木邦雄, 1990. 「多様性尊重主義」と「選別主義」. 鈴木邦雄編, 自然保護と昆虫研究者の役割　講演論文集, pp.37-47. 日本昆虫学会第50回大会特別集会呼び掛け人.
高桑正敏, 2006. 外来生物の問題点は何か—誤った風潮が広まらないために. 科学, **76**: 895-900.
高桑正敏・広谷浩子・佐藤武宏・中村一恵編, 2003. 侵略と撹乱のはてに—移入生物問題を考える—. 141pp. 神奈川県立生命の星・地球博物館.

11章

郷原匡史, 2002. 小笠原諸島のハナバチ相とその保全. 杉浦直人・伊藤文紀・前田泰生編著, ハチとアリの自然誌. pp.229-245. 北海道大学図書刊行会, 札幌.
堀越和夫・鈴木　創, 2006. 小笠原諸島東島で発生した外来哺乳類クマネズミ, *Rattus rattus*による小型海鳥アナドリ, *Bulweria bulweri*の捕食被害状況 (予報). 第12回野生生物保護学会発表要旨, 那覇.
苅部治紀, 2001. 小笠原諸島における固有トンボ類の危機的状況について. 月刊むし, (369): 22-32.
——, 2005. 外来種グリーンアノールが小笠原の在来昆虫に及ぼす影響. 爬虫両生類学会報, **2005**(2): 163-168.
——・須田真一, 2004. グリーンアノールによる小笠原の在来昆虫への影響 (予報). 神奈川県立博物館調査研究報告自然科学, **12**: 21-30.
——・——, 2004. 固有トンボ類保全の試み〜トンボ池実験の成果〜. 神奈川県立博物館調査研究報告自然科学, **12**: 59-61.
加藤英寿, 2004. 在来種を追いやる外来植物. 東洋のガラパゴス小笠原—固有生物の魅力とその危機—. pp.107-113. 神奈川県立博物館.
草野　保, 2002. オオヒキガエル. 日本生態学会編, 外来種ハンドブック, p.105.
(社) 日本林業技術協会, 2004. 第4章　対策を要すると考えられる外来種の生息状況とその影響の把握. 4-1 ノヤギ調査, 第5章 母島におけるアカギの分布状況. 平成15年度小笠原地域自然再生推進計画調査報告書 (その1), pp.1-43, 1-21.
——, 2006. 第4部第1章　グリーンアノールの生息状況と対策の検討. 平成16年度小笠原地域自然再生推進計画調査報告書 (その1), pp.208-265.
大林隆司・稲葉　慎・鈴木　創・加藤　真, 2003. 小笠原諸島産昆虫目録 (2002年版). 小笠原研究, (29): 17-74.

Ohbayashi, T., I. Okochi, H. Sato & T. Ono, 2005. Food habit of *Platydemus manokwari* De Beauchamp, 1962 (Tricladida: Terricola: Rhynchodemidae), known as a predatory flatworm of land snails in the Ogasawara (Bonin) Islands, Japan. *Appl. Entomol. Zool.*, **40**: 609-614.

Okochi, I., H. Sato & T. Ohbayashi, 2004. The cause of mollusk decline on the Ogasawara Islands. *Biodiv. & Conserv.*, **13**: 1465-1475.

鈴木　創, 2006. 小笠原でおこっていること．小笠原の稀少動物を守る―飼育動物や人間との共存を目指して―．東京都獣医師会・小笠原シンポジウム講演要旨，東京．

庄司恭平・渡辺泰徳, 2004. 小笠原諸島の河川，貯水池における外来淡水魚類分布の現状．小笠原研究年報, (27): 41-55.

高桑正敏・苅部治紀, 2004. 絶滅に瀕する固有昆虫3：甲虫類．東洋のガラパゴス小笠原―固有生物の魅力とその危機―, pp.151-153. 神奈川県立生命の星・地球博物館．

12章

Mathews, G. V. T., 1993. ラムサール条約その歴史と発展, pp.7-10, 37-42. 釧路国際ウェットランドセンター．

環境庁自然保護局・国際湿地保全連合日本委員会, 2000. 重要湿地選定調査業務報告書, pp.1-7, 111-112. 環境庁．

環境省, 2002. ウェットランド水と命の出会うところ．48pp.

松井香里, 2002. 重要藻場調査手法検討調査報告, 藻類．41pp. 日本藻類学会．

13章

ダム水源地環境整備センター編, 1994a. 水辺の環境調査．xiv + 483pp. 技報堂出版, 東京．

―, 1994b. ダム湖の生態環境づくり．vi + 258pp. ダム水源地環境整備センター, 東京．

―, 1998. 最新魚道の設計―魚道と関連施設．8pls.+ xii + 581pp. 信山社サイテック．

Hara, H., *et al.*, 1982. Ozegahara, Scientific research of the Highmoor in Central Japan, 1982. iii + 11pls.+ iv + 456pp.

可児藤吉, 1944. 渓流性昆虫の生態．古川晴男編，昆虫（上）．270pp. 研究社, 東京．

苅部治紀, 2001. ブラックバス・ブルーギルなどの外来魚が水生昆虫に与える影響．日本鞘翅学会第14回大会講演要旨集, pp.27-29.

建設省河川局編, 1986. 水生生物による水質の簡易調査法．18pp. 河川環境管理財団, 東京．

釧路昆虫同好会編, 1995. 釧路湿原の昆虫．*Sylvicola*, 別冊II, ii + 8pls.+ 176pp.

Mori, S., & G. Yamamoto (eds.), 1975. *Productivity of communities in Japanese inland waters. JIBP Synthesis*, **10**: i-vii + 1-436. Jpn. Comm. Intern. Biolog. Prog. Univ. Tokyo Press. Tokyo.

参考文献 363

日本魚類学会自然保護委員会, 2001. 日本ブラックバス問題を科学する. なにをいかに守るのか? 日本魚類学会公開シンポジウム講演要旨, pp.1-22.
日本水産資源保護協会, 2000. 日本の希少な野生水生生物に関するデータブック (水産庁編). v+vi+437+ivpp. (財) 自然環境研究センター, 東京.
沖縄総合事務局北部ダム事務所, 1997. エコダム宣言, 生態系保全新時代. 45pp. 沖縄建設弘済会, 浦添.
リバーフロント整備センター, 1990. まちと水辺に豊かな自然を, 多自然型建設工法の理念と実際. 128pp. 山海堂, 東京.
佐藤正孝, 1986. 水辺の昆虫とその保護. 昆虫と自然, **21**(7): 2-3.
――, 1990. 昆虫研究者からみた環境行政, 自然保護と昆虫研究者の役割. 日本昆虫学会講論文集, (1): 33-36.
――, 2000. 日本における消えゆく昆虫たちの現況. 三井グラフ, (120): 4-10.

14章

阿部 永, ほか, 1994. 日本の哺乳類. 195pp. 東海大学出版会, 東京.
Hutson, A. M., S. P. Mickleburgh & P. A. Racey, 2001. Global Status Survey and Conservation Action Plan, Microchiroteran Bats. IUCN/SSC Chiropteran Specialist Group. 259pp. IUCN.
環境省編, 2002. 改訂・日本の絶滅のおそれのある野生生物. レッドデータブック. 哺乳類. 177pp.
Kunz, T. H., & P. A. Racey, 1998. Bat biology and conservation. 365pp. Smithonian Institution Press, Washington DC.
日本哺乳類学会編, 1997. レッドデータ日本の哺乳類. 279pp. 文一総合出版, 東京.
前田喜四雄, 2001. 日本コウモリ研究誌――翼手類の自然史. 203pp. 東京大学出版会, 東京.
――・赤澤泰, 1999. 飛翔コウモリの通過個体数確認の試み. 哺乳類科学, **39**: 221-228.
――・――・松村澄子, 2001. 南西諸島徳之島におけるコウモリ類の生息実態およびコウモリの新記録. 東洋蝙蝠研究所紀要, (1): 1-9.
――・橋本 肇, 2002. 西表島産3種の小型コウモリ類の採餌環境 (1). いわゆる開けた場所と樹木に被われた場所の差違. 東洋蝙蝠研究所紀要, (2): 18-20.
佐藤雅彦, ほか, 2002. 道北北部の街灯に飛来する種不明コウモリの確認について. 利尻研究, (21): 65-73.

15章

BirdLife International, 2001. The threatened birds of Asia: The BirdLife International red data book. Part A+B. 3038pp. BirdLife International, Cambridge.
Higuchi, H., *et al.*, 1996. Satellite tracking of White-naped Crane migration and the importance of the Korean Demilitarized Zone. *Conserv. biol.*, **10**: 806-812.
成末雅恵・矢野正則・金井 裕, 2000. 全国分布調査で見えてきた野鳥の現状. 野鳥, (637): 5-10.

財団法人日本野鳥の会・読売新聞社編, 1997. 翔る―ツルの渡り追跡調査写真集. 96pp. 読売新聞社, 東京.

岡本久人・市田則孝, 1990. 野鳥調査マニュアル―定量調査の考え方と進め方. 352pp. 東洋館出版社, 東京.

山岸哲編, 1997. 鳥類生態学入門―観察と研究のしかた. 197pp. 築地書館, 東京.

(財)山階鳥類研究所標識研究室, 1990. 鳥類標識マニュアル (第10版). 136pp. (財)山階鳥類研究所, 我孫子市.

(財)山山階鳥類研究所, 1996. 渡り鳥アトラス 鳥類回収記録解析報告書 (スズメ目編 1961～1995年). 123pp. (財)山階鳥類研究所, 我孫子市.

由井正敏, 1977. 野鳥の数のしらべ方. わかりやすい林業研究解説シリーズ, (60): 1-66. (社)日本林業技術協会, 東京.

16章

Duellman, W. E., & L. Trueb, 1986. Biology of Amphibians. 670pp. McGraw-Hill, New York.

Fukuyama, K., T. Kusano & M. Nakane, 1988. A radio-tracking study of the behaviour of females of the frog *Buergeria buergeri* (Rhacophoridae, Amphibia) in a breeding stream in Japan. *Jpn. J. Herpetol.*, **12**: 102-107.

久居宣夫, 1987. 行動生態学. 浦野明央・石原勝敏編. ヒキガエルの生物学, pp.149-165. 裳華房, 東京.

井上泰佑, 1979. ダルマガエルのなわばり行動について. 日本生態学会誌, **29**: 149-161.

Ishii, S., *et al.*, 1995. Orientation of the toad, *Bufo japonicus*, toward the breeding pond. *Zool. Sci.*, **12**: 475-484.

金井郁夫, 1971. ヒキガエル調査報告. 52pp. 八王子市教育委員会, 東京.

Kusano, T., 1998. A radio-tracking study of post-breeding dispersal of the treefrog, *Rhacohorus arboreus* (Amphibia: Rhacophoridae). *Jpn. J. Herpetol.*, **17**: 98-106.

―― & K. Miyashita, 1984. Dispersal of the salamander, *Hynobius nebulosus tokyoensis*. *J. Herpetol.*, **18**: 349-353.

――・K. Maruyama & S. Kaneko, 1995. Post-breeding dispersal of the Japanese toad, *Bufo japonicus formosus*. *J. Herpetol.*, **29**: 633-638.

奥野良之助, 1985. ニホンヒキガエル *Bufo japonicus japonicus* の自然誌的研究 VII 成体の行動圏と移動. 日本生態学会誌, **35**: 357-363.

Osawa, S., & T. Katsuno, 2001. Dispersal of brown frogs *Rana japonica* and *R. ornativentris* in the forests of the Tama Hills. *Current Herpetol.*, **20**: 1-10.

太田 宏, 1998. テレメトリー法によるトウホクサンショウウオの陸上移動の追跡の試み (講演要旨). 爬虫両棲類学雑誌, **17**: 187.

Shimoyama, R., 1989. Breeding ecology of a Japanese pond frog, *R. p. porosa*. In: Matsui, M., T. Hikida & R. C. Goris (eds.), Current Herpetology in East Asia, pp.323-331. Herpetol. Soc. Jpn., Kyoto.

高橋 久, 1995. ホクリクサンショウウオの産卵期の移動 (講演要旨). 爬虫両棲類学雑誌, **16**: 61.

Tanaka, K., 1989. Mating strategy of male *Hynobius nebulosus* (Amphibia: Hynobiidae). In: Matsui, M., T. Hikida & R. C. Goris (eds.), Current Herpetology in East Asia, pp. 437-448. Herpetol. Soc. Jpn., Kyoto.
臼田 弘, 1997. クロサンショウウオの繁殖期における雄の攻撃行動の個体間関係. 爬虫両棲類学雑誌, **17**: 53-61.
矢野 亮, 1978. ヒキガエルの生態学的研究. (III) ヒキガエルの行動. 自然教育園報告, (8): 107-119.

17章

青木淳一, 1900. 土壌ダニによる環境診断. 科学, **51**: 132-141.
Dufrêne, M., *et al.*, 1990. Evaluation of carabids as bioindicators: a case study in Belgium. poster 12. In: Stork, N. E. (ed.), The Role of Ground Beetles in Ecological and Environmental Studies, pp. 377-381. Intercept. Andover, Hampshire.
土生昶申・貞永仁恵, 1961-1969. 畑や水田付近に見られるゴミムシ類(オサムシ科)の幼虫の同定の手引き (I). 農業技術研究所報告 **C, 13**: 208-248; (II). **C, 16**: 151-179 (1963); (III). **C, 19**: 81-216 (1965); (補遺I). **C, 23**: 113-144 (1969).
——・——, 1970-1971. 畑や水田付近に見られるゴミムシ類(オサムシ科)の幼虫の記載 (I). 昆虫, **38**: 9-23; (II). **38**: 24-41 (1970); (III). **39**: 159-166 (1971).
平嶋義宏監修・九州大学農学部昆虫学教室・日本野生生物研究センター共編, 1989. 日本産昆虫総目録. 1967pp. (特にpp. 198-236). 九州大学農学部昆虫学教室, 福岡.
石井 実, ほか, 1991. 大阪府内の都市公園におけるチョウ類群集の多様性. 環動昆, **3**(4): 183-195.
石谷正宇, 1996. 環境指標としてのゴミムシ類(甲虫目:オサムシ科, ホソクビゴミムシ科)に関する生態学的研究. 比和科学博物館研究報告, (34): 1-110.
——, 1998. ゴミムシ相およびその生物学的研究 (2) コナラ林とその周辺環境における種多様性. 中国昆虫, (12): 25-30.
——, 2000. 環境指標としてのゴミムシ類に関する生態学的研究 (6) ―河川敷環境の植生維持管理の違いをGISでいかに反映させるか!―. 日本昆虫学会第60回大会講演要旨集, p. 71.
——, 2001. 環境指標としてのゴミムシ類に関する生態学的研究 (7) ―国際協力による都市部〜地方の傾度に関する我国での調査について―. 日本昆虫学会第61回大会講演要旨集, p. 24.
Ishitani, M., J. Watanabe & K. Yano, 1994. Species composition and spatial distribution of ground beetles (Coleoptera) in a forage crop field. *Jpn. J. Ent.*, **62**: 275-283.
——, *et al.*, 1997. Faunal and biological studies of ground beetles (Coleoptera; Carabidae and Brachinidae) (1) Spacies composition on the banks of the same river system. *Jpn. J. Ent.*, **65**: 704-720.
——, D. J. Kotze & J. Niemelä, 2003. Changes in carabid beetle assemblages across an urban-rural gradient in Japan. *Ecography*, **26**: 481-489.

Luff, M. L., 1987. Biology of polyphagous ground beetles in agriculture. *Agric. Zool. Rev.*, **2**: 237-278.
森下兼年・依田京子・石谷正宇, 2002. 地理的スケールにおける生物多様性の動態と保全に関する研究, GISによる土地利用の歴史的変遷の種目別解析. 地球環境研究総合推進費研究発表会要旨集, pp.4-11.
Müller-Motzfeld, G., 1989. Laufkäfer (Coleoptera: Carabidae) als pedobiologische Indikatoren. *Pedobiology*, **33**: 145-153.
中村寛志, 2000. チョウ類群集の構造解析による環境評価に関する研究. 環動昆, **11**: 109-123.
Niemelä, J., J. R. Spence & D. H. Spence, 1992. Habitat association and seasonal activity of ground-beetles (Coleoptera, Carabidae) in central Alverta. *Canad. Ent.*, **124**: 521-540.
Niemelä, J., *et al.*, 2000. The search for common anthropogenic impacts on biodiversity: a grobal network. *Jl. Ins. Conserv.*, **4**: 3-9.
―― & J. Kotze, 2004. http://www.helsinki.fi/science/globenet.
巣瀬 司, 1992. 蝶と歩行虫を指標とした見沼たんぼの環境評価. イグレッタ, **11**: 3-9.
津田松苗, 1964. 汚水生物学. 258pp. 北隆館, 東京.
Turner, F. B., & C. S. Gist, 1965. Influences of a thermonuclear cratering device on close-in populations of lizard. *Ecology*, **46**: 645-652.
Turin, H., 1981. Provisional checklist of the European ground-beetles (Coleoptera: Cicindelidae & Carabidae). *Mon. Ned. Ent. Ver.*, (9): 1-249.
Yahiro, K., T. Hirashima & K. Yano, 1990. Species composition and seasonal abundance of ground beetles (Coleoptera) in a forest adjoining agroecosystems. *Trans. Shikoku ent. Soc.*, **19**: 127-133.
――, *et al.*, 1992. Species composition and seasonal abundance of ground beetles (Coleoptera) in paddy fields. *Jpn. J. Ent.*, **60**: 805-813.
Yano, K., *et al.*, 1989. Species composition and seasonal abundance of ground beetles (Coleoptera) in a vineyard. *Bull. Fac. Agric. Yamaguchi Univ.*, **37**: 1-14.

18章

岩田悦行・松村正幸・西條好廸, 1977. ポイント法による人工草地植生の一診断. 岐阜大農研報, (40): 219-227.
北原正宣・鈴木善雄, 1987. 立山室堂周辺域の植生. ライチョウ調査報告書―昭和61年度―, pp.9-24. 富山県・富山雷鳥研究会.
――, ほか, 1998. 爺ヶ岳におけるライチョウのナワバリと繁殖. ライチョウ棲息状況に関する調査研究, pp.5-10. 大町.
松村正幸, ほか, 1983. 岐阜県の植生景観 (6). シバ型草地に造成された人工草地の草生変化についての事例. 岐阜大農研報, (48): 241-253.
沼田 眞, 1957. 植生調査に用いる方形区の大きさ. 科学, **27**: 366-367.
――, 1961. 生態遷移における問題点―特に二次遷移と遷移診断について―. 生物科学, **13**: 146-152.

西條好廸, 1980. 植生はぎ取り後のシバ草地植生の変化. 草地生態, (18): 7-22.
——, 1993. シバ牧野の放牧圧と植生遷移. 環境保全と山村農業（杉山道雄編）, pp.105-110. 日本経済評論社, 東京.
——・吉田昭市, 1976. シバ牧野の植生管理に関する研究. （I）本州中部高海抜地域シバ牧野の植物社会学的研究. 岐阜大農研報, (39): 301-314.
——・——・松村正幸, 1977. シバ牧野の植生管理に関する研究. （II）岐阜県飛騨地方にみられるシバ草地の群落構造. 岐阜大農研報, (40): 261-274.
——, ほか, 1998. 爺ヶ岳におけるライチョウ棲息環境としての植生. ライチョウ棲息状況に関する調査研究, pp.11-30. 大町.
——, ほか, 2001. ライチョウの営巣環境としてのハイマツ植生. 環境技術, **30**(6): 46-51.
Shimwell, D. W., 1971. The description and classification of vegetation, London. Sidgwick & Jackson.
Warren, Wilson J., 1960. Inclined pointt quadrats. *New Phytol.*, **59**: 1-5.
Whittaker, R. H., 1951. A criticium of the plant association and climatic climax concepts. *Northwest Sci.*, **25**(1): 17-19, 24-31.

19章

Allen, M. F., 1991. The Ecology of Mycorrhizae. 184pp. Cambridge University Press, Cambridge.
Bernays, E. A., & R. F. Chapman, 1994. Host-Plant Selection by Phytophagous Insects. 312pp. Chapman & Hall, New York.
Bidarondo, M. I., *et al.*, 2004. Changing partners in the dark: isotopic and molecular evidence of ectomycorrhizal liaisons between forest orchids and trees. *Proc. R. Soc. Lond.*, **B, 271**: 1799-1806.
Bruns, T. D., *et al.*, 1998. A sequence database for the identification of ectomycorrhizal basidiomycetes by phylogenetic analysis. *Molecular Ecology,* **7**: 257-272.
Cullings, K. W., T. M. Szaro & T. D. Bruns, 1996. Evolution of extreme specialization within a lineage of ectomycorrhizal epiparasites. *Nature*, **379**: 63-66.
Harborne, J. B., 1993. Introduction to Ecological Biochemistry. Fourth edition, 318pp. Academic Press, London.
Hebert, P. D. N., *et al.*, 2003. Biological identifications through DNA barcodes. *Proc. R. Soc. Lond.* **B, 270**: 313-321.
伊藤誠夫, 1991. 日本産マルハナバチの分類・生態・分布. ベルンド・ハインリッチ（井上民二監訳）, マルハナバチの経済学, pp.258-292. 文一総合出版, 東京.
環境庁自然保護局野生生物課編, 2000. 改訂・日本の絶滅のおそれのある野生生物. 8. 植物I（維管束植物）. 660pp.（財）自然環境研究センター, 東京.
——, 2006. 改訂・日本の絶滅のおそれのある野生生物. 5. 昆虫類. 246pp.（財）自然環境研究センター, 東京.
Lanfranco, L., *et al.*, 1998. Molecular approaches to investigate biodivesity in mycorrhizal fungi. In: A. Varma (ed.), Mycorrhiza Manual. pp.353-372. Springer, Berlin.

Leake, J. R., 1994. The biology of myco-heterotrophic ('saprophytic') plants. *New Phytologists,* **127**: 171-216.

丸橋珠樹・山極寿一・古市剛史, 1986. 屋久島の野生ニホンザル. 201pp. 東海大学出版会, 東京.

松田陽介, 2000. 森林における外生菌根菌の群集構造——樹木をつなぐ菌根菌ネットワーク——. 二井一禎・肘井直樹編, 森林微生物生態学, pp.230-243. 朝倉書店, 東京.

McKendrick, S. L., J. R. Leake & D. J. Read, 2000. Symbiotic germination and development of myco-heterotrophic plants in nature: transfer of carbon from ectomycorrhizal *Salix repens* and *Betula pendula* to the orchid *Corallorhiza trifida* through shared hyphal connections. *New Phytologists,* **145**: 539-548.

岡部宏秋, 1999. 菌根・菌根菌. 森林立地調査法編集委員会編, 森林立地調査法——森の環境を測る——, pp.113-115. 博友社, 東京.

Pons, J., *et al.*, 2006. Sequence-based species delimitation for the DNA taxonomy of undescribed insects. *Syst. Biol.*, **55**: 595-609.

Shoonhoven, L. M., T. Jermy & J. J. A. van Loon, 1998. Insect-Plant Biology. 409pp. Chapman & Hall, London.

Simard, S. W., *et al.*, 1997. Net transfer of carbon between ectomycorrhizal tree species in the field. *Nature,* **388**: 579-582.

Taylor, D. E., & T. D. Bruns, 1997. Independent, specialized invasions of ectomycorrhizal mutualism by two nonphotosynthetic orchids. *Proc. Nat. Aca. Sci. USA*, **94**: 4510-4515.

Terashita, T., & S. Chuman, 1987. Fungi inhabiting wild orchids in Japan (III). *Armillaria tabescens*, a new symbiont of *Galeora septentrionalis. Trans. Mycol. Soc. Japan,* **28**: 145-154.

鷲谷いづみ, 1998. サクラソウの目——保全生態学とは何か——. 229pp. 地人書館, 東京.

Yokoyama, J., T. Fukuda & Y. Nukatsuka, 2004a. Molecular identifications of endomycorrhizal fungi inhabiting in *Cephalanthera* (Orchidaceae). International Symposium on Asian Plant Diversity and Systematics, Sakura, Japan. http://wwwsoc.nii.ac.jp/jsps/iapt2004/Poster_abstracts.html.

——, —— & ——, 2004b. Flower visitor fauna of *Lespedeza* subgen. Macrolespedza in northern Japan. *J. Jap. Bot.*, **79**: 358-369.

20章

青木淳一, 1995. 土壌を用いた環境診断. 沼田 眞編, 自然環境への影響予測——結果と評価法マニュアル. pp.197-27. 千葉県環境部調整課.

Clements, F. E., 1920. Plant indicators — the relation of plant communities to process and practice. 388pp. Carnegie Institution of Washington.

Fisher, R. A., A. S. Corbet & C. B. Williams, 1943. The relation between the number of species and the number of individuals in a random sample of an animal population. *J. Anim. Ecol.*, **12**: 42-58.

浜 栄一・栗田貞多男・田下昌志, 1996. 信州の蝶. 288pp. 信濃毎日新聞社, 長野.
久居宣夫, 1982. 都市で大発生するシイモグリチビガ. 昆虫と自然, **7**(3): 2-7.
今井長兵衛, 1995. 京都西賀茂における都市化チョウ相の変化. 環動昆, **7**: 119-133.
稲泉三丸, 1975. 蝶類による自然度の判定. 栃木県の蝶編纂委員会編, 栃木の蝶, pp.148-160.
井上 清, 2000. トンボに関する環境指標. 第10回環境アセスメント動物調査手法講演会テキスト, pp.1-16. 日本環境動物昆虫学会.
井上 清, 2005. トンボの環境指数の設定と実用化への提案. *Gracile*, (68): 16-28.
石井 実, ほか, 1991. 大阪府内の都市公園におけるチョウ類群集の多様性. 環動昆, **3**: 183-195.
――, 2001. 広義の里山の昆虫とその生息場所に関する一連の研究. 環動昆, **12**: 187-193.
Jaccard, P., 1902. Gezetze der Pflanzenvertheilung in der alpinen Region. *Flora*, **90**: 349-377 (Hagmeier, Stultus, 1954より).
香川県環境保健部編, 1990. 香川県環境影響評価技術マニュアル. 213pp. 香川県.
環境庁編, 1997. 環境研究・環境技術ビジョン―持続可能な未来のために―. 大蔵省印刷局, 東京.
加藤陸奥雄, 1954. 動物生態学実験法. 生物学実験法講座 9. 77pp. 中山書店, 東京.
Kimoto, S., 1967. Some quantitative analysis on the chrysomelid fauna of the Ryukyu Archipelago. *Esakia, Fukuoka*, **6**: 27-54.
牧林 功, 1985. 雑木林の小さな仲間たち―狭山丘陵昆虫記―. 233pp. 埼玉新聞社, 東京.
Margalef, D. R., 1958. Information theory in ecology. *Gen. Syst.*, **3**: 36-71.
McIntosh, R. P., 1967. An index of diversity and relation of certain concepts to diversity. *Ecology*, **48**: 392-404.
McNaughton, S. J., 1967. Relationship among functional properties of California grassland. *Nature*, (216): 168-169.
宮武頼夫, 1992. 昆虫相調査の手法と調査結果の検討について. 環動昆, **4**: 91-99.
森本尚武, 1989. 生物群集による自然環境の評価. 環境科学年報―信州大学, **11**: 1-4.
――・長谷川政興, 1973. 北アルプス乗鞍岳における林道の影響による土壌層甲虫群集の差異. 文部省科研費(特定研究)「中部山岳地帯における生物環境の破壊とその復元に関する基礎的研究」, (1): 45-52.
Morisita, M., 1959. Measuring of interspecific association and similarity between communities. *Mem. Fac. Sci. Kyushu Univ.* Ser. E. (Biol.), **3**: 65-80.
森下正明, 1967. 京都近郊における蝶の季節分布. 森下正明・吉良竜夫編, 自然―生態学的研究, pp.95-132. 中央公論社, 東京.
元村 勲, 1932. 群聚の統計的取扱いについて. 動物学雑誌, **44**: 379-383.
中村寛志, 1994. RI指数による環境評価(1) RI指数の性質と分布. 瀬戸内短期大学紀要, **24**: 37-41.
――, 1998. 香川県におけるチョウ相の変化―温暖化と関連して―. 昆虫と自然, **33**(14): 30-31.
――, 2000. チョウ類群集の構造解析による環境評価に関する研究. 環動昆, **11**: 109-

123.
――, 2002. レッドポイントは環境評価に応用できるか？ 日本環境動物昆虫学会第14回大会要旨集, p.14.
――・増井武彦, 1994. 七宝山の鱗翅目. 瀬戸内短期大学紀要, **24**: 171-182.
野村健一, 1940. 昆虫相比較の方法，特に相関法の提唱について. 九州帝国大学農学部学芸雑誌, **9**: 235-262.
大野正男, 1980. 指標生物としてのハムシ科甲虫. 自然科学と博物館, **47**(3): 112-115.
Pianka, E. R., 1973. The structure of lizard community. *Ann. Rev. Ecol. Syst.*, **4**: 53-74.
Pielou, E. C., 1969. An introduction to mathmatical ecology. 286pp. John Wiley & Sons. Inc.
Preston, F. W., 1948. The commonness and rarity of species. *Ecology,* **29**: 254-283.
桜谷保之, 2005. 調査結果の解析法・指標性. 日本環境動物昆虫学会編（井上　清・宮武頼夫監修），トンボの調べ方, pp.217-226. 文教出版, 大阪.
桜谷保之・藤山静雄, 1991. 道路建設とチョウ類群集. 環動昆, **3**: 15-23.
Sheldon, A. L., 1969. Equitability indices: Dependence on the species count. *Ecology*, **50**: 466-467.
島津康男, 1973. システム生態学. 86pp. 共立出版, 東京.
Simpson, E. H., 1949. Measurement of diversity. *Nature*, (163): 688.
Simpson, G. G., 1960. Notes on the measurement of faunal resemblance. *Am. J. Sci.*, (258)**A**: 300-311.
巣瀬　司, 1993. 蝶類群集研究の一方法. 日本鱗翅学会編，日本産蝶類の衰亡と保護, **2**: 83-90.
――, 1998. 調査結果の解析法，環境指標性を利用した解析. 日本環境動物昆虫学会編（今井長兵衛・石井実監修），チョウの調べ方, pp.59-69. 文教出版, 大阪.
鈴木邦雄, 1991.「生物多様性」の保護―「多様性尊重主義」と「選別主義」再考―. チョウ類の保護セミナー委員会編，第2回チョウ類の保護セミナー資料集, pp.1-18.
Sørensen, T., 1948. A method of establishing group of equal amplitude in plant sociology based on similarity of species content and its application to analyses of the vegetation on Danish commons. *Biol. Skar. (K. danske vidensk. Selsk.* N.S.), **5**: 1-34. (Southwood, 1966より)
豊嶋　弘, 1988. チョウ類の分布をもとにした香川県の自然度. 香川県自然環境保全指標策定調査研究報告書（自然度評価の総括）, pp.87-108.
田中　蕃, 1988. 蝶による環境評価の一方法,「蝶類学の最近の進歩」. 日本鱗翅学会特別報告, **6**: 527-566.
田下昌志・市村敏文, 1997. 標高の変化とチョウ群集による環境評価. 環動昆, **8**: 73-88.
田下昌志，ほか, 2006. 長野県上高地地区におけるチョウ類群集を用いた治水工法の評価の試み. 環動昆, **17**:157-166.
矢原徹一, 1997. 種の多様性と生物多様性. 遺伝別冊, **9**: 13-21.

21章
日笠 睦, 2000. ダム建設と生態系アセスメント. 国際景観生態学会日本支部会報, **5**(1): 17-20.
日置佳之, 2000. 生きもの主体のランドスケープ計画手法に関する展望―調査と計画を結ぶランドスケープエコロジーの分析手法―. ランドスケープ研究, **64**(2): 138-141.
日置佳之・井出佳季子, 1997. オランダの3つの生態ネットワーク計画の比較による計画プロセスの研究. ランドスケープ研究, **60**(5): 501-506.
鎌田麿人, 2000. 生態系アセスメントの現状と問題点. 国際景観生態学会日本支部会報, **5**(1): 11-16.
加藤和弘・一ノ瀬友博, 1993. 動物群集保全を意図した環境評価のための視点. 環境情報科学, **22**(4): 62-71.
小島 覚, 1989. 地球・人類・その未来 自然保護への道標. 217pp. 森北出版, 東京.
桑子敏雄, 1999. 環境の哲学. 310pp. 講談社学術文庫, 東京.
増山哲男, 2005a. 環境影響評価における生態系の評価手法に関する研究. 131pp. 東京情報大学経営情報学大学院後期課程博士論文.
――, 2005b. 生態系ピラミッドから新たな生態系ディスクへ―ヒトの生態系での位置づけ. 生物の科学 遺伝, **59** (6): 96-99.
――・尾籠健一・小安奈央子, 2007. カナダにおける生態系解析・評価に関する事例報告. 環境アセスメント学会誌, **5**(1): 51-57.
――・山本年浩・原慶太郎・安田嘉純, 2005. 小流域を単位とする生態系評価手法―宮城県を例として―. 環境アセスメント学会誌, **3**(2): 41-50.
松田裕之, 1999. 愛知万博に係わる環境影響評価準備書の諸問題：オオタカをめぐる説明責任, 順応性, 反証可能性. 保全生態学研究, **4**: 107-111.
McDonnell, M. J., & S. T. A. Ickett (eds.), 1993. Humans as components of ecosystem: The ecology of subtle human effects and populated area, Springer-Verlag. 385pp. Berlin and Heidelberg GmbH & Co. K.
McHarg, Ian L., 1971. Desigh with Nature (Paperback edition), Philadelphia, U. S. A. 198pp. the American museum of natural history press.
――, 2001. REGIONAL PLANNING. RPレビュー(日本政策投資銀行), **4**(1): 2-5.
三橋弘宗, 2002. 生息環境を地図化して隣接関係を評価する. 遺伝, **56**(5): 75-79.
中越信和・日笠 睦, 1999. 環境アセスメント法における生態系評価手法. 日本緑化工学会誌, **24**(3/4): 130-136.
奥野良之助, 1978. 生態学入門―その歴史と現状批判―. 285pp. 創元社, 大阪.
小河原孝生・有田一郎, 1997. 土地的・生物的自然の空間情報の把握と空間スケール. 生態計画研究年報, (5): 1-20.
Odum, E. P., 1956. Fundamentals of Ecology, 2nd ed., Philadelphia: Saunders. 京都大学生態学研究グループ訳. 432pp. 朝倉書店, 東京.
Shapiro, H. A., 1996. アジアにおけるエコロジカル・プランニング, その現状と将来. 沼田 眞編, 景相生態学―ランドスケープ・エコロジー入門―. pp.118-125. 朝倉書店, 東京.
武内和彦, 2001. 自然と人工が融合した生態システムの再構築. 環境情報科学, **30**(4): 15-19.

田中　章, 1998. 環境アセスメントにおけるミティゲーション規定の変遷. ランドスケープ研究, **61**(5): 763-768.
――, 2000. 環境アセスメントにおける定量的生態系評価手法―代償ミティゲーションとの関係において―. 第4回国際影響評価学会日本支部研究発表会論文集, 15-20.
――, 2002. 何をもって生態系を復元したといえるか？―生態系復元の目標設定とハビタット評価手続きHEPについて―. ランドスケープ研究, **65**: 282-285.
鷲谷いづみ, 1999a. 生物保全の生態学. 182pp. 共立出版, 東京.
――, 1999b. 生物・生態系への影響評価の科学的「基準」と「手順」：万博アセスの検証. 保全生態学研究, **4**: 98-105.
――・松田裕之, 1998. 生態系管理および環境影響評価に関する保全生態学からの提言(案). 応用生態工学, **1**(1): 51-62.
渡辺綱男, 1999. 環境影響評価法の施行について. ランドスケープ研究, **63**: 158-159.

22章

Canter, L. W., 1996. Environmental Impact Assessment. Second Edition. 660pp. McGraw-Hill, New York.
King, D. M., 1997. Using Ecosystem Assessment Methods in Natural Resources Damage Assessment. Prepared for Damage Assessment and Restoration Program. 31pp. NOAA.
武内和彦・鷲谷いずみ・恒川篤史, 2001. 里山の環境学. 257pp. 東京大学出版会, 東京.
田中　章, 1998. 生態系評価システムとしてのHEP. 島津康男他編, 環境アセスメントここが変わる, pp.81-96. 環境技術研究協会, 大阪.
――, 1999. 持続的社会への転換ツールとしての環境アセスメント及び環境ミティゲーションの役割―米国, 日本, 中国(香港)の生態系保全に関するケーススタディーによる国際比較研究―. 175pp. (財) 国際開発高等教育機構, 東京.
――, 2000. 環境アセスメントにおける定量的生態系評価手法―代償ミティゲーションとの関係において―. 第4回国際影響評価学会日本支部研究発表会論文集, pp.15-20.
――, 2002a. 米国のハビタット評価手続きHEP誕生の背景. 環境情報科学, **31**: 37-42.
――, 2002b. 何をもって生態系を復元したといえるのか？―生態系復元の目標設定とハビタット評価手続きHEPについて―. ランドスケープ研究, **65**: 282-285.
――, 2003a. ハビタットの評価と復元―代償ミティゲーションを評価するHEP. 日本生態学会関東地区会会報, (50): 25-33.
――, 2003b. 生態系アセスメントにおける定量的評価手法利用の考え方. 環境省主催生態系の定量的評価手法フォーラム―生態系の定量的評価手法の展望と情報交換―(配布資料), pp.23-36.
――, 2006. HEP入門―ハビタット評価手続きマニュアル. 267pp. 朝倉書店, 東京.
Treweek, J., 1999. Ecological Impact Assessment. 351pp. Blackwell Science, MA.
U. S. Fish and Wildlife Service, 1980. Habitat Evaluation Procedures (HEP). U. S. Dept. of Interior, Fish and Wildlife Service. Ecological Service Manual 101, 102

and 103.
U. S. Fish and Wildlife Service, 1981. U.S. Fish and Wildlife Service Mitigation Policy. *Federal Register*, **46**: 7656-7663.

23章
Austin, G. E., *et al.*, 1996. Predicting the spatial distribution of buzzard Buteo buteo nesting areas using a Geographical Information System and remote sensing. *J. Appl. Ecol.*, **33**: 1541-1550.
Guisan, A., & N. E. Zimmermann, 2000. Predictive habitat distribution models in ecology. *Ecological Modelling*, **135**: 147-186.
高田雅之, ほか, 2006. 衛星リモートセンシング技術を用いた北海道サロベツ湿原の植生区分. 景観生態学, **11**: 3-14.
Turner, M. G., R. H. Garder & R. V. O'Neill (中越信和・原慶太郎監訳, 2004). 景観生態学—生態学からの新しい景観理論とその応用—. 400pp. 文一総合出版, 東京.

24章
Berendsohn, W. G., 1995. The concept of "potential taxa" in databeses. *Taxon*, **44**: 207-212.
——, 1997. A taxonomic information model for botanical databases: the IOPI model. *Taxon*, **46**: 283-309.
——, 2005. Free access to information on biodiversity — How do I become a member of the Global Biodivesity Information Facility (GBIF) ? *Beitraege zur Entomologie,* **55**: 433-444.
Berendsohn, W. G., *et al.*, 1999. A comprehensive reference model for biological collections and surveys. *Taxon*, **48**: 511-562.
Bisby, F. A., 2000. The quiet revolution: biodiversity informatics and the internet. *Science,* **289**: 2309-2312.
Edwards, J. L., M. A. Lane & E. S. Nielsen, 2000. Interoperability of Biodiversity databases: biodibersity information on every desktop. *Science,* **289**: 2312-2314.
Hebert, P. D. N., *et al.*, 2004. Ten species in one: DNA barcoding reveals cryptic species in the neotropical skipper butterfly *Astraptes fulgerator. Proc. Natl. Acad. Sci. USA*, **101**: 14812-14817.
本間航介, 1999. 環境変動に対する森林植生変化の予測—問題点と展望. 河野昭一・井村 治編, 環境変動と生物集団, pp.70-87. 海游舎, 東京.
井村 治, 1999. 地球環境変化と昆虫. 河野昭一・井村 治編, 環境変動と生物集団, pp.147-167. 海游舎, 東京.
Ishikawa, N., *et al.*, 2006. Evaluation of morphological and molecular variation in *Plantago asiatica* var. *densiuscula*, with special reference to the systematic treatment of *Plantago asiatica* var. *yakusimensis. J. Plant Res.*, **119**: 385-395.
伊藤元己, 1996. 植物において種とはなにか. 科学, **66**: 294-299.
岩槻邦男, 2001. GBIFは生物学に何をもたらすか—21世紀の生物多様性研究とバ

イオインフォーマティクス—．分類, **1**: 71-78.
——, 2005．植物インベントリーに今必要なこと．分類, **5**: 85-87.
紙谷聡志・矢田 脩, 2002．地球温暖化に伴うタテハモドキの分布拡大のコンピュータシミュレーション．昆虫と自然, **37**(1): 8-11.
河野昭一, 1999．変動環境と植物集団の局所的適応・分化．河野昭一・井村 治編, 環境変動と生物集団, pp. 88-108. 海游舎, 東京.
Kawata, M., et al. (submitted). Practically and biologically effective registration and search system for biological diversity.
環境庁自然保護局野生生物課編, 1995．日本産野生生物目録―本邦産野生動植物の種の現状―．無脊椎動物編 II. 620pp.（財）自然環境研究センター, 東京.
——, 2000．改訂・日本の絶滅のおそれのある野生生物．8. 植物 I（維管束植物）．660pp.（財）自然環境研究センター, 東京.
北川 修, 1991．集団の進化―種形成のメカニズム．131pp. 東京大学出版会, 東京.
Lacy, R. C., & T. Kreeger, 1992. VOLTEX users manual. A stochastic simulation of the extinction process. Chicago Zoological Society, Chicago.
牧 雅之, 1997．遺伝子レベルから見た生物多様性とその保全．「生物の多様性とその保全」．遺伝別冊, (9): 23-30.
Martin, G., 1996. Birds in double trouble. *Nature*, **380**: 666-667.
——, et al., 2004. Probability distributions, vulnerability and sensitivity in *Fagus crenata* forests following prodicted climate in Japan. *J. Veget. Sci.*, **15**: 605-614.
松田裕之, 2000．環境生態学序説―持続可能な漁業，生物多様性の保全，生態系管理，環境影響評価の科学―．211pp. 共立出版, 東京.
Murakami, N., et al., 1999. Molecular taxonomic study and revision of the tree Japanese species of *Asplenium* sect. *Thamnopteris*. *Jl. Plant Res.*, **112**: 15-25.
Myers, N., et al., 2000. Biodiversity hotspots for conservation priorities. *Nature*, **403**: 853-858.
日本産アリ類データベース作成グループ, 2003．日本産アリ類画像データベース．日本蟻類研究会.
Nonaka, I., & H. Takeuchi, 1995. The Knowledge-Creating Company. How Japanese Campanies Create the Dynamics of Innovation. 304pp. Oxford University Press, Oxford.
岡本拓也・斎藤 馨・L. Shubash, 2005．GIS と植物モデルを応用した森林履歴復元手法の開発．ランドスケープ研究, **68**: 919-922.
Orme, C. D. L., et al., 2005. Global hotspots of species richness are not congruent with endemism or threat. *Nature*, **436**: 1016-1019.
斎藤 馨, 1995．アセスメントのための景観シミュレーション手法．佐藤大七郎監修, 自然環境アセスメント研究会編, 自然環境アセスメント技術マニュアル, pp. 425-443.（財）自然環境研究センター, 東京.
田中幸一, 1999．環境変動と昆虫のバイオタイプ．河野昭一・井村 治編, 環境変動と生物集団, pp. 88-108. 海游舎, 東京.
田中嘉成, 1999．環境変動と生物の適応・存続．河野昭一・井村 治編, 環境変動と生物集団, pp. 17-35. 海游舎, 東京.
Ytow, N., D. R. Morse & D. McL. Roberts, 2001. Nomencurator: a nomenclatural his-

tory model to handle multiple taxonomic views. *Biol. Jl. Linnean Soc.*, **73**: 81-98.
湯本貴和・松田裕之編, 世界遺産をシカが喰う シカと森の生態学. 213pp. 文一総合出版, 東京.
Zink, R. M., 1996. Bird species diversity. *Nature*, **381**: 566.

25章
馬場金太郎・平嶋義宏編, 1991. 昆虫採集学. 666pp. 九州大学出版会, 福岡.
———, 2000. 新版 昆虫採集学. 812pp. 九州大学出版会, 福岡.
平嶋義宏, 1994. 生物学名命名法辞典. 493pp. 平凡社, 東京.
———, 1989. 学名の話. 380pp. 九州大学出版会, 福岡.
———・森本 桂・多田内 修, 1989. 昆虫分類学. 597pp. 川島書店, 東京.
International Code of Botanical Nomenclature (Tokyo Code), 1994. (大橋広好訳, 1997. 国際植物命名規約(東京規約). 247pp. 津村研究所, 筑波.
International Code of Zoological Nomenclature, 4th ed., 1999. 306pp. International Trust for Zoological Nomenclature, London. (日本動物分類学関連学会連合訳, 2000. 国際動物命名規約第4版日本語版. 152pp.)
環境省編, 2000. 改訂・日本の絶滅のおそれのある野生生物. 植物I(維管束植物). 660pp. (財)自然環境研究センター, 東京.
馬渡俊輔, 1994. 動物分類学の論理. 多様性を認識する方法. 233pp. 東京大学出版会, 東京.
Mayr, E., 1969. Principles of Systematic Zoology. 428pp. McGraw-Hill, New York.
ヴェジリンド, P. A.・A. S. ガン, 1998 (日本技術士会環境部会訳, 2000). 環境と科学技術者の倫理. 327pp. 丸善, 東京.
シンプソン, G. G., 1961 (白神謙一訳, 1974). 動物分類学の基礎. ix+272pp. 岩波書店, 東京.
Thompson, J. M. A. (ed.), 1984. Manual of Curatorship: A Guide to Museum Practice. 553pp. Butterworth, London.

26章
青木淳一編, 1991. 日本土壌動物検索図説. viii+405figs.+201pp. 東海大学出版会, 東京.
朝比奈正二郎, 1991. 日本産ゴキブリ類. ii+11pls.+x+253pp. 中山書店, 東京.
神奈川昆虫談話会, 2004. 神奈川県昆虫誌, I・II: 1-1336.
環境庁編, 1993a. 日本産野生生物目録, 本邦産野生動植物の種の現状(脊椎動物編). 80pp. (財)自然環境研究センター, 東京.
———, 1993b. 日本産野生生物目録, 本邦産野生動植物の種の現状(無脊椎動物編I). 106pp. (財)自然環境研究センター, 東京.
———, 1995. 日本産野生生物目録, 本邦産野生動植物の種の現状(無脊椎動物編II). 620pp. (財)自然環境研究センター, 東京.
———, 1998. 日本産野生生物目録, 本邦産野生動植物の種の現状(無脊椎動物編III). 49pp. (財)自然環境研究センター, 東京.

環境法政策学会編, 1998. 新しい環境アセスメント法, その理論と課題. i＋v＋206pp. 商事法務研究会, 大阪.
川合禎二編, 1985. 日本産水生昆虫検索図説. viii＋409pp. 東海大学出版会, 東京.
木元新作・滝沢春雄, 1994. 日本産ハムシ類幼虫・成虫分類図説. viii＋539pp. 東海大学出版会, 東京.
森 正人・北山 昭, 1993. 図説日本のゲンゴロウ. 217pp. 環境科学株式会社, 豊中.
大林延夫・佐藤正孝・小島圭三編, 1992. 日本産カミキリムシ検索図説. x＋696pp. 東海大学出版会, 東京.
佐藤正孝, 1983. 昆虫分布調査を読む. 緑と光, 自然保護便り, 愛知県, (28): 1.
高桑正敏, 2004. 地域インベントリーと移入種と環境アセス. *Jeas News*, (101): 12-13.
丹沢大山総合調査実行委員会, 2005. 丹沢大山総合調査平成16年度調査報告書(概要版). 41pp.
内田 亨・山田真弓監修. 動物系統分類学, 全10巻, 22冊. 中山書店, 東京.
矢田 脩, 2000. チョウのインベントリー：世界の動向. 昆虫と自然, **35**(2): 17-20.
――, 2003. 東南アジアの昆虫インベントリーと国際ネットワーク. 昆虫と自然, **38**(12): 6-9.

キーワード

アンブレラ種（umbrella species） 生息地面積要求性が大きく，生態系ピラミッドの上部に位置する食物連鎖上の高次消費者．たとえば，猛禽類のオオタカは里山のアンブレラ種である．

遺伝子組換え生物（genetically modified organism） バイオテクノロジーにより除草剤や害虫に対する抵抗力の強い遺伝子組換え農作物が作出，栽培されている．このような生物が自然界に放逐されたときに，生態系へどのような影響を及ぼすかはいまだ不明な点が多い．この課題に対処するため，国際的な取り組みであるカルタヘナ議定書が2003年9月に発効している．わが国でも，その国内担保法であるカルタヘナ法を2004年施行している．

遺伝的撹乱（genetic disturbance） 同種とみなされる広域に分布する生物の集団であっても，遺伝子レベルでは必ずしも均質ではなく，各地域で固有の遺伝的特性を備えていることが普通である．在来の集団のなかに，外部から導入された同種あるいは近縁種の個体が混生したときに交雑が起こり，地域固有の遺伝的特性が失われることがあり，これを遺伝的撹乱とよぶ．遺伝的撹乱は地域集団の特性が失われるだけではなく，ときには集団が衰退や絶滅に追い込まれる危険性をはらんでいる．

移動（migration） 種の個体群や集団が，生息地から別の生息地に向けて方向性をもちながら動くこと．移動には，鳥の渡りのように毎年季節により繰り返されるもの，回遊魚の遡上のように，一世代のなかで1度だけ河川と海を往復するものなどの例がある．

インベントリー（inventory） 本来は目録や明細表などの意味をもつが，自然科学の分野では生物相リスト（目録）をさす．たとえば，日本列島の鳥類インベントリーや神奈川県のトンボ類インベントリーなどのように用いる．地域のインベントリーは，野生生物保全を実施する際には最も基本的な情報である．

エコロジカル・ネットワーク（ecological network） 野生生物の生息空間は，その移動や拡散が可能な範囲内に配置され，相互に連携されていなければならない．エコロジカル・ネットワークは，そのような野生生物が健全に生存のためにある，有機的な連絡網のことである．

エコロジカル・プランニング（ecological planning） 生態系と人間活動が有機的に調和する空間の保全や創出を目的に，土地利用や環境利用などの実現を目ざす地域や都市計画である．地域の自然環境を詳細に解析したうえで，住民をはじめとする地域にかかわるさまざまな主体と利害の合意を結び，計画を熟成させていくプロセスをとる．

エッジ効果（edge effect） 生息・生育地が，人為環境などの野生生物に好ましくない環境に接している場合には，同一面積であるとき，その接合延長が長いほど，影響が大きい．保全生態学では，このような周縁効果による悪影響をエッジ効果とよぶ．すなわち，島状に孤立した生息・生育地であれば，細長い形状よりも円形である

ほうが影響は少ない．なお，複数の環境が隣接するときに生物群集の境界部では，多くの環境要素が混在するため，生物の種数や個体数が多くなることも，同じくエッジ効果とよぶ．この場合はエコトーンとほぼ同義に使われる．

HEP（Habitat Evaluation Procedure）
HEPは，生態系を野生生物のハビタットという土地の広がりと直結した概念に置き換え，その適否から総合的に定量評価する手続きである．すなわち，ハビタットの餌条件や繁殖条件などの「質」，そのような質をもった「空間」，そのような空間が存在する「時間」という三つの視点からの評価を可能とする．アメリカで開発され，環境アセスメントの予測評価などに広く適用されており，日本でも普及しつつある．

HSIモデル（ハビタット適性モデル； Habitat Suitability Model）　野生生物種のハビタットの「質」を表すモデルで，狭義のHSIモデルとは，複数のSIモデルとHSIモデルの関係を示す．日本ではすでに80種の在来種に関して178モデルが考案されている（2007年1月時点）．HEPで用いられるSI（適正指数；Suitability Index）は，評価種の生息条件を規定する，食物，水，繁殖条件等の環境要因別に，0（まったく適さず）から1（最適）までの数値で適性度合いを表現したもので，そのモデルをSIモデルという．また同様に，HSI（ハビタット適性指数；Habitat Suitability Index）は一つ以上のSIを加算したり乗じたりして統合したものである．SIが一つならばHSIはSIと同等である．評価種のハビタットの適否について，SI同様，0（まったく適さず）から1（最適）までの数値で表現する．

越冬地（wintering ground）　寒冷地に生息する動物が冬季に南下して生活する場所．鳥類や一部の昆虫類などの移動力の大きな動物に見られる習性．日本の湿地は，シベリアや極東アジアのガンカモ類の越冬地として重要である．

NEPA（National Environmental Policy Act）　アメリカの環境アセスメント制度を規定している国家環境政策法．公布されたのは1969年で，環境アセスメントの制度を定めた法律としては最も歴史が古い．日本の環境影響評価法など各国の環境影響評価制度に影響を及ぼしている．

オセンティック・スペシメン
（authentic specimen）　正基準標本あるいは正確に同定された標本と比較して，同一の種であると認めた根拠の確かな種名同定標本．

階層構造（植生の）（stratification）　植生の林冠や草冠から地表に向かって階層的に分布する植物群で，光や風の遮断効果により発達する．たとえば，照葉樹林では高木層，亜高木層，低木層，草本層などのように区分するが，実際には，明確な階層が認められない地域や群落も多い．なお，階層構造が複雑に発達すると，植物の多様性が高まり，多くの動物の生息も可能になる．

外来種（alien species）　自然分布地以外の地域に導入された種．その種の定着により，導入先の生態系に悪影響が及ぶときには，特に侵略的外来種とよぶ．外来種は国外外来種と国内外来種に大別され，特に後者の場合は安易に導入されてしまうケースが多く，捕食圧による導入先の生物相の破壊や地域個体群の遺伝的撹乱などを生じている．

外来生物法（Invasive Alien Species Act）外来生物による生態系や農林水産業，健康に及ぼす影響を防止する目的で，被害の原因となる特定の外来生物を指定し，それらの飼養や輸入などについて必要な規制を行い，野外における特定外来生物の防除を進めるための法律で，2006年に施行された．正式名称は「特定外来生物による生態系等に係る被害の防止に関する法律」．2007年3月現在，同法により指定された特定外来生物は83種類（属なども含む）となる．

攪乱(disturbance) 洪水や山火事などの自然現象により，安定した生態系が破壊され，遷移の進行を妨げること．攪乱は生態系のあらゆるレベルにおいて構造，組織，機能に及ぼす破壊的作用である．一方，河川の氾濫原などのような攪乱が日常的におきている場所では，パイオニア的な攪乱依存種が見られる．

隔離(isolation) 交配可能な遺伝的同質の集団が，何らかの要因により別々の集団に分離され，相互に交配ができなくなる状態．地理的隔離，生殖的隔離および生態的隔離などが知られている．日本のように，島嶼で地形の起伏の大きな地域では，地理的隔離によって異所的種分化が生じたとみなされている例は多い．

河川敷(liverbed) 平野や低地などが耕地や市街地として高度に利用されているわが国では，そのような低湿地に依存する野生生物の生活圏は，現在のところ，ほとんどが河川内に封じ込められた状態にある．このような野生生物は氾濫原のような攪乱環境に元来依存してきた種であり，その意味では河川敷は重要な生息・生育地と位置づけられる．

河川法(Liver raw) 「河川について，洪水，高潮等による災害の発生が防止され，河川が適正に利用され，流水の正常な機能が維持され，及び河川環境の整備と保全がされるようにこれを総合的に管理することにより，国土の保全と開発に寄与し，もって公共の安全を保持し，かつ，公共の福祉を増進することを目的とする」(河川法第一条)．1997年に旧法が改正され，河川整備に環境保全が内部目的化されたほか，管理対象に樹林帯(河畔林など)が加わり，河川整備などに対して学識者からの意見を受けることや住民参加がうたわれている．

河川水辺の国勢調査(National censuses on river environments) 国土交通省河川局が実施している生物調査で，国土交通省管理の一級水系109全水系と，すべてではないが都道府県知事管理の一級河川区域および二級河川を対象としている．1990年(平成2年度)から開始され，植物，魚類，底生動物，哺乳類・両生類・爬虫類，鳥類，陸上昆虫類について，生物相と河川環境との関連性について基礎情報を収集している．

カバータイプ(cover type) HEPにおける「質」，「空間」および「時間」の分析は，原則として，植生や水，人工物など地表の被覆状態を示す，このカバータイプごとに行われる．最も単純なカバータイプ区分としては，コナラ林や水田，水面，道路(人工物)などのような植生区分や土地利用区分がある．評価区域全域を，カバータイプによって区分された一つひとつのエリアを小評価区域という．

環境アセスメント(environmental impact assessment) 開発事業の実施を決定するにあたって，その行為が環境にどのような影響を及ぼすかについて調査，予測，評価を行い，その結果を公表して広く意見を聴取，それらを踏まえて，よりよい事業計画を作りあげるための社会合意形成ツールである．わが国では，1993年に制定された環境基本法に環境アセスメントの推進が位置付けられたことを契機として，1997年に環境影響評価法が成立した．

環境基本法(Basic environmental law) わが国の環境保全の基本理念と施策を定め，環境保全を計画的に推進していくために，1993年に制定された基本法．同法では，環境基本計画ならびに公害防止対策，環境基準，環境影響評価，環境の負荷の低減に資する製品の利用，地球環境問題にかかわる国際協力を定めている．

環境倫理(environmental ethics) われわれヒトを含む地球生命共生系のなかで，自然の生存権，世代間倫理および地球全体主義の三つの主張を掲げる倫理学．自然がヒトに対する権利主張を認め，環境が未来世代にも引き継がれることを保障し，それらを地球全体レベルで考える．

帰化植物（alien plant）　本来自生していなかった植物が，外国から導入されて定着したもの．外来生物のうち植物についての呼称である．帰化植物の由来の古い例では，稲作などの農耕文化とともに導入・定着したものがあり，わが国の二次的自然の代表的な植物も多く含まれている．一般に帰化植物の割合が高いほど人為的影響の強さを示す．

希少種（vulnerable species）　絶滅の危機に瀕している種や，確かな情報はないが，野外において稀な種のこと．厳密な規定はなく，単に野外の経験則から珍しい種をこうよぶことも多い．

キーストーン種（keystone species）　群集内の他種の存続に強い影響力を与え，その種の存在が群集の安定性をもたらす種．キーストーン種は，もともと群集に影響力を及ぼす生態的上位の捕食者に与えられていた（現在はキーストーン捕食者とよばれる）が，現在では群集安定の要となる被捕食者や共生者，寄生者にも広く適用される．

グリーンアノール（*Anolis carolinensis*）　アメリカ合衆国南東部原産のイグアナ科のトカゲで，同属のブラウンアノールとともに特定外来生物に指定されている．小笠原諸島の父島と母島では人為導入され，現在のところ，在来の昆虫類などの小動物にとって，最も脅威的な捕食者であり，その効果的な駆除対策はいまだ模索中である．

群集生態学（community ecology）　地域に見られるすべての生物，あるいは植物や動物，近縁のグループについて，種の組み合わせやその規則性，関連性を解明することを目的とした学域．

経験則（rule of thumb）　野生生物保全技術は科学的な知見と手法を基礎に実践されるが，調査者が長年培ってきた経験則による判断が思わぬ効果をあげることも多い．現状では，野生生物の生態に関する情報はいまだ十分ではなく，非科学的との批判もあるが，現場における経験則に期待される部分は少なくない．

原生林（primary forest）　人為影響を受けず，自然の更新の中途か最終ステージで安定した林．あるいは自然性の高い樹林を，二次林に対比させて一般にこうよぶ場合もある．気候帯や標高，土壌基盤などの条件により原生林となる植生は異なる．たとえば，東北地方の山地ではブナ林が，東海地方の平地ではスダジイ林が原生林として優占する．自然林や処女林は同義．

行動圏（home range）　動物の個体レベルの生活空間．動物は種によって行動圏の範囲が異なり，大型哺乳類や猛禽類では数10 km圏にも及ぶが，移動性の小さな小動物では数 mにすぎない．行動圏の広い動物の保全のためには，移動経路の確保なども配慮する必要がある．

国際自然保護連合（International Union for Conservation of Nature (IUCN)）　1948年に自然保護と天然資源の保全を目的に設立された国際機関で，現在123ヵ国以上の政府機関と770以上の非政府機関が加盟している．本部はスイス．この機関は，世界中の生態系とそこに生息する野生生物種の監視，政府や民間団体による自然保護活動の推進や援助を主に行っている．

国際命名規約（International code of nomenclature）　生物の学名の適正と標準化を図るために，学名に関する国際的な取決めである国際命名規約が発行されている．規約は見直しと改訂が適宜行われ，植物では国際植物命名規約第5版（セントラル規約，2000）に，動物は国際動物命名規約第4版が実効力をもつ．

個体群動態（population dynamics）　個体群変動ともいう．種や個体群の個体数が時間の経過とともに変動する様子．個体数の変動には，増加，ピーク（高密度），減少，低密度の四つの変動相が認められる．

個体群密度（population density）　個体群単位あたりの個体数．一定空間あたりの生物の個体数を定量的に計量することは一般に困難である．個体数の推定にはサンプリング条件を同一にした採集成果による相対密度を用いることが多い．

固有種（endemic species）　地理的に区分されたある地域に分布する生物のうち，その地域に固有に見られる種．日本は島嶼により形成されているため生物の種や亜種の固有率は高いが，島嶼化の歴史はそれほど古くなく（約1,500万年前），属以上の高次分類群では，固有率はそれほど高くない．

採餌場（feeding site）　動物が食物を摂取する場所．複数の環境を利用する動物の多くは，日周活動のなかで採餌と休息の場所を違えている．（＝採食場）

里地・里山（Satochi Satoyama）　農林業など人間の生産活動が持続的に展開されている二次的自然を有する地域．農村や山村のことで，単に里山とよぶことも多い．農林業の衰退に伴い，里地・里山の自然と野生生物は現在危機的状況にある．反語は奥山．

サンクチュアリ（Sanctuary）　野鳥をはじめとする生物の聖域「サンクチュアリ」は，（財）日本野鳥の会が主導となって設立を進めており，1981年に北海道勇払原野に設立されたウトナイ湖サンクチュアリほか全国で11ヵ所ある．ここでは，レンジャーが常駐し，環境の管理や調査研究，来訪者への案内，自然観察会，環境教育などが行われている．

GIS（＝地理情報システム）

自生（native）　地域に見られる動植物のうち，そこにもともと分布していた種類．自生地はそれらの動植物の生息・生育地のこと．

自然の権利（Rights of nature）　自然はその存在自体に権利を有しているという考え．法的に定められる権利は，われわれ個人の利益を保護するが，同様の権利を自然や野生生物に認める．反人間中心主義のディープエコロジー思想も類似の考えである．わが国の自然の権利に関する訴訟では，アマミノクロウサギなどを原告とした「奄美自然の権利訴訟」などが有名である．

自然河川（natural river）　自然の河川やそれに近い状態の河川．単に河川の環境保全目標として多用されることもある．

自然再生事業（nature restoration project）　自然再生推進法（2002年制定）およびその基本方針に基づいて実施されている，損なわれた自然環境を積極的に再生させる事業．現在，全国19箇所で森林，草原，湿地，干潟，サンゴの維持・回復などを目標としてさまざまな事業が行われている．自然再生事業は，地域の自主性を尊重したボトムアップの仕組みを特徴とし，科学的調査による再生手法の検討，事業実施後のモニタリングとその結果のフィードバックによる順応的管理，また各段階での情報の公開といった手法を通じ，地域の合意形成を図りながら進められている．

自然植生（natural vegetation）　人為的影響がなく，自然の遷移系列にある植生で，通常はその地域の極相．代償植生は自然植生が人為の影響を受けて成立したもの．ただし，植物群落と等価にあるわけではなく，立地や環境条件により自然植生の判断は異なる．

持続可能な発展（Sustainable development）　1992年にブラジルのリオデジャネイロで開催された地球サミット「国連環境開発会議」で提唱された．いわゆるリオ宣言のなかで，「人類は持続可能な発展の中心にあり，それを達成するために環境の保護は発展過程で欠くことはできない」とされた．当初は持続可能な開発と訳されたが，現在は発展という言葉に置き換えられ

ている．

GPS（Global Positioning System）　アメリカの国防総省で開発・運用されているシステムで，人工衛星から発信されている電波を受信することにより，世界中で現在地や高度を測定できる運用システム．位置精度は，天候に影響を受けないが，衛星の配置状態や受信状態や地形・障害物などの周囲の状況により異なる．

指標種（indicator species）　環境に対して狭い要求幅をもつ種で，その存在により環境条件を示す．生物指標および指標生物もほぼ同義で使われる場合が多い．

種（species）　一般には，生殖的に隔離された独立な集団と定義される（生物学的種の概念）．もっとも，異所的に分布する生物集団において，形態や生態などの不連続な変化が必ずしも生殖的隔離機構を伴うものではない一方，均質と考えられていた異所的に分布する集団において隔離機構が働いている事例も知られている．また，遺伝子レベルの研究成果により，1種と考えられていた生物が複数の遺伝的集団に分割されることも多い．少なくとも，野生生物保全に際しては，保全遺伝学的な視点をもって，地域の集団を対象にした保全活動が基本となる．

種数平衡説（Species equilibrium theory）　MacArther・Wilson（1963）による．離島に生息する鳥類の種数は，単位時間あたりに移入・定着する種数と，単位時間あたり島から消失する種数に一定の動的平衡状態が成立し，供給源となる地域から遠いほど，また島が小さくなるほど，その平衡水準は低い値で安定する．孤立した地域の生物群集は，移入と消失のバランス，地域の大きさと供給源との距離に支配される．

種数面積曲線（species-area curve）　一つの群集のなかから面積の異なるサンプルを抽出し，それぞれに含まれる種数と面積の関係を示した曲線．群集の成立に適合な面積を推定することができる．

種の保存法（Law for the conservation of endangered species of wild fauna and flora）　正式名称は「絶滅のおそれのある野生動植物の種の保存に関する法律」．1992年に制定された．絶滅のおそれのある希少野生動植物について，種の選定，個体の管理（保護や譲渡規制など），生息地の保護規制および保護増殖事業を行うための法律．ツシマヤマネコやイヌワシ，ヤンバルテナガコガネなど，2007年3月時点で73種が指定されている．

順応的管理（adaptive management）　野生生物の多くは，生活史が解明されておらず，また生活史が知られているものでも，その保全にあたっては情報が不足する場合が少なくない．また，生物は外部環境や他種・他個体との相互作用から絶えず影響を受けていて，要求する資源量や環境要因も一定ではない．保全サイトの管理にあたっては，周辺条件の変化に応じて，当初の管理手法を検討し修正も行えるような順応的な対応が求められる．

植生自然度（vegetation of naturalness glades）　植生を人為的影響の程度により10段階（あるいは5段階）に区分したもの．数字が大きなものほど人為的影響が排除され自然性が高い．かつては，保全の指標として植生自然度が多用されてきたが，この自然度に従うと里山のような二次的自然が相対的に低く評価されてしまう．今日では生物の豊かさを表す生物多様性による評価が一般的である．

植生図（vegetation map）　植物群落の広がりを地形図上に図示したもの．地域の植生の現状を図化した現存植生図（actual vegetation map）が一般に利用される．植生図には，このほかに原植生図（original vegetation map）および潜在自然植生図（map of potential natural vegetation）がある．植生図はこれまで地形平面図による図化が一般的であったが，今日ではGISなど

を利用した三次元図化が行われている.

食物連鎖（food-chain） 生態系における，植物が生産する有機物をもとに，捕食・非捕食関係によるつながり．食物連鎖の複雑な全体像は食物網（food web）．

新種（new species） 国際命名規約に準拠して，新たに記載命名された種．学会誌などに発表される以前の新発見種については，未記載種などと区別してよぶ．また，新記録種とは地域や国から新しく記録された種．脊椎動物や維管束植物などでは，新種や新記録種の報告は少ないが，無脊椎動物や菌類では膨大な量の新知見が毎年発表されている．日本から，過去15年間に新たに記録された昆虫類は約5,000種にものぼる．

森林資源モニタリング調査（Forest resource monitoring） 林野庁が，持続可能な森林経営の推進を目標に1999年（平成11年）から実施している調査．森林の状態と変化の動向について全国統一の手法を用いて把握・評価することで，地域森林計画および国有林の地域別森林計画について，客観的資料を得ることを目的とする．

森林・林業基本計画（Forest and forestry basic plan） 2001年（平成13年）に旧林業基本法が改正され，本法が公布された．森林に対して，木材生産の場のほかにも，災害防止や水資源のかん養，自然共生，生物多様性保全，地球温暖化対策などのさまざまな機能が期待されている．このような森林の有する多面的機能の発揮と林業の持続・健全な発展のための基本理念が示されている．

生活史（life history） 生物が出生してから死亡するまでにたどる行動などの全過程．生活史の研究は繁殖や出生，成長などを対象とするが，多くの野生生物では生活史は解明されていない．単に生物の一生を生活史とよぶこともある．また，生活環（life cycle）は世代ごとに繰り返される発生や成長などの経過を表す．

正基準標本（holotype） 新タクサ（新種や新亜種など）を命名記載する際に指定する唯一個体の標本．新しく公表する生物の，形態などの生物的情報はその1個体の標本にすべて帰属するという考えに基づいている．基準標本（タイプ標本）には，正基準標本以外に，新タクサ記載時に使用した同一タクサと考えられる副基準標本（paratype）がある．

生態系（ecosystem） 自然界における生物的要素と無機的環境（物理的要素・化学的要素）からなる物質循環系．生物的要素は生産者，消費者および分解者からなり，無機的要素は大気，水，土壌，光などに分けられ，各要素は，外的環境作用や要素間作用により，有機的かつ柔軟に結合されている．

生態系アセスメント（ecosystem assessment） 生物を影響評価対象とした環境アセスメントでは，生物種やその集団，生息・生育地を対象に実施されることが多いが，わが国の環境影響評価法や地方自治体条例では，その対象範囲を生態系にまで拡大している．一般的には，生態系の影響予測は，上位性，典型性および特殊性の観点から抽出された生物種に関して現地調査を実施し，その結果に「影響の程度を科学的知見や類似事例を参考に予測する」とされているものが多い．

生態的回廊（ecological corridor） 野生生物は複数の空間を往来することで，採餌や繁殖などのための資源利用を行い，その集団を維持している．この移動のためには森林や草地，水系などの生物の移動経路が必要であり，これを回廊または生態的回廊という．開発などにより生息地が分断されたときに，このような生態的回廊を配置することは重要である．

生態的地位（niche） 個体群を維持するための採餌や繁殖，休息に利用するため

の環境であり，その種が要求する資源や要因の総量．生態的に同一か近い種の相互間ではニッチの争奪をめぐり競争が起きる．また，生息場所ニッチ幅（niche breadth）の広い種は，生息場所の構造的多様性や大きな空間を要求する．

生物学的水質判定（determination of biological water quality）　生物で水質を判定しようとする試みで，時間的経過を反映した結果を測定できるため，水質判定法の重要な手法として用いられてきた．これまでに Kolkwitz-Marsson 法や Liebmann の優占種法，Pantle-Buck の汚濁指数，ベック-津田法（1964）などが提案されている．

生物間相互作用（biological interaction）　異種の生物間では，捕食-非捕食関係，共生関係，寄生-被寄生関係などのような複雑多岐にわたる関係でつながり，これらの関係のなかで群集や生態系が成立している．また，相互間作用は関係する生物間に共進化を起こすことも知られている．生物多様性はまさに生物相互間作用が創り出しているともいえる．

生物指標（ecological indicator）　特定の環境に依存性が高く，その種の存在が環境を象徴する生物．生物指標は識別が容易で，目に付きやすい種が適している．指標種もほぼ同義で使われる．

生物相（biota）　一定の地域に分布する生物の全種類のこと．植物相（flora）と動物相（fauna）を合わせたもの．原生動物や菌類などのモネラ界生物を含む場合もある．生息環境との関連性などの概念は含まず，単純に生物の種類のみをさす．地域の生物相の把握は野生生物保全の基礎情報として重要である．

生物多様性（biodiversity）　種多様性（species diversity）から派生した概念であるが，単に生物種の多さを表すだけではなく，遺伝子，個体群，群集，景観などにいたる多層構造をもち，構成要素の相互作用や連鎖関係が作り出す共生系の全体像を示す．その存在自体に価値があるばかりではなく，われわれ人類に対しても，食料や医薬品，遺伝子情報，地域文化など，直接，間接的なさまざまの恩恵や影響をもたらしている．

生物多様性国家戦略（National strategy for biodiversity）　野生生物を計画的かつ戦略的に保全していくための指針である．保護地域や野生動植物の保全対策の強化や調査研究の推進と情報の整備などを行うとしている．なお，2002年3月には，新・生物多様性国家戦略が公表され，里地・里山のような普通の自然の危機と保全の必要性および外来移入生物による在来種の影響が新たな危機として加えられた．

生物中心主義（biocentrism）　自然や野生生物はそれ自体に権利を有するという考え方で，反人間中心主義を掲げるディープエコロジー思想や，自然物に魂の存在を認めるアニミズムも類似の思想である．反語は人間中心主義（anthropocentrism）．

世界自然遺産（World natural heritage）　世界遺産条約では，文化遺産および自然遺産のうち人類全体にとって特別の重要性をもつものを世界遺産として指定し，これらの保護のために効果的な措置を講じるとしている．指定された世界遺産は，それらを保有する国が認定をし，保護，保存および整備をして，将来の世代に伝えることが義務づけられている．わが国の世界自然遺産としては，現在までのところ知床，白神山地および屋久島の3地域が指定されている．

絶滅（extinction）　生物種や種内の遺伝子集団が滅びること．自然界では，環境変化や他種との競合に伴う敗北などが絶滅の原因となるが，現代の絶滅は人為的影響による生息地破壊や外来種の侵入によるところが大きい．

絶滅危惧種（endangered species）　絶

滅の危機に瀕した種．一般には比較的最近における人間活動により，生息地破壊などに伴う個体群の直接的・間接的影響を受けている種のことである．わが国のレッドデータブックでは，絶滅危惧のカテゴリを，絶滅危惧I類（絶滅危惧IA類と絶滅危惧IB類に細分）と絶滅危惧II類に分け，これに準じる種を準絶滅危惧種としている．

遷移（succession） 地域の生物群集が，時間系列のなかで次々に別の群集に置き換わりながら，安定した局相に向かい変化すること．生態遷移（ecological succession）については古くから植生遷移の研究が盛んに行われている．

代償措置（=ミティゲーション）

大陸島（continental island） 大陸から分離して形成された島．本州や北海道は大陸島であるが，純粋に火山起源の小笠原諸島は海洋島（oceanic island）である．生物の分布から見ると，陸地伝いに移動が可能だった大陸島は，大陸に起源をもつ種が見られ，種多様性が高いが，海洋島では生物独自の飛翔移動，風や海流による移入による種に占められるため，種類は少なく，構成種にも偏りが見られる．

多自然型川づくり（Nature-oriented river works） 治水上の安全性を確保しつつ，生物の良好な生息・生育環境をできるだけ改変せずあるいは最低限の改変にとどめるとともに，良好な河川環境の保全あるいは復元を目ざした川づくり．

ダム建設（dam construction） ダム建設による生態系に及ぶ影響は著しい．近年ではダム事業は減少しつつあるが，新規建設に際しては，長期にわたる高度な調査による科学的な影響予測評価と的確な保全対策が必要である．

多様度指数（diversity index） 生物群集における種数と個体数の関係を示す指数．全多様度，平均多様度および相対多様度の視点から，さまざまな多様度指数が提案されている．

地域個体群（local population） 種や亜種，変種などの地域的な集団をさす．生物は，複数の地域個体群により維持されていて，地域個体群間は稀に交流がある．例外的には，島嶼の固有種のように単一の個体群により構成される種もある．地域個体群は交配が可能で，遺伝的にほぼ同質であり，それゆえ種の基本単位とみなされる．保全生態学における保全の対象は，この地域個体群である．

中継地（stopover site） 移動途中の渡り鳥が休息や採餌のために一時的に滞在する場所．湿地や干潟などのウエットランドは渡り鳥の中継地として重要である．

鳥類重要生息地（Important bird area (IBA)） バードライフ・インターナショナルが1981年から実施している，鳥類を指標とした重要自然環境調査による指定地域．この調査では，世界的な絶滅危惧種の有無，生息地域が限定される種の有無，特殊な生息環境（バイオーム）に生息する種の有無，一定個体数以上が集合する環境の有無といった基準に照らして，重要地域を抽出している．

鳥類保護運動（bird conservation activity） 鳥を科学的な視点でとらえ，その基礎的な情報を収集することにより，具体的な保護活動を行う．NGOなどの市民団体，国や地方自治体がさまざまな保護活動に取り組んでいる．生息状況のモニタリング調査や鳥類標識調査，鳥類重要生息地調査などが実施されている．

地理情報システム（Geographic Information System (GIS)） 地理情報を扱うデータベースで，地理情報（点・線・多角形）の表示と，情報に関する入力・管理・検索・演算処理が可能なシステム．生物と生息環境との関連性，生物間相互作用の解析などに汎用されつつある．

地理的隔離（geographical isolation）
　生物個体群が，山岳や河川などの物理的障壁により分断され，相互に遺伝的交流が妨げられた状態．分断された複数群は，隔離集団単位で遺伝的変異を生じる場合には，異なる種に分化していく可能性がある．

低層湿原（low moor）　流水や地下水により恒常的に湛水や冠水し，地下水位が高く，排水の悪い条件に成立する．ヨシやオギ，マコモ，スゲ類などからなる湿原．低層湿原は植物遺体が堆積し，中間湿原を経て高層湿原に移行する．

テレメトリー（telemetry）　動物に装着した発信機から送られてくる電波を，アンテナと受信機を使って受信し，調査対象個体の行動を追跡する装置．哺乳類や鳥類，魚類，両生類などの行動圏調査に利用される．

同定（identification）　生物の名称を正確に確定させること．同定された標本に装着する名称を記載したラベルをデットラベルという．

トラップ（trap）　動物を捕獲・採集するための罠．夜間活動性の種や通常の調査方法では発見が困難な種については，それぞれの動物の習性に合わせたトラップを設置して，捕獲・採集による生息の確認を行う．フィールド調査では，ネズミ類の各種マウス・トラップや夜間活動性昆虫のライト・トラップなど多くの種類が考案されている．

ナレッジマネージメント（knowledge management）　知識管理を目標とする情報科学の一分野．近年では集積した情報から有用なデータをいかに効率よく引き出すかということを考えるマーケティング用語として使われることが多い．生物の分類情報は，分類学者が集積した知識をリンネ式階層分類体系という巨大なデータベースに収められている状態であり，生物情報に関するナレッジマネージメントの実践例の一つとみなすこともできる．

なわばり（territory）　動物が同種の他個体を排除して防衛する空間や地域．哺乳類や鳥類，両生類，昆虫類などに認められる行動．通常活動期にはなわばりをもたない動物でも，繁殖期には顕著な排除行動をとることが多い．通常の生活域である行動圏とは区別される．

ニッチ（＝生態的地位）

ノーネットロス（No net loss）
　生態系機能を価値全体の正味から損失を出さないことで，アメリカにおける政策表明に由来する．野生生物の生息・生育地で開発行為があれば，量的な負の環境変化が生じるのは明らかである．しかし，ノーネットロスの考えでは，現状の生物多様性が維持されるための生物的・無機的環境要素の低下を生じさせないように，適切な代償措置を実施するとしている．

バイオインフォマティックス（bioinformatics）　生物情報学ともよばれ，生物のもつ情報を先端的な情報処理技術を用いて解釈する学問分野とされる．ただし，この言葉のもとで語られる生物情報データベースは現状では非常に限定されており，通常は近年急速に情報量が増加した遺伝情報であることが多い．

パイオニア種（pioneer species）　遷移系列の初期に出現する種．環境が撹乱を受けた直後に移住や出現が可能な種．先駆性種と同義．

バイオマス（biomass）　地域における生物体の全体量．生物個体，遺体や生産物などをすべて含めたエネルギー量．

繁殖地（breeding area）　動物が繁殖を行う場所．多くの動物では繁殖期と非繁殖期では利用する環境が異なる．たとえば，渡り鳥や回遊魚のように，大きく地域や水域を違えるもの，両生類やトンボ類のよう

に，水域を繁殖地にして，通常は森林や草地で生活するものがある．繁殖地のうち閉鎖水域を特に繁殖池とよぶこともある．

ビオトープ（biotope）　植物や哺乳類，鳥類などの野生生物の生活場所を類型化した概念．特定の生物群集が生存できる環境条件を備えた均質な限られた空間のように定義されることもあるが，特殊や貴重などという意味ではなく，自然生態系が機能する生物の生活空間である．ハビタットと同義に扱われるが，生物種ごとのハビタットの複合体にほぼ等しい．

フィールドサイン（field sign）　野生動物の生息痕跡の総称．野生動物の多くは直接観察ができる機会が少ないが，生息痕跡には種特異的なものが多く，この探索によって生息の有無や行動圏を把握することが可能である．このような痕跡には，通過移動・逗留痕（足跡や爪痕，休息跡，巣など），食痕，糞，臭い，体毛，卵殻，脱皮殻などがある．

ブラックバス（black bass）　アメリカ原産のオオクチバスやコクチバスなどオオクチバス属の魚類の総称．外来生物法では，第一次の特定外来生物に指定されている．現在までに，全都道府県に生息が確認・記録されている．淡水域の水生生物にとっては脅威的な捕食者である一方，ゲームフィッシングの対象魚として人気が高く，その駆除対策にあたっては一部で社会問題に波及している．

ブラックリスト方式（black-list method）　有害な実体や情報などの名称を選別し一覧に整理したうえで，被害防止対策を行う手法．外来生物法では，移動や飼養などを制限する外来種を，特定外来生物に指定して規制にあたるこのブラックリスト方式を採用している．いかなる外来種の導入も，在来生態系に及ぼす影響はあるという保全の視点において，特定外来生物と未判定外来生物以外の輸入が原則自由となるこの制度では，在来生態系に及ぶ被害防止効果に限界があるだろう．生物の輸入に際しては，生態系などに及ぶ被害がないか少ないとみなされる比較的安全な種だけをその対象とする「ホワイトリスト方式」がむしろ望ましい．

分散（dispersal）　動物の個体が集団から離れていく現象，環境変化に伴い個体群が母集団から大きく離散していく状態を示す．前者は成長に伴い家族群から独立する巣立ち個体，後者は動植物の分布拡散の様相がよい例である．

閉鎖水域（closed water area）　外部水系と交流のほとんどない淡水域．外来種導入などの環境変化による影響を受けやすい．

捕獲標識法（mark and recapture method）　動物の個体に標識を付けて放逐し，一定時間後に再捕獲した個体とその位置情報から，死亡率や出生率，移出入率などを知ることができる．（＝標識再捕法）

保護増殖事業（Project for protection and reproduction of wildlife）　野生動植物の種の保存を図るために，減少した個体数を回復させ，生息環境を維持・回復させるための取組み．国や地方自治体が主体となって，給餌，巣箱の設置，飼育下の増殖，生息環境整備などの保護増殖のための事業を積極的に推進している．

捕食者（predator）　他の動物を捕らえて食べる動物．捕食による影響は，地域の生物群集の分布や変動を左右する要因として，競争とともに重要な役割を担う．捕食者のなかでも大型種は，食物連鎖の高次消費者であり，アンブレラ種であることが多い．

保全生態学（conservation ecology）　「生物多様性の保全」と「健全な生態系の維持」を目的とした生態学の応用的な研究分野で，1980年終盤から強く提唱され始めた学域．野生生物保全技術は，保全生態学を基盤として取り組むフィールド技術

である．

ホットスポット（Hot spot） 環境省による定義用語．レッドデータブック掲載種（RDB種）が多種にわたり生息・生育する地域で，特に保全の必要性が高い地域とされている．ホットスポットの分布は，固有種の多い南西諸島などの島嶼，高山や奥山の自然地域に多く認められる一方，平地から丘陵地にかけての二次的自然環境にも集中している．特に後者の二次的自然環境では，農林業の衰退や地域開発などによるRDB種の危機が指摘されている．

ポテンシャルマップ（potential map） 地形や植生などの空間の連続性などに基づいて，野生生物の潜在的な生息・生育地を表した情報図で，生物の生活圏を空間的に評価することが可能である．特に希少種などのように，直接の生息情報が得にくい種については，空間的に潜在的な生息地を評価し，保全対策の資料とする際に有用な手法である．

ホロタイプ（＝正基準標本）

ミティゲーション（mitigation） 野生動植物の生息・生育地に及ぶ人為的影響を，回避し，回避できない場合は低減し，低減も難しい場合は代償する．ノーネットロスの考えに基づき，損失を質量のうえで出さないようにする代償措置のことである．ミティゲーション・バンキング（mitigation banking）は，対象地のなかで有効な代償措置を図ることができない場合に，近隣地域に同様の環境を復元し担保する行為である．

メタ個体群（metapopulation） 安定的な地域個体群や変動の多い個体群が，個体の移動によって相互に緩やかに関連しあい維持されている状態をメタ個体群あるいはメタ集団とよぶ．ある地域の個体群が絶滅の危機に瀕していても，供給源となりうる別の個体群が近隣に存在すれば，相互交流により種の絶滅を免れることができる．安定的なメタ個体群は，主要な供給源となるソース個体群と小規模で分散するシンク個体群から構成されている．

猛禽類（＝ワシタカ類）

藻場（algal bed） 海中に生育する海草の大規模な群落とそこに依存する動植物を総称した呼称．魚類や海産生物の重要な生活域である．ホンダワラ類の群落をガラモ場，アマモ類ではアマモ場などとよぶ．

谷津田（Yatsuda） 営農と森林利用により維持されてきた中山間地域の自然．里地・里山と同義でよばれる．炭焼き用材として定期的に伐採される薪炭林も谷津田の典型的な景観要素である．

優占種（dominant species） 生物群集内で個体数が相対的に多いか最も多い種．通常は稀で特異な環境に依存する種でも，その環境のもとでは優占種となることがある．

ラインセンサス（line census） 動物調査で用いられる手法で，一定のルートを定め，歩行速度と調査実施時間を定めて，調査者が歩きながら出現種の情報を収集する．鳥類のラインセンサスが広く行われているほか，昆虫類のチョウ類の調査でも利用されている．調査対象動物は，飛翔活動性が高く目に付きやすいこと，遠くからも種の識別が容易なものが適している．

ラムサール条約（Convention on wetlands of international importance especially as waterfowl habitat） 正式名称は「特に水鳥の生息地として国際的に重要な湿地に関する条約」．国際的に重要な湿地の保全を目ざす条約．1971年にイランのラムサールにおいて成立した条約で，当初は国境を越えて渡る水鳥を守るために，その生息地を保全していく目的で結ばれた．日本は1980年に釧路湿原の一部を登録して，締約国となった．国内の登録湿地は現在33箇所である．

リモートセンシング (remote sensing)
　衛星画像から得られるさまざまな情報を用いて，現地の情報と比較し画像分類を行い，植生や土壌などの土地被覆の分類などに多く用いられる技術．空中写真などからは困難である広範囲の情報や最新の情報を得られ，さらに，地形図と同様に過去の衛星画像を用いることで，時系列の地理情報データの作成も可能である．

類似度指数 (similarity index)
　群集間の種の共通性を測定する指数．群種生態学では多くの類似度指数が提案されている．

レッドデータブック (Reddata book)
　国際自然保護連合(IUCN)が1966年に世界で絶滅のおそれのある野生生物を公表したのが始まりで，絶滅の危機に瀕する野生生物を掲載することにより，その保護を推進するのが目的である．環境省によれば，日本全体として絶滅のおそれのある種は，動物で668種，植物で1,994種の合計2,662種である．また，都道府県レベルではすべての自治体で，独自にレッドデータブックが編纂され，公表を行っている．

ロードキル (road kill)
　道路上で発生する野生動物の死亡事故．被害動物はシカなどの大型哺乳類から，タヌキ，鳥類，両生類，爬虫類，昆虫類など多種類に及ぶ．また，道路上の動物遺体を摂食しようとするトビなどの鳥類が二次被害を受けることもある．ロードキルは，道路上に動物が侵入することによって発生するものであるが，本来は野生生物の生息地に道路が建設されたことによる，動物の生息地縮小や移動経路の分断がもたらすものである．

ワシタカ類 (accipiters)
　ワシタカ目の鳥類．地域の生態系における食物連鎖の高次消費者にあたり，保全対象とされることが多い．開発に伴う環境アセスメントでは，イヌワシやクマタカ，オオタカなどのワシタカ類の繁殖調査が高頻度で実施されている．なお，猛禽類とよぶ場合はフクロウ類も含まれる．

付録　野生生物保全の関連法（抄）

環境基本法（抄）

平成5年11月19日法律第91号
最終改正：平成18年2月10日法律第4号

第1章　総則

（目的）
第1条　この法律は，環境の保全について，基本理念を定め，並びに国，地方公共団体，事業者及び国民の責務を明らかにするとともに，環境の保全に関する施策の基本となる事項を定めることにより，環境の保全に関する施策を総合的かつ計画的に推進し，もって現在及び将来の国民の健康で文化的な生活の確保に寄与するとともに人類の福祉に貢献することを目的とする．

（定義）
第2条　この法律において「環境への負荷」とは，人の活動により環境に加えられる影響であって，環境の保全上の支障の原因となるおそれのあるものをいう．
2　この法律において「地球環境保全」とは，人の活動による地球全体の温暖化又はオゾン層の破壊の進行，海洋の汚染，野生生物の種の減少その他の地球の全体又はその広範な部分の環境に影響を及ぼす事態に係る環境の保全であって，人類の福祉に貢献するとともに国民の健康で文化的な生活の確保に寄与するものをいう．
3　この法律において「公害」とは，環境の保全上の支障のうち，事業活動その他の人の活動に伴って生ずる相当範囲にわたる大気の汚染，水質の汚濁（水質以外の水の状態又は水底の底質が悪化することを含む．以下同じ．），土壌の汚染，騒音，振動，地盤の沈下（鉱物の掘採のための土地の掘削によるものを除く．以下同じ．）及び悪臭によって，人の健康又は生活環境（人の生活に密接な関係のある財産並びに人の生活に密接な関係のある動植物及びその生育環境を含む．以下同じ．）に係る被害が生ずることをいう．

（環境の恵沢の享受と継承等）
第3条　環境の保全は，環境を健全で恵み豊かなものとして維持することが人間の健康で文化的な生活に欠くことのできないものであること及び生態系が微妙な均衡を保つことによって成り立っており人類の存続の基盤である限りある環境が，人間の活動による環境への負荷によって損なわれるおそれが生じてきていることにかんがみ，現在及び将来の世代の人間が健全で恵み豊かな環境の恵沢を享受するとともに人類の存続の基盤である環境が将来にわたって維持されるように適切に行われなければならない．

（環境への負荷の少ない持続的発展が可能な社会の構築等）
第4条　環境の保全は，社会経済活動その他の活動による環境への負荷をできる限り低減することその他の環境の保全に関する行動がすべての者の公平な役割分担の下に自主的かつ積極的に行われるようになることによって，健全で恵み豊かな環境を維持しつつ，環境への負荷の少ない健全な経済の発展を図りながら持続的に発展することができる社

会が構築されることを旨とし，及び科学的知見の充実の下に環境の保全上の支障が未然に防がれることを旨として，行われなければならない．

(国際的協調による地球環境保全の積極的推進)
第5条 地球環境保全が人類共通の課題であるとともに国民の健康で文化的な生活を将来にわたって確保する上での課題であること及び我が国の経済社会が国際的な密接な相互依存関係の中で営まれていることにかんがみ，地球環境保全は，我が国の能力を生かして，及び国際社会において我が国の占める地位に応じて，国際的協調の下に積極的に推進されなければならない．

第2章 環境の保全に関する基本的施策
第1節 施策の策定等に係る指針

第14条 この章に定める環境の保全に関する施策の策定及び実施は，基本理念にのっとり，次に掲げる事項の確保を旨として，各種の施策相互の有機的な連携を図りつつ総合的かつ計画的に行わなければならない．
1 人の健康が保護され，及び生活環境が保全され，並びに自然環境が適正に保全されるよう，大気，水，土壌その他の環境の自然的構成要素が良好な状態に保持されること．
2 生態系の多様性の確保，野生生物の種の保存その他の生物の多様性の確保が図られるとともに，森林，農地，水辺地等における多様な自然環境が地域の自然的社会的条件に応じて体系的に保全されること．
3 人と自然との豊かな触れ合いが保たれること．

第5節 国が講ずる環境の保全のための施策等

(環境影響評価の推進)
第20条 国は，土地の形状の変更，工作物の新設その他これらに類する事業を行う事業者が，その事業の実施に当たりあらかじめその事業に係る環境への影響について自ら適正に調査，予測又は評価を行い，その結果に基づき，その事業に係る環境の保全について適正に配慮することを推進するため，必要な措置を講ずるものとする．

(環境の保全上の支障を防止するための規制)
第21条 国は，環境の保全上の支障を防止するため，次に掲げる規制の措置を講じなければならない．
1 大気の汚染，水質の汚濁，土壌の汚染又は悪臭の原因となる物質の排出，騒音又は振動の発生，地盤の沈下の原因となる地下水の採取その他の行為に関し，事業者等の遵守すべき基準を定めること等により行う公害を防止するために必要な規制の措置
2 土地利用に関し公害を防止するために必要な規制の措置及び公害が著しく，又は著しくなるおそれがある地域における公害の原因となる施設の設置に関し公害を防止するために必要な規制の措置
3 自然環境を保全することが特に必要な区域における土地の形状の変更，工作物の新設，木竹の伐採その他の自然環境の適正な保全に支障を及ぼすおそれがある行為に関し，その支障を防止するために必要な規制の措置
4 採捕，損傷その他の行為であって，保護することが必要な野生生物，地形若しくは地質又は温泉源その他の自然物の適正な保護に支障を及ぼすおそれがあるものに関し，その支障を防止するために必要な規制の措置
5 公害及び自然環境の保全上の支障が共に生ずるか又は生ずるおそれがある場合にこれらを共に防止するために必要な規制の措置

(環境の保全に関する施設の整備その他の事業の推進)
第23条　国は，緩衝地帯その他の環境の保全上の支障を防止するための公共的施設の整備及び汚泥のしゅんせつ，絶滅のおそれのある野生動植物の保護増殖その他の環境の保全上の支障を防止するための事業を推進するため，必要な措置を講ずるものとする．

(情報の提供)
第27条　国は，第25条の環境の保全に関する教育及び学習の振興並びに前条の民間団体等が自発的に行う環境の保全に関する活動の促進に資するため，個人及び法人の権利利益の保護に配慮しつつ環境の状況その他の環境の保全に関する必要な情報を適切に提供するように努めるものとする．

(調査の実施)
第28条　国は，環境の状況の把握，環境の変化の予測又は環境の変化による影響の予測に関する調査その他の環境を保全するための施策の策定に必要な調査を実施するものとする．

(監視等の体制の整備)
第29条　国は，環境の状況を把握し，及び環境の保全に関する施策を適正に実施するために必要な監視，巡視，観測，測定，試験及び検査の体制の整備に努めるものとする．

(科学技術の振興)
第30条　国は，環境の変化の機構の解明，環境への負荷の低減並びに環境が経済から受ける影響及び経済に与える恵沢を総合的に評価するための方法の開発に関する科学技術その他の環境の保全に関する科学技術の振興を図るものとする．

自然公園法 (抄)

昭和32年6月1日法律第161号
最終改正：平成18年6月2日法律第50号

第1章　総則

(目的)
第1条　この法律は，優れた自然の風景地を保護するとともに，その利用の増進を図り，もって国民の保健，休養及び教化に資することを目的とする．

(定義)
第2条　この法律において，次の各号に掲げる用語の意義は，それぞれ当該各号に定めるところによる．
　1　自然公園　国立公園，国定公園及び都道府県立自然公園をいう．
　2　国立公園　我が国の風景を代表するに足りる傑出した自然の風景地(海中の景観地を含む．)であつて，環境大臣が第5条第1項の規定により指定するものをいう．
　3　国定公園　国立公園に準ずる優れた自然の風景地であって，環境大臣が第5条第2項の規定により指定するものをいう．
　4　都道府県立自然公園　優れた自然の風景地であって，都道府県が第59条の規定により指定するものをいう．
　5　公園計画　国立公園又は国定公園の保護又は利用のための規制又は施設に関する計画をいう．
　6　公園事業　公園計画に基づいて執行する事業であって，国立公園又は国定公園の保

護又は利用のための施設で政令で定めるものに関するものをいう.

(国等の責務)
第3条　国，地方公共団体，事業者及び自然公園の利用者は，環境基本法第3条から第5条までに定める環境の保全についての基本理念にのっとり，優れた自然の風景地の保護とその適正な利用が図られるように，それぞれの立場において努めなければならない.
2　国及び地方公共団体は，自然公園に生息し，又は生育する動植物の保護が自然公園の風景の保護に重要であることにかんがみ，自然公園における生態系の多様性の確保その他の生物の多様性の確保を旨として，自然公園の風景の保護に関する施策を講ずるものとする.

(財産権の尊重及び他の公益との調整)
第4条　この法律の適用に当たっては，自然環境保全法第3条で定めるところによるほか，関係者の所有権，鉱業権その他の財産権を尊重するとともに，国土の開発その他の公益との調整に留意しなければならない.

第2章　国立公園及び国定公園
第1節　指定

(指定)
第5条　国立公園は，環境大臣が，関係都道府県及び中央環境審議会(以下「審議会」という.)の意見を聴き，区域を定めて指定する.
2　国定公園は，環境大臣が，関係都道府県の申出により，審議会の意見を聴き，区域を定めて指定する.
3　環境大臣は，国立公園又は国定公園を指定する場合には，その旨及びその区域を官報で公示しなければならない.
4　国立公園又は国定公園の指定は，前項の公示によってその効力を生ずる.

第3節　保護及び利用

(特別地域)
第13条　環境大臣は国立公園について，都道府県知事は国定公園について，当該公園の風致を維持するため，公園計画に基づいて，その区域(海面を除く.)内に，特別地域を指定することができる.
2　第5条第3項及び第4項の規定は，特別地域の指定及び指定の解除並びにその区域の変更について準用する．この場合において，同条第3項中「環境大臣」とあるのは「環境大臣又は都道府県知事」と，「官報」とあるのは「それぞれ官報又は都道府県の公報」と読み替えるものとする.
3　特別地域(特別保護地区を除く．以下この条において同じ.)内においては，次の各号に掲げる行為は，国立公園にあっては環境大臣の，国定公園にあっては都道府県知事の許可を受けなければ，してはならない．ただし，当該特別地域が指定され，若しくはその区域が拡張された際既に着手していた行為(第5号に掲げる行為を除く.)若しくは同号に規定する湖沼若しくは湿原が指定された際既に着手していた同号に掲げる行為若しくは第7号に規定する物が指定された際既に着手していた同号に掲げる行為又は非常災害のために必要な応急措置として行う行為は，この限りでない.
　1　工作物を新築し，改築し，又は増築すること.
　2　木竹を伐採すること.
　3　鉱物を掘採し，又は土石を採取すること.
　4　河川，湖沼等の水位又は水量に増減を及ぼさせること.
　5　環境大臣が指定する湖沼又は湿原及びこれらの周辺1キロメートルの区域内におい

自然公園法（抄）

て当該湖沼若しくは湿原又はこれらに流水が流入する水域若しくは水路に汚水又は廃水を排水設備を設けて排出すること．
6　広告物その他これに類する物を掲出し，若しくは設置し，又は広告その他これに類するものを工作物等に表示すること．
7　屋外において土石その他の環境大臣が指定する物を集積し，又は貯蔵すること．
8　水面を埋め立て，又は干拓すること．
9　土地を開墾しその他土地の形状を変更すること．
10　高山植物その他の植物で環境大臣が指定するものを採取し，又は損傷すること．
11　山岳に生息する動物その他の動物で環境大臣が指定するもの（以下この号において「指定動物」という．）を捕獲し，若しくは殺傷し，又は指定動物の卵を採取し，若しくは損傷すること．
12　屋根，壁面，塀，橋，鉄塔，送水管その他これらに類するものの色彩を変更すること．
13　湿原その他これに類する地域のうち環境大臣が指定する区域内へ当該区域ごとに指定する期間内に立ち入ること．
14　道路，広場，田，畑，牧場及び宅地以外の地域のうち環境大臣が指定する区域内において車馬若しくは動力船を使用し，又は航空機を着陸させること．
15　前各号に掲げるもののほか，特別地域における風致の維持に影響を及ぼすおそれがある行為で政令で定めるもの

（特別保護地区）
第14条　環境大臣は国立公園について，都道府県知事は国定公園について，当該公園の景観を維持するため，特に必要があるときは，公園計画に基づいて，特別地域内に特別保護地区を指定することができる．
3　特別保護地区内においては，次の各号に掲げる行為は，国立公園にあっては環境大臣の，国定公園にあっては都道府県知事の許可を受けなければならない．ただし，当該特別保護地区が指定され，若しくはその区域が拡張された際既に着手していた行為（前条第3項第5号に掲げる行為を除く．）若しくは同号に規定する湖沼若しくは湿原が指定された際既に着手していた同号に掲げる行為又は非常災害のために必要な応急措置として行う行為は，この限りでない．
　1　前条第3項第1号から第6号まで，第8号，第9号，第12号及び第13号に掲げる行為
　2　木竹を損傷すること．
　3　木竹を植栽すること．
　4　家畜を放牧すること．
　5　屋外において物を集積し，又は貯蔵すること．
　6　火入れ又はたき火をすること．
　7　木竹以外の植物を採取し，若しくは損傷し，又は落葉若しくは落枝を採取すること．
　8　動物を捕獲し，若しくは殺傷し，又は動物の卵を採取し，若しくは損傷すること．
　9　道路及び広場以外の地域内において車馬若しくは動力船を使用し，又は航空機を着陸させること．
　10　前各号に掲げるもののほか，特別保護地区における景観の維持に影響を及ぼすおそれがある行為で政令で定めるもの

（利用調整地区）
第15条　環境大臣は国立公園について，都道府県知事は国定公園について，当該公園の風致又は景観の維持とその適正な利用を図るため，特に必要があるときは，公園計画に基づいて，特別地域内に利用調整地区を指定することができる．

(海中公園地区)
第24条　環境大臣は国立公園について，都道府県知事は国定公園について，当該公園の海中の景観を維持するため，公園計画に基づいて，その区域の海面内に，海中公園地区を指定することができる．
3　海中公園地区内においては，次の各号に掲げる行為は，国立公園にあっては環境大臣の，国定公園にあっては都道府県知事の許可を受けなければ，してはならない．ただし，当該海中公園地区が指定され，若しくはその区域が拡張された際既に着手していた行為，非常災害のために必要な応急措置として行う行為又は第1号，第4号及び第5号に掲げる行為で漁具の設置その他漁業を行うために必要とされるものは，この限りでない．
  1　第13条第3項第1号，第3号及び第6号に掲げる行為
  2　熱帯魚，さんご，海藻その他これらに類する動植物で，国立公園又は国定公園ごとに環境大臣が農林水産大臣の同意を得て指定するものを捕獲し，若しくは殺傷し，又は採取し，若しくは損傷すること．
  3　海面を埋め立て，又は干拓すること．
  4　海底の形状を変更すること．
  5　物を係留すること．
  6　汚水又は廃水を排水設備を設けて排出すること．

(普通地域)
第26条　国立公園又は国定公園の区域のうち特別地域及び海中公園地区に含まれない区域(以下「普通地域」という．)内において，次に掲げる行為をしようとする者は，国立公園にあっては環境大臣に対し，国定公園にあっては都道府県知事に対し，環境省令で定めるところにより，行為の種類，場所，施行方法及び着手予定日その他環境省令で定める事項を届け出なければならない．ただし，第1号，第3号，第5号及び第7号に掲げる行為で海面内において漁具の設置その他漁業を行うために必要とされるものをしようとする者は，この限りでない．
  1　その規模が環境省令で定める基準を超える工作物を新築し，改築し，又は増築すること(改築又は増築後において，その規模が環境省令で定める基準を超えるものとなる場合における改築又は増築を含む．)．
  2　特別地域内の河川，湖沼等の水位又は水量に増減を及ぼさせること．
  3　広告物その他これに類する物を掲出し，若しくは設置し，又は広告その他これに類するものを工作物等に表示すること．
  4　水面を埋め立て，又は干拓すること．
  5　鉱物を掘採し，又は土石を採取すること(海面内においては，海中公園地区の周辺1キロメートルの当該海中公園地区に接続する海面内においてする場合に限る．)．
  6　土地の形状を変更すること．
  7　海底の形状を変更すること(海中公園地区の周辺1キロメートルの当該海中公園地区に接続する海面内においてする場合に限る．)．

第3章　都道府県立自然公園

(指定)
第59条　都道府県は，条例の定めるところにより，区域を定めて都道府県立自然公園を指定することができる．

(保護及び利用)
第60条　都道府県は，条例の定めるところにより，都道府県立自然公園の風致を維持するためその区域内に特別地域を，都道府県立自然公園の風致の維持とその適正な利用を図るため特別地域内に利用調整地区を指定し，かつ，特別地域内，利用調整地区内及び当

該都道府県立自然公園の区域のうち特別地域に含まれない区域内における行為につき，それぞれ国立公園の特別地域，利用調整地区又は普通地域内における行為に関する前章第3節の規定による規制の範囲内において，条例で必要な規制を定めることができる．

(国立公園等との関係)
第68条　国立公園若しくは国定公園又は自然環境保全法第14条第1項の規定により指定された原生自然環境保全地域の区域は，都道府県立自然公園の区域に含まれないものとする．

自然環境保全法（抄）

昭和47年6月22日法律第85号
最終改正：平成17年4月27日法律第33号

第1章　総則

(目的)
第1条　この法律は，自然公園法 その他の自然環境の保全を目的とする法律と相まって，自然環境を保全することが特に必要な区域等の自然環境の適正な保全を総合的に推進することにより，広く国民が自然環境の恵沢を享受するとともに，将来の国民にこれを継承できるようにし，もって現在及び将来の国民の健康で文化的な生活の確保に寄与することを目的とする．

(国等の責務)
第2条　国，地方公共団体，事業者及び国民は，環境基本法 第3条 から第5条までに定める環境の保全についての基本理念にのっとり，自然環境の適正な保全が図られるように，それぞれの立場において努めなければならない．

(基礎調査の実施)
第4条　国は，おおむね5年ごとに地形，地質，植生及び野生動物に関する調査その他自然環境の保全のために講ずべき施策の策定に必要な基礎調査を行うよう努めるものとする．

(地域開発施策等における配慮)
第5条　国は，地域の開発及び整備その他の自然環境に影響を及ぼすと認められる施策の策定及びその実施に当たっては，自然環境の適正な保全について配慮しなければならない．

第3章　原生自然環境保全地域
第1節　指定等

(指定)
第14条　環境大臣は，その区域における自然環境が人の活動によって影響を受けることなく原生の状態を維持しており，かつ，政令で定める面積以上の面積を有する土地の区域であって，国又は地方公共団体が所有するもの（森林法により指定された保安林の一部を除く．）のうち，当該自然環境を保全することが特に必要なものを原生自然環境保全地域として指定することができる．

第2節　保全

(行為の制限)
第17条　原生自然環境保全地域内においては，次の各号に掲げる行為をしてはならない．ただし，環境大臣が学術研究その他公益上の事由により特に必要と認めて許可した場合

又は非常災害のために必要な応急措置として行う場合は，この限りでない．
1　建築物その他の工作物を新築し，改築し，又は増築すること．
2　宅地を造成し，土地を開墾し，その他土地の形質を変更すること．
3　鉱物を掘採し，又は土石を採取すること．
4　水面を埋め立て，又は干拓すること．
5　河川，湖沼等の水位又は水量に増減を及ぼさせること．
6　木竹を伐採し，又は損傷すること．
7　木竹以外の植物を採取し，若しくは損傷し，又は落葉若しくは落枝を採取すること．
8　木竹を植栽すること．
9　動物を捕獲し，若しくは殺傷し，又は動物の卵を採取し，若しくは損傷すること．
10　家畜を放牧すること．
11　火入れ又はたき火をすること．
12　屋外において物を集積し，又は貯蔵すること．
13　車馬若しくは動力船を使用し，又は航空機を着陸させること．
14　前各号に掲げるもののほか，原生自然環境保全地域における自然環境の保全に影響を及ぼすおそれがある行為で政令で定めるもの

（立入制限地区）
第19条　環境大臣は，原生自然環境保全地域における自然環境の保全のために特に必要があると認めるときは，原生自然環境保全地域に関する保全計画に基づいて，その区域内に，立入制限地区を指定することができる．

第4章　自然環境保全地域
第1節　指定等

（指定）
第22条　環境大臣は，原生自然環境保全地域以外の区域で次の各号のいずれかに該当するもののうち，自然的社会的諸条件からみてその区域における自然環境を保全することが特に必要なものを自然環境保全地域として指定することができる．
1　高山性植生又は亜高山性植生が相当部分を占める森林又は草原の区域（これと一体となって自然環境を形成している土地の区域を含む．）でその面積が政令で定める面積以上のもの（政令で定める地域にあっては，政令で定める標高以上の標高の土地の区域に限る．）
2　すぐれた天然林が相当部分を占める森林の区域（これと一体となって自然環境を形成している土地の区域を含む．）でその面積が政令で定める面積以上のもの
3　地形若しくは地質が特異であり，又は特異な自然の現象が生じている土地の区域及びこれと一体となって自然環境を形成している土地の区域でその面積が政令で定める面積以上のもの
4　その区域内に生存する動植物を含む自然環境がすぐれた状態を維持している海岸，湖沼，湿原又は河川の区域でその面積が政令で定める面積以上のもの
5　その海域内に生存する熱帯魚，さんご，海そうその他これらに類する動植物を含む自然環境がすぐれた状態を維持している海域でその面積が政令で定める面積以上のもの
6　植物の自生地，野生動物の生息地その他の政令で定める土地の区域でその区域における自然環境が前各号に掲げる区域における自然環境に相当する程度を維持しているもののうち，その面積が政令で定める面積以上のもの
2　自然公園法第2条第1号に規定する自然公園の区域は，自然環境保全地域の区域に含まれないものとする．

第2節　保全

(特別地区)
第25条　環境大臣は，自然環境保全地域に関する保全計画に基づいて，その区域内に，特別地区を指定することができる．
2　第14条第4項及び第5項の規定は，特別地区の指定及び指定の解除並びにその区域の変更について準用する．
3　環境大臣は，特別地区を指定し，又はその区域を拡張するときは，あわせて，当該自然環境保全地域に関する保全計画に基づいて，その区域内において次項の許可を受けないで行なうことができる木竹の伐採（第10項に規定する行為に該当するものを除く．）の方法及びその限度を農林水産大臣と協議して指定するものとする．自然環境保全地域に関する保全計画で当該特別地区に係るものの変更（第23条第2項第3号に掲げる事項に係る変更以外の変更を除く．）をするときも，同様とする．
4　特別地区内においては，次に掲げる行為は，環境大臣の許可を受けなければ，してはならない．（一部例外あり．）
　1　第17条第1項第1号から第5号までに掲げる行為
　2　木竹を伐採すること．
　3　環境大臣が指定する湖沼又は湿原及びこれらの周辺1キロメートルの区域内において当該湖沼若しくは湿原又はこれらに流水が流入する水域若しくは水路に汚水又は廃水を排水設備を設けて排出すること．
　4　道路，広場，田，畑，牧場及び宅地以外の地域のうち環境大臣が指定する区域内において車馬若しくは動力船を使用し，又は航空機を着陸させること．

(野生動植物保護地区)
第26条　環境大臣は，特別地区内における特定の野生動植物の保護のために特に必要があると認めるときは，自然環境保全地域に関する保全計画に基づいて，その区域内に，当該保護すべき野生動植物の種類ごとに，野生動植物保護地区を指定することができる．
2　第14条第4項及び第5項の規定は，野生動植物保護地区の指定及び指定の解除並びにその区域の変更について準用する．
3　何人も，野生動植物保護地区内においては，当該野生動植物保護地区に係る野生動植物（動物の卵を含む．）を捕獲し，若しくは殺傷し，又は採取し，若しくは損傷してはならない．ただし，次の各号に掲げる場合は，この限りでない．
　1　前条第4項の許可を受けた行為（第30条において準用する第21条第1項後段の規定による協議に係る行為を含む．）を行うためにする場合
　2　非常災害のために必要な応急措置を行うためにする場合
　3　自然環境保全地域に関する保全事業を執行するためにする場合
　4　法令に基づいて国又は地方公共団体が行う行為のうち，自然環境保全地域における自然環境の保全に支障を及ぼすおそれがないもので環境省令で定めるものを行うためにする場合
　5　通常の管理行為又は軽易な行為のうち，自然環境保全地域における自然環境の保全に支障を及ぼすおそれがないもので環境省令で定めるものを行うためにする場合
　6　前各号に掲げるもののほか，環境大臣が特に必要があると認めて許可した場合
4　第17条第2項の規定は，前項第6号の許可について準用する．

(海中特別地区)
第27条　環境大臣は，自然環境保全地域に関する保全計画に基づいて，その区域内に，海中特別地区を指定することができる．
2　第14条第4項及び第5項の規定は，海中特別地区の指定及び指定の解除並びにその区域の変更について準用する．

3　海中特別地区内においては，次の各号に掲げる行為は，環境大臣の許可を受けなければ，してはならない．ただし，非常災害のために必要な応急措置として行う行為又は第1号から第3号まで及び第6号に掲げる行為で漁具の設置その他漁業を行うために必要とされるものについては，この限りでない．
1　工作物を新築し，改築し，又は増築すること．
2　海底の形質を変更すること．
3　鉱物を掘採し，又は土石を採取すること．
4　海面を埋め立て，又は干拓すること．
5　熱帯魚，さんご，海そうその他これらに類する動植物で，海中特別地区ごとに環境大臣が農林水産大臣の同意を得て指定するものを捕獲し，若しくは殺傷し，又は採取し，若しくは損傷すること．
6　物を係留すること．

第6章　都道府県自然環境保全地域及び都道府県における自然環境の保全に関する審議会その他の合議制の機関

(都道府県自然環境保全地域の指定)
第45条　都道府県は，条例で定めるところにより，その区域における自然環境が自然環境保全地域に準ずる土地の区域で，その区域の周辺の自然的社会的諸条件からみて当該自然環境を保全することが特に必要なものを都道府県自然環境保全地域として指定することができる．
2　自然公園法第2条第1号に規定する自然公園の区域は，都道府県自然環境保全地域の区域に含まれないものとする．

(保全)
第46条　都道府県は，都道府県自然環境保全地域における自然環境を保全するため，条例で定めるところにより，その区域内に特別地区(野生動植物保護地区を含む．)を指定し，かつ，特別地区(野生動植物保護地区を含む．)内及び都道府県自然環境保全地域の区域のうち特別地区に含まれない区域内における行為につき，それぞれ自然環境保全地域の特別地区(野生動植物保護地区を含む．)又は普通地区における行為に関する第4章第2節の規定による規制の範囲内において必要な規制を定めることができる．この場合においては，当該地域に係る住民の農林漁業等の生業の安定及び福祉の向上に配慮しなければならない．

絶滅のおそれのある野生動植物の種の保存に関する法律 (抄)

平成4年6月5日法律第75号
最終改正：平成17年7月26日法律第87号

第1章　総則

(目的)
第1条　この法律は，野生動植物が，生態系の重要な構成要素であるだけでなく，自然環境の重要な一部として人類の豊かな生活に欠かすことのできないものであることにかんがみ，絶滅のおそれのある野生動植物の種の保存を図ることにより良好な自然環境を保全し，もって現在及び将来の国民の健康で文化的な生活の確保に寄与することを目的とする．

(責務)
第2条　国は，野生動植物の種（亜種又は変種がある種にあっては，その亜種又は変種とする．以下同じ．）が置かれている状況を常に把握するとともに，絶滅のおそれのある野生動植物の種の保存のための総合的な施策を策定し，及び実施するものとする．
2　地方公共団体は，その区域内の自然的社会的諸条件に応じて，絶滅のおそれのある野生動植物の種の保存のための施策を策定し，及び実施するよう努めるものとする．
3　国民は，前2項の国及び地方公共団体が行う施策に協力する等絶滅のおそれのある野生動植物の種の保存に寄与するように努めなければならない．

(定義等)
第4条　この法律において「絶滅のおそれ」とは，野生動植物の種について，種の存続に支障を来す程度にその種の個体の数が著しく少ないこと，その種の個体の数が著しく減少しつつあること，その種の個体の主要な生息地又は生育地が消滅しつつあること，その種の個体の生息又は生育の環境が著しく悪化しつつあることその他のその種の存続に支障を来す事情があることをいう．
2　この法律において「希少野生動植物種」とは，次項の国内希少野生動植物種，第4項の国際希少野生動植物種及び次条第1項の緊急指定種をいう．
3　この法律において「国内希少野生動植物種」とは，その個体が本邦に生息し又は生育する絶滅のおそれのある野生動植物の種であって，政令で定めるものをいう．
4　この法律において「国際希少野生動植物種」とは，国際的に協力して種の保存を図ることとされている絶滅のおそれのある野生動植物の種（国内希少野生動植物種を除く．）であって，政令で定めるものをいう．
5　この法律において「特定国内希少野生動植物種」とは，次に掲げる要件のいずれにも該当する国内希少野生動植物種であって，政令で定めるものをいう．
　1　商業的に個体の繁殖をさせることができるものであること．
　2　国際的に協力して種の保存を図ることとされているものでないこと．

(緊急指定種)
第5条　環境大臣は，国内希少野生動植物種及び国際希少野生動植物種以外の野生動植物の種の保存を特に緊急に図る必要があると認めるときは，その種を緊急指定種として指定することができる．
2　環境大臣は，前項の規定による指定（以下この条において「指定」という．）をしようとするときは，あらかじめ関係行政機関の長に協議しなければならない．
3　指定の期間は，3年を超えてはならない．
4　環境大臣は，指定をするときは，その旨及び指定に係る野生動植物の種を官報で公示しなければならない．
5　指定は，前項の規定による公示の日の翌々日からその効力を生ずる．
6　環境大臣は，指定の必要がなくなったと認めるときは，指定を解除しなければならない．

第2章　個体等の取扱いに関する規制
第2節　個体の捕獲及び個体等の譲渡し等の禁止

(捕獲等の禁止)
第9条　国内希少野生動植物種及び緊急指定種（以下「国内希少野生動植物種等」という．）の生きている個体は，捕獲，採取，殺傷又は損傷（以下「捕獲等」という．）をしてはならない．ただし，次に掲げる場合は，この限りでない．
　1　次条第1項の許可を受けてその許可に係る捕獲等をする場合
　2　生計の維持のため特に必要があり，かつ，種の保存に支障を及ぼすおそれのない場

合として環境省令で定める場合
3 人の生命又は身体の保護その他の環境省令で定めるやむを得ない事由がある場合

(捕獲等の許可)
第10条 学術研究又は繁殖の目的その他環境省令で定める目的で国内希少野生動植物種等の生きている個体の捕獲等をしようとする者は，環境大臣の許可を受けなければならない．
2 前項の許可を受けようとする者は，環境省令で定めるところにより，環境大臣に許可の申請をしなければならない．
3 環境大臣は，前項の申請に係る捕獲等について次の各号のいずれかに該当する事由があるときは，第1項の許可をしてはならない．
　1 捕獲等の目的が第1項に規定する目的に適合しないこと．
　2 捕獲等によって国内希少野生動植物種等の保存に支障を及ぼすおそれがあること．
　3 捕獲等をする者が適当な飼養栽培施設を有しないことその他の事由により捕獲等に係る個体を適切に取り扱うことができないと認められること．

(譲渡し等の禁止)
第12条 希少野生動植物種の個体等は，譲渡し若しくは譲受け又は引渡し若しくは引取り(以下「譲渡し等」という．)をしてはならない．ただし，次に掲げる場合は，この限りでない．
　1 次条第1項の許可を受けてその許可に係る譲渡し等をする場合
　2 特定国内希少野生動植物種の個体等の譲渡し等をする場合
　3 国際希少野生動植物種の器官及びその加工品であって本邦内において製品の原材料として使用されているものとして政令で定めるもの(以下「原材料器官等」という．)並びにこれらの加工品のうち，その形態，大きさその他の事項に関し原材料器官等及びその加工品の種別に応じて政令で定める要件に該当するもの(以下「特定器官等」という．)の譲渡し等をする場合
　4 第9条第2号に規定する場合に該当して捕獲等をした国内希少野生動植物種等の個体若しくはその個体の器官又はこれらの加工品の譲渡し等をする場合
　5 第20条第1項の登録を受けた国際希少野生動植物種の個体等又は第20条の3第1項本文の規定により記載をされた同項の事前登録済証に係る原材料器官等の譲渡し等をする場合
　6 希少野生動植物種の個体等の譲渡し等をする当事者の一方又は双方が国の機関又は地方公共団体である場合であって環境省令で定める場合
　7 前各号に掲げるもののほか，希少野生動植物種の保存に支障を及ぼすおそれがない場合として環境省令で定める場合

(譲渡し等の許可)
第13条 学術研究又は繁殖の目的その他環境省令で定める目的で希少野生動植物種の個体等の譲渡し等をしようとする者(前条第1項第2号から第7号までに掲げる場合のいずれかに該当して譲渡し等をしようとする者を除く．)は，環境大臣の許可を受けなければならない．

(輸出入の禁止)
第15条 特定国内希少野生動植物種以外の国内希少野生動植物種の個体等は，輸出し，又は輸入してはならない．ただし，その輸出又は輸入が，国際的に協力して学術研究をする目的でするものその他の特に必要なものであること，国内希少野生動植物種の本邦における保存に支障を及ぼさないものであることその他の政令で定める要件に該当するときは，この限りでない．

(陳列の禁止)
第17条　希少野生動植物種の個体等は，販売又は頒布をする目的で陳列をしてはならない．ただし，特定国内希少野生動植物種の個体等，特定器官等，第9条第2号に該当して捕獲等をした国内希少野生動植物種等の個体若しくはその個体の器官若しくはこれらの加工品，第20条第1項の登録を受けた国際希少野生動植物種の個体等又は第20条の3第1項本文の規定により記載をされた同項の事前登録済証に係る原材料器官等の陳列をする場合その他希少野生動植物種の保存に支障を及ぼすおそれがない場合として環境省令で定める場合は，この限りでない．

第3節　国際希少野生動植物種の個体等の登録等

(個体等の登録)
第20条　国際希少野生動植物種の個体等で商業的目的で繁殖させた個体若しくはその個体の器官又はこれらの加工品であることその他の要件で政令で定めるもの(以下この章において「登録要件」という．)に該当するもの(特定器官等を除く．)の正当な権原に基づく占有者は，その個体等について環境大臣の登録を受けることができる．

第4節　特定国内種事業及び特定国際種事業の規制
第1款　特定国内種事業の規制

(特定国内種事業の届出)
第30条　特定国内希少野生動植物種の個体等の譲渡し又は引渡しの業務を伴う事業(以下「特定国内種事業」という．)を行おうとする者(次項に規定する者を除く．)は，あらかじめ，次に掲げる事項を環境大臣及び農林水産大臣に届け出なければならない．
　1　氏名又は名称及び住所並びに法人にあっては，その代表者の氏名
　2　特定国内希少野生動植物種の個体等の譲渡し又は引渡しの業務を行うための施設の名称及び所在地
　3　譲渡し又は引渡しの業務の対象とする特定国内希少野生動植物種
　4　前3号に掲げるもののほか，環境省令，農林水産省令で定める事項
2　特定国内種事業のうち加工品に係るものを行おうとする者は，あらかじめ，次に掲げる事項を，環境大臣及び加工品の種別に応じて政令で定める大臣(以下「特定国内種関係大臣」という．)に届け出なければならない．
　1　前項第1号から第3号までに掲げる事項
　2　前号に掲げるもののほか，環境大臣及び特定国内種関係大臣の発する命令で定める事項

第2款　特定国際種事業の規制

(特定国際種事業の届出)
第33条の2　取引の態様等を勘案して政令で定める特定器官等であってその形態，大きさその他の事項に関し特定器官等の種別に応じて政令で定める要件に該当するものの譲渡し又は引渡しの業務を伴う事業(以下「特定国際種事業」という．)を行おうとする者は，あらかじめ，次に掲げる事項を，環境大臣及び特定器官等の種別に応じて政令で定める大臣に届け出なければならない．

第3章　生息地等の保護に関する規制
第1節　土地の所有者の義務等

(土地の所有者等の義務)
第34条　土地の所有者又は占有者は，その土地の利用に当たっては，国内希少野生動植物種の保存に留意しなければならない．

（助言又は指導）
第35条　環境大臣は，国内希少野生動植物種の保存のため必要があると認めるときは，土地の所有者又は占有者に対し，その土地の利用の方法その他の事項に関し必要な助言又は指導をすることができる．

第2節　生息地等保護区

（生息地等保護区）
第36条　環境大臣は，国内希少野生動植物種の保存のため必要があると認めるときは，その個体の生息地又は生育地及びこれらと一体的にその保護を図る必要がある区域であって，その個体の分布状況及び生態その他その個体の生息又は生育の状況を勘案してその国内希少野生動植物種の保存のため重要と認めるものを，生息地等保護区として指定することができる．

（管理地区）
第37条　環境大臣は，生息地等保護区の区域内で国内希少野生動植物種の保存のため特に必要があると認める区域を管理地区として指定することができる．

（立入制限地区）
第38条　環境大臣は，管理地区の区域内で国内希少野生動植物種の個体の生息又は生育のため特にその保護を図る必要があると認める場所を，立入制限地区として指定することができる．

（監視地区）
第39条　生息地等保護区の区域で管理地区の区域に属さない部分（次条第1項において「監視地区」という．）の区域内において第37条第4項第1号から第5号までに掲げる行為をしようとする者は，あらかじめ，環境大臣に環境省令で定める事項を届け出なければならない．

（措置命令等）
第40条　環境大臣は，国内希少野生動植物種の保存のため必要があると認めるときは，管理地区の区域内において第37条第4項各号に掲げる行為をしている者又は監視地区の区域内において同項第1号から第5号までに掲げる行為をしている者に対し，その行為の実施方法について指示をすることができる．

第4章　保護増殖事業

（保護増殖事業計画）
第45条　環境大臣及び保護増殖事業を行おうとする国の行政機関の長は，保護増殖事業の適正かつ効果的な実施に資するため，中央環境審議会の意見を聴いて保護増殖事業計画を定めるものとする．

（認定保護増殖事業等）
第46条　国は，国内希少野生動植物種の保存のため必要があると認めるときは，保護増殖事業を行うものとする．
2　地方公共団体は，その行う保護増殖事業であってその事業計画が前条第1項の保護増殖事業計画に適合するものについて，環境大臣のその旨の確認を受けることができる．
3　国及び地方公共団体以外の者は，その行う保護増殖事業について，その者がその保護増殖事業を適正かつ確実に実施することができ，及びその保護増殖事業の事業計画が前条第1項の保護増殖事業計画に適合している旨の環境大臣の認定を受けることができる．

鳥獣の保護及び狩猟の適正化に関する法律（抄）

平成14年7月12日法律第88号
最終改正：平成18年6月14日法律第67号

第1章　総則

（目的）
第1条　この法律は，鳥獣の保護を図るための事業を実施するとともに，鳥獣による生活環境，農林水産業又は生態系に係る被害を防止し，併せて猟具の使用に係る危険を予防することにより，鳥獣の保護及び狩猟の適正化を図り，もって生物の多様性の確保，生活環境の保全及び農林水産業の健全な発展に寄与することを通じて，自然環境の恵沢を享受できる国民生活の確保及び地域社会の健全な発展に資することを目的とする．

（定義）
第2条　この法律において「鳥獣」とは，鳥類又は哺乳類に属する野生動物をいう．

第2章　基本指針等

（基本指針）
第3条　環境大臣は，鳥獣の保護を図るための事業を実施するための基本的な指針を定めるものとする．
2　基本指針においては，次に掲げる事項について定めるものとする．
　1　鳥獣保護事業の実施に関する基本的事項
　2　次条第1項に規定する鳥獣保護事業計画において同条第2項第1号の鳥獣保護事業計画の計画期間を定めるに当たって遵守すべき基準その他当該鳥獣保護事業計画の作成に関する事項
　3　その他鳥獣保護事業を実施するために必要な事項

（鳥獣保護事業計画）
第4条　都道府県知事は，基本指針に即して，当該都道府県知事が行う鳥獣保護事業の実施に関する計画を定めるものとする．
2　鳥獣保護事業計画においては，次に掲げる事項を定めるものとする．
　1　鳥獣保護事業計画の計画期間
　2　第28条第1項の規定により都道府県知事が指定する鳥獣保護区，第29条第1項に規定する特別保護地区及び第34条第1項に規定する休猟区に関する事項
　3　鳥獣の人工増殖（人工的な方法により鳥獣を増殖させることをいう．）及び放鳥獣（鳥獣の保護のためにその生息地に当該鳥獣を解放することをいう．）に関する事項
　4　第9条第1項の許可（鳥獣による生活環境，農林水産業又は生態系に係る被害の防止の目的に係るものに限る．）に関する事項
　5　第35条第1項に規定する銃猟禁止区域及び銃猟制限区域並びに第68条第1項に規定する猟区に関する事項
　6　第7条第1項に規定する特定鳥獣保護管理計画を作成する場合においては，その作成に関する事項
　7　鳥獣の生息の状況の調査に関する事項
　8　鳥獣保護事業に関する普及啓発に関する事項
　9　鳥獣保護事業の実施体制に関する事項
　10　その他鳥獣保護事業の実施のために必要な事項

（鳥獣保護事業計画の達成の推進）
第5条　都道府県知事は，鳥獣保護事業計画の達成に必要な措置を講ずるものとする．

（特定鳥獣保護管理計画）
第7条　都道府県知事は，当該都道府県の区域内においてその数が著しく増加又は減少している鳥獣がある場合において，当該鳥獣の生息の状況その他の事情を勘案して長期的な観点から当該鳥獣の保護を図るため特に必要があると認めるときは，当該鳥獣（以下「特定鳥獣」という．）の保護のための管理（以下「保護管理」という．）に関する計画（以下「特定鳥獣保護管理計画」という．）を定めることができる．
2　特定鳥獣保護管理計画においては，次に掲げる事項を定めるものとする．
　1　特定鳥獣の種類
　2　特定鳥獣保護管理計画の計画期間
　3　特定鳥獣の保護管理が行われるべき区域
　4　特定鳥獣の保護管理の目標
　5　特定鳥獣の数の調整に関する事項
　6　特定鳥獣の生息地の保護及び整備に関する事項
　7　その他特定鳥獣の保護管理のために必要な事項

第3章　鳥獣保護事業の実施
第1節　鳥獣の捕獲等又は鳥類の卵の採取等の規制

（鳥獣の捕獲等及び鳥類の卵の採取等の禁止）
第8条　鳥獣及び鳥類の卵は，捕獲等又は採取等（採取又は損傷をいう．）をしてはならない．ただし，次に掲げる場合は，この限りでない．
　1　次条第1項の許可を受けてその許可に係る捕獲等又は採取等をするとき．
　2　第11条第1項の規定により狩猟鳥獣の捕獲等をするとき．
　3　第13条第1項の規定により同項に規定する鳥獣又は鳥類の卵の捕獲等又は採取等をするとき．

（鳥獣の捕獲等及び鳥類の卵の採取等の許可）
第9条　学術研究の目的，鳥獣による生活環境，農林水産業又は生態系に係る被害の防止の目的，第7条第2項第5号に掲げる特定鳥獣の数の調整の目的その他環境省令で定める目的で鳥獣の捕獲等又は鳥類の卵の採取等をしようとする者は，次に掲げる場合にあっては環境大臣の，それ以外の場合にあっては都道府県知事の許可を受けなければならない．
　1　第28条第1項の規定により環境大臣が指定する鳥獣保護区の区域内において鳥獣の捕獲等又は鳥類の卵の採取等をするとき．
　2　希少鳥獣の捕獲等又は希少鳥獣のうちの鳥類の卵の採取等をするとき．
　3　その構造，材質及び使用の方法を勘案して鳥獣の保護に重大な支障があるものとして環境省令で定める網又はわなを使用して鳥獣の捕獲等をするとき．

（対象狩猟鳥獣の捕獲等の禁止又は制限）
第12条　環境大臣は国際的又は全国的な対象狩猟鳥獣の保護の見地から，特に保護を図る必要があると認める対象狩猟鳥獣がある場合には，次に掲げる禁止又は制限をすることができる．
　1　区域又は期間を定めて当該対象狩猟鳥獣の捕獲等を禁止すること．
　2　区域又は期間を定めて当該対象狩猟鳥獣の捕獲等の数を制限すること．
　3　当該対象狩猟鳥獣の保護に支障を及ぼすものとして禁止すべき猟法を定めてこれにより捕獲等をすることを禁止すること．

(環境省令で定める鳥獣の捕獲等)
第13条　農業又は林業の事業活動に伴い捕獲等又は採取等をすることがやむを得ない鳥獣若しくは鳥類の卵であって環境省令で定めるものは，第9条第1項の規定にかかわらず，環境大臣又は都道府県知事の許可を受けないで，環境省令で定めるところにより，捕獲等又は採取等をすることができる．

第2節　鳥獣の飼養，販売等の規制

(飼養の登録)
第19条　第9条第1項の規定による許可を受けて捕獲をした鳥獣のうち，対象狩猟鳥獣以外の鳥獣(同項の規定により許可を受けて採取をした鳥類の卵からふ化させたものを含む.)を飼養しようとする者は，その者の住所地を管轄する都道府県知事の登録を受けなければならない．ただし，第9条第4項に規定する有効期間の末日から起算して30日を経過する日までの間に飼養するときは，この限りでない．

(販売禁止鳥獣等)
第23条　販売されることによりその保護に重大な支障を及ぼすおそれのある鳥獣(その加工品であって環境省令で定めるもの及び繁殖したものを含む.)又は鳥類の卵であって環境省令で定めるものは，販売してはならない(一部例外あり).

(鳥獣等の輸出の規制)
第25条　鳥獣(その加工品であって環境省令で定めるものを含む.)又は鳥類の卵であって環境省令で定めるものは，この法律に違反して捕獲又は採取をしたものではないことを証する証明書(適法捕獲等証明書)を添付してあるものでなければ，輸出してはならない．

(鳥獣等の輸入の規制)
第26条　鳥獣(その加工品であって環境省令で定めるものを含む.)又は鳥類の卵であって環境省令で定めるものは，当該鳥獣又は鳥類の卵が適法に捕獲若しくは採取をされたこと又は輸出が許可されたことを証する外国の政府機関その他環境大臣が定める者により発行された証明書を添付してあるものでなければ，輸入してはならない．ただし，当該鳥獣若しくは鳥類の卵の捕獲若しくは採取又は輸出に関し証明する制度を有しない国又は地域として環境大臣が定める国又は地域から輸入する場合は，この限りでない．

(違法に捕獲又は輸入した鳥獣の飼養，譲渡し等の禁止)
第27条　この法律に違反して，捕獲し，若しくは輸入した鳥獣(この法律に違反して，採取し，若しくは輸入した鳥類の卵からふ化されたもの及びこれらの加工品であって環境省令で定めるものを含む.)又は採取し，若しくは輸入した鳥類の卵は，飼養，譲渡し若しくは譲受け又は販売，加工若しくは保管のため引渡し若しくは引受けをしてはならない．

第3節　鳥獣保護区

(鳥獣保護区)
第28条　環境大臣又は都道府県知事は，鳥獣の保護を図るため特に必要があると認めるときは，鳥獣の種類その他鳥獣の生息の状況を勘案してそれぞれ次に掲げる区域を鳥獣保護区として指定することができる．
  1　環境大臣にあっては，国際的又は全国的な鳥獣の保護の見地からその鳥獣の保護のため重要と認める区域
  2　都道府県知事にあっては，地域の鳥獣の保護の見地からその鳥獣の保護のため重要と認める当該都道府県内の区域であって前号の区域以外の区域

(特別保護地区)
第29条　環境大臣又は都道府県知事は，それぞれ鳥獣保護区の区域内で鳥獣の保護又は鳥獣の生息地の保護を図るため特に必要があると認める区域を特別保護地区として指定することができる．

自然再生推進法　(抄)

平成14年12月11日法律第148号

(目的)
第1条　この法律は，自然再生についての基本理念を定め，及び実施者等の責務を明らかにするとともに，自然再生基本方針の策定その他の自然再生を推進するために必要な事項を定めることにより，自然再生に関する施策を総合的に推進し，もって生物の多様性の確保を通じて自然と共生する社会の実現を図り，あわせて地球環境の保全に寄与することを目的とする．

(定義)
第2条　この法律において「自然再生」とは，過去に損なわれた生態系その他の自然環境を取り戻すことを目的として，関係行政機関，関係地方公共団体，地域住民，特定非営利活動法人，自然環境に関し専門的知識を有する者等の地域の多様な主体が参加して，河川，湿原，干潟，藻場，里山，里地，森林その他の自然環境を保全し，再生し，若しくは創出し，又はその状態を維持管理することをいう．
2　この法律において「自然再生事業」とは，自然再生を目的として実施される事業をいう．
3　この法律において「土地の所有者等」とは，土地若しくは木竹の所有者又は土地若しくは木竹の使用及び収益を目的とする権利，漁業権若しくは入漁権(臨時設備その他1時使用のため設定されたことが明らかなものを除く．)を有する者をいう．

(基本理念)
第3条　自然再生は，健全で恵み豊かな自然が将来の世代にわたって維持されるとともに，生物の多様性の確保を通じて自然と共生する社会の実現を図り，あわせて地球環境の保全に寄与することを旨として適切に行われなければならない．
2　自然再生は，関係行政機関，関係地方公共団体，地域住民，特定非営利活動法人，自然環境に関し専門的知識を有する者等の地域の多様な主体が連携するとともに，透明性を確保しつつ，自主的かつ積極的に取り組んで実施されなければならない．
3　自然再生は，地域における自然環境の特性，自然の復元力及び生態系の微妙な均衡を踏まえて，かつ，科学的知見に基づいて実施されなければならない．
4　自然再生事業は，自然再生事業の着手後においても自然再生の状況を監視し，その監視の結果に科学的な評価を加え，これを当該自然再生事業に反映させる方法により実施されなければならない．
5　自然再生事業の実施に当たっては，自然環境の保全に関する学習(以下「自然環境学習」という．)の重要性にかんがみ，自然環境学習の場として活用が図られるよう配慮されなければならない．

(国及び地方公共団体の責務)
第4条　国及び地方公共団体は，地域住民，特定非営利活動法人その他の民間の団体等が実施する自然再生事業について，必要な協力をするよう努めなければならない．

自然再生推進法（抄）

(実施者の責務)
第5条　この法律に基づいて自然再生事業を実施しようとする者（河川法，港湾法その他の法律の規定に基づき自然再生事業の対象となる区域の一部又は全部を管理する者からの委託を受けて自然再生事業を実施しようとする者を含む．以下「実施者」という．）は，基本理念にのっとり，自然再生事業の実施に主体的に取り組むよう努めなければならない．

(他の公益との調整)
第6条　自然再生は，国土の保全その他の公益との調整に留意して実施されなければならない．

(自然再生基本方針)
第7条　政府は，自然再生に関する施策を総合的に推進するための基本方針（以下，自然再生基本方針という．）を定めなければならない．
2　自然再生基本方針には，次の事項を定めるものとする．
　1　自然再生の推進に関する基本的方向
　2　次条第1項に規定する協議会に関する基本的事項
　3　次条第2項第1号の自然再生全体構想及び第9条第1項に規定する自然再生事業実施計画の作成に関する基本的事項
　4　自然再生に関して行われる自然環境学習の推進に関する基本的事項
　5　その他自然再生の推進に関する重要事項

(自然再生協議会)
第8条　実施者は，次項に規定する事務を行うため，当該実施者のほか，地域住民，特定非営利活動法人，自然環境に関し専門的知識を有する者，土地の所有者等その他の当該実施者が実施しようとする自然再生事業又はこれに関連する自然再生に関する活動に参加しようとする者並びに関係地方公共団体及び関係行政機関からなる自然再生協議会（以下「協議会」という．）を組織するものとする．
2　協議会は，次の事務を行うものとする．
　1　自然再生全体構想を作成すること．
　2　次条第1項に規定する自然再生事業実施計画の案について協議すること．
　3　自然再生事業の実施に係る連絡調整を行うこと．
3　前項第1号の自然再生全体構想（以下「自然再生全体構想」という．）は，自然再生基本方針に即して，次の事項を定めるものとする．
　1　自然再生の対象となる区域
　2　自然再生の目標
　3　協議会に参加する者の名称又は氏名及びその役割分担
　4　その他自然再生の推進に必要な事項
4　協議会の組織及び運営に関して必要な事項は，協議会が定める．
5　協議会の構成員は，相協力して，自然再生の推進に努めなければならない．

(自然再生事業実施計画)
第9条　実施者は，自然再生基本方針に基づき，自然再生事業の実施に関する計画（以下「自然再生事業実施計画」という．）を作成しなければならない．
2　自然再生事業実施計画には，次の事項を定めるものとする．
　1　実施者の名称又は氏名及び実施者の属する協議会の名称
　2　自然再生事業の対象となる区域及びその内容
　3　自然再生事業の対象となる区域の周辺地域の自然環境との関係並びに自然環境の保全上の意義及び効果

4 その他自然再生事業の実施に関し必要な事項

(維持管理に関する協定)
第10条 自然再生事業の対象区域の全部又は一部について自然再生に係る維持管理を実施しようとする実施者は，当該区域の土地の所有者等と協定を締結して，その維持管理を行うことができる．

(実施者の相談に応じる体制の整備)
第11条 主務大臣は，実施者の相談に的確に応じることができるよう必要な体制の整備を図るものとする．

(財政上の措置等)
第15条 国及び地方公共団体は，自然再生を推進するために必要な財政上の措置その他の措置を講ずるよう努めるものとする．

(自然再生推進会議)
第17条 政府は，環境省，農林水産省，国土交通省その他の関係行政機関の職員をもって構成する自然再生推進会議を設け，自然再生の総合的，効果的かつ効率的な推進を図るための連絡調整を行うものとする．
2 環境省，農林水産省及び国土交通省は，自然環境に関し専門的知識を有する者によって構成する自然再生専門家会議を設け，前項の連絡調整を行うに際しては，その意見を聴くものとする．

(主務大臣等)
第18条 この法律における主務大臣は，環境大臣，農林水産大臣及び国土交通大臣とする．
2 この法律における主務省令は，環境大臣，農林水産大臣及び国土交通大臣の発する命令とする．

特定外来生物による生態系等に係る被害の防止に関する法律 (抄)

平成16年6月2日法律第78号
最終改正：平成17年4月27日法律第33号

第1章　総則

(目的)
第1条 この法律は，特定外来生物の飼養，栽培，保管又は運搬(以下「飼養等」という．)，輸入その他の取扱いを規制するとともに，国等による特定外来生物の防除等の措置を講ずることにより，特定外来生物による生態系等に係る被害を防止し，もって生物の多様性の確保，人の生命及び身体の保護並びに農林水産業の健全な発展に寄与することを通じて，国民生活の安定向上に資することを目的とする．

(定義等)
第2条 この法律において「特定外来生物」とは，海外から我が国に導入されることによりその本来の生息地又は生育地の外に存することとなる生物(以下「外来生物」という．)であって，我が国にその本来の生息地又は生育地を有する生物(以下「在来生物」という．)とその性質が異なることにより生態系等に係る被害を及ぼし，又は及ぼすおそれがあるものとして政令で定めるものの個体(卵，種子その他政令で定めるものを含み，生きているものに限る．)及びその器官(飼養等に係る規制等のこの法律に基づく生態系等

に係る被害を防止するための措置を講ずる必要があるものであって，政令で定めるもの（生きているものに限る．）に限る．）をいう．
2　この法律において「生態系等に係る被害」とは，生態系，人の生命若しくは身体又は農林水産業に係る被害をいう．
3　主務大臣は，第1項の政令の制定又は改廃に当たってその立案をするときは，生物の性質に関し専門の学識経験を有する者の意見を聴かなければならない．

(特定外来生物被害防止基本方針)
第3条　主務大臣は，中央環境審議会の意見を聴いて特定外来生物による生態系等に係る被害を防止するための基本方針の案を作成し，これについて閣議の決定を求めるものとする．

第2章　特定外来生物の取扱いに関する規制

(飼養等の禁止)
第4条　特定外来生物は，飼養等をしてはならない．ただし，次に掲げる場合は，この限りでない．
　1　次条第1項の許可を受けてその許可に係る飼養等をする場合
　2　第3章の規定による防除に係る捕獲等その他主務省令で定めるやむを得ない事由がある場合

(飼養等の許可)
第5条　学術研究の目的その他主務省令で定める目的で特定外来生物の飼養等をしようとする者は，主務大臣の許可を受けなければならない．
2　前項の許可を受けようとする者は，主務省令で定めるところにより，主務大臣に許可の申請をしなければならない．

(輸入の禁止)
第7条　特定外来生物は，輸入してはならない．ただし，第5条第1項の許可を受けた者がその許可に係る特定外来生物の輸入をする場合は，この限りでない．

(譲渡し等の禁止)
第8条　特定外来生物は，譲渡し若しくは譲受け又は引渡し若しくは引取り(以下「譲渡し等」という．)をしてはならない．ただし，第4条第1号に該当して飼養等をし，又はしようとする者の間においてその飼養等に係る特定外来生物の譲渡し等をする場合その他の主務省令で定める場合は，この限りでない．

(放つこと，植えること又はまくことの禁止)
第9条　飼養等，輸入又は譲渡し等に係る特定外来生物は，当該特定外来生物に係る特定飼養等施設の外で放ち，植え，又はまいてはならない．

第3章　特定外来生物の防除

(主務大臣等による防除)
第11条　特定外来生物による生態系等に係る被害が生じ，又は生じるおそれがある場合において，当該被害の発生を防止するため必要があるときは，主務大臣及び国の関係行政機関の長(以下「主務大臣等」という．)は，この章の規定により，防除を行うものとする．
2　主務大臣等は，前項の規定による防除をするには，主務省令で定めるところにより，関係都道府県の意見を聴いて，次に掲げる事項を定め，これを公示しなければならない．
　1　防除の対象となる特定外来生物の種類
　2　防除を行う区域及び期間

3　当該特定外来生物の捕獲，採取又は殺処分（以下「捕獲等」という．）その他の防除の内容
　　4　前3号に掲げるもののほか，主務省令で定める事項
（鳥獣の保護及び狩猟の適正化に関する法律の特例）
第12条　主務大臣等が行う前条第1項の規定による防除に係る特定外来生物の捕獲等については，鳥獣の保護及び狩猟の適正化に関する法律（平成14年法律第88号）の規定は，適用しない．

（土地への立入り等）
第13条　主務大臣等は，第11条第1項の規定による防除に必要な限度において，その職員に，他人の土地若しくは水面に立ち入り，特定外来生物の捕獲等をさせ，又は当該特定外来生物の捕獲等の支障となる立木竹を伐採させることができる．
2　主務大臣等は，その職員に前項の規定による行為をさせる場合には，あらかじめ，その土地若しくは水面の占有者又は立木竹の所有者にその旨を通知し，意見を述べる機会を与えなければならない．

（原因者負担）
第16条　国は，第11条第1項の規定による防除の実施が必要となった場合において，その原因となった行為をした者があるときは，その防除の実施が必要となった限度において，その費用の全部又は一部を負担させることができる．

（負担金の徴収方法）
第17条　主務大臣等は，前条の規定により費用を負担させようとするときは，主務省令で定めるところにより，その負担させようとする費用（以下この条において「負担金」という．）の額及びその納付期限を定めて，その納付を命じなければならない．

（主務大臣等以外の者による防除）
第18条　地方公共団体は，その行う特定外来生物の防除であって第11条第2項の規定により公示された事項に適合するものについて，主務省令で定めるところにより，主務大臣のその旨の確認を受けることができる．
2　国及び地方公共団体以外の者は，その行う特定外来生物の防除について，主務省令で定めるところにより，その者が適正かつ確実に実施することができ，及び第11条第2項の規定により公示された事項に適合している旨の主務大臣の認定を受けることができる．

第4章　未判定外来生物

（輸入の届出）
第21条　未判定外来生物（在来生物とその性質が異なることにより生態系等に係る被害を及ぼすおそれがあるものである疑いのある外来生物として主務省令で定めるもの（生きているものに限る．）をいう．以下同じ．）を輸入しようとする者は，あらかじめ，主務省令で定めるところにより，その未判定外来生物の種類その他の主務省令で定める事項を主務大臣に届け出なければならない．

（判定）
第22条　主務大臣は，前条に規定する届出があったときは，その届出を受理した日から6月以内に，その届出に係る未判定外来生物について在来生物とその性質が異なることにより生態系等に係る被害を及ぼすおそれがあるか否かを判定し，その結果をその届出をした者に通知しなければならない．

(輸入の制限)
第23条　未判定外来生物を輸入しようとする者は，その未判定外来生物について在来生物とその性質が異なることにより生態系等に係る被害を及ぼすおそれがあるものでない旨の前条の通知を受けた後でなければ，その未判定外来生物を輸入してはならない．

(外国における輸出者に係る未判定外来生物)
第24条　未判定外来生物を本邦に輸出しようとする者は，あらかじめ，主務省令で定めるところにより，その未判定外来生物の種類その他の主務省令で定める事項を主務大臣に届け出ることができる．

事項索引

あ 行

IHMC CMap tool　239
IUCN　20, 61, 177
秋繁殖型　202
亜種　61, 137, 163, 179, 196, 327, 350, 353
足環標識　176
亜成体　185, 188, 191
アニミズム　39
奄美自然の権利訴訟　37, 38
アメダス　298
*RI*指数　248, 251, 252, 257, 258
RCCM　19
アレロパシー　134, 138
アンブレラ種　178, 181, 228
アンダーパス　31
暗黙知　316, 317, 329
維管束植物　62, 70, 81, 102, 234, 320, 330, 345
異型花柱性　232
意思決定　293, 295, 308
意思決定支援ツール　293, 309
位置測定システム　176
遺伝子組換え生物　44, 56, 59
遺伝子多様性　117
遺伝情報（ゲノム情報）　317, 333
遺伝的撹乱　117, 119
遺伝的多様性調査　346
移動　110, 139, 174, 185, 186, 191, 193, 199, 250
緯度経度座標系　294
移入種　59, 61, 65, 72
IndVal法　201
インビオ（コスタリカ生物多様性研究所）　346
インベントリー　120, 345, 347, 355
WebGIS　296, 308, 309
AAHU's　286
AHSI　286
衛星画像　295, 301, 302
HSI　272, 277, 285, 286
HSIモデル　272, 277, 285

H'N　247
HU　281, 282, 286
エクマンバージ型採泥器　80
エコシステムマップ　265
エコロケーション（反響定位）　160
エコロジカル・ネットワーク　264
エコロジカル・プランニング　262, 264
SI　272, 286, 287
エッジ効果　210, 211
越冬地　47, 175, 183
NGO（非政府機関）　12, 45, 85, 109, 173, 180, 273, 277, 282, 309
塩基配列情報　238
欧州地表性甲虫学会　199
奥山　72, 73, 106, 107, 119
オセンティックスペシメン　353
オーバーレイ　85, 292, 295, 302
帯状調査枠　218

か 行

海岸・沿岸　144
海蝕洞　162
階層構造　215, 217, 219, 268
階層データモデル　315
開発サイト　287, 288
回避　27, 99, 204, 208, 259, 273, 279, 281, 290
海洋島　124, 129, 133, 134, 136, 139
外来種　42, 59, 110, 124, 136, 148, 263, 273
外来生物　42, 55, 110, 136
外来生物法　42, 55, 113, 137
外来生物問題　111
カエルツボカビ病　134
学名　24, 74, 321, 324, 334, 348, 350
撹乱　59, 61, 112, 137, 179, 204, 258
撹乱度指数　205
隔離　57, 65, 112, 136, 199, 225
隠れ家　161
かすみ網　47, 166, 176, 183
河川改修　150
河川環境情報図　84

河川空間利用実態調査　86
河川敷環境　207, 213
河川法　147
河川水辺の国勢調査　10, 76, 153, 174, 355
カバータイプ　282, 284, 285
カラスヨトウ・シタバ指数（AC）　245
ガンカモ類調査　47
環境アセスメント（環境影響評価）　27, 50, 120, 209, 212, 228, 259, 269, 276, 278, 289
環境階級存在比（ER）　252, 256
環境カウンセラー　15
環境基本計画　42, 45, 99
環境基本法　42, 50, 258, 269
環境指数（EI）　246, 255
環境指標価　205, 206, 207, 212
環境保全型農林漁業　99
環境倫理　27, 29, 30, 39
帰化植物　4
危急種　22, 24, 64
技術士　15
技術士補　16, 17
基準標本　334, 353
希少種　24, 27, 37, 48, 64, 99, 128, 228, 246, 255, 307, 330, 349
希少野生動植物種　47, 49, 50, 52, 73, 105, 115
汽水域　78, 80
キーストーン種　229, 230, 231
季節的発生消長　199, 201, 202
帰巣本能　185
Kimotoの$C_π$指数　249
ギャップ分析　307
CAD　295, 298
競合　112, 131, 139, 211
共生系　234
狭適応種　242, 250
ギルド　283
近縁種　164, 351
菌寄生植物　234
菌根菌　234
近似種　352, 353
空間解析　292, 293, 295, 302
空間情報　292, 298, 312
空間統計学　305
空間配置　279
クラスター分析　249
グループ別RI指数　252, 257
群集　204, 243, 327
群集生態学　211, 212, 243
群落類似度　223
景観生態学　209, 213, 303
形式知　316

ゲノム情報（遺伝情報）　317, 333
検索表　165, 353
原生林　125, 166, 167, 171, 256
現存植生図　218, 284, 330
行動圏　185, 186, 191, 193, 261, 284, 303, 304
高等植物　7, 240
コウモリ類　160
国際自然保護連合　20, 61, 177
国際生物事業計画　215
国際命名規約　334
国土数値情報　298
国内外来種　110
湖沼　44, 107, 144, 150, 174, 277
コスタリカ生物多様性研究所（インビオ）　346
個体群　69, 120, 122, 126, 127, 129, 157, 163, 169, 194, 196, 198, 199, 212, 225, 230, 231, 232, 233, 240, 259, 260, 265, 267, 319, 327, 328
個体群動態　169, 199, 232, 233, 319
個体識別　186, 187, 188, 198
国家環境政策法　276
固有種　5, 72, 115, 116, 126, 130, 136, 139, 140, 163
固有率　4, 5

さ 行

採餌行動　166, 218
採餌場　151, 218
採集圧　254
在来種　59, 72, 110, 112, 120, 129, 137, 139, 277, 285
里地・里山　42, 73, 112
里山自然地域保全事業　107
砂礫地　83
サンクチュアリ　182
三次元空間利用型　197
GIS　86, 213, 262, 285, 292, 330
GIS-CG法　319
GISデータ　292
GISデータベース　292
CHM　180
CHU　281, 282, 286, 287, 288
GSL指数　245
Sheldonのe^H　247
自家不和合メカニズム　232
シギ・チドリ類調査　47
資源の循環利用林　92
止水域　84, 85, 106, 107, 151, 154, 155
自生地　225
自然河川　151
自然環境情報GIS　310, 313

事項索引 417

自然環境保全基礎調査　45, 60, 104, 174, 180
自然環境保全法　42, 45, 49, 50, 100
史前帰化種　110
自然公園法　42, 49, 50, 59, 100
自然再生事業　44, 55, 148, 277, 280, 284, 289, 309
自然再生推進法　44, 55, 277, 309
自然史博物館　335, 340
自然植生　209, 215
自然洞　162
自然の権利　36, 37
自然分布　110, 111, 122
自然への再導入　53
自然保護区　145, 177, 181, 182
持続可能な発展　29
湿地　43, 55, 99, 100, 141, 156, 224, 275, 277, 309
GBIF　180, 323, 324
GPS　294, 299, 313, 330
指標価　205, 212, 246, 250, 255
指標種　106, 201, 208, 228, 244, 248, 250, 251, 253, 258
指標値　256
指標密度　205
シミュレーション　293, 295, 303, 312, 319, 320, 327
SIM-Ibex　319
SimBanbi　319
Jaccardの共通係数 (CC)　249
Shannon-Weaver関数の H´　247
種　315, 318, 332, 334, 337, 345
集合性　196
種間関係　169
種構成　199, 201, 209, 211, 251
種数　33, 70-73, 112, 160, 178, 199, 201, 210, 211, 231, 240, 245, 283, 318, 345, 348, 352
種数平衡説　136
種数面積曲線　215, 217, 221
主題図　295, 308, 309
種多様性　112, 122, 160, 240, 246, 247, 319, 320, 345
種多様度指数　203, 210, 211
樹洞　161-164, 166, 167, 171
種の多様性調査　346
種の保存委員会　20
種の保存法　36, 42, 47, 49, 50, 52, 73, 115, 277
守秘義務　338, 349
種名同定　165, 336, 354
樹木医　19
順位尺度　248

準絶滅危惧　64, 69, 102, 103, 179
順応的管理　275, 280
上位性　260, 265, 283
鍾乳洞　162, 171
小評価区域　285
情報公開　30, 309, 340, 350
植食性　231-233, 237
植生管理　214, 215, 217, 221, 225-227
植生自然度　104, 107
植生図　77, 84, 213, 218, 284, 298, 300, 330
植生遷移　115, 214
植生単位　215, 218, 221
植生断面調査　77, 219
植生調査票　215, 216, 218
植物群落　81, 84, 85, 218, 224
食物連鎖　109, 112, 228, 246, 261, 278, 283
SorensenのQS指数　249
人為撹乱　209
人為的植生管理　215, 221, 225
人為分布　110, 111, 122
人工洞窟　169, 170
新種　164, 335, 339, 345, 350
新・生物多様性国家戦略　42, 59, 277
薪炭林　138, 224, 227
Simpsonの種多様度指数　203
Simpsonの多様度指数1/λ　247, 252
侵略的外来種　125, 134, 136, 138
森林インストラクター　19
森林資源モニタリング調査　98
森林・林業基本計画　90
森林・林業基本法　90, 91
水質汚濁　78, 79, 151
水生昆虫類　79, 152
水田　73, 104, 107, 110, 143, 152, 154, 195, 207, 285
水土保全林　92
随伴　110, 116, 120, 133
数値地図　298
スクリーニング　51, 77, 269
スコーピング　51, 269
生活史　152, 250
正基準標本（ホロタイプ）　335, 339, 353
制限酵素　238
生産者　228
生息　54, 72, 141, 177, 178, 260, 293
生息地解析　293
生息密度　201, 215, 228
成体　185, 188, 190, 191
生物環境評価　199, 205, 211
生物間相互作用　228, 231, 237, 240
生態系　2, 39, 42, 60, 107, 112-116, 228, 258-260, 262, 265, 267-272, 275, 278, 289, 290, 293, 307

生態系アセスメント　259, 260, 261, 262
生態系多様性地域調査　346
生態系評価　259, 267, 271, 275, 277, 284, 293, 303, 307
生態系復元　276, 280, 284, 289
生態系ユニット　274
生態的地位　203, 229
生物指標　200-202, 208, 242
生物種目録　77
生物種リスト　88
生物情報学　317
生物相　12, 30, 76, 87, 120, 136, 155, 228, 237, 240, 315, 321, 330
生物相調査　228, 237, 241, 315, 350
生物多様性　2, 42, 57, 89, 98, 99, 112, 120, 122, 180, 259, 274, 276, 290, 320, 333, 346
生物多様性条約　42, 44, 57, 180, 259
生物多様性保全支援システム　180
生物中心主義　39
生物地理学　121, 199, 350
生物標本　332, 354
生物分類技能検定　15, 18
世界自然遺産　115, 140
世界生物多様性観測年　200
世界測地系　294
積算優占度　223
責任倫理　27, 29, 33
絶滅　3-5, 8, 9, 20, 22, 36, 40, 42, 43, 47, 49, 52, 59, 61-73, 99, 100, 102, 103, 115, 117, 124-131, 133, 136-139, 150, 157, 163, 164, 169, 177-181, 204, 231, 232, 240, 244, 245, 253-255, 263, 280, 328, 333, 334, 352
絶滅危惧種　22, 64, 70, 102, 103, 129, 150, 157, 177, 244, 253, 280
遷移途中相　214
全多様度　248
選別主義　122, 244
戦略的環境アセスメント　280, 330
相互作用系　228
相対多様度　248, 251
草地環境　210
属性データ　295, 298, 299
測地系　294, 295, 312

た　行

第一種事業　50, 269
代償　28, 259, 276, 279, 284, 287, 343
代償措置　28, 259
代償ミティゲーション　276, 284, 287-290
第二種事業　50, 269
タイプ標本　334

大陸島　136
多角形データ　293
他家受粉　232
ターゲット・イヤー　288
多自然型川づくり　153
棚田　224
WG584　294
多変量解析　249, 305
ダム湖　107, 155
多様度指数　203, 210, 246, 247, 251-253
多様度密度平面　251
淡水域　59, 80, 102, 150, 156
淡水生物　150
地域インベントリー　347
地域個体群　28, 30, 47, 64
地域絶滅　126, 128
地下浅層　199
地球温暖化　39, 89, 94, 250
地表性甲虫類　199, 207, 211
地方版レッドデータブック　74
中継地　147, 175, 177, 182
抽水植物　84, 152
注目種　260, 273
調査対象種　228, 257, 265
鳥獣保護法　42, 47, 49, 50, 183
鳥類観測ステーション　47, 176
鳥類重要生息地　177, 178, 180, 181, 183
鳥類生息環境モニタリング調査　174
鳥類生息分布調査　174
鳥類標識調査　46, 175, 176
鳥類標識調査者　176
鳥類保護運動　173, 184
地理情報システム　213, 292
地理的隔離　199
地理的分布データ　249
鎮守の森　166
沈水植物　79, 80, 152
THU　286
DNA　238, 317, 322
低減　161, 204, 259, 279
定性調査　80
低層湿原　144, 158
定点観察法　174
低木層　225
定量調査　80, 210
定量評価　275, 279, 289, 290
データベース　86, 180, 238, 273, 292, 302, 307, 309, 310, 314
ディープ・エコロジー　39
デットラベル　336
テレメトリー法　186, 188, 191, 194, 196
電気泳動パターン　238
典型性　260, 265

事項索引   419

天然記念物　101, 125, 253
天然生林　93, 97
投影法　294
洞窟　144, 161, 199
島嶼　59, 72, 115, 136, 137
盗蜜　131, 233
特殊性　260, 265
特定外来生物　42, 58, 113, 114, 137
土壌生態系　116, 318
土地利用　28, 81, 174, 259, 261, 263, 268,
　　274, 276, 278, 285, 290, 298, 300
トラップ　126, 130, 167, 186, 200, 207, 210,
　　212
トランスポンダー(半導体チップ)　187
トンボ池　117, 129

■■■■■■■■ な 行 ■■■■■■■■
NACS-J自然観察指導員　19
ナレッジマネージメント　315, 324, 329
なわばり　185, 193, 195, 196, 215, 218
二元データ　249
二次的自然　59, 163, 290
二次林　44, 60, 73, 101, 104, 202, 210, 214,
　　224
ニッチ幅　203-205
NEPA　276
日本固有種　163
日本産昆虫総目録　345, 347
日本新記録　345
日本測地系　294
日本の重要湿地500　147
任意採集法　84
人間中心主義　39
熱帯雨林　319
ネットゲイン　288
ネットロス　288
ネットワーク解析　292, 295, 302
年次変動　202
年齢査定　186
農耕地　59, 104, 214, 224
農薬　150, 154
農用林　214, 224
ノーネットロス　289, 290
ノーネットロス政策　289, 290
野村-Simpson指数(NSC)　249

■■■■■■■■ は 行 ■■■■■■■■
バイオインフォマティクス　317-319
バイオマス　229
バイオーム　180
排他性　192, 193, 196
バットディテクター　167
パートナーシップ　183

バードライフ・インターナショナル　177
ハビタット　265, 268, 272, 275, 308
ハビタット評価手続き　275, 278
ハビタットユニット　286
ハープトラップ　167
パラタクソノミスト　342
春繁殖型　202
反響定位(エコロケーション)　160
繁殖池　192, 194, 195
繁殖期　32, 82, 168, 185, 189, 192
繁殖地　47, 174, 182, 265
バンダー　176
汎地球測位システム　299
半導体チップ(トランスポンダー)　187
氾濫原　73, 144
Piankaのα指数　249
Pielouの均衡性指数(J')　247, 251
ビオトープ　12, 15, 16, 18, 19, 117, 277,
　　280, 283, 284
ビオトープ管理士　15
干潟　47, 55, 60, 78, 99, 105, 107, 144, 147,
　　155, 174, 275
PCR法　238
非政府機関(NGO)　12, 45, 85, 109, 173,
　　180, 273, 277, 282, 309
微地形　219
ピットフォールトラップ法　200-202, 207,
　　210, 212
百分率相関法　249
評価区域　279
評価種　278
標識再捕法　186, 193
Fisherの多様度指数α　247
フィールドサイン法　83
復元　152, 155, 158, 220, 261, 276, 283, 287,
　　289, 319
腐生植物　234
物理化学的測定　242, 243, 258
物理的要素　242
不透水層　224
ブラックリスト方式　113
ふるさとの森　117
Prestonの$1/\sigma^2$　247
分解者　228
分散　94, 180, 185, 189, 191, 194, 215
分散途中　194
分子系統解析　5, 322
分布予測　319
分類学研究者　336
平均多様度　248, 251
閉鎖的水域　158
平面直角座標系　294
ベクタ形式　293, 294

ベースマップ　301, 309
ベック-津田法　200
HEP　272, 275-278, 281, 289
HEPアカウンティング　281, 287
HEPチーム　280
ベルトトランセクト法　215
変態　185, 195
放逐　111, 124, 131, 133, 137, 190
捕獲標識法　195
保護管理　47, 96, 214, 215, 292
保護増殖　52, 54, 73
保護増殖事業　52, 53, 73
捕食　112, 115, 123, 126, 130, 136, 161, 162, 172, 217, 229
捕食圧　115, 127, 130, 131
捕食者　112, 123, 132, 136, 217, 229
保全　2, 10, 20, 26, 36, 42, 60, 89, 99, 112, 128, 141, 150, 168, 174, 185, 198, 199, 213, 215, 231, 244, 250, 258, 259, 275, 292, 319, 332, 346
保全活動　2, 10, 18, 32, 52, 74, 129, 139, 290
ホットスポット　72, 307, 319
ポテンシャルマップ　305, 307
VORTEX　319
ホロタイプ（正基準標本）　335, 339, 353

ま 行

埋蔵種子　117
McNaughton の優占度指数 (DI)　247
McIntosh の多様度指数　247
未記載種　321, 349
未記録種　349, 350
ミティゲーション　231, 276, 279, 284, 287
未同定種　352
群れ　164, 168
メタデータ　297, 302
メッシュデータ　293
猛禽類　109, 267
目視観察　188, 196
元村の 1/a　247
藻場　60, 105, 107, 144, 283
Morishita の C_λ 指数　249
森下の繁栄指数 ($N\beta$)　247, 251
森下の β 指数　247

や 行

野生生物の権利　27, 36
谷津田　4, 224
優占種　209, 247
有名種　22, 157
UTM座標系　294
指切り法　186, 198
幼生　25, 111, 143, 152, 185, 195
翼手目　160

ら 行

ライトトラップ法　84
ラインセンサス法　174
ライントランセクト法　215
落葉広葉樹林　202, 210, 224, 279
ラスタ形式　293, 294
ラスタベクタ変換ソフト　300
ラムサール条約　43, 141, 143, 183, 309
乱獲　31, 53, 61, 253
ランドスケープ　283
陸上生態系　231, 319
陸水域　133
リスク評価　293
リモートセンシング　299, 301, 312
流水域　106, 107, 151
林縁環境　209
林冠　225
林床植生　225, 227
リンネ式階層分類体系　316, 320
倫理問題　26
類型化　218, 221, 328
類似度指数　211, 248
レッドデータブック　4, 10, 20, 47, 52, 60, 70, 72, 73, 99, 102, 150, 157, 177, 181, 243, 352
レッドポイント　252, 254
レッドリスト　22, 61, 70, 166, 169, 178, 235, 244, 246, 252, 334
連年生長量　217

わ 行

ワシタカ類　228
ワンド　78, 152

生物名索引

あ 行

アオグロヒラタゴミムシ 206
アオゴミムシ 206
アオノリュウゼツラン 138
アオマツムシ 119
アカアシマルガタゴモクムシ 206
アカウミガメ 101, 108
アカガシラカラスバト 48
アカガネアオゴミムシ 206
アカガネオオゴミムシ 206
アカギ 115, 124, 134
アカツメクサ 233
アカネズミ 108
アカヒゲ 48
アカボシゴマダラ 121
アカマツ 108, 202, 217, 225, 234
アカモズ 174
アキオサムシ 206
アゲハチョウ 22, 25, 252, 255, 257, 334
アコウ 230, 231
アシカ 103
アシハラガニ 108
アシブトメミズムシ 128
アズマヒキガエル 188, 193
アセビ 225
アツモリソウ 48
アトボシアオゴミムシ 206
アトワアオゴミムシ 206
アブラガヤ 225
アブラコウモリ 163
アブラハヤ 108
アベサンショウウオ 48, 187
アベハゼ 108
アベマキ 108, 224
アホウドリ 48, 52
アボロウスバシロチョウ 22, 24
アマガエル 187
アマゴ 157
アマミデンダ 48
アマミノクロウサギ 37, 48, 56, 115, 136
アマミヤマシギ 37, 48, 115

アマモ 107
アメリカザリガニ 4, 114
アメリカシロヒトリ 119
アメンボ類 152
アライグマ 58, 112
アラカシ 100
イエコウモリ 163, 172
イエシロアリ 115
イエネコ 133
維管束植物 62, 70-72, 81, 102, 103, 234, 345
イグチマルガタゴミムシ 206
イソガニ 108
イソヒヨドリ 108
イタセンパラ 48, 101, 108
イタチ 108, 116, 136, 221
イチジク属 229, 230, 231
イチモンジセセリ 252, 255, 257
イチモンジチョウ 252, 255, 257
イチヤクソウ科 235, 236
イチリンソウ 267
イヌツゲ 217, 221, 225, 227
イヌワシ 48
イネ科 113, 214
イノシシ 108
イリオモテヤマネコ 47, 48
イルカ 8, 177
イワショウブ 101
ウオーターレタス 134
ウシガエル 4, 58, 130
ウスアカクロゴモクムシ 206
ウスアカヒゲ 48
ウスバカマキリ 24
ウスモンコミズギワゴミムシ 206
ウチダザリガニ 58
ウツボグサ 233
ウマノアシガタ 221
ウミウ 24
ウミガラス 48
ウメモドキ 224
ウラギク 108

ウラジロコムラサキ 48, 133
ウンヌケ 108
エキサイゼリ 108
エゾカタビロオサムシ 206
エゾシカ 306
エゾノギシギシ 221
エゾハルゼミ 108
エゾヤマアカアリ 22
エトピリカ 48
オウムガイ 24
オオウラギンヒョウモン 245
オオオサムシ 206
オオカバマダラ 22
オオキベリアオゴミムシ 206
オオクチバス 4, 58, 114
オオクチバス属 114
オオクロツヤヒラタゴミムシ 206
オオコウモリ亜目 160
オオコウモリ類 160
オオゴミムシ 206
オオゴモクムシ 206
オオサンショウウオ 101, 108, 187, 198
オオズケゴモクムシ 206
オオスナハラゴミムシ 206
オオセッカ 48
オオタカ 48, 103, 108, 109, 267
オオトラツグミ 48
オオバコ 221, 222
オオバシマムラサキ 138
オオヒキガエル 58, 115, 125, 129, 130, 136
オオヒシクイ 37
オオブタクサ 4
オオホシボシゴミムシ 203, 206
オオホソクビゴミムシ 206
オオマルガタゴミムシ 206
オオムラサキ 3, 108, 252, 255, 257, 272
オオヤマフスマ 221
オオヨシキリ 108
オオルリ 108
オオワシ 48, 177
オガサワラアオイトンボ 127, 128, 129
オガサワラアオゴミムシ 130
オガサワライトトンボ 129
オガサワラオビハナノミ 128
オガサワラガビチョウ 124
オガサワラカワラヒワ 48
オガサワラシジミ 126, 128, 138
オガサワラゼミ 127
オガサワラトンボ 129
オガサワラハンミョウ 130, 135
オガサワラマシコ 124
オカダトカゲ 116
オカダンゴムシ 119

オギ 108
オキナワカブトムシ 137
オキナワトゲネズミ 136
オサムシ科 199, 205, 352
オサムシモドキ 206
オサムシ類 5, 199
オジロワシ 48
オーストンオオアカゲラ 48
オニノヤガラ 235

か 行

カイツブリ 174
カエル類 129, 186, 190, 193, 198
カケス 48, 108
カジカガエル 108, 190, 191, 197
カスミサンショウウオ 188, 192, 193
カタクリ 3, 267
カダヤシ 58
カナリア 200
カブトムシ 4, 22, 24, 136
カマツカ 108
カミツキガメ 58
カモ類 47
カヤネズミ 108
カラスアゲハ 233
カラフトアオアシシギ 48
カリヤス 214, 222
ガロアムシ 24
カワウ 184
カワゲラ類 151
カワスズメ 134
カワセミ 108
カワチマルクビゴミムシ 206
カワニナ 123, 134
カワネズミ 108
カワバタモロコ 108
カワムツ 108
カワラナデシコ 113
カワラノギク 113
カンムリワシ 48
キアシヌレチゴミムシ 206
キアシルリミズギワゴミムシ 206
キイトトンボ 108
キイロチビゴモクムシ 206
キキョウ 72
キクザトサワヘビ 48
キタサンショウウオ 309
キタダケソウ 48
キバンジロウ 138
ギフチョウ 22, 24, 72, 248
キベリゴモクムシ 206
キボシカミキリ 110
キムネハワイマシコ 36

生物名索引

キュウシュウクロナガオサムシ　206
魚類　20, 48, 58, 70, 71, 108, 150, 276, 345, 350
キョン　58
菌根菌　234, 238
キンナガゴミムシ　206
ギンネム　115, 137
キンバト　48
ギンヤンマ　37
キンラン属　237
クジャク　24
クスイキボシハナノミ　128
クチキコオロギ　108
グッピー　134
クビナガゴモクムシ　206
クマ　47
クマタカ　48, 108, 307
クマネズミ　115, 133
クリ　224, 225
グリーンアノール　58, 115, 125-127
クルマバナ　221
クロオビコミズギワゴミムシ　206
クロゴモクムシ　206
クロサンショウウオ　193
クロツヤヒラタゴミムシ　206
クロツラヘラサギ　177
クロマメノキ　214
クワガタムシ　4, 134, 136
グンバイトンボ　108
ケウスゴモクムシ　206
ケネザサ　225
ケリ　108
ゲンゴロウ　48, 103, 108, 115, 118
ゲンゴロウ類　115, 118
ゲンジボタル　123, 285
ゲンノショウコ　221
コアジサシ　108
コイ　134, 187
ゴイシツバメシジミ　48, 232
コウノトリ　48
コウボウムギ　108
コウヤマキ　108
コオニユリ　233
コガシラアオゴミムシ　206
コガシラナガゴミムシ　203, 206
コガタコウモリ亜目　160
コガタコウモリ類　160
小型サンショウウオ類　188, 192, 197
コガタノゲンゴロウ　103
コクチバス　58, 114
コケ植物　102
コゴメキノエラン　48
コゴモクムシ　203, 206

コジイ　108
コシダ　225
コナラ　108, 210, 217, 224, 279, 285, 287
コノハズク　103
コノハムシ　24
コバネアオイトトンボ　117
コバノミツバツツジ　225
コバンムシ　115
コヒオドシ　254
コホソナガゴミムシ　206
コマドリ　108
コマルガタゴミムシ　206
ゴミムシ　130, 199, 203, 205, 208, 210, 211, 352
ゴミムシ類　130, 199, 352
コロフォンクワガタ　25
昆虫類　4, 23, 48, 58, 70, 83, 108, 116, 126, 138, 152, 160, 240, 243, 341, 345, 355

さ 行

サイ　24
サクラソウ　232
ササラダニ類　117, 212
サシバ　108, 267, 272
サツキマス　157
サツマゴキブリ　110
サル　47
サワガニ　108
サワギキョウ　224
サワシロギク　224
サンショウウオ類　186, 188, 191, 197, 273
サンショウクイ　174
シカ　47
シギゾウムシ類　119
シギ・チドリ類　47, 82
シギ類　283
シジュウカラガン　48
シシンラン　232
シダ植物　81, 102
シデコブシ　108, 214, 217, 224
シデムシ類　199
シナイモツゴ　114
シナギフチョウ　24
シナシボリアゲハ　24
シナダレスズメガヤ　113, 114
シバ　108, 214, 217, 221, 267, 272
シマアカネ　126, 128
シマサルスベリ　138
シマハヤブサ　48
シマフクロウ　48
シマヘビ　108
シマムロ　132
ジムグリ　108

シャクガ科　245
シャクジョウソウ　235
シャチ　24
ジュゴン　24
種子植物　81, 102
シュロガヤツリ　115
ジュンサイ　108
ショウジョウバカマ　224
小翼手亜目　160
食糞性コガネムシ類　199
シラカシ　117
シロシャクジョウ　235
シロスジコガネ　108
シロツメクサ　233
シロヘリハンミョウ　108
スギ　101
スジアオゴミムシ　206
スズキ　108
スズメノカタビラ　222
スダジイ　243
スナビキソウ　108
スミレ類　267
スローロリス　24
セアカヒラタゴミムシ　203, 206
セイタカアワダチソウ　4
セイヨウオオマルハナバチ　58
セイヨウミツバチ　128, 131
脊椎動物　23, 58, 71, 345, 349
絶翅目　24
ゼフィルス　245
センザンコウ　24
蘚類　102
ゾウ　24
ソウシジュ　138
ソヨゴ　217, 225

た　行

ダイゼン　108
ダイトウノスリ　48
大翼手亜目　160
苔類　70, 102, 345
タイワンザル　58
タイワンタガメ　24
タイワンモクゲンジ　138
タカチホヘビ　108
タガメ　24, 101, 108
タゴガエル　108
タコノアシ　108
タナゴ類　114, 148
タヌキ　37, 108
タブノキ　100, 108
タマシギ　108
ダルマガエル　101, 108, 195, 196

タンゴヒラタゴミムシ　206
淡水魚類　70, 71, 102, 148, 345
タンチョウ　48, 157, 309
チゴモズ　174
チシマウガラス　48
チビゴミムシ亜科　199
地表性甲虫類　199, 201-203, 205, 207, 209, 211
チュウヒ　108
鳥類　46, 48, 58, 70, 81, 103, 108, 173, 177, 179, 181, 184, 261, 322, 345
チョウ類　201, 210, 243, 245, 250, 251, 320, 346
ツキノワグマ　103, 119
ツシマヤマネコ　48, 54
ツツジ科　214
ツミ　268
ツヤアオゴモクムシ　203, 206
ツヤマメゴモクムシ　206
ツル類　177
テナガコガネ類　137
テングクワガタ　221
トウキョウサンショウウオ　3, 4, 101, 108, 192, 272, 285
トウキョウヒメハンミョウ　118
トウホクサンショウウオ　189, 191
トキ　9, 48, 52, 54, 206
トクサバモクマオウ　135
トゲアトキリゴミムシ　206
ドジョウ　108
トダシバ　222
トックリナガゴミムシ　206
トノサマガエル　108
トビケラ類　151
トビムシ　117
トラ　24
トラマルハナバチ　232
ドロムシ類　151
トンボ類　114, 118, 127, 129, 135, 320

な　行

ナガサキアゲハ　243, 245
ナガスクジラ　24
ナガハグサ　222
ナガヒョウタンゴミムシ　203, 206
ナガマルガタゴミムシ　206
ナガレタゴガエル　108
ナキウサギ　37
ナベヅル　177
ナメクジウオ　108
ニオイタチツボスミレ　221
ニセマルガタゴミムシ　206
ニッコウヒメナガゴミムシ　206

生物名索引

ニホンアカガエル　195
ニホンカモシカ　101, 108
ニホンザル　101
ニホンジカ　101, 319
ニホンヒキガエル　189, 193
ニューギニアヤリガタリクウズムシ　115, 138
ヌートリア　58
ヌノメカワニナ　134
ヌマガヤ　225
ネコギギ　101, 108
ネザサ　221, 225, 227
ネジキ　225
ネズミ類　83, 115, 136
ノグチゲラ　48
ノネコ　133, 136
ノヤギ　131, 139
ノヤシ　132
ノリウツギ　224

は 行

ハイガイ　37
パイプウニ　24
ハイマツ　214, 215, 217, 220
ハギクソウ　108
ハクチョウ類　47, 177
ハグロトンボ　108
ハコネサンショウウオ　191
ハサミコムシ　24
ハチクマ　24
ハチジョウススキ　52
ハチジョウノコギリクワガタ　116
爬虫類　48, 58, 70, 82, 102, 108, 345
ハッチョウトンボ　3, 4, 108
ハナシノブ　48
ハナダカトンボ　127, 128
ハナノキ　102
ハナノミ類　128
ハナバチ類　128, 131, 233, 239
ハネカクシ類　199
ハハジマメグロ　48
ハハジマモリヒラタゴミムシ　130
ハブ　58, 115
ハマオモト　102
ハマグリ　108
ハマシギ　108
ハヤブサ　48, 108
ヒキガエル　58, 193, 195
ヒクイナ　108
ヒグマ　119
ヒゲコガネ　108
ヒゲナガアメイロカミキリ　335
ヒダサンショウウオ　108

ヒヌマイトトンボ　101, 108
ヒノキ　101
ヒバカリ　108
ヒバリ　58, 174
ヒマラヤムカシトンボ　22
ヒメキベリアオゴミムシ　206
ヒメキマダラヒカゲ　252, 255, 257
ヒメクロツヤヒラタゴミムシ　206
ヒメゴミムシ　206
ヒメシジミ　233, 252, 254, 257
ヒメタイコウチ　108
ヒメツヤヒラタゴミムシ　206
ヒメヒカゲ　101
ヒメフトモモ　132
ヒメホソナガゴミムシ　206
ヒョウモンチョウ　252, 254, 257
ヒラタゴモクムシ　206
フクロウ　48, 108, 267
フジバカマ　108
フタホシスジバネゴミムシ　206
フトオアゲハ　22
ブナ　8, 108, 214
ブラックバス　114, 133, 148, 157
プラナリア類　138
ブルーギル　58, 157
ベッコウトンボ　48, 115, 272
ベニイトトンボ　108, 117, 118
ヘビノボラズ　224
ヘラクレスオオカブトムシ　22
ヘリグロチャバネセセリ　252, 255, 257
ベンゲットアゲハ　22
ホクリクサンショウウオ　192
ホシボシゴミムシ　203, 206
ホソバシャクナゲ　108
ホソホナシゴミムシ　206
ホテイアツモリ　48
ホトケドジョウ　108
哺乳類　22, 48, 58, 70, 82, 103, 108, 160, 345
ボラ　108
ホントウアカヒゲ　48

ま 行

マイマイカブリ　206
膜翅目　212
マコモ　108
マッコウクジラ　24
マツタケ　234
マツムシソウ　221, 233
マツモ　134
マテバシイ　121, 122
マナヅル　176, 177
マハゼ　108
マボロシオバッタ　130

マムシ 116, 126
マメコガネ 233
マメゴモクムシ 206
マルガタゴミムシ 206
マルガタツヤヒラタゴミムシ 206
マルバダケブキ 221, 222
マルハナバチ 58, 232, 239
マングース 56, 58, 115, 136
マンボウ 24
ミイデラゴミムシ 206
ミカワバイケイソウ 101
ミサゴ 108
ミズイロオナガシジミ 252, 255, 257
ミズゴケ 102, 224
ミズナラ 108
ミソサザイ 108
ミドリヒョウモン 252, 255, 257
ミノボロスゲ 221, 222
ミミズ類 79, 117
ミヤコタナゴ 8, 48
ミユビゲラ 48
ムカシトンボ 22, 108
ムササビ 108, 272
無脊椎動物 23, 58, 345, 349
ムツゴロウ 37
ムネアカマメゴモクムシ 206
メクラチビゴミムシ類 352
メグロ 48, 124, 133
メダカ 59, 72, 108, 112, 114
メダカチビミズゴミムシ 206
猛禽類 109, 267, 268
モウコウマ 24
モクマオウ 115, 124, 135
モクレン科 214
モリアオガエル 27, 103, 108, 190, 196
モンシロチョウ 248, 252, 255, 257
モンテンボク 131

や 行
ヤイロチョウ 48
ヤエヤマオオタニワタリ 322

ヤクザル 230, 231
ヤコンオサムシ 206
ヤシャゲンゴロウ 48
ヤチヤナギ 100
ヤドリコケモモ 48
ヤブコウジ 214
ヤブコウジ科 214
ヤブツバキ 100
ヤマアカガエル 195
ヤマカガシ 108
ヤマセミ 108
ヤマトイワナ 108
ヤマトシジミ 252, 255, 257
ヤマドリ 108
ヤマヌカボ 222
ヤマネ 47, 48, 54, 103, 108
ヤンバルクイナ 47, 48, 56, 115, 136
ヤンバルテナガコガネ 48, 72, 137
ユキヒョウ 24
ヨシ 107, 108, 155, 193, 309
ヨツボシゴミムシ 206
ヨツモンコミズギワゴミムシ 206
ヨナクニカラスバト 48

ら 行
ライチョウ 48, 72, 215, 217
ラックカイガラムシ 24
ラミーカミキリ 119
ラン科 235, 236
リュウキュウツヤハナムグリ 116
リュウキュウベニイトトンボ 117, 118
リュウキュウマツ 137
両生類 48, 58, 70, 82, 83, 129, 185, 198, 345
ルリカケス 48
レブンアツモリソウ 48
レンゲツツジ 221

わ 行
ワシタカ類 228
ワシミミズク 48
ワラビ 221, 222

■ 編著者紹介

新里達也 (にいさと たつや)
- 生　　年：1957年生
- 最終学歴：日本獣医生命科学大学動物科学科 (現) 卒
- 学位・資格：農学博士，技術士 (建設・農業・森林・環境・総合技術監理)，環境カウンセラーなど．
- 現　　職：(株) 環境指標生物代表取締役，NPO法人野生生物調査協会副理事長
- 専　　門：昆虫系統分類学，実践保全生態学
- 著書・論文：「日本産カミキリムシ検索図説 (分担執筆)」，「日本産カミキリムシ (共編)」，「技術士ハンドブック (分担執筆)」，ほか
- 分担執筆：1章，2章，4章，25章，26章，コラム

佐藤正孝 (さとう まさたか)
- 生　　年：1937-2006年
- 最終学歴：愛媛大学農学部農学科卒
- 学位・資格：理学博士
- 現　　職：名古屋女子大学名誉教授
- 専　　門：昆虫系統分類学，環境保全学
- 著書・論文：「日本淡水生物学 (分担執筆)」，「原色日本甲虫図鑑 (編著)」，「日本の甲虫 (編著)」，「日本の絶滅のおそれのある野生生物，RDB (分担執筆)」，「琉球列島の陸水生物 (分担執筆)」，ほか
- 分担執筆：1章，3章，13章，26章，コラム

石田晴子 (いしだ はるこ)
- 最終学歴：名古屋大学農学部農芸化学科卒
- 現　　職：愛知県環境部水地盤環境課課長補佐
- 専　　門：生物有機化学
- 執筆分担：9章

石谷正宇 (いしたに まさひろ)
- 生　　年：1954年生
- 最終学歴：鳥取大学大学院連合農学研究科博士課程修了
- 学位・資格：農学博士，技術士 (環境)，環境カウンセラー
- 現　　職：純真短期大学教養教育講師
- 専　　門：昆虫群集生態学，指標生物学，保全生態学
- 著書・論文：環境指標としてのゴミムシ類に関する生態学的研究，ほか生態学論文
- 執筆分担：17章

植田明浩 (うえだ あきひろ)
- 生　　年：1965年生
- 最終学歴：東京大学農学部林学科卒
- 現　　職：環境省関東地方環境事務所統括自然保護企画官
- 執筆分担：6章

岡　義人 (おか よしひと)
- 生　　年：1952年生
- 最終学歴：高知大学農学部林学科卒
- 現　　職：林野庁森林保全課防除技術専門官
- 執筆分担：コラム

金尾健司（かなお けんじ）
 生　　年：1958年生
 最終学歴：東京大学大学院工学研究科修士課程修了
 現　　職：国土交通省河川局河川計画課河川事業調整官
 専　　門：河川工学
 執筆分担：7章

金子正美（かねこ まさみ）
 生　　年：1957年生
 最終学歴：北海道大学大学院環境科学研究科単位取得修了
 学　　位：学術修士
 現　　職：酪農学園大学環境システム学部生命環境学科教授
 専　　門：自然環境情報学，環境GIS
 著書・論文：「地理情報学事典」，「人と災い」，「森林の科学」，「エゾシカの保全と管理」，ほか
 執筆分担：23章

苅部治紀（かるべ はるき）
 生　　年：1966年生
 最終学歴：東京農業大学大学院農学研究課修士課程修了
 学位・資格：農学修士
 現　　職：神奈川県立生命の星・地球博物館主任学芸員
 専　　門：昆虫系統分類学，保全生態学
 著書・論文：「東洋のガラパゴス小笠原―固有生物の魅力とその危機―（編著）」，「川と湖沼の侵略者ブラックバス―その生物学と生態系への影響（分担執筆）」，ほか
 執筆分担：11章

川那部 真（かわなべ まこと）
 生　　年：1966年生
 最終学歴：愛媛大学大学院連合農学研究科博士課程修了
 学位・資格：農学博士，環境カウンセラー
 現　　職：（株）人と自然の環境研究所代表取締役，英国立ウエールズ大学大学院環境プログラム教授
 専　　門：昆虫分類学，保全生態学
 著書・論文：「森と水辺の甲虫誌（分担執筆）」，「絶滅危惧種・日本の野鳥（共著）」，ほか　昆虫分類学を中心とした生物学論文
 執筆分担：15章，コラム

木村正明（きむら まさあき）
 生　　年：1963年生
 最終学歴：信州大学繊維学部機能高分子学科卒
 学位・資格：生物分類技能検定1級
 現　　職：GA・SHOW代表取締役
 専　　門：昆虫分類学，生物地理学
 著書・論文：「琉球列島産昆虫目録・増補改訂版（分担執筆）」
 執筆分担：コラム

西條好廸（さいじょう よしみち）
 生　　年：1946年生
 最終学歴：東京農工大学大学院農学研究科修士課程修了
 学位・資格：農学博士
 現　　職：岐阜大学流域圏科学研究センター准教授
 専　　門：植物生態学
 著書・論文：「環境保全と山村農業（分担執筆）」，「カラマツ造林学（分担執筆）」，「岐阜県南濃町史（分担執筆）」，ほか
 執筆分担：18章

鈴木　透（すずき とおる）
　　生　　年：1975年生
　　最終学歴：北海道大学大学院農学研究科卒
　　学　　位：農学博士
　　現　　職：酪農学園大学環境システム学部環境学科助手
　　専　　門：景観生態学，野生動物管理学
　　著書・論文：生息環境評価，生態系評価に関する論文
　　執筆分担：23章

高桑正敏（たかくわ まさとし）
　　生　　年：1947年生
　　最終学歴：東京都立大学経済学部経済学科卒
　　学位・資格：農学博士
　　現　　職：神奈川県立生命の星・地球博物館学芸部長
　　専　　門：昆虫分類学，昆虫分布地理学
　　著書・論文：「日本産カミキリ大図鑑（共著）」，「ベニボシカミキリの世界（編著）」，ほか
　　執筆分担：10章

田中　章（たなか あきら）
　　生　　年：1958年生
　　最終学歴：東京大学大学院農学生命科学研究科博士課程修了（緑地創成学）
　　学位・資格：農学博士
　　現　　職：武蔵工業大学環境情報学部准教授
　　専　　門：復元生態系，生態系アセスメント，ランドスケープ・プランニング
　　著　　書：「HEP入門―ハビタット評価手続きマニュアル」，「環境アセスメントここが変わる（分担執筆）」，「環境と資源の安全保障47の提言（分担執筆）」，「Financing Environmentally Sound Development（分担執筆）」，「大学院留学専攻ガイド環境学（分担執筆）」，「アジェンダ21―持続可能な開発のための人類の行動計画（翻訳）」，「戦略的環境アセスメント（分担翻訳）」，「新環境はいくらか（分担翻訳）」
　　執筆分担：22章，コラム

鳥居敏男（とりい としお）
　　生　　年：1961年生
　　最終学歴：京都大学農学部林学科卒
　　現　　職：環境省自然環境局生物多様性センター長
　　執筆分担：5章

中村寛志（なかむら ひろし）
　　生　　年：1950年生
　　最終学歴：信州大学大学院農学研究科修士課程修了
　　学位・資格：農学博士
　　現　　職：信州大学農学部教授，信州大学農学部附属アルプス圏フィールド科学教育研究センター長
　　専　　門：昆虫生態学
　　著書・論文：「山と里を活かす―自然と人の共存戦略―（分担執筆）」，「生物統計学基礎演習」，ほか．昆虫の集合性，昆虫群集による環境評価を中心に昆虫学論文
　　執筆分担：20章

藤江達之（ふじえ たつゆき）
　　生　　年：1959年生
　　最終学歴：東京農工大学農学部林学科卒
　　現　　職：林野庁関東森林管理局部長
　　執筆分担：8章

前田喜四雄（まえだ きしお）
- 生　　年：1944年生
- 最終学歴：北海道大学大学院農学研究科博士課程単位取得退学
- 学位・資格：農学博士
- 現　　職：奈良教育大学教育学部附属自然環境教育センター教授，センター長
- 専　　門：哺乳動物分類学，コウモリ類の保全生物学
- 著書・論文：「日本コウモリ研究誌」，「コウモリのふしぎな世界─自然界での役割」，「日本の哺乳類（分担執筆）」，「レッドデータ日本の哺乳類（分担執筆）」
- 執筆分担：14章

増山哲男（ますやま てつお）
- 生　　年：1955年生
- 最終学歴：東京情報大学大学院経営情報学研究科博士課程後期修了
- 学位・資格：経営情報学博士，技術士（環境・建設），環境カウンセラー
- 現　　職：パシフィックコンサルタンツ（株），明星大学非常勤講師
- 専　　門：景観生態学，環境アセスメント，環境保全学
- 著書論文：生態系解析，生態系に関する論文
- 執筆分担：21章，コラム

松井香里（まつい かおり）
- 現　　職：前・国際湿地保全連合日本委員会事務局長
- 専　　門：湿地保全
- 著書・論文：「Asia-Pacific Migratory Waterbird Conservation Strategy: 1996-2000（共著）」，「ナキウサギの谷」，ほか
- 執筆分担：12章

松井正文（まつい まさふみ）
- 生　　年：1950年生
- 最終学歴：京都大学大学院理学研究科修士課程修了
- 学位・資格：理学博士
- 現　　職：京都大学大学院人間・環境学研究科教授
- 専　　門：動物系統分類学，爬虫両棲類学
- 著書・論文：「日本カエル図鑑（共著）」，「両生類の進化」，「カエル─水辺の隣人」，「動物系統分類学爬虫類2」，ほか
- 執筆分担：16章

横山　潤（よこやま じゅん）
- 生　　年：1968年生
- 最終学歴：東京大学大学院理学系研究科博士課程中退
- 学位・資格：理学博士
- 現　　職：山形大学理学部生物学科準教授
- 専　　門：系統分類学，多様性生物学
- 著　　書：「植物の生き残り作戦（分担執筆）」，「多様性の植物学3 植物の種（分担執筆）」，「アエラムック 植物学がわかる（分担執筆）」，ほか
- 執筆分担：19章，24章

野生生物保全技術 第二版
2003年9月30日　初　版　発　行
2007年8月20日　第二版発行

編　者　　新里達也
　　　　　佐藤正孝

発行者　　本間喜一郎
発行所　　株式会社 海游舎
　　　　　〒151-0061 東京都渋谷区初台1-23-6-110
　　　　　電話 03 (3375) 8567　　FAX 03 (3375) 0922

港北出版印刷(株)・(株)石津製本所
© 新里達也・佐藤正孝 2007

本書の内容の一部あるいは全部を無断で複写複製することは，著作権および出版権の侵害となることがありますのでご注意ください。

ISBN978-4-905930-49-5　　PRINTED IN JAPAN